2026

考研专用

金榜時代

GLISTIME 明德·弘毅·惟精

金榜时代考研数学书课——上岸学习包

U0260974

数学强化通关330题

（数学二）

习题册

编著 ◎ 李永乐 武忠祥 王式安 贺金陵 宋浩 小侯七 薛威 朱祥和 陈默 刘喜波 申亚男 章纪民

中国农业出版社

CHINA AGRICULTURE PRESS

·北京·

图书在版编目(CIP)数据

数学强化通关330题. 数学二 / 李永乐等编著. 北京 ：中国农业出版社，2025. 1. --（考研数学系列）. -- ISBN 978-7-109-32890-7

Ⅰ. O13-44

中国国家版本馆CIP数据核字第2024HS5633号

数学强化通关330题. 数学二

SHUXUE QIANGHUA TONGGUAN 330TI. SHUXUE ER

中国农业出版社出版

地址:北京市朝阳区麦子店街18号楼

邮编:100125

责任编辑:吕　睿

责任校对:吴丽婷

印刷:正德印务(天津)有限公司

版次:2025年1月第1版

印次:2025年1月天津第1次印刷

发行:新华书店北京发行所

开本:787mm×1092mm　1/16

总印张:21

总字数:497千字

总定价:99.80元(全2册)

金榜时代®考研数学系列图书

GLISTIME 明德·弘毅·康格

内容简介及使用说明

考研数学满分150分，在考研成绩中的比重很大；同时又因数学学科本身的特点，考生的数学成绩历来千差万别。数学成绩好在考研中很占优势，因此有"得数学者考研成"之说。既然数学对考研成绩如此重要，那么就有必要探讨一下影响数学成绩的主要因素。

本系列图书作者根据多年的命题经验和阅卷经验，发现考研数学命题的灵活性非常大，不仅表现在一个知识点与多个知识点的考查难度不同，更表现在对多个知识点的综合考查上，这些题目在表达上多一个字或多一句话，难度都会变得截然不同。正是这些综合型题目拉开了考试成绩的差距，而构成这些难点的主要因素，实际上是最基础的基本概念、定理和公式的综合。同时，从阅卷反映的情况来看，考生答错题目的主要原因也是对基本概念、定理和公式记忆和掌握得不够熟练。总结为一句话，那就是：要想数学拿高分，就必须熟练掌握、灵活运用基本概念、定理和公式。

基于此，李永乐考研数学辅导团队结合多年来考研辅导和研究的经验，精心编写了本系列图书，目的在于帮助考生有计划、有步骤地完成数学复习，从对基本概念、定理和公式的记忆，到对其熟练运用，循序渐进。下面介绍本系列图书的主要特点和使用说明，供考生复习时参考。

书名	本书特点	本书使用说明
《考研数学复习全书·基础篇·高等数学基础》 《考研数学复习全书·基础篇·线性代数基础》	**内容基础·提炼精准·易学易懂**（推荐使用时间：2024年8月—2024年12月） 本系列均由数学名师编写，根据大纲的考试范围将考研所需复习内容提炼出来，形成考研数学的基础内容和复习逻辑，实现大学数学同考研数学之间的顺利过渡，开启考研复习第一篇章。	考生复习过本校大学数学教材后，即可使用本书。如果大学没学过数学或者本校课本是自编教材，与考研大纲差别较大，也可使用本书替代大学数学教材。
《数学基础过关660题》	**题目经典·体系完备·逻辑清晰**（推荐使用时间：2024年8月—2025年4月） 本书是主编团队出版20多年的经典之作，一直被模仿，从未被超越。年销量达百万余册，是当之无愧的考研数学头号畅销书，拥有无数甘当"自来水"的粉丝读者，口碑爆棚，考研数学不可不入！"660"也早已成为考研数学的年度关键词。 本书重基础，重概念，重理论，一旦你拥有了《考研数学复习全书·基础篇(高等数学/线性代数 基础)》《数学基础过关660题》教你的思维方式、知识逻辑、做题方法，你就能基础稳固、思维灵活，对知识、定理、公式的理解提升到新的高度，避免陷入复习中后期"基础不牢，地动山摇"的窘境。	与《考研数学复习全书·基础篇(高等数学/线性代数 基础)》搭配使用，在完成对基础知识的学习后，有针对性地做一些练习。帮助考生熟练掌握定理、公式和解题技巧，加强知识点的前后联系，将之体系化、系统化，分清重难点，让复习周期尽量缩短。 虽说书中都是选择题和填空题，但同学们也不要轻视，不要一开始就盲目做题。看到一道题，要能分辨出是考哪个知识点，考什么，然后在做题过程中看看自己是否掌握了这个知识点，应用的定理、公式的条件是否熟悉，这样才算真正做好了一道题。
《考研数学真题真刷基础篇·考点分类详解版》	**分类详解·注重基础·突出重点**（推荐使用时间：2024年8月—2024年12月） 本书精选精析1987—2008年考研数学真题，帮助考生提前了解大学水平考试与考研选拔考试的差别，使考生不会盲目自信，也不会妄自菲薄，真正跨入考研的门槛。	与《考研数学复习全书·基础篇(高等数学/线性代数 基础)》《数学基础过关660题》搭配使用，复习完一章，即可做相应的章节真题。不会做的题目做好笔记，第二轮复习时继续练习。

<table>
<tr><th>书名</th><th>本书特点</th><th>本书使用说明</th></tr>
<tr><td rowspan="2">《考研数学复习全书·提高篇》</td><td colspan="2">系统全面·深入细致·结构科学(推荐使用时间:2025 年 3 月—2025 年 9 月)</td></tr>
<tr><td>本书为作者团队的扛鼎之作,常年稳居各大平台考研图书畅销榜前列,主编之一的李永乐老师更是入选 2019 年“当当 20 周年白金作家”,考研界仅两位作者获此称号。
本书从基本理论、基础知识、基本方法出发,全面、深入、细致地讲解考研数学大纲要求的所有考点,不提供花拳绣腿的不实用技巧,也不提倡误人子弟的费时背书法,而是扎扎实实地带同学们深入每一个考点背后,找到它们之间的关联、逻辑,让同学们从知识点零碎、概念不清楚、期末考试过后即忘的“低级”水平,提升到考研必需的高度。</td><td>利用《考研数学复习全书·基础篇(高等数学/线性代数 基础)》把基本知识“捡”起来之后,再使用本书。本书有对知识点的详细讲解和相应的练习题,有利于同学们建立考研知识体系和框架,打好基础。
在《数学基础过关 660 题》中若遇到不会做的题,可以放到这里来做。以章或节为单位,学习新内容前要复习前面的内容,按照一定的规律来复习。基础薄弱或中等偏下的考生,务必要利用考研当年上半年的时间,整体吃透书中的理论知识,摸清例题设置的原理和必要性,特别是对大纲要求的基本概念、理论、方法要系统理解和掌握。</td></tr>
<tr><td rowspan="2">《考研数学真题真刷提高篇·考点分类详解版》</td><td colspan="2">真题真练·总结规律·提升技巧(推荐使用时间:2025 年 7 月—2025 年 11 月)</td></tr>
<tr><td>本书完整收录 2009—2025 年考研数学的全部试题,将真题按考点分类,还精选了其他卷的试题作为练习题。力争做到考点全覆盖,题型多样,重点突出,不简单重复。书中的每道题给出的参考答案有常用、典型的解法,也有技巧性强的特殊解法。分析过程逻辑严谨、思路清晰,具有很强的可操作性,通过学习,考生可以独立完成对同类题的解答。</td><td>边做题、边总结,遇到“卡壳”的知识点、题目,回到《考研数学复习全书·提高篇》和之前听过的基础课、强化课中去补,争取把每个真题的知识点吃透、搞懂,不留死角。
通过做真题,考生将进一步提高解题能力和技巧,满足实际考试的要求。第一阶段,浏览每年真题,熟悉题型和常考点。第二阶段,进行专项复习。</td></tr>
<tr><td rowspan="2">《高等数学辅导讲义》
《线性代数辅导讲义》</td><td colspan="2">经典讲义·专项突破·强化提高(推荐使用时间:2025 年 7 月—2025 年 10 月)</td></tr>
<tr><td>三本讲义分别由作者的教学讲稿改编而成,系统阐述了考研数学的基础知识。书中例题都经过严格筛选、归纳,是多年经验的总结,对考研的重点、难点的把握准确、有针对性。适合认真研读,做到举一反三的同学。</td><td>哪科较薄弱,精研哪本。搭配《数学强化通关 330 题》一起使用,先复习讲义上的知识点,做章节例题、练习,再去听相关章节的强化课,做《数学强化通关 330 题》的相关习题,更有利于知识的巩固和提高。</td></tr>
<tr><td rowspan="2">《数学强化通关 330 题》</td><td colspan="2">综合训练·突破重点·强化提高(推荐使用时间:2025 年 5 月—2025 年 10 月)</td></tr>
<tr><td>解答题,综合训练必备。题目具有典型性、针对性、技巧性、综合性等特点,可以帮助同学们突破重点、难点,熟悉解题思路和方法,增强应试能力。</td><td>与《数学基础过关 660 题》互为补充。搭配《高等数学辅导讲义》《线性代数辅导讲义》使用,效果更佳。</td></tr>
<tr><td rowspan="2">《数学临阵磨枪》</td><td colspan="2">查漏补缺·问题清零·从容应战(推荐使用时间:2025 年 10 月—2025 年 12 月)</td></tr>
<tr><td>本书是常用定理公式、基础知识的清单。最后阶段,大部分考生缺乏信心,感觉没复习完,本来会做的题目,因为紧张、压力,也容易出错。本书能帮助考生在考前查漏补缺,确保基础知识不丢分。</td><td>搭配《数学决胜冲刺 6 套卷》使用。上考场前,可以再次回忆、翻看本书。</td></tr>
<tr><td rowspan="2">《数学决胜冲刺 6 套卷》
《考研数学最后 3 套卷》</td><td colspan="2">冲刺模拟·有的放矢·高效提分(推荐使用时间:2025 年 11 月—2025 年 12 月)</td></tr>
<tr><td>通过整套题的训练,对所学知识进行系统总结和梳理。不同于重点题型的练习,需要全面的知识,要综合应用。必要时应复习基本概念、公式、定理,准确记忆。</td><td>在精研真题之后,用模拟卷练习,找漏洞,保持手感。不要掐时间、估分,遇到不会的题目,回归基础,翻看以前的学习笔记,把每道题吃透。</td></tr>
</table>

“让解答题不再困难”

330题——解答题一站式解决方案

解答题是数学考试中非常重要的一部分，对于全面考查学生的数学素养和综合能力具有重要意义。

选择题填空题这类主观题能奠定考研分数过线的基础，而解答题决定着我们分数的上限，众所周知考研是选拔考试，如果想从众多考生中竞争胜出，练会、做会解答题是重中之重。

解答题考查的是什么？我们怎样复习才能解答题“通关”？同学们请先看统计表：

近 5 年考研数学二解答题考点一览

2025	2024	2023	2022	2021
定积分计算	二重积分计算	一阶线性微分方程求解	导数的定义、可导和连续的关系 等价无穷小量 重要极限	函数极限的计算 变上限积分求导 等价无穷小量代换 洛必达法则
可导性的证明与计算	换元求解微分方程，定积分的计算	二元函数的极值	一阶线性微分方程的解法 定积分的应用	一元函数微分学的应用 凹凸区间 渐近线
多元函数的极值	旋转体的体积，求最值	区域面积 旋转体体积 反常积分的几何应用	二重积分的计算	一元函数积分学的应用 曲线弧长 旋转曲面的面积
二重积分计算	二元函数求偏导，已知偏导求原函数	二重积分的计算	多元函数微分学 复合函数求偏导 极值	一阶线性微分的解法 导数的几何意义
拉格朗日中值定理	中值定理，泰勒公式	微分中值定理 极值点综合性证明	不等式证明 泰勒公式 极限、连续、定积分的相关性质	二重积分的计算
正交矩阵	齐次方程组解的关系、二次型正交变换化标准形	矩阵合同变换	二次型 正交变换 矩阵相似	矩阵相似 对角化

从表中可以看出，考研数学的解答题考点都是核心概念，重点考查主干内容。

解答题有以下几个特点：

一、解答题要求考生详细写出解题过程，充分展示考生的逻辑推理论证能力和运算能力。要得满分，必须具备较强的逻辑思维能力，需要清晰地分析问题，合理地安排解题步骤，确保每一步推理都有依据，最终得出正确的结果。

二、解答题通常涉及多个知识点的综合运用，要求考生对要求的考点掌握必须全面。

三、解答题需要人工阅卷，评分标准比较灵活，会根据考生的解题思路、步骤完整性和正确性来给分。即使最终答案错误，只要解题过程中有合理的部分，也能得到步骤分。这种评分方式鼓励考生展现自己的思维过程，而不仅仅追求结果的正确性。

因此，提高数学解答题的解题能力需要系统性方法和持续努力的过程。本书的编写立足于核心内容，根据真题中考点出题频次，精心编写考研数学中具有典型性、针对性的习题，这些习题对考点的覆盖、练习频次更具科学性。配合“三个重视”与“三个能力”就可以帮助提升数学解题能力。

“三个重视”与“三个能力”

一、重视审题方法、锻炼审题能力

良好的解题能力始于良好的审题能力。有些同学单纯追求刷题量多，解题速度快，导致不能发挥题目的练习效果。我们建议在解题前，先对题目进行分析，明确已知条件和求解目标，这种分析和理解的过程有助于提高解题的准确性和效率。

330 题在习题下方设置了线索板块，可以引导同学们在审题时记录下分析题目时的思路与火花，渗透审题思想，锻炼审题能力。

二、重视书写规范、锻炼逻辑思维能力

数学解题很大程度上依赖于逻辑思维能力。通过书写把你的思路过程展现出来，是必备的能力。题目解答写不好，往往是没有想好，或是有些地方逻辑不通。同时在解题过程中，注重书写规范，这有助于提高答案的可读性和条理性，使阅卷老师能够更清晰地了解的解题思路。

通过练习 330 题，可以帮助同学们进行逻辑推理训练，同学们需要多抄写思考每道题的答案解析，便于更好地理解问题的本质和解题步骤的合理性，构建一个严密的逻辑链条来证明一个数学命题。

330 题设置的答题区，可以用来练习规范解答题目，适当分配解题步骤，合理分配空间。

三、重视积累复盘、锻炼总结能力

数学解题还要重视定期对所学知识进行梳理和总结，加深对知识点的记忆和理解，避免遗忘和混淆。定期回顾做过的题目，将平时做错的题目整理在一起，并总结解题经验和教训，能避免同学们在同一类问题上重复犯错。

总结不仅要关注答案的正确性，还要分析解题思路和方法，归纳出一般性的解题规律。不同类型的题目熟悉该类型的通法，同一类型的题目，可以尝试多种解法，比较哪种方法更为高效，技巧就慢慢积累起来了。

330 题的笔记、总结板块设置的目的就是让同学们养成做笔记、做总结的习惯，笔记随时记录，定期整理形成总结。以期做一道题通一类题的效果。

330 题的编写阵容中有多位出自考研数学命题组、考研数学阅卷组的实力名师，在 20 多年的考研辅导工作中，对考研命题要求、真题变化趋势、试卷难度以及学生学习的困境与误区理解都非常深刻，本书编写的题目与考研命题知识点考查高度一致，可谓帮助同学们通关“解答题”应试的必备工具习题书，功能区引导同学们形成“三个重视”，通过题目帮助同学们建立审题、逻辑思维、总结这“三个能力”，使用 330 题一定让你“解答题无忧”。

目录
CONTENTS

高等数学

线性代数

2 若 $f(x)=\dfrac{x}{\sqrt{1+x^2}}$，$f_n(x)=\underbrace{f\{f[\cdots f(x)]\}}_{n\text{个}}$，求 $\lim\limits_{n\to\infty}\sqrt{n}f_n\left(\dfrac{1}{2}\right)$.

线索	答题区（难度星级：★★★）❺	笔记
（读题时记录） 简化 抓重点 提示隐藏 ❶	写出解题过程，步步有理、有据 ❷	（做题时记录） 困难 卡点 ❸
一题只记一个点 总结	积累 · 内化 · 复用 题型 · 知识 · 方法 ❹	

❶线索　审题时，记录下题中重点要点、简化题目、隐藏条件，联想到的方法，养成认真审题的好习惯

❷答题区　审题后，写出解题过程，要求每步有理有据、书写规范

❸笔记　记录答题过程中的卡点，解决学习复习中的卡点、阻点，找准目标

❹总结　积累题型、内化知识、复用方法、整理笔记，记录下来最重要的点

❺难度星级　综合难度，星级越高难度越高

保持热爱，奔赴山海。

志在峰巅，路在脚下。

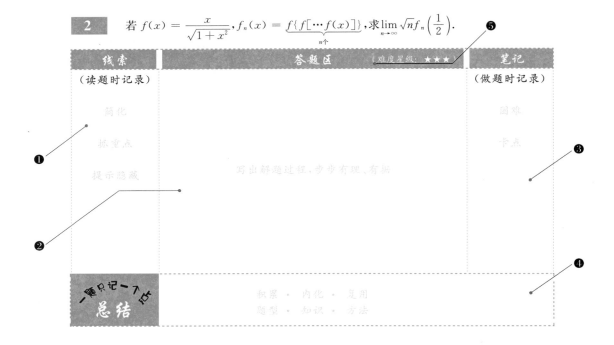

强化通关

高等数学

1 求极限 $\lim\limits_{n\to\infty}2^n\sqrt{2-\underbrace{\sqrt{2+\sqrt{2+\cdots+\sqrt{2}}}}_{n个}}$.

线索	答题区 （难度星级：★★★★）	笔记
（读题时记录）		（做题时记录）
简化		困难
抓重点	写出解题过程，步步有理、有据	卡点
提示隐藏		

一题只记一个点 总结	积累 · 内化 · 复用 题型 · 知识 · 方法

2 若 $f(x)=\dfrac{x}{\sqrt{1+x^2}}$，$f_n(x)=\underbrace{f\{f[\cdots f(x)]\}}_{n个}$，求 $\lim\limits_{n\to\infty}\sqrt{n}f_n\left(\dfrac{1}{2}\right)$.

线索	答题区 （难度星级：★★★）	笔记
（读题时记录）		（做题时记录）
简化		困难
抓重点	写出解题过程，步步有理、有据	卡点
提示隐藏		

一题只记一个点 总结	积累 · 内化 · 复用 题型 · 知识 · 方法

3 (1) 证明：当 $x>0$ 时，$\frac{x}{1+x}<\ln(1+x)<x$；

(2) 设 $x_n=\left(1+\frac{n^2-n+1}{n^3}\right)\left(1+\frac{n^2-n+3}{n^3}\right)\cdots\left(1+\frac{n^2+n-1}{n^3}\right)$，求 $\lim\limits_{n\to\infty}x_n$.

线索（读题时记录）	答题区（难度星级：★★★★★）	笔记（做题时记录）
简化 抓重点 提示隐藏	写出解题过程、步步有理、有据	困难 卡点

一题只记一个点 **总结**

积累 · 内化 · 复用

题型 · 知识 · 方法

4 (1) 已知 Stolz 定理：若 $\lim\limits_{n\to\infty} x_n = L$，则 $\lim\limits_{n\to\infty} \dfrac{x_1 + x_2 + \cdots + x_n}{n} = L$.

证明：若 $x_n > 0, n = 1,2,\cdots$，且 $x_1 = 1, \lim\limits_{n\to\infty} \dfrac{x_{n+1}}{x_n} = L(L > 0)$，则 $\lim\limits_{n\to\infty} \sqrt[n]{x_n} = L$；

(2) 设数列 $\{x_n\}$ 满足：

$$x_1 = 1, x_2 = 1, x_{n+2} = x_{n+1} + x_n, n = 1,2,\cdots.$$

证明：$x_n = \dfrac{a^n - b^n}{\sqrt{5}}$，其中 $a = \dfrac{1+\sqrt{5}}{2}, b = \dfrac{1-\sqrt{5}}{2}$；

(3) 对(2)中的 x_n，求极限 $\lim\limits_{n\to\infty} \sqrt[n]{x_n}$.

线索	答题区（难度星级：★★★★★）	笔记
（读题时记录） 简化 抓重点 提示隐藏	写出解题过程，步步有理、有据	（做题时记录） 困难 卡点

一题只记一个 总结

积累 · 内化 · 复用

题型 · 知识 · 方法

5 证明$\lim\limits_{n\to\infty}\left[((n+1)!)^{\frac{1}{n+1}}-(n!)^{\frac{1}{n}}\right]=\dfrac{1}{\mathrm{e}}$.

线索	答题区（难度星级：★★★★）	笔记
（读题时记录） 简化 抓重点 提示隐藏	写出解题过程，步步有理、有据	（做题时记录） 困难 卡点

一题只记一个tip 总结：积累 · 内化 · 复用　题型 · 知识 · 方法

6 设$a_0\in(-1,1)$，$a_n=\sqrt{\dfrac{1+a_{n-1}}{2}}$，$n=1,2,\cdots$，求：

(1) $\lim\limits_{n\to\infty}4^n(1-a_n)$；

(2) $\lim\limits_{n\to\infty}a_1a_2\cdots a_n$.

线索	答题区（难度星级：★★★★）	笔记
（读题时记录） 简化 抓重点 提示隐藏	写出解题过程，步步有理、有据	（做题时记录） 困难 卡点

一题只记一个tip 总结：积累 · 内化 · 复用　题型 · 知识 · 方法

7 设 $f(x)=\lim\limits_{n\to\infty}\sqrt[n]{1+(2x)^n+x^{2n}}\,(x\geqslant 0)$.

(1) 求函数 $f(x)$ 的表达式；

(2) 讨论函数的连续性.

线索	答题区（难度星级：★★）	笔记
（读题时记录） 简化 抓重点 提示隐藏	写出解题过程，步步有理、有据	（做题时记录） 困难 卡点

一题只记一个点 总结

积累 · 内化 · 复用
题型 · 知识 · 方法

8 求极限：$\lim\limits_{n\to\infty}\sqrt[n]{\dfrac{2n(2n+1)\cdots(3n-1)}{(\sqrt{n^2+1}+n)(\sqrt{n^2+2}+n)\cdots(\sqrt{n^2+n}+n)}}$.

线索	答题区（难度星级：★★★★）	笔记
（读题时记录） 简化 抓重点 提示隐藏	写出解题过程，步步有理、有据	（做题时记录） 困难 卡点

一题只记一个点 总结

积累 · 内化 · 复用
题型 · 知识 · 方法

9 设数列$\{x_n\}$满足$x_{n+1}=\sqrt{\frac{\pi}{2}x_n\sin x_n}$，且$0<x_1<\frac{\pi}{2}$。求$\lim\limits_{n\to\infty}\dfrac{\sec x_n-\tan x_n}{\frac{\pi}{2}-x_n}$。

线索	答题区 （难度星级：★★★★★）	笔记
（读题时记录） 简化 抓重点 提示隐藏	写出解题过程，步步有理、有据	（做题时记录） 困难 卡点
一题只记一个点 总结	积累 · 内化 · 复用 题型 · 知识 · 方法	

10 设$a_n=1+\frac{1}{\sqrt{2}}+\cdots+\frac{1}{\sqrt{n}}-2\sqrt{n}$，证明数列$\{a_n\}$收敛。

线索	答题区 （难度星级：★★★★）	笔记
（读题时记录） 简化 抓重点 提示隐藏	写出解题过程，步步有理、有据	（做题时记录） 困难 卡点
一题只记一个点 总结	积累 · 内化 · 复用 题型 · 知识 · 方法	

11 求极限$\lim\limits_{x\to 0}\dfrac{\sqrt{\dfrac{1+x}{1-x}}\cdot\sqrt[4]{\dfrac{1+2x}{1-2x}}\cdot\sqrt[6]{\dfrac{1+3x}{1-3x}}\cdot\cdots\cdot\sqrt[2026]{\dfrac{1+1013x}{1-1013x}}-1}{\arcsin x-(x^2+1)\arctan^2 x}$.

线索	答题区 （难度星级：★★★★）	笔记
（读题时记录） 简化 抓重点 提示隐藏	写出解题过程，步步有理、有据	（做题时记录） 困难 卡点
一题只记一个点 总结	积累 · 内化 · 复用 题型 · 知识 · 方法	

12 求$\lim\limits_{x\to 0}\dfrac{(1+x)^{\frac{1}{x}}-(1+2x)^{\frac{1}{2x}}}{\sin x}$.

线索	答题区 （难度星级：★★★）	笔记
（读题时记录） 简化 抓重点 提示隐藏	写出解题过程，步步有理、有据	（做题时记录） 困难 卡点
一题只记一个点 总结	积累 · 内化 · 复用 题型 · 知识 · 方法	

13 求极限$\lim\limits_{x\to 0}\dfrac{\sec x\tan x-\sin(\sin x)}{x^3}$.

线索	答题区（难度星级：★★★）	笔记
（读题时记录） 简化 抓重点 提示隐藏	写出解题过程，步步有理、有据	（做题时记录） 困难 卡点
一题只记一个点 总结	积累 · 内化 · 复用 题型 · 知识 · 方法	

14 （1）求$\lim\limits_{x\to+\infty}\dfrac{\arctan 2x-\arctan x}{\dfrac{\pi}{2}-\arctan x}$；

（2）若$\lim\limits_{x\to+\infty}x[1-f(x)]$不存在，而$I=\lim\limits_{x\to+\infty}\dfrac{\arctan 2x+[b-1-bf(x)]\arctan x}{\dfrac{\pi}{2}-\arctan x}$存在，试确定$b$的值，并求$I$.

线索	答题区（难度星级：★★★★★）	笔记
（读题时记录） 简化 抓重点 提示隐藏	写出解题过程，步步有理、有据	（做题时记录） 困难 卡点
一题只记一个点 总结	积累 · 内化 · 复用 题型 · 知识 · 方法	

15 计算$\lim\limits_{x\to 0}\dfrac{e^{(1+x)^{\frac{1}{x}}}-(1+x)^{\frac{e}{x}}}{x^2}$.

线索	答题区（难度星级：★★★★）	笔记
（读题时记录） 简化 抓重点 提示隐藏	写出解题过程，步步有理、有据	（做题时记录） 困难 卡点
一题只记一个方法 总结	积累 · 内化 · 复用 题型 · 知识 · 方法	

16 求极限$\lim\limits_{x\to 0}\dfrac{(e^{\sin x}+\sin x)^{\frac{1}{\sin x}}-(e^{\tan x}+\tan x)^{\frac{1}{\tan x}}}{x^3}$.

线索	答题区（难度星级：★★★★★）	笔记
（读题时记录） 简化 抓重点 提示隐藏	写出解题过程，步步有理、有据	（做题时记录） 困难 卡点
一题只记一个方法 总结	积累 · 内化 · 复用 题型 · 知识 · 方法	

17 求常数 a,b 的值,使得当 $x \to 0$ 时,$f(x) = \arctan x - \dfrac{x + ax^3}{1 + bx^2}$ 为 x 的尽可能高阶的无穷小,并求此阶数.

线索	答题区 （难度星级:★★★）	笔记
（读题时记录）		（做题时记录）
简化		困难
抓重点		卡点
提示隐藏	写出解题过程,步步有理、有据	
一题只记一个点 **总结**	积累 · 内化 · 复用 题型 · 知识 · 方法	

18 设 $f(x)$ 在 $(-1,1)$ 内存在二阶连续导数,且 $f'(0) = 0$,$f''(0) = A \neq 0$.

求 $\lim\limits_{x \to 0} \dfrac{f(x) - f(\sin x)}{x^4}$.

线索	答题区 （难度星级:★★★）	笔记
（读题时记录）		（做题时记录）
简化		困难
抓重点		卡点
提示隐藏	写出解题过程,步步有理、有据	
一题只记一个点 **总结**	积累 · 内化 · 复用 题型 · 知识 · 方法	

19 设$\lim\limits_{x\to 0}\dfrac{e^{x}(1+bx+cx^{2})-1-ax}{x^{4}}$存在,求常数 a,b,c 的值并求此极限值.

线索	答题区 (难度星级: ★★★)	笔记
(读题时记录) 简化 抓重点 提示隐藏	写出解题过程,步步有理、有据	(做题时记录) 困难 卡点
一题只记一个点 总结	积累 · 内化 · 复用 题型 · 知识 · 方法	

20 设 $f(x)$ 在 $x=0$ 的某邻域内二阶可导,且 $f''(0)\neq 0$,$\lim\limits_{x\to 0}\dfrac{f(x)}{x}=0$,

$\lim\limits_{x\to 0^{+}}\dfrac{\int_{0}^{x}f(t)\mathrm{d}t}{x^{\alpha}-\sin x}=\beta\neq 0$,求 α 与 β.

线索	答题区 (难度星级: ★★★★)	笔记
(读题时记录) 简化 抓重点 提示隐藏	写出解题过程,步步有理、有据	(做题时记录) 困难 卡点
一题只记一个点 总结	积累 · 内化 · 复用 题型 · 知识 · 方法	

21 设 $f(x)$ 非负连续，且 $f(0)=0, f'(0)=\frac{1}{2}$，求 $\lim\limits_{x\to 0^+}\dfrac{\int_0^{\ln(1+x)} tf(t)\mathrm{d}t}{\left[\int_0^x \sqrt{f(t)}\mathrm{d}t\right]^2}$.

线索	答题区 （难度星级：★★★）	笔记
（读题时记录） 简化 抓重点 提示隐藏	写出解题过程，步步有理、有据	（做题时记录） 困难 卡点

一题只记一个点 **总结**

积累 · 内化 · 复用
题型 · 知识 · 方法

22 当 $x\to\infty$ 时，$\left[\dfrac{\mathrm{e}}{\left(1+\frac{1}{x}\right)^x}\right]^x-\sqrt{\mathrm{e}}$ 与 x^k 是同阶无穷小量，求 k.

线索	答题区 （难度星级：★★★★）	笔记
（读题时记录） 简化 抓重点 提示隐藏	写出解题过程，步步有理、有据	（做题时记录） 困难 卡点

一题只记一个点 **总结**

积累 · 内化 · 复用
题型 · 知识 · 方法

23 设 $\alpha_1 = \sqrt{1+\tan x} - \sqrt{1+\sin x}$, $\alpha_2 = \int_0^{x^4} \frac{1}{\sqrt{1-t^2}} dt$, $\alpha_3 = \int_0^x du \int_0^{u^2} \arctan t dt$. 当 x → 0 时, 将以上 3 个无穷小量按照从低阶到高阶的顺序排序

线索	答题区 (难度星级: ★★★)	笔记
(读题时记录)		(做题时记录)
简化		困难
抓重点		卡点
提示隐藏	写出解题过程,步步有理、有据	
一题只记一个 **总结**	积累 · 内化 · 复用 题型 · 知识 · 方法	

24 求 a,b, 使得 $f(x) = \frac{(x^2+a^2)(x-1)}{e^{\frac{1}{x}}+b}$ 在 $(-\infty, +\infty)$ 上有一个可去间断点和一个跳跃间断点.

线索	答题区 (难度星级: ★★★)	笔记
(读题时记录)		(做题时记录)
简化		困难
抓重点		卡点
提示隐藏	写出解题过程,步步有理、有据	
一题只记一个 **总结**	积累 · 内化 · 复用 题型 · 知识 · 方法	

25 讨论函数 $f(x) = \begin{cases} \dfrac{x(x^2-4)}{\sin \pi x}, & x > 0, \\ \dfrac{x(x+1)}{x^2-1}, & x \leqslant 0 \end{cases}$ 的连续性并指出间断点的类型.

线索	答题区 （难度星级：★★★）	笔记
（读题时记录）		（做题时记录）
简化		困难
抓重点		卡点
提示隐藏	写出解题过程，步步有理、有据	
一题只记一个点 总结	积累 · 内化 · 复用 题型 · 知识 · 方法	

26 已知 $x=0$ 是函数 $f(x) = \dfrac{ax - \ln(1+x)}{x + b\sin x}$ 的可去间断点，求常数 a,b 的取值范围.

线索	答题区 （难度星级：★★）	笔记
（读题时记录）		（做题时记录）
简化		困难
抓重点		卡点
提示隐藏	写出解题过程，步步有理、有据	
一题只记一个点 总结	积累 · 内化 · 复用 题型 · 知识 · 方法	

27 求曲线 $y = \dfrac{1+x}{1-e^{-x}}$ 的渐近线.

线索

（读题时记录）

简化

抓重点

提示隐藏

答题区 （难度星级：★★★）

写出解题过程，步步有理、有据

笔记

（做题时记录）

困难

卡点

一题只记一个点

总结

积累 · 内化 · 复用

题型 · 知识 · 方法

28 设 $f(x)$ 在 $[a,b]$ 上连续，且 $f(a)=f(b)$，试证至少存在一个 $[\alpha,\beta]\subset[a,b]$，且 $\beta-\alpha=\dfrac{b-a}{2}$，使 $f(\alpha)=f(\beta)$.

线索

（读题时记录）

简化

抓重点

提示隐藏

答题区 （难度星级：★★★★）

写出解题过程，步步有理、有据

笔记

（做题时记录）

困难

卡点

一题只记一个点

总结

积累 · 内化 · 复用

题型 · 知识 · 方法

29 设 $f(x)$ 在 $x=0$ 的某邻域内有连续的一阶导数，且 $f'(0)=0$，$f''(0)$ 存在，求证

$$\lim_{x\to 0}\frac{f(x)-f[\ln(1+x)]}{x^3}=\frac{1}{2}f''(0).$$

线索	答题区　（难度星级：★★）	笔记
（读题时记录） 简化 抓重点 提示隐藏	写出解题过程，步步有理、有据	（做题时记录） 困难 卡点

一题只记一个点 总结　积累 · 内化 · 复用　题型 · 知识 · 方法

30 设 $f''(a)$ 存在，$f'(a)\neq 0$，求 $\lim\limits_{x\to a}\left[\dfrac{1}{f'(a)(x-a)}-\dfrac{1}{f(x)-f(a)}\right]$.

线索	答题区　（难度星级：★★★）	笔记
（读题时记录） 简化 抓重点 提示隐藏	写出解题过程，步步有理、有据	（做题时记录） 困难 卡点

一题只记一个点 总结　积累 · 内化 · 复用　题型 · 知识 · 方法

31 已知曲线 $y=f(x)$ 在点 $(0,1)$ 处的切线与曲线 $y=\ln x$ 相切，求 $\lim\limits_{x\to 0}\dfrac{f(\sin x)-1}{x+\sin x}$.

线索	答题区 （难度星级：★★）	笔记
（读题时记录） 简化 抓重点 提示隐藏	写出解题过程，步步有理、有据	（做题时记录） 困难 卡点
一题只记一个点 总结	积累 · 内化 · 复用 题型 · 知识 · 方法	

32 设函数 $\varphi(x)=\begin{cases}x^2\left(2+\sin\dfrac{1}{x}\right), & x\neq 0,\\ 0, & x=0,\end{cases}$ 且函数 $f(x)$ 在 $x=0$ 处可导，判断函数 $f(\varphi(x))$ 在 $x=0$ 处的连续及可导性.

线索	答题区 （难度星级：★★★）	笔记
（读题时记录） 简化 抓重点 提示隐藏	写出解题过程，步步有理、有据	（做题时记录） 困难 卡点
一题只记一个点 总结	积累 · 内化 · 复用 题型 · 知识 · 方法	

33 设 $f(x)=\begin{cases} e^x, & x\leqslant 0, \\ x^2+a, & x>0, \end{cases}$ 讨论 $F(x)=\int_{-1}^{x} f(t)\mathrm{d}t$ 在 $x=0$ 处的连续性与可导性.

线索	答题区（难度星级：★★）	笔记
（读题时记录） 简化 抓重点 提示隐藏	写出解题过程，步步有理、有据	（做题时记录） 困难 卡点

一题只记一个法 **总结**：积累 · 内化 · 复用　题型 · 知识 · 方法

34 设 $f(x)$ 是以 4 为周期的连续函数，且 $f'(1)=-1$，$F(x)=\int_{0}^{x} f(t)\mathrm{d}t$，求极限 $\lim\limits_{x\to 0}\dfrac{F'(5-x)-F'(5)}{x}$.

线索	答题区（难度星级：★★）	笔记
（读题时记录） 简化 抓重点 提示隐藏	写出解题过程，步步有理、有据	（做题时记录） 困难 卡点

一题只记一个法 **总结**：积累 · 内化 · 复用　题型 · 知识 · 方法

35 判断下述命题的正确性

① 若 $f(x)$ 在 x_0 处可导,则 $|f(x)|$ 在 x_0 处可导.

② 若 $|f(x)|$ 在 x_0 处可导,则 $f(x)$ 在 x_0 处可导.

③ 若 $f(x)$ 在 x_0 处可导,且 $f(x_0)=0, f'(x_0)\neq 0$,则 $|f(x)|$ 在 x_0 处不可导.

④ 若 $f(x)$ 在 x_0 处连续,且 $|f(x)|$ 在 x_0 处可导,则 $f(x)$ 在 x_0 处可导.

线索	答题区 (难度星级:★★★)	笔记
(读题时记录) 简化 抓重点 提示隐藏	写出解题过程,步步有理、有据	(做题时记录) 困难 卡点

一题只记一个点 总结

积累 · 内化 · 复用
题型 · 知识 · 方法

36 设严格单调函数 $y=f(x)$ 有二阶连续导数,其反函数为 $x=\varphi(y)$,且 $f(1)=2$, $f'(1)=2, f''(1)=3$,求 $\varphi''(2)$.

线索	答题区 (难度星级:★★★)	笔记
(读题时记录) 简化 抓重点 提示隐藏	写出解题过程,步步有理、有据	(做题时记录) 困难 卡点

一题只记一个点 总结

积累 · 内化 · 复用
题型 · 知识 · 方法

37 设函数 y 在任意点 x 处的增量满足

$$\Delta y=\frac{x}{\sqrt{x^2+1}}\Delta x-\frac{x^2}{\sqrt{x^2+1}+1}\Delta y+\frac{\sqrt{x^2+1}}{\sqrt{x^2+1}+1}\Delta x\Delta y,$$

且 $y(0)=0$，计算极限 $\lim\limits_{x\to 0}\dfrac{\int_0^{\arctan x}y(t)\,\mathrm{d}t}{x^2\ln(x+\sqrt{1+x^2})}$.

线索	答题区（难度星级：★★★★）	笔记
（读题时记录） 简化 抓重点 提示隐藏	写出解题过程，步步有理、有据	（做题时记录） 困难 卡点

一题只记一个法 **总结**

积累 · 内化 · 复用
题型 · 知识 · 方法

38 已知 $f(x)$ 在 $x>0$ 时有定义，且对任意 $y>x>0$，有 $x<\dfrac{y-x}{f(y)-f(x)}<y$，若 $f(1)=0$，求 $f(x)$.

线索	答题区（难度星级：★★★）	笔记
（读题时记录） 简化 抓重点 提示隐藏	写出解题过程，步步有理、有据	（做题时记录） 困难 卡点

一题只记一个法 **总结**

积累 · 内化 · 复用
题型 · 知识 · 方法

39 设函数 $f(x)$ 满足：对于任意的 x,y 都有

$$|f(x+y)-f(x-y)-y|\leqslant y^2,$$

求 $f(x)$.

线索	答题区 （难度星级：★★★★★）	笔记
（读题时记录） 简化 抓重点 提示隐藏	写出解题过程，步步有理、有据	（做题时记录） 困难 卡点

一题只记一个论 总结

积累 · 内化 · 复用
题型 · 知识 · 方法

40 设 $f(x)=\lim\limits_{n\to\infty}\dfrac{x^2\mathrm{e}^{n(x-1)}+ax+b}{1+\mathrm{e}^{n(x-1)}}$. 讨论 $f(x)$ 的连续性与可导性，确定 a,b 的值使得 $f(x)$ 可导.

线索	答题区 （难度星级：★★★）	笔记
（读题时记录） 简化 抓重点 提示隐藏	写出解题过程，步步有理、有据	（做题时记录） 困难 卡点

一题只记一个论 总结

积累 · 内化 · 复用
题型 · 知识 · 方法

41 设 $f(x)$ 可导，且 $f(0) \neq 0$.

（1）求 $\lim\limits_{x \to 0}\left[\dfrac{1}{\int_0^x f(t)\mathrm{d}t} - \dfrac{1}{xf(0)}\right]$；

（2）若 $f'(x)$ 连续且 $f'(0) \neq 0$. 当 $x \neq 0$ 时，$\int_0^x f(t)\mathrm{d}t = xf(\xi)$，$\xi$ 介于 x 与 0 之间，求 $\lim\limits_{x \to 0}\dfrac{\xi}{x}$.

线索	答题区 （难度星级：★★★★）	笔记
（读题时记录） 简化 抓重点 提示隐藏	写出解题过程、步步有理、有据	（做题时记录） 困难 卡点
一题只记一个trick 总结	积累 · 内化 · 复用 题型 · 知识 · 方法	

42 设函数 $f(x)$ 具有二阶连续导函数，且 $f(0) = f'(0) = 0$，$f''(0) > 0$. 在曲线 $y = f(x)$ 上任取一点 $(x, f(x))$，$x \neq 0$，作曲线的切线，此切线在 x 轴上的截距记作 u.

求 $\lim\limits_{x \to 0}\dfrac{xf(u)}{uf(x)}$.

线索	答题区 （难度星级：★★★）	笔记
（读题时记录） 简化 抓重点 提示隐藏	写出解题过程、步步有理、有据	（做题时记录） 困难 卡点
一题只记一个trick 总结	积累 · 内化 · 复用 题型 · 知识 · 方法	

43 若曲线 $y=x^2+ax+b$ 与 $2y=-1+xy^3$ 在点 $(1,-1)$ 处相切，求常数 a,b.

线索	答题区 （难度星级：★★）	笔记
（读题时记录） 简化 抓重点 提示隐藏	写出解题过程，步步有理、有据	（做题时记录） 困难 卡点

一题只记一个点 总结

积累 · 内化 · 复用
题型 · 知识 · 方法

44 设 $f(x)$ 具有一阶连续导数，且 $f(0)=1, f(1)=a$.

(1) 求使得 $1+\frac{a}{\sqrt{2}}-\int_0^1\sqrt{1+[f'(x)]^2}\mathrm{d}x$ 取得最大值的 $f(x)$ 的表达式；

(2) 将 $1+\frac{a}{\sqrt{2}}-\int_0^1\sqrt{1+[f'(x)]^2}\mathrm{d}x$ 取得的最大值记为 $g(a)$，当 a 为何值时，$g(a)$ 取得最大值？并求出该最大值.

线索	答题区 （难度星级：★★★★★）	笔记
（读题时记录） 简化 抓重点 提示隐藏	写出解题过程，步步有理、有据	（做题时记录） 困难 卡点

一题只记一个点 总结

积累 · 内化 · 复用
题型 · 知识 · 方法

45 求证：当 $x>0$ 时，$(1+x)^{1+\frac{1}{x}}<\mathrm{e}^{1+\frac{x}{2}}$.

线索	答题区（难度星级：★★★★★）	笔记
（读题时记录） 简化 抓重点 提示隐藏	写出解题过程，步步有理、有据	（做题时记录） 困难 卡点

一题只记一个点 总结

积累 · 内化 · 复用
题型 · 知识 · 方法

46 求数列 $\left\{\dfrac{(1+n)^3}{(1-n)^2}\right\}$ 的最小项的项数 n 以及该项的数值.

线索	答题区（难度星级：★★）	笔记
（读题时记录） 简化 抓重点 提示隐藏	写出解题过程，步步有理、有据	（做题时记录） 困难 卡点

一题只记一个点 总结

积累 · 内化 · 复用
题型 · 知识 · 方法

47 已知任意 $x \in (-\infty, +\infty)$，$f''(x) \geqslant 0$，且 $0 \leqslant f(x) \leqslant 1 - e^{-x^2}$，求 $f(x)$.

线索	答题区 （难度星级：★★★★）	笔记
（读题时记录） 简化 抓重点 提示隐藏	写出解题过程，步步有理、有据	（做题时记录） 困难 卡点
一题只记一个总结	积累 · 内化 · 复用 题型 · 知识 · 方法	

48 设非零函数 $f(x)$ 可导，且 $\dfrac{f(x)}{f'(x)} > 0$，则

(A) $f(1) > f(0)$.　(B) $f(1) < f(0)$.　(C) $\left|\dfrac{f(1)}{f(0)}\right| < 1$.　(D) $\left|\dfrac{f(1)}{f(0)}\right| > 1$.

线索	答题区 （难度星级：★★★★）	笔记
（读题时记录） 简化 抓重点 提示隐藏	写出解题过程，步步有理、有据	（做题时记录） 困难 卡点
一题只记一个总结	积累 · 内化 · 复用 题型 · 知识 · 方法	

49 求正实数 α 的范围，使得对于任意的正数 x,y，都有 $x \leqslant \frac{\alpha-1}{\alpha}y+\frac{1}{\alpha}\cdot\frac{x^{\alpha}}{y^{\alpha-1}}$ 成立.

线索	答题区（难度星级：★★★★）	笔记
（读题时记录） 简化 抓重点 提示隐藏	写出解题过程，步步有理、有据	（做题时记录） 困难 卡点

一题只记一个方法 **总结**：积累 · 内化 · 复用　题型 · 知识 · 方法

50 设 $f(x)$ 是一多项式，$f(x)\geqslant x$，$f(x)\geqslant 1-x$，证明：$f\left(\frac{1}{2}\right)>\frac{1}{2}$.

线索	答题区（难度星级：★★★★）	笔记
（读题时记录） 简化 抓重点 提示隐藏	写出解题过程，步步有理、有据	（做题时记录） 困难 卡点

一题只记一个方法 **总结**：积累 · 内化 · 复用　题型 · 知识 · 方法

51 当 $0<x<\frac{\pi}{2}$ 时,证明:$\left(\frac{\sin x}{x}\right)^3>\cos x$.

线索	答题区 (难度星级: ★★★★)	笔记
(读题时记录) 简化 抓重点 提示隐藏	写出解题过程,步步有理、有据	(做题时记录) 困难 卡点

一题只记一个论 总结

积累 · 内化 · 复用
题型 · 知识 · 方法

52 设 $0<x<\frac{\pi}{4}$,$f(x)=\frac{\tan x}{x}$,$g(x)=\left(\frac{\tan x}{x}\right)^2$,$h(x)=\frac{\tan x^2}{x^2}$,以下结论正确的是

(A) $f(x)>g(x)>h(x)$.
(B) $h(x)>g(x)>f(x)$.
(C) $g(x)>f(x)>h(x)$.
(D) $f(x)>h(x)>g(x)$.

线索	答题区 (难度星级: ★★★)	笔记
(读题时记录) 简化 抓重点 提示隐藏	写出解题过程,步步有理、有据	(做题时记录) 困难 卡点

一题只记一个论 总结

积累 · 内化 · 复用
题型 · 知识 · 方法

53 求函数 $f(x)=\int_0^{x^2}(2-t)e^{-t}\,dt$ 的最大值与最小值.

线索	答题区（难度星级：★★★★）	笔记
（读题时记录） 简化 抓重点 提示隐藏	写出解题过程，步步有理、有据	（做题时记录） 困难 卡点

一题只记一个状 总结

积累 · 内化 · 复用
题型 · 知识 · 方法

54 若 $f''(x)$ 不变号，且曲线 $y=f(x)$ 在点 $(1,1)$ 上的曲率圆为 $x^2+y^2=2$，则 $f(x)$ 在区间 $(1,2)$ 内

(A) 有极值点，无零点.
(B) 无极值点，有零点.
(C) 有极值点，有零点.
(D) 无极值点，无零点.

线索	答题区（难度星级：★★★★）	笔记
（读题时记录） 简化 抓重点 提示隐藏	写出解题过程，步步有理、有据	（做题时记录） 困难 卡点

一题只记一个状 总结

积累 · 内化 · 复用
题型 · 知识 · 方法

55 设函数 $y=f(x)$ 对一切 x 满足 $xf''(x)+3x[f'(x)]^2=1-e^{-x}$，若 $f'(x_0)=0(x_0\neq 0)$，则

(A) x_0 是 $f(x)$ 的极小值点.

(B) x_0 是 $f(x)$ 的极大值点.

(C) $(x_0, f(x_0))$ 是曲线 $y=f(x)$ 的拐点.

(D) x_0 不是 $f(x)$ 的极值点，$(x_0, f(x_0))$ 也不是曲线 $y=f(x)$ 的拐点.

线索	答题区 （难度星级：★★★★）	笔记
（读题时记录） 简化 抓重点 提示隐藏	写出解题过程，步步有理、有据	（做题时记录） 困难 卡点

一题只记一个 总结	积累 · 内化 · 复用 题型 · 知识 · 方法

56 (1) 证明：当 $x>0$ 时，$x-\frac{1}{3}x^3<\arctan x<x$；

(2) 求 $\lim\limits_{n\to\infty}\sum\limits_{k=1}^{n}\arctan\frac{n}{n^2+k^2}$.

线索	答题区 （难度星级：★★★★）	笔记
（读题时记录） 简化 抓重点 提示隐藏	写出解题过程，步步有理、有据	（做题时记录） 困难 卡点

一题只记一个 总结	积累 · 内化 · 复用 题型 · 知识 · 方法

57 设函数 $f(x)$ 在 $(-\infty,+\infty)$ 上二阶连续可导，且对任意的 x 与 h 满足 $f(x+h)-f(x)=hf'\left(x+\frac{h}{2}\right)$.

求证：$f(x)=ax^2+bx+c$，其中 a,b,c 为常数.

线索	答题区 （难度星级：★★★★）	笔记
（读题时记录） 简化 抓重点 提示隐藏	写出解题过程，步步有理、有据	（做题时记录） 困难 卡点

一题只记一个点 总结

积累 · 内化 · 复用
题型 · 知识 · 方法

58 已知曲线 $y=f(x)$ 和 $\int_a^{y+x} e^{-t^2}\,dt=2y-\sin x$ 在原点处相切，求 $\lim\limits_{x\to 0}\left[\frac{\ln(1+x)}{x^{1+a}}\right]^{\frac{1}{f(x)}}$.

线索	答题区 （难度星级：★★★）	笔记
（读题时记录） 简化 抓重点 提示隐藏	写出解题过程，步步有理、有据	（做题时记录） 困难 卡点

一题只记一个点 总结

积累 · 内化 · 复用
题型 · 知识 · 方法

59 证明：当 $0<x<1$ 时，$\sqrt{\dfrac{1-x}{1+x}}<\dfrac{\ln(1+x)}{\arcsin x}$.

线索	答题区 （难度星级：★★★★★）	笔记
（读题时记录） 简化 抓重点 提示隐藏	写出解题过程，步步有理、有据	（做题时记录） 困难 卡点

一题只记一个知识
总结

积累 · 内化 · 复用
题型 · 知识 · 方法

60 设 $x>0$，证明 $(x-4)\mathrm{e}^{\frac{x}{2}}-(x-2)\mathrm{e}^{x}+2<0$.

线索	答题区 （难度星级：★★★★）	笔记
（读题时记录） 简化 抓重点 提示隐藏	写出解题过程，步步有理、有据	（做题时记录） 困难 卡点

一题只记一个知识
总结

积累 · 内化 · 复用
题型 · 知识 · 方法

61 设 $x\in[0,1]$，$p>1$，证明：$\dfrac{1}{2^{p-1}}\leqslant x^p+(1-x)^p\leqslant 1$.

线索	答题区（难度星级：★★★★★）	笔记
（读题时记录） 简化 抓重点 提示隐藏	写出解题过程、步步有理、有据	（做题时记录） 困难 卡点
一题只记一个点 总结	积累·内化·复用 题型·知识·方法	

62 设 $f(x)=(x^3-1)^n\sin\left(\dfrac{\pi}{2}x\right)$，求 $f^{(n+1)}(1)$.

线索	答题区（难度星级：★★★★）	笔记
（读题时记录） 简化 抓重点 提示隐藏	写出解题过程、步步有理、有据	（做题时记录） 困难 卡点
一题只记一个点 总结	积累·内化·复用 题型·知识·方法	

63 设 $f(x)=\sqrt[3]{\sin x^3}+\ln\cos x$，求 $f^{(4)}(0)$ 以及 $f^{(7)}(0)$.

线索	答题区 （难度星级：★★★★）	笔记
（读题时记录） 简化 抓重点 提示隐藏	写出解题过程，步步有理、有据	（做题时记录） 困难 卡点

一题只记一个坑 总结

积累 · 内化 · 复用
题型 · 知识 · 方法

64 设 $f(x)=\sin^2(x^2+1)$，求 $f^{(n)}(0)(n=1,2,3,\cdots)$.

线索	答题区 （难度星级：★★★★）	笔记
（读题时记录） 简化 抓重点 提示隐藏	写出解题过程，步步有理、有据	（做题时记录） 困难 卡点

一题只记一个坑 总结

积累 · 内化 · 复用
题型 · 知识 · 方法

65 设 $f(x)$ 在区间 $(-\infty,+\infty)$ 上存在二阶导数，$f(0)<0$，$f''(x)>0$. 试证明：

(1) 在 $(-\infty,+\infty)$ 上 $f(x)$ 至多有 2 个零点，至少有 1 个零点；

(2) 若的确有 2 个零点 x_1 与 x_2，则 $x_1x_2<0$.

线索	答题区 （难度星级：★★★★★）	笔记
（读题时记录） 简化 抓重点 提示隐藏	写出解题过程，步步有理、有据	（做题时记录） 困难 卡点

一题只记一个　总结：积累 · 内化 · 复用　题型 · 知识 · 方法

66 讨论函数 $f(x)=\left(1+\dfrac{1}{x}\right)^{x}$，$x\in(0,1)$ 的单调性，若有极值，求极值.

线索	答题区 （难度星级：★★★）	笔记
（读题时记录） 简化 抓重点 提示隐藏	写出解题过程，步步有理、有据	（做题时记录） 困难 卡点

一题只记一个　总结：积累 · 内化 · 复用　题型 · 知识 · 方法

67 判断曲线 $f(x) = \dfrac{x}{\sin x}$ 在 $\left(0, \dfrac{\pi}{2}\right)$ 上的凹凸性.

线索	答题区 （难度星级：★★★★）	笔记
（读题时记录）		（做题时记录）
简化		困难
抓重点		卡点
提示隐藏	写出解题过程，步步有理、有据	
一题只记一个 **总结**	积累 · 内化 · 复用 题型 · 知识 · 方法	

68 设 $f(x) = \displaystyle\int_0^x (t - 2t^3)\,\mathrm{e}^{-t^2}\,\mathrm{d}t$，试确定方程 $f(x) = 0$ 的实根个数.

线索	答题区 （难度星级：★★★）	笔记
（读题时记录）		（做题时记录）
简化		困难
抓重点		卡点
提示隐藏	写出解题过程，步步有理、有据	
一题只记一个 **总结**	积累 · 内化 · 复用 题型 · 知识 · 方法	

69 设 $f(x)=-\cos(\pi x)+(2x-3)^3+\frac{1}{2}(x-1)$，试求 $f(x)=0$ 的实根个数.

线索（读题时记录）：简化　抓重点　提示隐藏

答题区（难度星级：★★★）：写出解题过程，步步有理、有据

笔记（做题时记录）：困难　卡点

一题只记一个总结：积累·内化·复用　题型·知识·方法

70 讨论方程 $xe^{2x}-2x-\cos x=0$ 的实根的个数.

线索（读题时记录）：简化　抓重点　提示隐藏

答题区（难度星级：★★★）：写出解题过程，步步有理、有据

笔记（做题时记录）：困难　卡点

一题只记一个总结：积累·内化·复用　题型·知识·方法

71 设曲线 L 的参数方程为 $\begin{cases} x(t)=\ln\tan\dfrac{t}{2}+\cos t, \\ y(t)=\sin t, \end{cases}$ 其中 $\dfrac{\pi}{2}<t<\pi$，求曲线上一点 M 处的切线与 x 轴的交点 P 和点 M 之间的距离.

线索	答题区 （难度星级：★★★）	笔记
（读题时记录） 简化 抓重点 提示隐藏	写出解题过程，步步有理、有据	（做题时记录） 困难 卡点

一题只记一个点 总结

积累 · 内化 · 复用
题型 · 知识 · 方法

72 求曲线 $y+xy-e^x+e^y=0$ 在点 $(0,y(0))$ 处的曲率.

线索	答题区 （难度星级：★★★）	笔记
（读题时记录） 简化 抓重点 提示隐藏	写出解题过程，步步有理、有据	（做题时记录） 困难 卡点

一题只记一个点 总结

积累 · 内化 · 复用
题型 · 知识 · 方法

73 设 $f(x)$ 在 $[a,b]$ 上连续，在 (a,b) 内可导，$f(a)=f(b)=0$. 证明：存在 $\xi\in(a,b)$，使 $f'(\xi)+f^2(\xi)=0$.

线索	答题区 （难度星级：★★★★）	笔记
（读题时记录） 简化 抓重点 提示隐藏	写出解题过程，步步有理、有据	（做题时记录） 困难 卡点

一题只记一个 总结

积累 · 内化 · 复用
题型 · 知识 · 方法

74 设 $f(x)$ 在 $\mathbf{R}$ 上二阶可导，且 $|f(x)|\leqslant M_0$，$|f''(x)|\leqslant M_1$.

证明 $|f'(x)|\leqslant\sqrt{2M_0M_1}$.

线索	答题区 （难度星级：★★★★★）	笔记
（读题时记录） 简化 抓重点 提示隐藏	写出解题过程，步步有理、有据	（做题时记录） 困难 卡点

一题只记一个 总结

积累 · 内化 · 复用
题型 · 知识 · 方法

75 奇函数 $f(x)$ 在闭区间 $[-1,1]$ 上可导，且 $|f'(x)| \leqslant M$（M 为正常数），则必有

(A) $|f(x)| \geqslant M$. (B) $|f(x)| > M$.

(C) $|f(x)| \leqslant M$. (D) $|f(x)| < M$.

线索	答题区 （难度星级：★★★★）	笔记
（读题时记录） 简化 抓重点 提示隐藏	写出解题过程，步步有理、有据	（做题时记录） 困难 卡点

一题只记一个总结

积累 · 内化 · 复用

题型 · 知识 · 方法

76 设函数 $f(x)$ 在闭区间 $[0,4]$ 上具有二阶导数，且 $f(0)=0, f(1)=1, f(4)=2$. 证明存在 $\xi \in (0,4)$，使 $f''(\xi) = -\dfrac{1}{3}$.

线索	答题区 （难度星级：★★★★★）	笔记
（读题时记录） 简化 抓重点 提示隐藏	写出解题过程，步步有理、有据	（做题时记录） 困难 卡点

一题只记一个总结

积累 · 内化 · 复用

题型 · 知识 · 方法

77 设 $f(x)$ 在$[0,1]$上存在二阶导数，且 $f(0)=f(1)=0$. 试证明至少存在一点 $\xi\in(0,1)$，使

$$|f''(\xi)|\geqslant 8\max_{0\leqslant x\leqslant 1}|f(x)|.$$

线索	答题区 （难度星级：★★★★）	笔记
（读题时记录） 简化 抓重点 提示隐藏	写出解题过程，步步有理、有据	（做题时记录） 困难 卡点

一题只记一个点 **总结**

积累 · 内化 · 复用

题型 · 知识 · 方法

78 设函数 $f(x)$ 在闭区间$[0,2]$上连续，在开区间$(0,2)$内可导，且 $f(0)=0$，$f(2)=3$. 证明：存在两两互异的点 $\xi_1,\xi_2,\xi_3\in(0,2)$，使得 $f'(\xi_2)f'(\xi_3)\sqrt{2-\xi_1}\geqslant 2$.

线索	答题区 （难度星级：★★★★★）	笔记
（读题时记录） 简化 抓重点 提示隐藏	写出解题过程，步步有理、有据	（做题时记录） 困难 卡点

一题只记一个点 **总结**

积累 · 内化 · 复用

题型 · 知识 · 方法

79 设 $f(x)$ 在 $[a,b]$ 上二阶可导，且 $f(a)=f'(a)=f''(a)=0$.

(1) 求极限 $\lim\limits_{x\to a^+}\dfrac{f(x)}{(x-a)^2}$；

(2) 证明：若 $f(b)=0$，存在 $\xi\in(a,b)$，使得 $(\xi-a)^2f''(\xi)-2f(\xi)=0$.

线索	答题区 （难度星级：★★★★★）	笔记
（读题时记录） 简化 抓重点 提示隐藏	写出解题过程，步步有理、有据	（做题时记录） 困难 卡点

一题只记一个 **总结**：积累 · 内化 · 复用　题型 · 知识 · 方法

80 设 $f(x)$ 在 $[0,1]$ 上可导，对于任意的 $x\in(0,1]$，满足 $f'(x)=f(\lambda x)$，其中常数 $\lambda\in(0,1]$，且 $f(0)=0$，证明：$f(x)$ 在 $[0,1]$ 上恒为零.

线索	答题区 （难度星级：★★★★）	笔记
（读题时记录） 简化 抓重点 提示隐藏	写出解题过程、步步有理、有据	（做题时记录） 困难 卡点

一题只记一个 **总结**：积累 · 内化 · 复用　题型 · 知识 · 方法

81 设函数 $f(x)$ 具有二阶导数且满足 $f(0)=0$，证明：存在 $\xi\in\left(-\frac{\pi}{2},\frac{\pi}{2}\right)$，使得

$$f''(\xi)=f(\xi)+2f'(\xi)\tan\xi.$$

线索	答题区（难度星级：★★★★★）	笔记
（读题时记录） 简化 抓重点 提示隐藏	写出解题过程，步步有理、有据	（做题时记录） 困难 卡点
一题只记一个点 总结	积累 · 内化 · 复用 题型 · 知识 · 方法	

82 设 $f(x)$ 在 x_0 的某邻域内有四阶导数，且 $|f^{(4)}(x)|\leqslant M$.

求证：对该邻域内任意关于 x_0 对称的两点 x_1,x_2，有

$$\left|f''(x_0)-\frac{f(x_1)-2f(x_0)+f(x_2)}{(x_1-x_0)^2}\right|\leqslant\frac{M}{12}(x_1-x_0)^2.$$

线索	答题区（难度星级：★★★★★）	笔记
（读题时记录） 简化 抓重点 提示隐藏	写出解题过程，步步有理、有据	（做题时记录） 困难 卡点
一题只记一个点 总结	积累 · 内化 · 复用 题型 · 知识 · 方法	

83 设 $f(x)$ 在 $[0,1]$ 上具有二阶导数，且满足 $f(0)=0, f(1)=1, f\left(\frac{1}{2}\right)>\frac{1}{4}$，证明：

(1) 存在一点 $\xi \in (0,1)$，使得 $f''(\xi)<2$；

(2) 若对于任意的 $x \in (0,1)$，$f''(x) \neq 2$，则对于任意的 $x \in (0,1)$，$f(x)>x^2$.

线索	答题区 （难度星级：★★★★★）	笔记
（读题时记录） 简化 抓重点 提示隐藏	写出解题过程，步步有理、有据	（做题时记录） 困难 卡点

一题只记一个 总结

积累 · 内化 · 复用

题型 · 知识 · 方法

一元函数积分学

84 (1) 设 $f(x)$ 严格单调、可导，$F(x)$ 是其原函数，$f^{-1}(x)$ 为其反函数，求 $\int f^{-1}(x)\mathrm{d}x$；

(2) 设 $F(x)$ 是 $f(x)$ 的原函数，$f(x)F(x)=\sin^2 2x, F(0)=1, F(x)\geqslant 0 (x>0)$. 求 $f(x)(x>0)$.

线索	答题区 （难度星级：★★★）	笔记
（读题时记录） 简化 抓重点 提示隐藏	写出解题过程，步步有理、有据	（做题时记录） 困难 卡点

一题只记一个 总结

积累 · 内化 · 复用

题型 · 知识 · 方法

85 求$\int \frac{\ln(1-x^2)}{x^2\sqrt{1-x^2}}\mathrm{d}x$.

线索

（读题时记录）

简化

抓重点

提示隐藏

答题区 （难度星级：★★★）

写出解题过程，步步有理、有据

笔记

（做题时记录）

困难

卡点

一题只记一个点

总结

积累 · 内化 · 复用

题型 · 知识 · 方法

86 求：(1)$\int \frac{\mathrm{d}x}{\sqrt[3]{(x+1)^2(x-1)^4}}$；(2)$\int \sqrt{\frac{\mathrm{e}^x-1}{\mathrm{e}^x+1}}\mathrm{d}x$.

线索

（读题时记录）

简化

抓重点

提示隐藏

答题区 （难度星级：★★★★）

写出解题过程，步步有理、有据

笔记

（做题时记录）

困难

卡点

一题只记一个点

总结

积累 · 内化 · 复用

题型 · 知识 · 方法

87 求:(1) $\int x\ln(1+x^2)\arctan x\mathrm{d}x$;(2) $\int \max\{1,x^2\}\mathrm{d}x$.

线索	答题区 （难度星级：★★★★）	笔记
（读题时记录） 简化 抓重点 提示隐藏	写出解题过程，步步有理、有据	（做题时记录） 困难 卡点

一题只记一个方法 总结

积累 · 内化 · 复用
题型 · 知识 · 方法

88 求:(1) $\int \frac{x}{x^8-1}\mathrm{d}x$;(2) $\int \frac{x^{2n-1}}{x^n+1}\mathrm{d}x$,$n$ 为正整数.

线索	答题区 （难度星级：★★★★★）	笔记
（读题时记录） 简化 抓重点 提示隐藏	写出解题过程，步步有理、有据	（做题时记录） 困难 卡点

一题只记一个方法 总结

积累 · 内化 · 复用
题型 · 知识 · 方法

89 求：(1) $\int \frac{\sin x}{1+\sin x}\mathrm{d}x$；(2) $\int \frac{\mathrm{d}x}{1+\sqrt{x}+\sqrt{1+x}}$.

线索	答题区 （难度星级：★★★★）	笔记
（读题时记录） 简化 抓重点 提示隐藏	写出解题过程，步步有理、有据	（做题时记录） 困难 卡点

一题只记一个 总结

积累 · 内化 · 复用

题型 · 知识 · 方法

90 设 $x_n=\frac{1}{n^2}\left(\sqrt{4n^2-1\times 2}+\sqrt{4n^2-3\times 4}+\sqrt{4n^2-5\times 6}+\cdots+\sqrt{4n^2-(2n-1)\cdot 2n}\right)$，

求 $\lim\limits_{n\to\infty}x_n$.

线索	答题区 （难度星级：★★★★★）	笔记
（读题时记录） 简化 抓重点 提示隐藏	写出解题过程，步步有理、有据	（做题时记录） 困难 卡点

一题只记一个 总结

积累 · 内化 · 复用

题型 · 知识 · 方法

91 设函数 $f(x)$ 在$[0,1]$上二阶连续可导，$f(0)=f(1)=0$，且 $f(x)\neq 0, x\in(0,1)$，证明：$\int_0^1\left|\frac{f''(x)}{f(x)}\right|\mathrm{d}x>4$.

线索	答题区 （难度星级：★★★★★）	笔记
（读题时记录） 简化 抓重点 提示隐藏	写出解题过程，步步有理、有据	（做题时记录） 困难 卡点

一题只记一个点 总结

积累 · 内化 · 复用
题型 · 知识 · 方法

92 下列函数中必为奇函数的是

(A) $\int_a^x \sin t^2\,\mathrm{d}t$.　　(B) $\int_0^x \sin t^3\,\mathrm{d}t$.

(C) $\int_0^x t\ln(t+\sqrt{1+t^2})\,\mathrm{d}t$.　　(D) $\int_0^x\left(\int_0^y \sin t^2\,\mathrm{d}t\right)\mathrm{d}y$.

线索	答题区 （难度星级：★★★）	笔记
（读题时记录） 简化 抓重点 提示隐藏	写出解题过程，步步有理、有据	（做题时记录） 困难 卡点

一题只记一个点 总结

积累 · 内化 · 复用
题型 · 知识 · 方法

93 设 $F(x)$ 是函数 $f(x)=\max\{x,x^2\}$ 的一个原函数，则

(A) $x=0$ 和 $x=1$ 都是 $F(x)$ 的间断点.　　(B) $x=0$ 是 $F'(x)$ 的间断点.

(C) $x=1$ 是 $F'(x)$ 的间断点.　　(D) $F'(x)$ 处处连续.

线索	答题区（难度星级：★★）	笔记
（读题时记录） 简化 抓重点 提示隐藏	写出解题过程，步步有理、有据	（做题时记录） 困难 卡点

一题只记一个点 总结：积累 · 内化 · 复用　题型 · 知识 · 方法

94 设定义在 $(-\infty,+\infty)$ 上的连续函数 $f(x)$ 的图形关于 $x=0$ 与 $x=1$ 均对称，则下列命题中，正确命题为

① 若 $\int_0^1 f(x)\mathrm{d}x=0$，则 $\int_0^x f(t)\mathrm{d}t$ 为周期函数.

② 若 $\int_0^2 f(x)\mathrm{d}x=0$，则 $\int_0^x f(t)\mathrm{d}t$ 为周期函数.

③ $\int_0^x f(t)\mathrm{d}t - x\int_0^2 f(t)\mathrm{d}t$ 为周期函数.

④ $\int_0^x f(t)\mathrm{d}t - \frac{x}{2}\int_0^2 f(t)\mathrm{d}t$ 为周期函数.

(A)②③.　　(B)②④.　　(C)①②③.　　(D)①②④.

线索	答题区（难度星级：★★★★）	笔记
（读题时记录） 简化 抓重点 提示隐藏	写出解题过程，步步有理、有据	（做题时记录） 困难 卡点

一题只记一个点 总结：积累 · 内化 · 复用　题型 · 知识 · 方法

95 设 $f(x)$ 是以 T 为周期的连续函数(若下式中用到 $f'(x)$,则设 $f'(x)$ 存在),则以下结论中不正确的是

(A) $f'(x)$ 必以 T 为周期.

(B) $\int_0^x f(t)\mathrm{d}t$ 必以 T 为周期.

(C) $\int_0^x [f(t)-f(-t)]\mathrm{d}t$ 必以 T 为周期.

(D) $\int_0^x f(t)\mathrm{d}t-\frac{x}{T}\int_0^T f(t)\mathrm{d}t$ 必以 T 为周期.

线索	答题区 (难度星级:★★★)	笔记
(读题时记录) 简化 抓重点 提示隐藏	写出解题过程,步步有理、有据	(做题时记录) 困难 卡点
一题只记一个 总结	积累 · 内化 · 复用 题型 · 知识 · 方法	

96 设 $g(x)=\int_0^x f(t)\mathrm{d}t$,其中函数 $f(x)=\begin{cases}\frac{1}{2}(x^2-1), & 0\leqslant x<1,\\ \frac{1}{3}(x+1), & 1\leqslant x\leqslant 2,\end{cases}$ 则 $g(x)$ 在区间 $(0,2)$ 内

(A) 单调增加.

(B) 有跳跃间断点 $x=1$.

(C) 有可去间断点 $x=1$.

(D) 连续.

线索	答题区 (难度星级:★★)	笔记
(读题时记录) 简化 抓重点 提示隐藏	写出解题过程,步步有理、有据	(做题时记录) 困难 卡点
一题只记一个 总结	积累 · 内化 · 复用 题型 · 知识 · 方法	

97 设 $f(x)$ 在 $(-\infty,+\infty)$ 内连续，下述 4 个命题

① 对任意正常数 a，$\int_{-a}^{a} f(x)\mathrm{d}x=0 \Leftrightarrow f(x)$ 为奇函数.

② 对任意正常数 a，$\int_{-a}^{a} f(x)\mathrm{d}x=2\int_{0}^{a} f(x)\mathrm{d}x \Leftrightarrow f(x)$ 为偶函数.

③ 对任意正常数 a 及常数 $\omega>0$，$\int_{a}^{a+\omega} f(x)\mathrm{d}x$ 与 a 无关 $\Leftrightarrow f(x)$ 有周期 ω.

④ $\int_{0}^{x} f(t)\mathrm{d}t$ 对 x 有周期 $\omega \Leftrightarrow \int_{0}^{\omega} f(t)\mathrm{d}t=0$.

正确的命题个数为

(A)4. (B)3. (C)2. (D)1.

线索	答题区 （难度星级：★★★）	笔记
（读题时记录） 简化 抓重点 提示隐藏	写出解题过程，步步有理、有据	（做题时记录） 困难 卡点

一题只记一个点 **总结**

积累 · 内化 · 复用
题型 · 知识 · 方法

98 设在区间$[-1,1]$上，$|f(x)|\leqslant x^2$，$f''(x)>0$，记$I=\int_{-1}^{1}f(x)\mathrm{d}x$，则

(A)$I=0$.　　(B)$I>0$.

(C)$I<0$.　　(D)I的正负不确定.

线索	答题区　（难度星级：★★★★）	笔记
（读题时记录） 简化 抓重点 提示隐藏	写出解题过程，步步有理、有据	（做题时记录） 困难 卡点
一题只记一个点 总结	积累·内化·复用 题型·知识·方法	

99 设$M=\int_{-\frac{\pi}{4}}^{\frac{\pi}{4}}\left(\frac{\tan x}{1+x^4}+x^8\right)\mathrm{d}x$，$N=\int_{-\frac{\pi}{4}}^{\frac{\pi}{4}}[\sin^8 x+\ln(x+\sqrt{x^2+1})]\mathrm{d}x$，$P=\int_{-\frac{\pi}{4}}^{\frac{\pi}{4}}(\tan^4 x+e^x\cos x-e^{-x}\cos x)\mathrm{d}x$，则有

(A)$P>N>M$.　(B)$N>P>M$.　(C)$N>M>P$.　(D)$P>M>N$.

线索	答题区　（难度星级：★★★★）	笔记
（读题时记录） 简化 抓重点 提示隐藏	写出解题过程，步步有理、有据	（做题时记录） 困难 卡点
一题只记一个点 总结	积累·内化·复用 题型·知识·方法	

100 设 $f(x)=\int_1^x \frac{\ln(1+t)}{t}\mathrm{d}t(x>0)$，求 $f(x)+f\left(\frac{1}{x}\right)$ 在 $x=2$ 时的函数值.

线索	答题区（难度星级：★★★）	笔记
（读题时记录） 简化 抓重点 提示隐藏	写出解题过程，步步有理、有据	（做题时记录） 困难 卡点

一题只记一个 总结

积累 · 内化 · 复用
题型 · 知识 · 方法

101 设 $f(x)$ 在 $[a,b]$ 上连续，$g(x)$ 在 $[a,b]$ 上有连续导数，且 $g'(x)\neq 0$. 若 $\int_a^b f(x)\mathrm{d}x=0$，$\int_a^b f(x)g(x)\mathrm{d}x=0$，证明：至少存在两个不同的点 $\xi_1,\xi_2\in(a,b)$，使得 $f(\xi_1)=f(\xi_2)=0$.

线索	答题区（难度星级：★★★★★）	笔记
（读题时记录） 简化 抓重点 提示隐藏	写出解题过程，步步有理、有据	（做题时记录） 困难 卡点

一题只记一个 总结

积累 · 内化 · 复用
题型 · 知识 · 方法

102 设 $f(x)$ 在 $[a,b]$ 上单调且可导，$g(x)$ 在 $[a,b]$ 上连续.

求证：存在 $\xi \in [a,b]$，使得

$$\int_a^b f(x)g(x)\mathrm{d}x = f(a)\int_a^{\xi} g(x)\mathrm{d}x + f(b)\int_{\xi}^b g(x)\mathrm{d}x.$$

线索	答题区 （难度星级：★★★★）	笔记
（读题时记录） 简化 抓重点 提示隐藏	写出解题过程，步步有理、有据	（做题时记录） 困难 卡点

一题只记一个点 **总结**

积累 · 内化 · 复用
题型 · 知识 · 方法

103 (1) 记 $I_n = \int_0^{\frac{\pi}{2}} \frac{\cos(2n+1)x}{\cos x}\mathrm{d}x$，求证：$I_n = \frac{(-1)^n}{2}\pi$；

(2) 计算极限 $\lim\limits_{n\to\infty} n\left|\int_0^{\frac{\pi}{2}} \cos 2nx \cdot \ln\cos x\mathrm{d}x\right|$.

线索	答题区 （难度星级：★★★★★）	笔记
（读题时记录） 简化 抓重点 提示隐藏	写出解题过程，步步有理、有据	（做题时记录） 困难 卡点

一题只记一个点 **总结**

积累 · 内化 · 复用
题型 · 知识 · 方法

104 设 $f(x)=\int_{x}^{x+\frac{\pi}{2}}|\sin t|\mathrm{d}t$，求 $f(x)$ 的最值.

线索（读题时记录）：简化、抓重点、提示隐藏

答题区（难度星级：★★★★）：写出解题过程，步步有理、有据

笔记（做题时记录）：困难、卡点

一题只记一个点 总结：积累·内化·复用；题型·知识·方法

105 已知 $y'(x)=\cos(1-x)^2$，且 $y(0)=0$，求$\int_{0}^{1}y(x)\mathrm{d}x$.

线索（读题时记录）：简化、抓重点、提示隐藏

答题区（难度星级：★★★★）：写出解题过程，步步有理、有据

笔记（做题时记录）：困难、卡点

一题只记一个点 总结：积累·内化·复用；题型·知识·方法

106 求$\lim\limits_{n\to\infty}\left(1+\int_0^1\frac{x^n}{1+x^2}\mathrm{d}x\right)^{\ln n}$.

线索	答题区 （难度星级：★★★）	笔记
（读题时记录） 简化 抓重点 提示隐藏	写出解题过程、步步有理、有据	（做题时记录） 困难 卡点

一题只记一个点 **总结**

积累 · 内化 · 复用
题型 · 知识 · 方法

107 设$x=2\int_0^t e^{-s^2}\mathrm{d}s$，$y=\int_0^t\sin(t-s)^2\mathrm{d}s$，求$\left.\frac{\mathrm{d}^2y}{\mathrm{d}x^2}\right|_{t=\sqrt{\pi}}$.

线索	答题区 （难度星级：★★★）	笔记
（读题时记录） 简化 抓重点 提示隐藏	写出解题过程，步步有理、有据	（做题时记录） 困难 卡点

一题只记一个点 **总结**

积累 · 内化 · 复用
题型 · 知识 · 方法

108 求$\int_{-1}^{1}\frac{\mathrm{d}x}{(1+\mathrm{e}^{x})(1+x^{2})}$.

线索	答题区 （难度星级：★★★★）	笔记
（读题时记录） 简化 抓重点 提示隐藏	写出解题过程、步步有理、有据	（做题时记录） 困难 卡点
一题只记一个点 总结	积累 · 内化 · 复用 题型 · 知识 · 方法	

109 求$\int_{0}^{\sqrt{3}}\frac{x^{4}\arctan x}{x^{2}+1}\mathrm{d}x$.

线索	答题区 （难度星级：★★★★）	笔记
（读题时记录） 简化 抓重点 提示隐藏	写出解题过程、步步有理、有据	（做题时记录） 困难 卡点
一题只记一个点 总结	积累 · 内化 · 复用 题型 · 知识 · 方法	

110 如图所示，函数 $f(x)$ 是以 2 为周期的连续周期函数，它在 $[0,2]$ 上的图形为分段直线，$g(x)$ 是线性函数，求 $\int_0^2 f(g(x))\mathrm{d}x$.

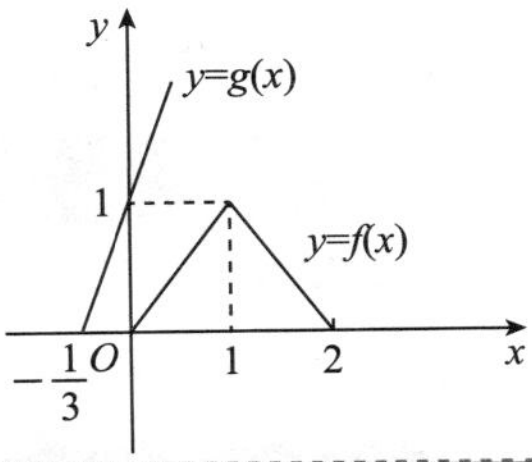

线索	答题区 （难度星级：★★）	笔记
（读题时记录） 简化 抓重点 提示隐藏	写出解题过程，步步有理、有据	（做题时记录） 困难 卡点

一题只记一个技巧 **总结** 积累 · 内化 · 复用 题型 · 知识 · 方法

111 求：(1) $\int_0^4 x(x-1)(x-2)(x-3)(x-4)\mathrm{d}x$；(2) $\int_0^{\pi} \frac{x\,|\sin x\cos x|}{1+\sin^4 x}\mathrm{d}x$.

线索	答题区 （难度星级：★★★★）	笔记
（读题时记录） 简化 抓重点 提示隐藏	写出解题过程，步步有理、有据	（做题时记录） 困难 卡点

一题只记一个技巧 **总结** 积累 · 内化 · 复用 题型 · 知识 · 方法

112 求积分 $I_n=\int_{-1}^{1}(x^2-1)^n\mathrm{d}x$，其中 n 为正整数.

线索	答题区 （难度星级：★★★★）	笔记
（读题时记录） 简化 抓重点 提示隐藏	写出解题过程，步步有理、有据	（做题时记录） 困难 卡点

一题只记一个 总结：积累·内化·复用 题型·知识·方法

113 设 $f(x)$ 取正值且连续.求证：

$$\int_0^1\ln f(x+t)\mathrm{d}t=\int_0^x\ln\frac{f(t+1)}{f(t)}\mathrm{d}t+\int_0^1\ln f(t)\mathrm{d}t.$$

线索	答题区 （难度星级：★★★★★）	笔记
（读题时记录） 简化 抓重点 提示隐藏	写出解题过程，步步有理、有据	（做题时记录） 困难 卡点

一题只记一个 总结：积累·内化·复用 题型·知识·方法

114 设 $f(a)=\int_{-1}^{1}|x-a|e^{x}dx$,求 $f(a)$ 并判断连续性.

线索	答题区 （难度星级：★★★）	笔记
（读题时记录） 简化 抓重点 提示隐藏	写出解题过程,步步有理、有据	（做题时记录） 困难 卡点
一题只记一个知识 总结	积累 · 内化 · 复用 题型 · 知识 · 方法	

115 设 $f(x)$ 为$[0,1]$上单调减少的连续函数，且$\int_{0}^{1}f(x)dx=1$. 记$[x]$为不超过x的最大整数.

(1) 设 k 为整数，求$\int_{k-1}^{k}(x-[x])dx$;

(2) 求$\lim\limits_{n\to\infty}\int_{0}^{1}(nx-[nx])f(x)dx$.

线索	答题区 （难度星级：★★★★★）	笔记
（读题时记录） 简化 抓重点 提示隐藏	写出解题过程,步步有理、有据	（做题时记录） 困难 卡点
一题只记一个知识 总结	积累 · 内化 · 复用 题型 · 知识 · 方法	

116 计算极限$\lim\limits_{n\to\infty}\dfrac{1}{n}\displaystyle\int_0^{n\pi}\dfrac{x}{1+n^2\cos^2 x}\mathrm{d}x$.

线索	答题区（难度星级：★★★★）	笔记
（读题时记录） 简化 抓重点 提示隐藏	写出解题过程，步步有理、有据	（做题时记录） 困难 卡点

一题只记一个点 **总结**：积累 · 内化 · 复用　题型 · 知识 · 方法

117 设$f(x)$为连续函数.

(1) 证明：$\displaystyle\int_{-a}^{a}f(x)\mathrm{d}x=\int_0^a[f(x)+f(-x)]\mathrm{d}x$；

(2) 求$\displaystyle\int_{-\frac{\pi}{2}}^{\frac{\pi}{2}}\dfrac{\sin^2 x}{1+\mathrm{e}^{-x}}\mathrm{d}x$.

线索	答题区（难度星级：★★★）	笔记
（读题时记录） 简化 抓重点 提示隐藏	写出解题过程，步步有理、有据	（做题时记录） 困难 卡点

一题只记一个点 **总结**：积累 · 内化 · 复用　题型 · 知识 · 方法

118 （1）证明：对任意实数 x，均有 $e^{-x^2} \leqslant \dfrac{1}{1+x^2}$；

（2）证明：$\displaystyle\int_0^{+\infty} e^{-x^2}\,dx$ 收敛，且对任意正整数 $n(n \geqslant 2)$，均有 $\displaystyle\int_0^{+\infty} e^{-x^2}\,dx \leqslant \frac{\pi\sqrt{n}}{2} \cdot \frac{(2n-3)!!}{(2n-2)!!}$.

线索	答题区 （难度星级：★★★★★）	笔记
（读题时记录） 简化 抓重点 提示隐藏	写出解题过程，步步有理、有据	（做题时记录） 困难 卡点

一题只记一个点 **总结**

积累 · 内化 · 复用

题型 · 知识 · 方法

119 求证：$\displaystyle\int_0^{\frac{\pi}{2}} \frac{\cos x}{1+x^2}dx \geqslant \int_0^{\frac{\pi}{2}} \frac{\sin x}{1+x^2}dx$.

线索	答题区 （难度星级：★★★★）	笔记
（读题时记录） 简化 抓重点 提示隐藏	写出解题过程，步步有理、有据	（做题时记录） 困难 卡点

一题只记一个点 **总结**

积累 · 内化 · 复用

题型 · 知识 · 方法

120 求证：(1) $\int_0^{\pi} e^{\sin^2 x}dx \geqslant \frac{3\pi}{2}$；(2) $\int_0^{\pi} e^{\sin^2 x}dx \geqslant \sqrt{e}\pi$.

线索	答题区（难度星级：★★★★★）	笔记
（读题时记录） 简化 抓重点 提示隐藏	写出解题过程，步步有理、有据	（做题时记录） 困难 卡点

一题只记一个总结

积累 · 内化 · 复用

题型 · 知识 · 方法

121 设 $g(x)=\int_0^{\sin x} f(tx^2)dt$，其中 $f(x)$ 为连续函数.

(1) 求 $g'(x)$；

(2) 讨论 $g'(x)$ 的连续性.

线索	答题区（难度星级：★★★）	笔记
（读题时记录） 简化 抓重点 提示隐藏	写出解题过程，步步有理、有据	（做题时记录） 困难 卡点

一题只记一个总结

积累 · 内化 · 复用

题型 · 知识 · 方法

122 已知 $f(x)$ 连续，对任意 $x \in \mathbf{R}$ 满足：$f(x) = x + \int_0^x f(t)\sin(x-t)\mathrm{d}t$. 求 $f(x)$.

线索	答题区（难度星级：★★★）	笔记
（读题时记录） 简化 抓重点 提示隐藏	写出解题过程，步步有理、有据	（做题时记录） 困难 卡点

一题只记一个点 总结

积累 · 内化 · 复用

题型 · 知识 · 方法

123 设 $f(x), g(x)$ 连续，且 $\lim\limits_{x\to 0}\dfrac{f(x)}{g(x)} = 1$，由 $\lim\limits_{x\to a}\varphi(x) = 0$. 求极限：

(1) $\lim\limits_{x\to a}\dfrac{\int_0^{\varphi(x)} f(t)\mathrm{d}t}{\int_0^{\varphi(x)} g(t)\mathrm{d}t}$；(2) $\lim\limits_{x\to 0}\dfrac{\int_0^{x^3}\ln(1+2\sin t)\mathrm{d}t}{\left[\int_0^x (\mathrm{e}^{2\sin t}-1)\mathrm{d}t\right]^3}$.

线索	答题区（难度星级：★★★）	笔记
（读题时记录） 简化 抓重点 提示隐藏	写出解题过程，步步有理、有据	（做题时记录） 困难 卡点

一题只记一个点 总结

积累 · 内化 · 复用

题型 · 知识 · 方法

124 设 $f(x)$ 满足 $\int_0^x f(t-x)\mathrm{d}t=\frac{x^2}{2}+\mathrm{e}^{-x}-1, x\in(-\infty,+\infty)$.

(1) 讨论 $f(x)$ 在 $(-\infty,+\infty)$ 是否存在最大值或最小值，若存在并求出；

(2) 求 $y=f(x)$ 的渐近线.

线索	答题区 （难度星级：★★★★）	笔记
（读题时记录） 简化 抓重点 提示隐藏	写出解题过程、步步有理、有据	（做题时记录） 困难 卡点

一题只记一个点 **总结**　积累 · 内化 · 复用　题型 · 知识 · 方法

125 已知函数 $f(x)=\frac{\int_0^x |\sin t|\,\mathrm{d}t}{x^{\alpha}}$ 在 $(0,+\infty)$ 上有界，试讨论 α 的取值范围.

线索	答题区 （难度星级：★★★★★）	笔记
（读题时记录） 简化 抓重点 提示隐藏	写出解题过程、步步有理、有据	（做题时记录） 困难 卡点

一题只记一个点 **总结**　积累 · 内化 · 复用　题型 · 知识 · 方法

126 已知一容器的外表面由曲线 $y=\frac{1}{2}x^2(0\leqslant y\leqslant h_0)$ 绕 y 轴旋转一周得到，容积为 $64\pi\mathrm{m}^3$，现将容器盛满水，从容器顶部抽水.（水的密度为 $\rho=1000\mathrm{kg/m}^3$，$g=10\mathrm{m/s}^2$）

(1) 若将水全部抽出，至少要做多少功？

(2) 若将水抽出 $28\pi\mathrm{m}^3$，至少要做多少功？

线索	答题区 （难度星级：★★★★★）	笔记
（读题时记录） 简化 抓重点 提示隐藏	写出解题过程，步步有理、有据	（做题时记录） 困难 卡点

一题只记一个坑 总结 积累 · 内化 · 复用 题型 · 知识 · 方法

127 已知曲线 $y=xe^x$，直线 $x=a(a>0)$ 与 x 轴所围平面图形的面积为 1，求由上述平面图形绕 x 轴旋转一周所形成的旋转体的体积.

线索	答题区 （难度星级：★★★）	笔记
（读题时记录） 简化 抓重点 提示隐藏	写出解题过程，步步有理、有据	（做题时记录） 困难 卡点

一题只记一个坑 总结 积累 · 内化 · 复用 题型 · 知识 · 方法

128 设 $f(x)$ 在$[0,1]$上可导，$f(0)=0$，且 $\forall x\in(0,1)$，$f(x)>0$. 求证：存在 $\xi\in(0,1)$，使得 $\int_0^1 f^3(x)\mathrm{d}x = f'(\xi)\left[\int_0^1 f(x)\mathrm{d}x\right]^2$.

线索	答题区（难度星级：★★★★★）	笔记
（读题时记录） 简化 抓重点 提示隐藏	写出解题过程，步步有理、有据	（做题时记录） 困难 卡点

一题只记一个点 总结

积累 · 内化 · 复用
题型 · 知识 · 方法

129 设函数 $f(x)$ 在闭区间$[0,1]$上连续. 证明：存在 $\xi\in(0,1)$，使

$$\int_0^{\xi} f(t)\mathrm{d}t = (1-\xi)f(\xi),$$

又若设 $f(x)>0$，且单调减少，则满足等式的 ξ 是唯一的.

线索	答题区（难度星级：★★★★★）	笔记
（读题时记录） 简化 抓重点 提示隐藏	写出解题过程、步步有理、有据	（做题时记录） 困难 卡点

一题只记一个点 总结

积累 · 内化 · 复用
题型 · 知识 · 方法

130 设函数 $f(x)$ 满足 $f''(x)>0$，$\int_0^1 f(x)\mathrm{d}x=0$，证明：对任意 $x\in[0,1]$，都有 $|f(x)|\leqslant\max\{f(0),f(1)\}$.

线索	答题区 （难度星级：★★★★★）	笔记
（读题时记录） 简化 抓重点 提示隐藏	写出解题过程，步步有理、有据	（做题时记录） 困难 卡点

一题只记一个点 总结

积累 · 内化 · 复用
题型 · 知识 · 方法

131 设函数 $f(x)$ 在 $(-\infty,+\infty)$ 上连续，$\varphi(x)=f(x)\int_0^x f(t)\mathrm{d}t$ 单调减少，试证：$f(x)\equiv 0$.

线索	答题区 （难度星级：★★★★）	笔记
（读题时记录） 简化 抓重点 提示隐藏	写出解题过程，步步有理、有据	（做题时记录） 困难 卡点

一题只记一个点 总结

积累 · 内化 · 复用
题型 · 知识 · 方法

132 设 $f(x)$ 在 $[0,1]$ 上连续，$\int_0^1 f(x)\mathrm{d}x = 0$.

(1) 求证：存在 $\xi \in (0,1)$，使 $f(1-\xi) + f(\xi) = 0$；

(2) 若 $f(0) = 0$，求证：存在 $\eta \in (0,1)$，使 $\int_0^{\eta} f(x)\mathrm{d}x = \eta f(\eta)$.

线索	答题区（难度星级：★★★★★）	笔记
（读题时记录） 简化 抓重点 提示隐藏	写出解题过程，步步有理、有据	（做题时记录） 困难 卡点
一题只记一个点 总结	积累 · 内化 · 复用 题型 · 知识 · 方法	

133 设 $f(x)$ 在 $[a,b]$ 上二阶导数连续. 求证：对任意 $x_0 \in (a,b)$ 及满足 $(x_0 \pm r) \in (a,b)$ 的正数 r，存在 $\xi \in (x_0 - r, x_0 + r)$，使得

$$f''(\xi) = \frac{3}{r^3}\int_{x_0-r}^{x_0+r}[f(x) - f(x_0)]\mathrm{d}x.$$

线索	答题区（难度星级：★★★★★）	笔记
（读题时记录） 简化 抓重点 提示隐藏	写出解题过程，步步有理、有据	（做题时记录） 困难 卡点
一题只记一个点 总结	积累 · 内化 · 复用 题型 · 知识 · 方法	

134 设 $f(x)$ 在 $[0,1]$ 上连续，且 $\int_0^1 x^2 f(x)\mathrm{d}x = \int_0^1 f(x)\mathrm{d}x$. 证明存在 $\xi \in (0,1)$ 使得

$$\int_0^{\xi} f(x)\mathrm{d}x = 0.$$

线索	答题区　（难度星级：★★★★）	笔记
（读题时记录） 简化 抓重点 提示隐藏	写出解题过程，步步有理、有据	（做题时记录） 困难 卡点
一题只记一个tip 总结	积累 · 内化 · 复用 题型 · 知识 · 方法	

135 设 $f(x)$ 是连续函数，求证：$\int_1^a f\left(x^2 + \frac{a^2}{x^2}\right)\frac{\mathrm{d}x}{x} = \int_1^a f\left(x + \frac{a^2}{x}\right)\frac{\mathrm{d}x}{x} (a > 0)$.

线索	答题区　（难度星级：★★★★）	笔记
（读题时记录） 简化 抓重点 提示隐藏	写出解题过程，步步有理、有据	（做题时记录） 困难 卡点
一题只记一个tip 总结	积累 · 内化 · 复用 题型 · 知识 · 方法	

136 求$\int_{1}^{+\infty}\frac{1}{(1+x^{4})\sqrt[4]{1+x^{4}}}dx$.

线索	答题区 （难度星级：★★★★）	笔记
（读题时记录） 简化 抓重点 提示隐藏	写出解题过程，步步有理、有据	（做题时记录） 困难 卡点
一题只记一个点 总结	积累 · 内化 · 复用 题型 · 知识 · 方法	

137 若函数 $f(x)$ 满足微分方程 $f''(x)+af'(x)+f(x)=0$，其中$a=2\int_{0}^{2}\sqrt{2x-x^{2}}dx$，$f(0)=\alpha,f'(0)=\beta$，求$\int_{0}^{+\infty}f(x)dx$.

线索	答题区 （难度星级：★★★★）	笔记
（读题时记录） 简化 抓重点 提示隐藏	写出解题过程，步步有理、有据	（做题时记录） 困难 卡点
一题只记一个点 总结	积累 · 内化 · 复用 题型 · 知识 · 方法	

138 下列关于反常积分$\int_0^{+\infty}\frac{1}{(1+x^2)(1+x^\alpha)}dx$的结论正确的是

(A) 对任意的实数α,该反常积分都发散.
(B) 对任意的实数α,该反常积分都收敛.
(C) 当且仅当$\alpha=0$时,该反常积分收敛.
(D) 当且仅当$\alpha\neq 0$时,该反常积分收敛.

线索	答题区 (难度星级: ★★★★)	笔记
(读题时记录) 简化 抓重点 提示隐藏	写出解题过程,步步有理、有据	(做题时记录) 困难 卡点
一题只记一个点 总结	积累 · 内化 · 复用 题型 · 知识 · 方法	

139 设$f(x)$在$[1,+\infty)$上连续可导,且反常积分$\int_1^{+\infty}f(x)dx$,$\int_1^{+\infty}f'(x)dx$均收敛,求$\lim\limits_{x\to+\infty}f(x)$.

线索	答题区 (难度星级: ★★★★)	笔记
(读题时记录) 简化 抓重点 提示隐藏	写出解题过程,步步有理、有据	(做题时记录) 困难 卡点
一题只记一个点 总结	积累 · 内化 · 复用 题型 · 知识 · 方法	

140 下列结论中正确的是

(A) $\int_0^1 \frac{\mathrm{d}x}{\sqrt{x}(1+x)}$ 与 $\int_1^{+\infty} \frac{\mathrm{d}x}{\sqrt{x}(1+x)}$ 都收敛.

(B) $\int_0^1 \frac{\mathrm{d}x}{\sqrt{x}(1+x)}$ 与 $\int_1^{+\infty} \frac{\mathrm{d}x}{\sqrt{x}(1+x)}$ 都发散.

(C) $\int_0^1 \frac{\mathrm{d}x}{\sqrt{x}(1+x)}$ 收敛，$\int_1^{+\infty} \frac{\mathrm{d}x}{\sqrt{x}(1+x)}$ 发散.

(D) $\int_0^1 \frac{\mathrm{d}x}{\sqrt{x}(1+x)}$ 发散，$\int_1^{+\infty} \frac{\mathrm{d}x}{\sqrt{x}(1+x)}$ 收敛.

线索	答题区（难度星级：★★★）	笔记
（读题时记录） 简化 抓重点 提示隐藏	写出解题过程，步步有理、有据	（做题时记录） 困难 卡点
一题只记一个总结	积累·内化·复用 题型·知识·方法	

141 讨论积分 $\int_1^{+\infty} \frac{1}{x^p \ln^q x}\mathrm{d}x\ (p,q>0)$ 的敛散性.

线索	答题区（难度星级：★★★★）	笔记
（读题时记录） 简化 抓重点 提示隐藏	写出解题过程，步步有理、有据	（做题时记录） 困难 卡点
一题只记一个总结	积累·内化·复用 题型·知识·方法	

142 设函数 $f(x)$ 在 $[1,+\infty)$ 上连续，$f(1)=-\frac{1}{2}$. 若由曲线 $y=f(x)$，直线 $x=1$，$x=t(t>1)$ 与 x 轴所围成的平面图形绕 x 轴旋转一周而成的旋转体体积为

$$V(t)=\frac{\pi}{3}[t^2 f(t)-f(1)],$$

求 $f(x)(x\geqslant 1)$.

线索	答题区 （难度星级：★★★★）	笔记
（读题时记录） 简化 抓重点 提示隐藏	写出解题过程，步步有理、有据	（做题时记录） 困难 卡点

一题只记一个点 总结	积累 · 内化 · 复用 题型 · 知识 · 方法

多元函数微分学

143 讨论 $f(x,y)=\begin{cases}\dfrac{x^2 y}{\sqrt{x^4+y^2}}, & (x,y)\neq(0,0),\\ 0, & (x,y)=(0,0)\end{cases}$ 在原点处的连续性和可微性.

线索	答题区 （难度星级：★★）	笔记
（读题时记录） 简化 抓重点 提示隐藏	写出解题过程，步步有理、有据	（做题时记录） 困难 卡点

一题只记一个点 总结	积累 · 内化 · 复用 题型 · 知识 · 方法

144 设 $f(x,y)$ 在(0,0)点连续，且 $\lim\limits_{\substack{x\to 0\\ y\to 0}}\dfrac{f(x,y)+3x-4y}{(x^2+y^2)^\alpha}=2(\alpha>0)$，$f(x,y)$ 在(0,0)点可微，求 α 的范围.

线索	答题区 （难度星级：★★★★）	笔记
（读题时记录） 简化 抓重点 提示隐藏	写出解题过程，步步有理、有据	（做题时记录） 困难 卡点

一题只记一个小点 **总结**：积累·内化·复用 题型·知识·方法

145 设 $z=f(x,y)$ 有连续偏导数，证明：存在可微函数 $g(u)$，使得 $f(x,y)=g(ax+by)(ab\neq 0)$ 的充要条件是 $z=f(x,y)$ 满足 $b\dfrac{\partial z}{\partial x}=a\dfrac{\partial z}{\partial y}$.

线索	答题区 （难度星级：★★★★）	笔记
（读题时记录） 简化 抓重点 提示隐藏	写出解题过程，步步有理、有据	（做题时记录） 困难 卡点

一题只记一个小点 **总结**：积累·内化·复用 题型·知识·方法

146 $\dfrac{\partial^2 z}{\partial x \partial y}=0$，且 $z(x,y)=\begin{cases}\sin y, & x=0,\\ \sin x, & y=0,\end{cases}$ 求 $z(x,y)$.

线索 （读题时记录）	答题区　（难度星级：★★★）	笔记 （做题时记录）
简化 抓重点 提示隐藏	写出解题过程，步步有理、有据	困难 卡点

一题只记一个方法 总结	积累 · 内化 · 复用 题型 · 知识 · 方法

147 设函数 $f(x,y)$ 在 $M_0(x_0,y_0)$ 处取极大值，且 $\left.\dfrac{\partial^2 f}{\partial x^2}\right|_{M_0}$ 与 $\left.\dfrac{\partial^2 f}{\partial y^2}\right|_{M_0}$ 存在，则

(A) $\left.\dfrac{\partial^2 f}{\partial x^2}\right|_{M_0} \geqslant 0, \left.\dfrac{\partial^2 f}{\partial y^2}\right|_{M_0} \geqslant 0$.

(B) $\left.\dfrac{\partial^2 f}{\partial x^2}\right|_{M_0} \leqslant 0, \left.\dfrac{\partial^2 f}{\partial y^2}\right|_{M_0} \leqslant 0$.

(C) $\left.\dfrac{\partial^2 f}{\partial x^2}\right|_{M_0} \geqslant 0, \left.\dfrac{\partial^2 f}{\partial y^2}\right|_{M_0} \leqslant 0$.

(D) $\left.\dfrac{\partial^2 f}{\partial x^2}\right|_{M_0} \leqslant 0, \left.\dfrac{\partial^2 f}{\partial y^2}\right|_{M_0} \geqslant 0$.

线索 （读题时记录）	答题区　（难度星级：★★★★）	笔记 （做题时记录）
简化 抓重点 提示隐藏	写出解题过程，步步有理、有据	困难 卡点

一题只记一个方法 总结	积累 · 内化 · 复用 题型 · 知识 · 方法

148 设 $f(x,y)=\varphi(|xy|)$，其中 $\varphi(0)=0$，且在 $u=0$ 的某邻域内 $|\varphi(u)|\leqslant u^2$，讨论 $f(x,y)$ 在 $(0,0)$ 处的可微性.若可微，求出 $f(x,y)$ 在 $(0,0)$ 处的全微分.

线索	答题区（难度星级：★★★★）	笔记
（读题时记录） 简化 抓重点 提示隐藏	写出解题过程，步步有理、有据	（做题时记录） 困难 卡点

一题只记一个方法

总结

积累 · 内化 · 复用

题型 · 知识 · 方法

149 设 $f(x,y)=\begin{cases} g(x,y)\sin\dfrac{1}{\sqrt{x^2+y^2}}, & x^2+y^2\neq 0, \\ 0, & x^2+y^2=0. \end{cases}$

证明：若 $g(0,0)=0$，$g(x,y)$ 在点 $(0,0)$ 处可微，且 $\mathrm{d}g(0,0)=0$，则 $f(x,y)$ 在点 $(0,0)$ 处可微，且 $\mathrm{d}f(0,0)=0$.

线索	答题区（难度星级：★★★）	笔记
（读题时记录） 简化 抓重点 提示隐藏	写出解题过程，步步有理、有据	（做题时记录） 困难 卡点

一题只记一个方法

总结

积累 · 内化 · 复用

题型 · 知识 · 方法

150 设 $f(x,y)$ 在 $(0,0)$ 点的某邻域有定义，极限 $\lim\limits_{\substack{x\to 0\\ y\to 0}} f(x,y)$ 存在，$g(x,y)$ 在点 $(0,0)$ 处可微，且 $g(0,0)=0$. 证明：$z=f(x,y)\cdot g(x,y)$ 在 $(0,0)$ 处可微.

线索	答题区 （难度星级：★★★）	笔记
（读题时记录） 简化 抓重点 提示隐藏	写出解题过程，步步有理、有据	（做题时记录） 困难 卡点

一题只记一个 总结

积累 · 内化 · 复用
题型 · 知识 · 方法

151 设二元函数 $f(x,y)$ 具有连续偏导数，且对于实数 t 满足

$$f(tu,tv)=t^2 f(u,v),\ f(1,2)=0,\ f_1'(1,2)=3,$$

求极限 $\lim\limits_{x\to 0}\dfrac{1}{x}\displaystyle\int_0^x\left[1+f(t-\sin t+1,\sqrt{1+t^3}+1)\right]^{\frac{1}{\ln(1+t^3)}}\mathrm{d}t$.

线索	答题区 （难度星级：★★★★★）	笔记
（读题时记录） 简化 抓重点 提示隐藏	写出解题过程，步步有理、有据	（做题时记录） 困难 卡点

一题只记一个 总结

积累 · 内化 · 复用
题型 · 知识 · 方法

152 设二元函数 $z=z(x,y)$ 是由方程 $xe^{xy}+yz^2=yz\sin x+z$ 所确定，求二阶偏导数 $\left.\dfrac{\partial^2 z}{\partial x^2}\right|_{(x,y)=(0,0)}$.

线索	答题区　（难度星级：★★★）	笔记
（读题时记录） 简化 抓重点 提示隐藏	写出解题过程，步步有理、有据	（做题时记录） 困难 卡点
一题只记一个点 总结	积累 · 内化 · 复用 题型 · 知识 · 方法	

153 设 $z=f(2x-y)+g(x,xy)$，其中 $f(t)$ 二阶可导，$g(u,v)$ 具有二阶连续偏导数，求 $\dfrac{\partial^2 z}{\partial x\partial y}$.

线索	答题区　（难度星级：★★）	笔记
（读题时记录） 简化 抓重点 提示隐藏	写出解题过程，步步有理、有据	（做题时记录） 困难 卡点
一题只记一个点 总结	积累 · 内化 · 复用 题型 · 知识 · 方法	

154 设 $F(x,y)$ 有二阶连续偏导数，且在直角坐标下 $F(x,y)=f(x)g(y)$，在极坐标下 $F(x,y)=\varphi(r)$，试求 $F(x,y)$.

线索	答题区（难度星级：★★★★）	笔记
（读题时记录） 简化 抓重点 提示隐藏	写出解题过程，步步有理、有据	（做题时记录） 困难 卡点

一题只记一个点 **总结**

积累 · 内化 · 复用
题型 · 知识 · 方法

155 设 $u=f(x,y,z)$，其中 $z=\int_0^{xy}e^{t^2}\,dt$，f 有二阶连续偏导数，求 $\frac{\partial u}{\partial x}$，$\frac{\partial^2 u}{\partial x\partial y}$.

线索	答题区（难度星级：★★★）	笔记
（读题时记录） 简化 抓重点 提示隐藏	写出解题过程，步步有理、有据	（做题时记录） 困难 卡点

一题只记一个点 **总结**

积累 · 内化 · 复用
题型 · 知识 · 方法

156 设函数 $u=f(\ln\sqrt{x^2+y^2})$，且满足 $\dfrac{\partial^2 u}{\partial x^2}+\dfrac{\partial^2 u}{\partial y^2}=(x^2+y^2)^{\frac{3}{2}}$，$f(0)=\dfrac{1}{25}$，$f'(0)=\dfrac{1}{5}$，试求函数 $f(t)$ 的表达式.

线索	答题区 （难度星级：★★★★）	笔记
（读题时记录） 简化 抓重点 提示隐藏	写出解题过程，步步有理、有据	（做题时记录） 困难 卡点

一题只记一个 总结

积累 · 内化 · 复用
题型 · 知识 · 方法

157 已知函数 $z=f(x,y)$ 的全微分 $\mathrm{d}z=2x\mathrm{d}x-2y\mathrm{d}y$，并且 $f(1,1)=2$，求 $f(x,y)$ 在椭圆域 $D=\left\{(x,y)\mid x^2+\dfrac{y^2}{4}\leqslant 1\right\}$ 上的最大值和最小值.

线索	答题区 （难度星级：★★★）	笔记
（读题时记录） 简化 抓重点 提示隐藏	写出解题过程，步步有理、有据	（做题时记录） 困难 卡点

一题只记一个 总结

积累 · 内化 · 复用
题型 · 知识 · 方法

158 已知函数 $z=f(x,y)$ 满足 $\lim\limits_{\substack{\Delta x\to 0\\ \Delta y\to 0}}\dfrac{f(x+\Delta x,y+\Delta y)-f(x,y)-2x\Delta x+2y\Delta y}{\sqrt{(\Delta x)^2+(\Delta y)^2}}=0$，且 $f(0,0)=2$. 求 $f(x,y)$ 在圆域 $D=\{(x,y)\mid x^2+y^2\leqslant 1\}$ 上的最大值和最小值.

线索	答题区　（难度星级：★★★★）	笔记
（读题时记录） 简化 抓重点 提示隐藏	写出解题过程，步步有理、有据	（做题时记录） 困难 卡点

一题只记一个 总结

积累 · 内化 · 复用
题型 · 知识 · 方法

159 (1) 设 $p>0,q>0$ 满足 $\dfrac{1}{p}+\dfrac{1}{q}=1$，求函数 $\dfrac{x^p}{p}+\dfrac{y^q}{q}$ 在平面第一象限 $x>0,y>0$ 内满足约束条件 $xy=1$ 的最小值；

(2) 对任意 $x,y>0$，证明不等式 $\dfrac{x^p}{p}+\dfrac{y^q}{q}\geqslant xy$.

线索	答题区　（难度星级：★★★★★）	笔记
（读题时记录） 简化 抓重点 提示隐藏	写出解题过程，步步有理、有据	（做题时记录） 困难 卡点

一题只记一个 总结

积累 · 内化 · 复用
题型 · 知识 · 方法

160 设 $z(x,y)=\int_0^x \mathrm{d}t\int_t^x f(t+y)g(yu)\mathrm{d}u$，其中 f 连续，g 有连续的一阶导数，求 $\frac{\partial^2 z}{\partial x\partial y}$.

线索	答题区　（难度星级：★★★）	笔记
（读题时记录） 简化 抓重点 提示隐藏	写出解题过程、步步有理、有据	（做题时记录） 困难 卡点

一题只记一个笔记 总结

积累 · 内化 · 复用
题型 · 知识 · 方法

161 设 $x,y,z\geqslant 0,x+y+z=\pi$，求函数 $f(x,y,z)=2\cos x+3\cos y+4\cos z$ 的最大值和最小值.

线索	答题区　（难度星级：★★★★）	笔记
（读题时记录） 简化 抓重点 提示隐藏	写出解题过程、步步有理、有据	（做题时记录） 困难 卡点

一题只记一个笔记 总结

积累 · 内化 · 复用
题型 · 知识 · 方法

162 函数 $f(x,y)$ 满足 $f(1,1)=0$，且 $f'_x(x,y)=2x-2xy^2$，$f'_y(x,y)=4y-2x^2y$，求函数 $f(x,y)$ 的极小值.

线索	答题区 （难度星级：★★★）	笔记
（读题时记录） 简化 抓重点 提示隐藏	写出解题过程，步步有理、有据	（做题时记录） 困难 卡点
一题只记一个点 总结	积累·内化·复用 题型·知识·方法	

163 设 $f(x,y)$ 可微，且满足条件 $\dfrac{f'_y(0,y)}{f(0,y)}=\cot y$，$\dfrac{\partial f}{\partial x}=-f(x,y)$，$f\left(0,\dfrac{\pi}{2}\right)=1$，求 $f(x,y)$.

线索	答题区 （难度星级：★★★★）	笔记
（读题时记录） 简化 抓重点 提示隐藏	写出解题过程，步步有理、有据	（做题时记录） 困难 卡点
一题只记一个点 总结	积累·内化·复用 题型·知识·方法	

164 设 $z=z(x,y)$ 是由 $x^2+y^2-xz-yz-z^2+6=0$ 确定的函数，求 $z=z(x,y)$ 的极值点与极值.

线索	答题区（难度星级：★★★★）	笔记
（读题时记录） 简化 抓重点 提示隐藏	写出解题过程，步步有理、有据	（做题时记录） 困难 卡点

一题只记一个 总结：积累 · 内化 · 复用　题型 · 知识 · 方法

165 设函数 $f(x,y)$ 在 $\mathbf{R}^2$ 上有连续一阶偏导数，且 $\lim\limits_{r\to+\infty}\left(x\dfrac{\partial f}{\partial x}+y\dfrac{\partial f}{\partial y}\right)=m$，其中 $r=\sqrt{x^2+y^2}$，m 为函数 $g(x,y)=1-4xy$ 在区域 $x^2+y^2\leqslant 1$ 上的最小值.

(1) 求 m 的值；

(2) 证明：函数 $f(x,y)$ 在 $\mathbf{R}^2$ 上有最大值.

线索	答题区（难度星级：★★★★★）	笔记
（读题时记录） 简化 抓重点 提示隐藏	写出解题过程，步步有理、有据	（做题时记录） 困难 卡点

一题只记一个 总结：积累 · 内化 · 复用　题型 · 知识 · 方法

166 证明：当 $0 \leqslant x \leqslant 1, -1 \leqslant y < +\infty$ 时，有 $(x-x^2)e^y + 1 + y + y^2 \leqslant \left(e+\frac{1}{4}\right)e^y$.

线索	答题区 （难度星级：★★★★★）	笔记
（读题时记录） 简化 抓重点 提示隐藏	写出解题过程，步步有理、有据	（做题时记录） 困难 卡点

一题只记一个 总结

积累 · 内化 · 复用
题型 · 知识 · 方法

167 过椭圆 $3x^2 + 2xy + 3y^2 = 1$ 上任意一点作椭圆的切线，试求该切线与两坐标轴所围三角形面积的最小值.

线索	答题区 （难度星级：★★★★）	笔记
（读题时记录） 简化 抓重点 提示隐藏	写出解题过程，步步有理、有据	（做题时记录） 困难 卡点

一题只记一个 总结

积累 · 内化 · 复用
题型 · 知识 · 方法

168 已知 $u=u(x,y)$ 满足方程 $\frac{\partial^2 u}{\partial x^2}-\frac{\partial^2 u}{\partial y^2}+\frac{\partial u}{\partial x}+\frac{\partial u}{\partial y}=0$，试确定参数 a 和 b，使原方程在变换 $u=v(x,y)\mathrm{e}^{ax+by}$ 下不出现一阶偏导数项.

线索	答题区（难度星级：★★★★）	笔记
（读题时记录） 简化 抓重点 提示隐藏	写出解题过程，步步有理、有据	（做题时记录） 困难 卡点

一题只记一个点 总结

积累 · 内化 · 复用
题型 · 知识 · 方法

二重积分

169 求极限 $\lim\limits_{n\to\infty}\frac{1}{n}\left(\int_1^{\frac{2}{3n}}\mathrm{e}^{-y^2}\mathrm{d}y+\int_1^{\frac{5}{3n}}\mathrm{e}^{-y^2}\mathrm{d}y+\cdots+\int_1^{\frac{3n-1}{3n}}\mathrm{e}^{-y^2}\mathrm{d}y\right)$.

线索	答题区（难度星级：★★★★）	笔记
（读题时记录） 简化 抓重点 提示隐藏	写出解题过程，步步有理、有据	（做题时记录） 困难 卡点

一题只记一个点 总结

积累 · 内化 · 复用
题型 · 知识 · 方法

170 求极限$\lim\limits_{n\to\infty}\sum\limits_{i=1}^{n}\left[\frac{1}{(n+i+1)^2}+\frac{1}{(n+i+2)^2}+\cdots+\frac{1}{(n+i+i)^2}\right]$.

线索	答题区 （难度星级：★★★★★）	笔记
（读题时记录） 简化 抓重点 提示隐藏	写出解题过程，步步有理、有据	（做题时记录） 困难 卡点

一题只记一个点 总结

积累 · 内化 · 复用
题型 · 知识 · 方法

171 求极限$\lim\limits_{\substack{x\to+\infty\\ t\to0^+}}\dfrac{\int_0^{\sqrt{t}}dx\int_{x^2}^{t}\sin y^2dy}{\left[\left(\frac{2}{\pi}\arctan\frac{x}{t^2}\right)^x-1\right]\arctan(t^{\frac{3}{2}})}$.

线索	答题区 （难度星级：★★★★★）	笔记
（读题时记录） 简化 抓重点 提示隐藏	写出解题过程，步步有理、有据	（做题时记录） 困难 卡点

一题只记一个点 总结

积累 · 内化 · 复用
题型 · 知识 · 方法

172 设 $f(x,y)$ 在区域:$0\leqslant x\leqslant 1,0\leqslant y\leqslant 1$ 上连续,且 $f(0,0)=-1$,求极限

$$\lim_{x\to 0^+}\frac{\int_0^{x^2}\mathrm{d}t\int_x^{\sqrt{t}}f(t,u)\mathrm{d}u}{1-\mathrm{e}^{-x^3}}.$$

线索	答题区 (难度星级:★★★)	笔记
(读题时记录) 简化 抓重点 提示隐藏	写出解题过程,步步有理、有据	(做题时记录) 困难 卡点

一题只记一个点 总结 积累·内化·复用 题型·知识·方法

173 设 $0<a<1$,区域 D 由 x 轴、y 轴、直线 $x+y=a$ 及 $x+y=1$ 所围成,且 $I=\iint\limits_D\sin^2(x+y)\mathrm{d}\sigma$,$J=\iint\limits_D\ln^3(x+y)\mathrm{d}\sigma$,$K=\iint\limits_D(x+y)\mathrm{d}\sigma$,则

(A) $I<K<J$.　　(B) $K<J<I$.

(C) $I<J<K$.　　(D) $J<I<K$.

线索	答题区 (难度星级:★★★)	笔记
(读题时记录) 简化 抓重点 提示隐藏	写出解题过程,步步有理、有据	(做题时记录) 困难 卡点

一题只记一个点 总结 积累·内化·复用 题型·知识·方法

174 设函数 $f(x,y)$ 连续，则二次积分 $\int_{\frac{\pi}{2}}^{\pi} dx \int_{\sin x}^{1} f(x,y) dy =$

(A) $\int_0^1 dy \int_{\pi+\arcsin y}^{\pi} f(x,y) dx$.

(B) $\int_0^1 dy \int_{\pi-\arcsin y}^{\pi} f(x,y) dx$.

(C) $\int_0^1 dy \int_{\frac{\pi}{2}}^{\pi+\arcsin y} f(x,y) dx$.

(D) $\int_0^1 dy \int_{\frac{\pi}{2}}^{\pi-\arcsin y} f(x,y) dx$.

线索	答题区 （难度星级：★★）	笔记
（读题时记录） 简化 抓重点 提示隐藏	写出解题过程，步步有理、有据	（做题时记录） 困难 卡点

一题只记一个坑 **总结**

积累 · 内化 · 复用
题型 · 知识 · 方法

175 若已知 $\int_0^{\frac{2}{\pi}} dx \int_0^{\pi} xf(\sin y) dy = 1$，求 $\int_0^{\frac{\pi}{2}} f(\cos x) dx$.

线索	答题区 （难度星级：★★★）	笔记
（读题时记录） 简化 抓重点 提示隐藏	写出解题过程，步步有理、有据	（做题时记录） 困难 卡点

一题只记一个坑 **总结**

积累 · 内化 · 复用
题型 · 知识 · 方法

176 设 $f(x,y)$ 连续，则 $\int_0^2 \mathrm{d}x \int_{-\sqrt{4-x^2}}^{\sqrt{4-x^2}} f(x,y)\mathrm{d}y =$

(A) $\int_0^2 \mathrm{d}x \int_{-2}^2 f(x,y)\mathrm{d}y$.

(B) $\int_{-2}^2 \mathrm{d}y \int_0^{\sqrt{4-y^2}} f(x,y)\mathrm{d}x$.

(C) $2\int_0^2 \mathrm{d}x \int_0^{\sqrt{4-x^2}} f(x,y)\mathrm{d}y$.

(D) $\int_{-\frac{\pi}{2}}^{\frac{\pi}{2}} \mathrm{d}\theta \int_0^2 f(r,\theta)r\mathrm{d}r$.

线索	答题区 （难度星级：★★）	笔记
（读题时记录）		（做题时记录）
简化		困难
抓重点		卡点
提示隐藏	写出解题过程，步步有理、有据	
一题只记一个点 **总结**	积累 · 内化 · 复用 题型 · 知识 · 方法	

177 试将直角坐标系下的二重积分 $I = \iint\limits_D f(x,y)\mathrm{d}x\mathrm{d}y$ 化为极坐标系下的两种二次积分的形式，其中 $D = \{(x,y) \mid 0 \leqslant x \leqslant 1, 0 \leqslant y \leqslant 1\}$.

线索	答题区 （难度星级：★★★）	笔记
（读题时记录）		（做题时记录）
简化		困难
抓重点		卡点
提示隐藏	写出解题过程，步步有理、有据	
一题只记一个点 **总结**	积累 · 内化 · 复用 题型 · 知识 · 方法	

178 D 为 $x^2+y^2=1$ 的上半圆与 $x^2+y^2=2y$ 的下半圆所围成的区域，求二重积分 $I=\iint\limits_D(\sqrt{4-x^2-y^2}-x^7\cos^4 y)\mathrm{d}\sigma$.

线索	答题区 （难度星级：★★★★）	笔记
（读题时记录） 简化 抓重点 提示隐藏	写出解题过程，步步有理、有据	（做题时记录） 困难 卡点

一题只记一个点 总结

积累 · 内化 · 复用
题型 · 知识 · 方法

179 设 D 是由 $0\leqslant x\leqslant 1, 0\leqslant y\leqslant 1$ 所确定的平面区域，求 $\iint\limits_D\sqrt{x^2+y^2}\,\mathrm{d}x\mathrm{d}y$.

线索	答题区 （难度星级：★★★）	笔记
（读题时记录） 简化 抓重点 提示隐藏	写出解题过程，步步有理、有据	（做题时记录） 困难 卡点

一题只记一个点 总结

积累 · 内化 · 复用
题型 · 知识 · 方法

180 区域 D 为 $y = x^5, y = 1, x = -1$ 所围成的平面区域，f 连续，求积分 $I = \iint\limits_D x\left[1 + \sin y^3 f(x^4 + y^4)\right]\mathrm{d}x\mathrm{d}y$.

线索	答题区 （难度星级：★★★）	笔记
（读题时记录）		（做题时记录）
简化		困难
抓重点		卡点
提示隐藏	写出解题过程，步步有理、有据	
一题只记一个 总结	积累 · 内化 · 复用 题型 · 知识 · 方法	

181 $\iint\limits_D (\sqrt{x^2 + y^2} + x)\mathrm{d}\sigma$，其中 D 由不等式 $x^2 + y^2 \leqslant 4$ 和 $x^2 + (y+1)^2 \geqslant 1$ 所确定.

线索	答题区 （难度星级：★★★★）	笔记
（读题时记录）		（做题时记录）
简化		困难
抓重点		卡点
提示隐藏	写出解题过程，步步有理、有据	
一题只记一个 总结	积累 · 内化 · 复用 题型 · 知识 · 方法	

182 求积分 $I = \int_0^1 \mathrm{d}y \int_1^y (\mathrm{e}^{-x^2} + \mathrm{e}^x \sin x)\mathrm{d}x$.

线索		答题区 （难度星级：★★★）	笔记
（读题时记录）			（做题时记录）
简化			困难
抓重点			卡点
提示隐藏		写出解题过程，步步有理、有据	
一题只记一个 **总结**		积累 · 内化 · 复用 题型 · 知识 · 方法	

183 计算 $\iint\limits_{D} |\cos(x+y)| \, \mathrm{d}x\mathrm{d}y$，其中区域 D 为 $0 \leqslant x \leqslant \dfrac{\pi}{2}, 0 \leqslant y \leqslant \dfrac{\pi}{2}$.

线索		答题区 （难度星级：★★★★）	笔记
（读题时记录）			（做题时记录）
简化			困难
抓重点			卡点
提示隐藏		写出解题过程，步步有理、有据	
一题只记一个 **总结**		积累 · 内化 · 复用 题型 · 知识 · 方法	

184 $\iint\limits_D f(x,y)\mathrm{d}x\mathrm{d}y$，其中 $f(x,y)=\begin{cases}x^2y, & 1\leqslant x\leqslant 2, 0\leqslant y\leqslant x,\\ 0, & \text{其他},\end{cases}$ 区域 $D=\{(x,y)\mid x^2+y^2\geqslant 2x\}$.

线索	答题区 （难度星级：★★★★★）	笔记
（读题时记录） 简化 抓重点 提示隐藏	写出解题过程，步步有理、有据	（做题时记录） 困难 卡点

一题只记一个点 总结

积累 · 内化 · 复用
题型 · 知识 · 方法

185 求二重积分 $I=\iint\limits_D\left[(x+y)^2+y^2\ln(x+\sqrt{1+x^2})\right]\mathrm{d}x\mathrm{d}y$，其中积分区域 $D=\{(x,y)\mid 0\leqslant ay\leqslant x^2+y^2\leqslant 2ay, a>0\}$.

线索	答题区 （难度星级：★★★★★）	笔记
（读题时记录） 简化 抓重点 提示隐藏	写出解题过程，步步有理、有据	（做题时记录） 困难 卡点

一题只记一个点 总结

积累 · 内化 · 复用
题型 · 知识 · 方法

186 计算二重积分 $I=\iint\limits_{D}|3x+4y|\,\mathrm{d}x\mathrm{d}y$,其中积分区域 $D=\{(x,y)\mid x^2+y^2\leqslant 1\}$.

线索	答题区 (难度星级：★★★★)	笔记
(读题时记录) 简化 抓重点 提示隐藏	写出解题过程,步步有理、有据	(做题时记录) 困难 卡点

一题只记一个总结

积累 · 内化 · 复用
题型 · 知识 · 方法

187 计算 $I=\iint\limits_{D}\frac{1}{xy}\mathrm{d}x\mathrm{d}y$,其中 $D=\left\{(x,y)\mid \frac{1}{4}\leqslant\frac{x}{x^2+y^2}\leqslant\frac{1}{2},\frac{1}{4}\leqslant\frac{y}{x^2+y^2}\leqslant\frac{1}{2}\right\}$.

线索	答题区 (难度星级：★★★★★)	笔记
(读题时记录) 简化 抓重点 提示隐藏	写出解题过程,步步有理、有据	(做题时记录) 困难 卡点

一题只记一个总结

积累 · 内化 · 复用
题型 · 知识 · 方法

188 计算 $I=\iint\limits_{D}\min\left\{\sqrt{\frac{3}{4}-x^{2}-y^{2}},x^{2}+y^{2}\right\}\mathrm{d}x\mathrm{d}y$，其中 $D=\left\{(x,y)\mid x^{2}+y^{2}\leqslant\frac{3}{4}\right\}$.

线索	答题区（难度星级：★★★★）	笔记
（读题时记录） 简化 抓重点 提示隐藏	写出解题过程，步步有理、有据	（做题时记录） 困难 卡点

一题只记一个总结

积累 · 内化 · 复用
题型 · 知识 · 方法

189 已知 $\int_{0}^{+\infty}\frac{\sin x}{x}\mathrm{d}x=\frac{\pi}{2}$，求反常积分 $\int_{0}^{+\infty}\frac{\sin^{2}x}{x^{2}}\mathrm{d}x$ 与 $\int_{0}^{+\infty}\int_{0}^{+\infty}\frac{\sin x}{x}\cdot\frac{\sin(x-y)}{y-x}\mathrm{d}x\mathrm{d}y$.

线索	答题区（难度星级：★★★★★）	笔记
（读题时记录） 简化 抓重点 提示隐藏	写出解题过程，步步有理、有据	（做题时记录） 困难 卡点

一题只记一个总结

积累 · 内化 · 复用
题型 · 知识 · 方法

微分方程

190 设函数 $y=f(x)$ 在 $x=1$ 处可导，且对任意的 $x,y\in(0,+\infty)$ 有

$$f(xy)=yf(x)+xf(y),$$

其中 $\lim\limits_{x\to+\infty}\dfrac{f(x)}{x\ln x+\sin x^2}=1$. 求 $f(x)$. 若 $g(x)=\begin{cases}\dfrac{f[\cos(x-1)]}{1-\sin\dfrac{\pi}{2}x}, & x\neq 1,\\ a, & x=1\end{cases}$ 在 $x=1$ 处连续，求 a 的取值.

线索	答题区 （难度星级：★★★★★）	笔记
（读题时记录） 简化 抓重点 提示隐藏	写出解题过程，步步有理、有据	（做题时记录） 困难 卡点
一题只记一个点 总结	积累 · 内化 · 复用 题型 · 知识 · 方法	

191 设质量为 m 的物体在空气中降落，空气阻力与物体的速度平方成正比，阻尼系数 $k>0$，沿垂直地面向下方向取定坐标轴 x，物体在任意时刻 t 的位置坐标为 $x=x(t)$，求物体的速度 $v(t)$ 所满足的微分方程.

线索	答题区 （难度星级：★★★★）	笔记
（读题时记录） 简化 抓重点 提示隐藏	写出解题过程，步步有理、有据	（做题时记录） 困难 卡点
一题只记一个点 总结	积累 · 内化 · 复用 题型 · 知识 · 方法	

192 解微分方程 $\begin{cases} y' = \dfrac{y^2 - 2xy - x^2}{y^2 + 2xy - x^2}, \\ y(1) = -1. \end{cases}$

线索	答题区 （难度星级：★★★）	笔记
（读题时记录）		（做题时记录）
简化		困难
抓重点		卡点
提示隐藏	写出解题过程，步步有理、有据	
一题只记一个 **总结**	积累 · 内化 · 复用 题型 · 知识 · 方法	

193 证明方程 $\dfrac{x}{y}\dfrac{dy}{dx} = f(xy)$，经过变换 $u = xy$ 可化为可分离变量的微分方程，并由此求微分方程 $y(1 + x^2 y^2)dx = xdy$ 的通解.

线索	答题区 （难度星级：★★★）	笔记
（读题时记录）		（做题时记录）
简化		困难
抓重点		卡点
提示隐藏	写出解题过程，步步有理、有据	
一题只记一个 **总结**	积累 · 内化 · 复用 题型 · 知识 · 方法	

194 设 $y_1 = 2x^4 + x^2, y_2 = 2x^4 - x^2$ 是微分方程 $y' + p(x)y = \dfrac{q(x)}{p(x)}$ 的两个特解.

(1) 求 $p(x), q(x)$；

(2) 求此方程满足初值条件 $y(1) = 5$ 的特解；

(3) 若 $y(x)$ 是(2) 中的解，且 $\lim\limits_{x\to\infty} \dfrac{y(x)}{ax^4 + bx} = 2$，求 a, b 的值.

线索	答题区 （难度星级：★★★★）	笔记
（读题时记录） 简化 抓重点 提示隐藏	写出解题过程，步步有理、有据	（做题时记录） 困难 卡点

一题只记一个点 总结

积累 · 内化 · 复用

题型 · 知识 · 方法

195 设函数 $f(x)$ 在 $\left(0, \dfrac{\pi}{2}\right)$ 内可导，$\lim\limits_{x\to\left(\frac{\pi}{2}\right)^-} f(x) = \dfrac{\pi}{2}$，且

$$\lim_{h\to 0}\left[\frac{f(x + h\sin x)}{f(x)}\right]^{\frac{1}{h}} = e^{\frac{\sin x - x\cos x}{x}}, x \in \left(0, \frac{\pi}{2}\right).$$

(1) 求 $f(x)$；

(2) 求证：$f(x)$ 在 $\left(0, \dfrac{\pi}{2}\right)$ 有界.

线索	答题区 （难度星级：★★★★★）	笔记
（读题时记录） 简化 抓重点 提示隐藏	写出解题过程，步步有理、有据	（做题时记录） 困难 卡点

一题只记一个点 总结

积累 · 内化 · 复用

题型 · 知识 · 方法

196 设连续函数 $f(x)$ 在区间 $(-\infty,+\infty)$ 上有界. 证明：

(1) 方程 $y'+y=f(x)$ 在区间 $(-\infty,+\infty)$ 上有且只有一个有界解，并求出这个解；

(2) 当 $f(x)$ 是以 T 为周期的周期函数时，(1) 中的这个解也是以 T 为周期的周期函数.

线索	答题区（难度星级：★★★★★）	笔记
（读题时记录） 简化 抓重点 提示隐藏	写出解题过程，步步有理、有据	（做题时记录） 困难 卡点

一题只记一个法 总结：积累 · 内化 · 复用　题型 · 知识 · 方法

197 求平面上过原点的曲线方程，该曲线上任一点处的切线与切点和点 $(1,0)$ 的连线相互垂直.

线索	答题区（难度星级：★★★★）	笔记
（读题时记录） 简化 抓重点 提示隐藏	写出解题过程，步步有理、有据	（做题时记录） 困难 卡点

一题只记一个法 总结：积累 · 内化 · 复用　题型 · 知识 · 方法

198 设函数 $f(x)$ 在 $(0,+\infty)$ 上可导，$f(1)=0$，且满足

$$x(x+1)f'(x)-(x+1)f(x)+\int_1^x f(t)\mathrm{d}t=x-1,$$

求 $\int_1^2 f(x)\mathrm{d}x-3f(2)+\lim\limits_{x\to1}\dfrac{\int_1^x \dfrac{\sin(t-1)^2}{t-1}\mathrm{d}t}{f(x)}$.

线索	答题区（难度星级：★★★）	笔记
（读题时记录） 简化 抓重点 提示隐藏	写出解题过程、步步有理、有据	（做题时记录） 困难 卡点

一题只记一个点 总结

积累 · 内化 · 复用
题型 · 知识 · 方法

199 求微分方程 $y''+y=2\mathrm{e}^x+4\sin x$ 满足 $\lim\limits_{x\to0}\dfrac{y(x)}{\ln(x+\sqrt{1+x^2})}=0$ 的特解.

线索	答题区（难度星级：★★★）	笔记
（读题时记录） 简化 抓重点 提示隐藏	写出解题过程、步步有理、有据	（做题时记录） 困难 卡点

一题只记一个点 总结

积累 · 内化 · 复用
题型 · 知识 · 方法

200 设 $p(x),q(x),f(x)$ 均是已知的连续函数，$y_1(x),y_2(x),y_3(x)$ 是 $y''+p(x)y'+q(x)y=f(x)$ 的 3 个线性无关的解，C_1 与 C_2 为任意常数，则方程的通解为

(A) $(C_1-C_2)y_1+(C_2+C_1)y_2+(1-C_2)y_3$.

(B) $(C_1-C_2)y_1+(C_2-C_1)y_2+(C_1+C_2)y_3$.

(C) $2C_1y_1+(C_2-C_1)y_2+(1-C_1-C_2)y_3$.

(D) $C_1y_1+(C_2-C_1)y_2+(1+C_1-C_2)y_3$.

线索	答题区（难度星级：★★）	笔记
（读题时记录） 简化 抓重点 提示隐藏	写出解题过程，步步有理、有据	（做题时记录） 困难 卡点

一题只记一个点 总结

积累 · 内化 · 复用
题型 · 知识 · 方法

201 设二阶常系数齐次线性微分方程 $y''+by'+y=0$ 的每一个解 $y(x)$ 都在 $(0,+\infty)$ 上有界，求实数 b 的取值范围.

线索	答题区（难度星级：★★★★★）	笔记
（读题时记录） 简化 抓重点 提示隐藏	写出解题过程，步步有理、有据	（做题时记录） 困难 卡点

一题只记一个点 总结

积累 · 内化 · 复用
题型 · 知识 · 方法

202 设 $y(x)$ 是方程 $y''+a_1y'+a_2y=\mathrm{e}^x$ 满足初始条件 $y(0)=1, y'(0)=0$ 的特解(a_1，a_2 均为常数)，则

(A) 当 $a_2<1$ 时，$x=0$ 是 $y(x)$ 的极大值点.

(B) 当 $a_2<1$ 时，$x=0$ 是 $y(x)$ 的极小值点.

(C) 当 $a_2>1$ 时，$x=0$ 不是 $y(x)$ 的极大值点.

(D) 当 $a_2>1$ 时，$x=0$ 是 $y(x)$ 的极小值点.

线索	答题区　(难度星级：★★★)	笔记
(读题时记录) 简化 抓重点 提示隐藏	写出解题过程，步步有理、有据	(做题时记录) 困难 卡点

一题只记一个点 **总结**　积累 · 内化 · 复用　题型 · 知识 · 方法

203 如果二阶常系数非齐次线性微分方程 $y''+ay'+by=\mathrm{e}^{-x}\cos x$ 有一个特解 $y^*=\mathrm{e}^{-x}(x\cos x+x\sin x)$，则

(A) $a=-1, b=1$.　　(B) $a=1, b=-1$.

(C) $a=2, b=1$.　　(D) $a=2, b=2$.

线索	答题区　(难度星级：★★)	笔记
(读题时记录) 简化 抓重点 提示隐藏	写出解题过程，步步有理、有据	(做题时记录) 困难 卡点

一题只记一个点 **总结**　积累 · 内化 · 复用　题型 · 知识 · 方法

204 求方程 $yy'' - y'^2 = y^2 \ln y (y > 0)$，满足 $y\big|_{x=0} = \mathrm{e}$，$y'\big|_{x=0} = \mathrm{e}$ 的解.

线索	答题区 （难度星级：★★★）	笔记
（读题时记录）		（做题时记录）
简化		困难
抓重点		卡点
提示隐藏	写出解题过程，步步有理、有据	
一题只记一个点 总结	积累 · 内化 · 复用 题型 · 知识 · 方法	

205 已知 $y_1 = x^2 \mathrm{e}^x$，$y_2 = \mathrm{e}^{2x}(3\cos 3x - 2\sin 3x)$ 是某 n 阶常系数齐次线性微分方程的两个特解，求最小的 n.

线索	答题区 （难度星级：★★★）	笔记
（读题时记录）		（做题时记录）
简化		困难
抓重点		卡点
提示隐藏	写出解题过程，步步有理、有据	
一题只记一个点 总结	积累 · 内化 · 复用 题型 · 知识 · 方法	

206 具有特解 $y_1=e^x, y_2=e^{-x}, y_3=5\cos x$ 的四阶常系数齐次线性微分方程的是

(A) $y^{(4)}+y'''-y''-y'+y=0$.　　(B) $y^{(4)}+y'''+y''-y'+y=0$.

(C) $y^{(4)}+y=0$.　　(D) $y^{(4)}-y=0$.

线索	答题区　（难度星级：★★）	笔记
（读题时记录） 简化 抓重点 提示隐藏	写出解题过程，步步有理、有据	（做题时记录） 困难 卡点
一题只记一个tip 总结	积累 · 内化 · 复用 题型 · 知识 · 方法	

207 设连接两点 $A(0,1)$ 与 $B(1,0)$ 的一条凸弧，点 $P(x,y)$ 为凸弧 AB 上的任意一点. 已知凸弧与弦 AP 之间的面积为 x^3，求此凸弧的方程.

线索	答题区　（难度星级：★★★）	笔记
（读题时记录） 简化 抓重点 提示隐藏	写出解题过程，步步有理、有据	（做题时记录） 困难 卡点
一题只记一个tip 总结	积累 · 内化 · 复用 题型 · 知识 · 方法	

208 利用代换 $y=\dfrac{u}{\cos x}$ 将方程

$$y''\cos x-2y'\sin x+3y\cos x=\mathrm{e}^{x}$$

化简，并求出原方程的通解.

线索	答题区 （难度星级：★★★）	笔记
（读题时记录） 简化 抓重点 提示隐藏	写出解题过程，步步有理、有据	（做题时记录） 困难 卡点

一题只记一个坑 总结

积累 · 内化 · 复用
题型 · 知识 · 方法

209 设 $f(t)$ 为连续函数，且 $f(t)=\iint\limits_{D}x\left[1+\dfrac{f(\sqrt{x^{2}+y^{2}})}{x^{2}+y^{2}}\right]\mathrm{d}x\mathrm{d}y$（其中 D 为 $x^{2}+y^{2}\leqslant t^{2}$，$x\geqslant 0,y\geqslant 0,t>0$），求 $f(t)$.

线索	答题区 （难度星级：★★★★）	笔记
（读题时记录） 简化 抓重点 提示隐藏	写出解题过程，步步有理、有据	（做题时记录） 困难 卡点

一题只记一个坑 总结

积累 · 内化 · 复用
题型 · 知识 · 方法

210 设 $u = f(\sqrt{x^2 + y^2})$，其中 $f(r)$ 二阶可导，且 $\lim\limits_{r \to 0^+} f'(r) = 0$，

$$\frac{\partial^2 u}{\partial x^2} + \frac{\partial^2 u}{\partial y^2} = \iint\limits_{u^2 + v^2 \leqslant x^2 + y^2} \frac{1}{1 + u^2 + v^2} du dv.$$

（1）求 $f'(x)$ 的表达式；

（2）若 $f(0) = 0$，求 $\lim\limits_{x \to 0^+} \dfrac{f(x)}{x^4}$.

线索	答题区 （难度星级：★ ★ ★ ★ ★）	笔记
（读题时记录）		（做题时记录）
简化		困难
抓重点		卡点
提示隐藏	写出解题过程，步步有理、有据	

一题只记一个 **总结**　　积累 · 内化 · 复用　题型 · 知识 · 方法

211 求 $y'' + a^2 y = \sin x$ 的通解，其中常数 $a > 0$.

线索	答题区 （难度星级：★ ★ ★）	笔记
（读题时记录）		（做题时记录）
简化		困难
抓重点		卡点
提示隐藏	写出解题过程，步步有理、有据	

一题只记一个 **总结**　　积累 · 内化 · 复用　题型 · 知识 · 方法

212 已知 $y_1 = xe^x + e^{2x}$，$y_2 = xe^x + e^{-x}$，$y_3 = xe^x + e^{2x} - e^{-x}$ 是某二阶线性非齐次微分方程的三个解.

(1) 求此微分方程；

(2) 写出此微分方程的通解；

(3) 求满足初值条件 $y(0) = 0, y'(0) = 1$ 的特解 $y(x)$，并计算 $\int_{-\infty}^{0} y(x)\mathrm{d}x$.

线索	答题区（难度星级：★★★★）	笔记
（读题时记录） 简化 抓重点 提示隐藏	写出解题过程，步步有理、有据	（做题时记录） 困难 卡点

一题只记一个方法 总结

积累 · 内化 · 复用
题型 · 知识 · 方法

213 设 $f(x)$ 在 $[0, +\infty)$ 上可导，且 $f'(x) \neq 0$，其反函数为 $g(x)$，并设

$$\int_0^{f(x)} g(t)\mathrm{d}t + \int_0^x f(t)\mathrm{d}t = x^2 e^x.$$

求 $f(x)$.

线索	答题区（难度星级：★★★★）	笔记
（读题时记录） 简化 抓重点 提示隐藏	写出解题过程，步步有理、有据	（做题时记录） 困难 卡点

一题只记一个方法 总结

积累 · 内化 · 复用
题型 · 知识 · 方法

214 设当 $x \geqslant 0$ 时 $f(x)$ 有一阶连续导数，并且满足

$$f(x) = -1 + x + 2\int_0^x (x-t) f(t) f'(t) \mathrm{d}t.$$

求当 $x \geqslant 0$ 时的 $f(x)$.

线索	答题区 （难度星级：★★★★）	笔记
（读题时记录） 简化 抓重点 提示隐藏	写出解题过程，步步有理、有据	（做题时记录） 困难 卡点

一题只记一个 tip 总结

积累 · 内化 · 复用
题型 · 知识 · 方法

215 (1) 证明：当 $0 < x < \dfrac{\pi}{2}$ 时，$\sin x > \dfrac{2}{\pi} x$；

(2) 设函数 $f(x)$ 二阶连续可导，且满足 $xf''(x) - x[f'(x)]^2 = \dfrac{2}{\pi}x - \sin x$，若 $\exists x_0 \in (-1,1)$，使得 $f'(x_0) = 0$，证明：$x = x_0$ 是函数 $f(x)$ 的极大值点；

(3) 求极限 $\lim\limits_{n\to\infty}\left[\int_0^1 \left(1+\sin\dfrac{\pi}{2}x\right)^n \mathrm{d}x\right]^{\frac{1}{n}}$.

线索	答题区 （难度星级：★★★★★）	笔记
（读题时记录） 简化 抓重点 提示隐藏	写出解题过程，步步有理、有据	（做题时记录） 困难 卡点

一题只记一个 tip 总结

积累 · 内化 · 复用
题型 · 知识 · 方法

216 已知 $f(x)$ 在 $[0,+\infty)$ 上可导，且 $f(0)=1$，满足 $f'(x)+f(x)-\dfrac{1}{x+1}\int_0^x f(t)\,\mathrm{d}t=0$.

(1) 求 $f'(x)$；

(2) 计算 $\int_0^1\left[f'(x)-\dfrac{\mathrm{e}^{-x}}{(1+x)^2}\right]\mathrm{d}x$；

(3) 证明：当 $x\geqslant 0$ 时，有 $\mathrm{e}^{-x}\leqslant f(x)\leqslant 1$ 成立.

线索	答题区　（难度星级：★★★★★）	笔记
（读题时记录） 简化 抓重点 提示隐藏	写出解题过程、步步有理、有据	（做题时记录） 困难 卡点

一题只记一个点 总结	积累 · 内化 · 复用 题型 · 知识 · 方法

217 设 $x=\tan t$，$y=u\sec t\left(-\dfrac{\pi}{2}<t<\dfrac{\pi}{2}，u \text{ 为 } t \text{ 的二阶可导函数}\right)$，变换方程 $(1+x^2)^2\dfrac{\mathrm{d}^2y}{\mathrm{d}x^2}=y$，并求此方程满足 $y\Big|_{x=0}=0$，$\dfrac{\mathrm{d}y}{\mathrm{d}x}\Big|_{x=0}=1$ 的特解.

线索	答题区　（难度星级：★★）	笔记
（读题时记录） 简化 抓重点 提示隐藏	写出解题过程、步步有理、有据	（做题时记录） 困难 卡点

一题只记一个点 总结	积累 · 内化 · 复用 题型 · 知识 · 方法

218 设 $f(x)$ 在 $(-\infty,+\infty)$ 内有定义，$f(x)\neq 0$，且对 $(-\infty,+\infty)$ 内的任意 x 与 y，恒有 $f(x+y)=f(x)f(y)$. 又设 $f'(0)$ 存在，$f'(0)=a\neq 0$.

试证明对一切 $x\in(-\infty,+\infty)$，$f'(x)$ 存在，并求 $f(x)$.

线索	答题区 （难度星级：★★★）	笔记
（读题时记录） 简化 抓重点 提示隐藏	写出解题过程，步步有理、有据	（做题时记录） 困难 卡点

一题只记一个方法 总结

积累 · 内化 · 复用
题型 · 知识 · 方法

219 求微分方程的初值问题 $\begin{cases}\cos y\dfrac{\mathrm{d}^2y}{\mathrm{d}x^2}+\sin y\left(\dfrac{\mathrm{d}y}{\mathrm{d}x}\right)^2=\dfrac{\mathrm{d}y}{\mathrm{d}x},\\ y(-1)=\dfrac{\pi}{6},y'(-1)=\dfrac{1}{2}\end{cases}$ 的解.

线索	答题区 （难度星级：★★★）	笔记
（读题时记录） 简化 抓重点 提示隐藏	写出解题过程，步步有理、有据	（做题时记录） 困难 卡点

一题只记一个方法 总结

积累 · 内化 · 复用
题型 · 知识 · 方法

220 函数 $y=y(x)$ 在 $(-\infty,+\infty)$ 内具有二阶导数，且 $y'\neq 0$，$x=x(y)$ 是 $y=y(x)$ 的反函数.

（1）试将 $x=x(y)$ 所满足的微分方程 $\frac{\mathrm{d}^2x}{\mathrm{d}y^2}+(y+\sin x)\left(\frac{\mathrm{d}x}{\mathrm{d}y}\right)^3=0$ 变换为 $y=y(x)$ 所满足的微分方程；

（2）求变换后的微分方程满足初始条件 $y(0)=0,y'(0)=\frac{1}{2}$ 的解.

线索	答题区 （难度星级：★★★★★）	笔记
（读题时记录） 简化 抓重点 提示隐藏	写出解题过程，步步有理、有据	（做题时记录） 困难 卡点

一题只记一个点 总结

积累 · 内化 · 复用
题型 · 知识 · 方法

221 设 $f(x),g(x)$ 满足 $f'(x)=g(x),g'(x)=4\mathrm{e}^x-f(x)$，且 $f(0)=g(0)=0$，求定积分 $I=\int_0^{\frac{\pi}{2}}\left[\frac{g(x)}{1+x}-\frac{f(x)}{(1+x)^2}\right]\mathrm{d}x$.

线索	答题区 （难度星级：★★★★）	笔记
（读题时记录） 简化 抓重点 提示隐藏	写出解题过程，步步有理、有据	（做题时记录） 困难 卡点

一题只记一个点 总结

积累 · 内化 · 复用
题型 · 知识 · 方法

222 设函数 $y(x)(x \geqslant 0)$ 二阶可导，且 $y'(x) > 0, y(0) = 1$. 过曲线 $y = y(x)$ 上任意一定点 $P(x,y)$ 作该曲线的切线及 x 轴的垂线，上述两直线与 x 轴所围成的三角形的面积记为 S_1，区间 $[0,x]$ 上以 $y = y(x)$ 为曲边的曲边梯形面积记为 S_2，并设 $2S_1 - S_2 = 1$，求此曲线的方程.

线索	答题区 （难度星级：★★★★）	笔记
（读题时记录） 简化 抓重点 提示隐藏	写出解题过程，步步有理、有据	（做题时记录） 困难 卡点
一题只记一个点 总结	积累 · 内化 · 复用 题型 · 知识 · 方法	

223 微分方程 $y'' + ay' + by = ce^x$ 的一个特解为 $y = e^{3x} + (2+x)e^x$，求：

(1) a, b, c 及方程的通解；

(2) 满足条件 $\lim\limits_{x \to 0} \dfrac{y(x)}{x} = 3$ 的方程的特解.

线索	答题区 （难度星级：★★★★）	笔记
（读题时记录） 简化 抓重点 提示隐藏	写出解题过程，步步有理、有据	（做题时记录） 困难 卡点
一题只记一个点 总结	积累 · 内化 · 复用 题型 · 知识 · 方法	

224 设连续函数 $f(x)$ 满足 $f(x)=1-\dfrac{x}{2}\displaystyle\int_0^1 f(t)\,\mathrm{d}t+\displaystyle\int_0^x f(t)\,\mathrm{d}t$.

（1）求 $f(x)$；

（2）讨论方程 $f(x)=kx$ 根的个数.

线索	答题区 （难度星级：★★★★）	笔记
（读题时记录）		（做题时记录）
简化		困难
抓重点		卡点
提示隐藏	写出解题过程，步步有理、有据	
一题只记一个 总结	积累 · 内化 · 复用 题型 · 知识 · 方法	

225 求微分方程 $(1+x)y''+y'=\ln(x+1)$ 满足 $y(0)=1$，$y'(0)=-1$ 的特解 $y(x)$，并求函数 $y(x)$ 的极值.

线索	答题区 （难度星级：★★★）	笔记
（读题时记录）		（做题时记录）
简化		困难
抓重点		卡点
提示隐藏	写出解题过程，步步有理、有据	
一题只记一个 总结	积累 · 内化 · 复用 题型 · 知识 · 方法	

226 已知 $f'(x)$ 连续，$f(0)=\frac{1}{2}$，且存在函数 $u(x,y)$ 使得

$$du(x,y)=[e^x+f(x)]ydx+f(x)dy.$$

(1) 试确定 $f(x)$；

(2) 求微分方程 $[e^x+f(x)]ydx+f(x)dy=0$ 的通解；

(3) 求(2)中满足 $y(0)=2$ 的解 $y(x)$ 所对应曲线的渐近线.

线索	答题区（难度星级：★★★★★）	笔记
（读题时记录）		（做题时记录）
简化 抓重点 提示隐藏	写出解题过程，步步有理、有据	困难 卡点

一题只记一个 总结

积累 · 内化 · 复用

题型 · 知识 · 方法

227 设 $y=\varphi_1(x)$ 和 $y=\varphi_2(x)$ 是方程 $y''+q(x)y=0$ 的任意两个解，求证：

(1) 行列式 $W(x)=\begin{vmatrix}\varphi_1(x) & \varphi_2(x)\\ \varphi_1'(x) & \varphi_2'(x)\end{vmatrix}$ 为常数；

(2) 若 $y=\varphi_1(x)$ 和 $y=\varphi_2(x)$ 均在 $x=x_0$ 处取得极值，则 φ_1 与 φ_2 线性相关.

线索	答题区 （难度星级：★★★★★）	笔记
（读题时记录） 简化 抓重点 提示隐藏	写出解题过程，步步有理、有据	（做题时记录） 困难 卡点

一题只记一个点 **总结**

积累 · 内化 · 复用
题型 · 知识 · 方法

228 已知微分方程 $y''+k^2y=0(k>0)$.

(1) 确定 k 使得方程有满足条件 $y\big|_{x=0}=y'\big|_{x=1}=0$ 的非零解；

(2) 对于该微分方程的任意解 y，证明 $(y')^2+k^2y^2$ 为常数.

线索	答题区（难度星级：★★★★）	笔记
（读题时记录） 简化 抓重点 提示隐藏	写出解题过程，步步有理、有据	（做题时记录） 困难 卡点
一题只记一个"点" 总结	积累 · 内化 · 复用 题型 · 知识 · 方法	

229 设在 xOy 平面的第一象限中有曲线 $\Gamma: y=y(x)$，过点 $A(0,\sqrt{2}-1)$，$y'(x)>0$. $M(x,y)$ 为 Γ 上任意一点，满足：弧段 $\overset{\frown}{AM}$ 的长度与 Γ 在点 M 处的切线在 x 轴上的截距之差为 $\sqrt{2}-1$，求此曲线.

线索	答题区（难度星级：★★★★）	笔记
（读题时记录） 简化 抓重点 提示隐藏	写出解题过程，步步有理、有据	（做题时记录） 困难 卡点
一题只记一个"点" 总结	积累 · 内化 · 复用 题型 · 知识 · 方法	

230 求齐次线性微分方程 $y^{(4)} - 5y'' + 10y' - 6y = 0$ 满足初值条件 $y(0) = 1, y'(0) = 0, y''(0) = 6, y'''(0) = -14$ 的特解 $y(x)$，并求极限 $\lim\limits_{x \to 0} \dfrac{y(x) - 1 - 3x^2}{e^{\sin^3 x} - 1}$.

线索	答题区（难度星级：★★★★★）	笔记
（读题时记录）		（做题时记录）
简化 抓重点 提示隐藏	写出解题过程，步步有理、有据	困难 卡点

一题只记一个总结

积累 · 内化 · 复用

题型 · 知识 · 方法

强化通关

线性代数

行列式

231 计算行列式的值.

(1) $\begin{vmatrix} 1 & 2 & 3 & 4 \\ 2 & 2 & 0 & 0 \\ 3 & 0 & 3 & 0 \\ 4 & 0 & 0 & 4 \end{vmatrix}$；(2) $\begin{vmatrix} 1 & 2 & \cdots & n-1 & n \\ 0 & 0 & \cdots & n-1 & n-1 \\ \vdots & \vdots & & \vdots & \vdots \\ 0 & 2 & \cdots & 0 & 2 \\ 1 & 0 & \cdots & 0 & 1 \end{vmatrix}$.

线索	答题区　（难度星级：★）	笔记
（读题时记录） 简化 抓重点 提示隐藏	写出解题过程，步步有理、有据	（做题时记录） 困难 卡点

一题只记一个要点 总结

积累 · 内化 · 复用
题型 · 知识 · 方法

232 求 $D=\begin{vmatrix} 2 & 3 & 0 & 0 \\ 1 & 2 & 3 & 0 \\ 0 & 1 & 2 & 3 \\ 0 & 0 & 1 & 2 \end{vmatrix}$.

线索	答题区　（难度星级：★★）	笔记
（读题时记录） 简化 抓重点 提示隐藏	写出解题过程，步步有理、有据	（做题时记录） 困难 卡点

一题只记一个要点 总结

积累 · 内化 · 复用
题型 · 知识 · 方法

233 设 A,B 是三阶方阵，且 $|A|=1$，$|B|=-2$，求 $\begin{vmatrix} A & -2A \\ B & O \end{vmatrix}$.

线索	答题区　（难度星级：★★）	笔记
（读题时记录） 简化 抓重点 提示隐藏	写出解题过程，步步有理、有据	（做题时记录） 困难 卡点

一题只记一个点 总结：积累 · 内化 · 复用　题型 · 知识 · 方法

234 计算 n 阶行列式 $D_n=\begin{vmatrix} a & a & \cdots & a & b \\ a & a & \cdots & b & a \\ \vdots & \vdots & & \vdots & \vdots \\ a & b & \cdots & a & a \\ b & a & \cdots & a & a \end{vmatrix}$.

线索	答题区　（难度星级：★★）	笔记
（读题时记录） 简化 抓重点 提示隐藏	写出解题过程，步步有理、有据	（做题时记录） 困难 卡点

一题只记一个点 总结：积累 · 内化 · 复用　题型 · 知识 · 方法

矩阵

235 设矩阵 $\boldsymbol{A}=\begin{bmatrix}1&0&1\\0&-2&0\\1&0&2\end{bmatrix}$，若矩阵 $\boldsymbol{X}$ 满足

$$\boldsymbol{A}^{*}\boldsymbol{X}\boldsymbol{A}^{*}+\boldsymbol{A}^{-1}\boldsymbol{X}\boldsymbol{A}^{-1}+\boldsymbol{A}^{*}\boldsymbol{X}+\boldsymbol{A}^{-1}\boldsymbol{X}=\boldsymbol{A}^{*}+\boldsymbol{A}^{-1},$$

求矩阵 $\boldsymbol{X}$.

线索	答题区　（难度星级：★★★★）	笔记
（读题时记录） 简化 抓重点 提示隐藏	写出解题过程，步步有理、有据	（做题时记录） 困难 卡点

一题只记一个法 总结

积累 · 内化 · 复用
题型 · 知识 · 方法

236 已知 $\boldsymbol{A}=\begin{bmatrix}1&1&0\\0&1&0\\0&0&-1\end{bmatrix}$，若矩阵 $\boldsymbol{B}$ 满足：$\boldsymbol{A}^{*}\boldsymbol{B}\boldsymbol{A}=2\boldsymbol{B}\boldsymbol{A}-9\boldsymbol{E}$，求矩阵 $\boldsymbol{B}$.

线索	答题区　（难度星级：★★★）	笔记
（读题时记录） 简化 抓重点 提示隐藏	写出解题过程，步步有理、有据	（做题时记录） 困难 卡点

一题只记一个法 总结

积累 · 内化 · 复用
题型 · 知识 · 方法

237 计算 $\boldsymbol{A}=\begin{bmatrix}1&0&0\\0&0&1\\0&1&0\end{bmatrix}^{9}\begin{bmatrix}1&2&3\\4&5&6\\7&8&9\end{bmatrix}\begin{bmatrix}1&0&0\\0&2&0\\0&0&1\end{bmatrix}^{10}$.

线索	答题区 （难度星级：★★★）	笔记
（读题时记录） 简化 抓重点 提示隐藏	写出解题过程，步步有理、有据	（做题时记录） 困难 卡点

一题只记一个点 总结

积累 · 内化 · 复用
题型 · 知识 · 方法

238 已知 $\boldsymbol{A}=\begin{bmatrix}3&2&3\\0&1&2\\0&0&3\end{bmatrix}$，$\boldsymbol{B}=\begin{bmatrix}1&0&0\\0&-1&0\\0&0&-2\end{bmatrix}$，若矩阵 $\boldsymbol{X}$ 满足 $\boldsymbol{XA}+2\boldsymbol{B}=\boldsymbol{AB}+2\boldsymbol{X}$，求 $\boldsymbol{X}^4$.

线索	答题区 （难度星级：★★★★）	笔记
（读题时记录） 简化 抓重点 提示隐藏	写出解题过程，步步有理、有据	（做题时记录） 困难 卡点

一题只记一个点 总结

积累 · 内化 · 复用
题型 · 知识 · 方法

239 下列命题中，不正确的是

(A) 若 $\boldsymbol{A}$ 是 n 阶矩阵，则 $(\boldsymbol{A}+\boldsymbol{E})(\boldsymbol{A}-\boldsymbol{E})=(\boldsymbol{A}-\boldsymbol{E})(\boldsymbol{A}+\boldsymbol{E})$.

(B) 若 $\boldsymbol{A}$ 是 n 阶矩阵，且 $\boldsymbol{A}^2=\boldsymbol{A}$，则 $\boldsymbol{A}+\boldsymbol{E}$ 必可逆.

(C) 若 $\boldsymbol{A},\boldsymbol{B}$ 均为 $n\times 1$ 矩阵，则 $\boldsymbol{A}^{\mathrm{T}}\boldsymbol{B}=\boldsymbol{B}^{\mathrm{T}}\boldsymbol{A}$.

(D) 若 $\boldsymbol{A},\boldsymbol{B}$ 均为 n 阶矩阵，且 $\boldsymbol{AB}=\boldsymbol{O}$，则 $(\boldsymbol{A}+\boldsymbol{B})^2=\boldsymbol{A}^2+\boldsymbol{B}^2$.

线索	答题区 （难度星级：★）	笔记
（读题时记录） 简化 抓重点 提示隐藏	写出解题过程，步步有理、有据	（做题时记录） 困难 卡点

一题只记一个 总结

积累 · 内化 · 复用
题型 · 知识 · 方法

240 设矩阵 $\boldsymbol{A},\boldsymbol{B}$ 为三阶可逆矩阵，k 为常数且 $k\neq 0,1$，则下列选项不正确的是

(A) $(\boldsymbol{AB})^*=\boldsymbol{B}^*\boldsymbol{A}^*$.

(B) $(\boldsymbol{A}^{-1})^*=(\boldsymbol{A}^*)^{-1}$.

(C) $(\boldsymbol{A}^*)^{\mathrm{T}}=(\boldsymbol{A}^{\mathrm{T}})^*$.

(D) $(k\boldsymbol{A})^*=k\boldsymbol{A}^*$.

线索	答题区 （难度星级：★）	笔记
（读题时记录） 简化 抓重点 提示隐藏	写出解题过程，步步有理、有据	（做题时记录） 困难 卡点

一题只记一个 总结

积累 · 内化 · 复用
题型 · 知识 · 方法

241 设 $\boldsymbol{A},\boldsymbol{B}$ 均为 n 阶可逆矩阵，且 $(\boldsymbol{A}+\boldsymbol{B})^2=\boldsymbol{E}$，求 $(\boldsymbol{E}+\boldsymbol{B}\boldsymbol{A}^{-1})^{-1}$.

线索	答题区 （难度星级：★★★）	笔记
（读题时记录） 简化 抓重点 提示隐藏	写出解题过程，步步有理、有据	（做题时记录） 困难 卡点

一题只记一个点 **总结** 积累 · 内化 · 复用 题型 · 知识 · 方法

242 设 $\boldsymbol{A}$ 为三阶矩阵且 $\boldsymbol{P}^{\mathrm{T}}\boldsymbol{A}\boldsymbol{P}=\begin{bmatrix}1 & & \\ & 2 & \\ & & 3\end{bmatrix}$，其中 $\boldsymbol{P}=[\boldsymbol{\alpha}_1,\boldsymbol{\alpha}_2,\boldsymbol{\alpha}_3]$，若 $\boldsymbol{Q}=[\boldsymbol{\alpha}_1+\boldsymbol{\alpha}_2,-\boldsymbol{\alpha}_2,2\boldsymbol{\alpha}_3]$，求 $\boldsymbol{Q}^{\mathrm{T}}\boldsymbol{A}\boldsymbol{Q}$.

线索	答题区 （难度星级：★★）	笔记
（读题时记录） 简化 抓重点 提示隐藏	写出解题过程，步步有理、有据	（做题时记录） 困难 卡点

一题只记一个点 **总结** 积累 · 内化 · 复用 题型 · 知识 · 方法

243 设矩阵 $\boldsymbol{A}=\begin{bmatrix}1-a & a & 0 & -a\\ -3 & 6 & 3 & -3\\ 2-a & a-2 & -1 & 1-a\end{bmatrix}$，其中 a 为任意常数，求 $\boldsymbol{A}$ 的秩.

线索	答题区 （难度星级：★）	笔记
（读题时记录） 简化 抓重点 提示隐藏	写出解题过程，步步有理、有据	（做题时记录） 困难 卡点

一题只记一个点 总结

积累 · 内化 · 复用
题型 · 知识 · 方法

244 已知 $\boldsymbol{A}=\begin{bmatrix}2 & 4 & 2\\ 1 & a & -2\\ 2 & 3 & a+2\end{bmatrix}$，$\boldsymbol{B}$ 是三阶非零矩阵且 $\boldsymbol{AB}=\boldsymbol{O}$，则

(A) $a=1$ 是 $r(\boldsymbol{B})=1$ 的必要条件.
(B) $a=1$ 是 $r(\boldsymbol{B})=1$ 的充分必要条件.
(C) $a=3$ 是 $r(\boldsymbol{B})=1$ 的充分条件.
(D) $a=3$ 是 $r(\boldsymbol{B})=1$ 的充分必要条件.

线索	答题区 （难度星级：★★★★）	笔记
（读题时记录） 简化 抓重点 提示隐藏	写出解题过程，步步有理、有据	（做题时记录） 困难 卡点

一题只记一个点 总结

积累 · 内化 · 复用
题型 · 知识 · 方法

245 三阶矩阵 $\boldsymbol{A}$ 可逆，把矩阵 $\boldsymbol{A}$ 的第 2 行与第 3 行互换得到矩阵 $\boldsymbol{B}$，把矩阵 $\boldsymbol{B}$ 的第 1 列的 -3 倍加到第 2 列得到单位矩阵 $\boldsymbol{E}$，求 $\boldsymbol{A}^*$.

线索	答题区 （难度星级：★★）	笔记
（读题时记录） 简化 抓重点 提示隐藏	写出解题过程，步步有理、有据	（做题时记录） 困难 卡点
一题只记一个点 总结	积累 · 内化 · 复用 题型 · 知识 · 方法	

246 设 $\boldsymbol{A}$ 与 $\boldsymbol{B}$ 均为 n 阶矩阵，满足 $\boldsymbol{AB}=\boldsymbol{A}+\boldsymbol{B}$. 证明：

(1) $\boldsymbol{A}-\boldsymbol{E}$ 和 $\boldsymbol{B}-\boldsymbol{E}$ 均为可逆矩阵；

(2) 矩阵 $\boldsymbol{A}$ 可逆的充分必要条件是矩阵 $\boldsymbol{B}$ 可逆；

(3) $\boldsymbol{AB}=\boldsymbol{BA}$.

线索	答题区 （难度星级：★★★）	笔记
（读题时记录） 简化 抓重点 提示隐藏	写出解题过程，步步有理、有据	（做题时记录） 困难 卡点
一题只记一个点 总结	积累 · 内化 · 复用 题型 · 知识 · 方法	

247 设 $\boldsymbol{A}=\boldsymbol{\alpha}\boldsymbol{\beta}^{\mathrm{T}}-\boldsymbol{\alpha}^{\mathrm{T}}\boldsymbol{\beta}\boldsymbol{E}$，其中 $\boldsymbol{\alpha},\boldsymbol{\beta}$ 均为非零列向量. 证明：

(1) $\boldsymbol{A}^2+\boldsymbol{\alpha}^{\mathrm{T}}\boldsymbol{\beta}\boldsymbol{A}=\boldsymbol{O}$；(2) 矩阵 $\boldsymbol{A}$ 不可逆.

线索	答题区 （难度星级：★★★★）	笔记
（读题时记录） 简化 抓重点 提示隐藏	写出解题过程，步步有理、有据	（做题时记录） 困难 卡点

一题只记一个法 总结

积累 · 内化 · 复用

题型 · 知识 · 方法

248 设 $\boldsymbol{A}=[a_{ij}]$ 为三阶非零矩阵，A_{ij} 为元素 a_{ij} 的代数余子式，且 $A_{ij}+a_{ji}=0(i,j=1,2,3)$，若 $\boldsymbol{AXA}+\boldsymbol{A}^*\boldsymbol{XA}+\boldsymbol{AXA}^*=\boldsymbol{E}$.

求：(1) 矩阵 $\boldsymbol{A}$ 的行列式 $|\boldsymbol{A}|$；(2) 矩阵 $\boldsymbol{X}$.

线索	答题区 （难度星级：★★★★★）	笔记
（读题时记录） 简化 抓重点 提示隐藏	写出解题过程，步步有理、有据	（做题时记录） 困难 卡点

一题只记一个法 总结

积累 · 内化 · 复用

题型 · 知识 · 方法

向量

249 设向量组（Ⅰ）：$\boldsymbol{\alpha}_1 = (1,2,-3)^T, \boldsymbol{\alpha}_2 = (3,0,-8)^T, \boldsymbol{\alpha}_3 = (9,6,-25)^T,$

（Ⅱ）：$\boldsymbol{\beta}_1 = (0,1,-1)^T, \boldsymbol{\beta}_2 = (a,2,-3)^T, \boldsymbol{\beta}_3 = (b,1,0)^T,$

若 $r(Ⅰ) = r(Ⅱ)$ 且 $\boldsymbol{\beta}_2$ 可由（Ⅰ）线性表出，求 a,b 的值，并判断向量组（Ⅰ）（Ⅱ）是否等价.

线索	答题区 （难度星级：★★★）	笔记
（读题时记录）		（做题时记录）
简化		困难
抓重点		卡点
提示隐藏	写出解题过程，步步有理、有据	
一题只记一个 **总结**	积累·内化·复用 题型·知识·方法	

250 设 $n(n > 2)$ 维向量 $\boldsymbol{\alpha}_1, \boldsymbol{\alpha}_2, \boldsymbol{\alpha}_3$ 满足 $2\boldsymbol{\alpha}_1 - \boldsymbol{\alpha}_2 + 3\boldsymbol{\alpha}_3 = \mathbf{0}, \boldsymbol{\beta}$ 是任意 n 维向量，若 $\boldsymbol{\beta} + \boldsymbol{\alpha}_1$，

$\boldsymbol{\beta} + \boldsymbol{\alpha}_2, a\boldsymbol{\beta} + \boldsymbol{\alpha}_3$ 线性相关，求 a.

线索	答题区 （难度星级：★★★）	笔记
（读题时记录）		（做题时记录）
简化		困难
抓重点		卡点
提示隐藏	写出解题过程，步步有理、有据	
一题只记一个 **总结**	积累·内化·复用 题型·知识·方法	

251 已知 $\boldsymbol{\alpha}_1,\boldsymbol{\alpha}_2$ 是向量组 $\boldsymbol{\alpha}_1=(1,1,-1)^{\mathrm{T}},\boldsymbol{\alpha}_2=(2,4,t-6)^{\mathrm{T}},\boldsymbol{\alpha}_3=(2,6,6)^{\mathrm{T}},\boldsymbol{\alpha}_4=(t,14,t-4)^{\mathrm{T}}$ 的极大线性无关组，求 t.

线索	答题区 （难度星级：★★）	笔记
（读题时记录） 简化 抓重点 提示隐藏	写出解题过程，步步有理、有据	（做题时记录） 困难 卡点

一题只记一个点 总结

积累 · 内化 · 复用
题型 · 知识 · 方法

252 设 $\boldsymbol{\alpha}_1,\boldsymbol{\alpha}_2,\boldsymbol{\alpha}_3,\boldsymbol{\beta}$ 均为三维向量，现有四个命题

① 若 $\boldsymbol{\beta}$ 不能由 $\boldsymbol{\alpha}_1,\boldsymbol{\alpha}_2,\boldsymbol{\alpha}_3$ 线性表示，则 $\boldsymbol{\alpha}_1,\boldsymbol{\alpha}_2,\boldsymbol{\alpha}_3$ 线性相关.

② 若 $\boldsymbol{\alpha}_1,\boldsymbol{\alpha}_2,\boldsymbol{\alpha}_3$ 线性相关，则 $\boldsymbol{\beta}$ 不能由 $\boldsymbol{\alpha}_1,\boldsymbol{\alpha}_2,\boldsymbol{\alpha}_3$ 线性表示.

③ 若 $\boldsymbol{\beta}$ 能由 $\boldsymbol{\alpha}_1,\boldsymbol{\alpha}_2,\boldsymbol{\alpha}_3$ 线性表示，则 $\boldsymbol{\alpha}_1,\boldsymbol{\alpha}_2,\boldsymbol{\alpha}_3$ 线性无关.

④ 若 $\boldsymbol{\alpha}_1,\boldsymbol{\alpha}_2,\boldsymbol{\alpha}_3$ 线性无关，则 $\boldsymbol{\beta}$ 能由 $\boldsymbol{\alpha}_1,\boldsymbol{\alpha}_2,\boldsymbol{\alpha}_3$ 线性表示.

以上的命题正确的是

(A)①②. (B)③④. (C)①④. (D)②③.

线索	答题区 （难度星级：★★）	笔记
（读题时记录） 简化 抓重点 提示隐藏	写出解题过程，步步有理、有据	（做题时记录） 困难 卡点

一题只记一个点 总结

积累 · 内化 · 复用
题型 · 知识 · 方法

253 设向量组Ⅰ:$\boldsymbol{\alpha}_1,\boldsymbol{\alpha}_2,\cdots,\boldsymbol{\alpha}_r$ 可由向量组Ⅱ:$\boldsymbol{\beta}_1,\boldsymbol{\beta}_2,\cdots,\boldsymbol{\beta}_s$ 线性表示，下列命题中正确的是

(A) 若向量组 Ⅰ 线性无关，则 $r \leqslant s$.　　(B) 若向量组 Ⅰ 线性相关，则 $r > s$.

(C) 若向量组 Ⅱ 线性无关，则 $r \leqslant s$.　　(D) 若向量组 Ⅱ 线性相关，则 $r > s$.

线索	答题区 （难度星级：★★★）	笔记
（读题时记录） 简化 抓重点 提示隐蔽	写出解题过程，步步有理、有据	（做题时记录） 困难 卡点

一题只记一个 总结

积累 · 内化 · 复用
题型 · 知识 · 方法

254 已知 $\boldsymbol{A}=[\boldsymbol{\alpha}_1,\boldsymbol{\alpha}_2,\boldsymbol{\alpha}_3,\boldsymbol{\alpha}_4]$ 是四阶矩阵，$\boldsymbol{\eta}_1=(3,1,-2,2)^{\mathrm{T}}$，$\boldsymbol{\eta}_2=(0,-1,2,1)^{\mathrm{T}}$ 是 $\boldsymbol{Ax}=\boldsymbol{0}$ 的基础解系，则下列命题中正确的一共有

①$\boldsymbol{\alpha}_1$ 一定可由 $\boldsymbol{\alpha}_2,\boldsymbol{\alpha}_3$ 线性表示.

②$\boldsymbol{\alpha}_1,\boldsymbol{\alpha}_3$ 是 $\boldsymbol{A}$ 的列向量的极大线性无关组.

③ 秩 $r(\boldsymbol{\alpha}_1,\boldsymbol{\alpha}_1+\boldsymbol{\alpha}_2,\boldsymbol{\alpha}_3-\boldsymbol{\alpha}_4)=2$.

④$\boldsymbol{\alpha}_2,\boldsymbol{\alpha}_4$ 是 $\boldsymbol{A}$ 的列向量的极大线性无关组.

(A)4 个.　　(B)3 个.　　(C)2 个.　　(D)1 个.

线索	答题区 （难度星级：★★★）	笔记
（读题时记录） 简化 抓重点 提示隐蔽	写出解题过程，步步有理、有据	（做题时记录） 困难 卡点

一题只记一个 总结

积累 · 内化 · 复用
题型 · 知识 · 方法

255 已知向量组 $\boldsymbol{\alpha}_1=(1,0,0,4)^{\mathrm{T}}$，$\boldsymbol{\alpha}_2=(1,2,0,0)^{\mathrm{T}}$，$\boldsymbol{\alpha}_3=(0,2,3,0)^{\mathrm{T}}$，$\boldsymbol{\alpha}_4=(0,0,3,a)^{\mathrm{T}}$ 的秩等于 3，求 a.

线索	答题区（难度星级：★★）	笔记
（读题时记录） 简化 抓重点 提示隐藏	写出解题过程、步步有理、有据	（做题时记录） 困难 卡点

一题只记一个点 总结

积累 · 内化 · 复用
题型 · 知识 · 方法

256 已知向量 $\boldsymbol{\alpha}=(a_1,a_2,a_3,a_4)^{\mathrm{T}}$ 可以由 $\boldsymbol{\alpha}_1=(3,3,0,0)^{\mathrm{T}}$，$\boldsymbol{\alpha}_2=(3,1,0,2)^{\mathrm{T}}$，$\boldsymbol{\alpha}_3=(0,0,1,1)^{\mathrm{T}}$，$\boldsymbol{\alpha}_4=(1,0,-1,0)^{\mathrm{T}}$ 线性表出.

(1) 求 a_1,a_2,a_3,a_4 应满足的条件；

(2) 求向量组 $\boldsymbol{\alpha}_1,\boldsymbol{\alpha}_2,\boldsymbol{\alpha}_3,\boldsymbol{\alpha}_4$ 的一个极大线性无关组，并把其他向量用该极大线性无关组线性表出；

(3) 把向量 $\boldsymbol{\alpha}$ 分别用 $\boldsymbol{\alpha}_1,\boldsymbol{\alpha}_2,\boldsymbol{\alpha}_3,\boldsymbol{\alpha}_4$ 和它的极大线性无关组线性表出.

线索	答题区（难度星级：★★★）	笔记
（读题时记录） 简化 抓重点 提示隐藏	写出解题过程、步步有理、有据	（做题时记录） 困难 卡点

一题只记一个点 总结

积累 · 内化 · 复用
题型 · 知识 · 方法

257 已知向量组 $\boldsymbol{\alpha}_1=(1,4,0,2)^{\mathrm{T}}$，$\boldsymbol{\alpha}_2=(2,7,1,3)^{\mathrm{T}}$，$\boldsymbol{\alpha}_3=(0,1,-1,a)^{\mathrm{T}}$，$\boldsymbol{\alpha}_4=(3,10,b,4)^{\mathrm{T}}$ 线性相关.

(1) 求 a,b 的取值范围；

(2) 判断 $\boldsymbol{\alpha}_4$ 能否由 $\boldsymbol{\alpha}_1,\boldsymbol{\alpha}_2,\boldsymbol{\alpha}_3$ 线性表示？如能，写出表达式；

(3) 求向量组 $\boldsymbol{\alpha}_1,\boldsymbol{\alpha}_2,\boldsymbol{\alpha}_3,\boldsymbol{\alpha}_4$ 的一个极大线性无关组.

线索	答题区 （难度星级：★★★）	笔记
（读题时记录） 简化 抓重点 提示隐藏	写出解题过程，步步有理、有据	（做题时记录） 困难 卡点

一题只记一个总结

积累 · 内化 · 复用
题型 · 知识 · 方法

258 已知向量组（Ⅰ）：$\boldsymbol{\alpha}_1=\begin{pmatrix}1\\1\\a\end{pmatrix}$，$\boldsymbol{\alpha}_2=\begin{pmatrix}1\\a\\1\end{pmatrix}$，$\boldsymbol{\alpha}_3=\begin{pmatrix}a\\1\\1\end{pmatrix}$，向量组（Ⅱ）：$\boldsymbol{\beta}_1=\begin{pmatrix}3\\0\\-3\end{pmatrix}$，$\boldsymbol{\beta}_2=\begin{pmatrix}-1\\2\\-1\end{pmatrix}$，$\boldsymbol{\beta}_3=\begin{pmatrix}a\\-2\\4\end{pmatrix}$，当 a 为何值时向量组（Ⅰ）与向量组（Ⅱ）等价.

线索	答题区 （难度星级：★★★）	笔记
（读题时记录） 简化 抓重点 提示隐藏	写出解题过程，步步有理、有据	（做题时记录） 困难 卡点

一题只记一个总结

积累 · 内化 · 复用
题型 · 知识 · 方法

259 已知向量组 $\boldsymbol{\alpha}_1,\boldsymbol{\alpha}_2,\boldsymbol{\alpha}_3$ 线性无关,向量组 $\boldsymbol{\beta}_1,\boldsymbol{\beta}_2,\boldsymbol{\beta}_3$ 可由 $\boldsymbol{\alpha}_1,\boldsymbol{\alpha}_2,\boldsymbol{\alpha}_3$ 线性表示,且

$$(\boldsymbol{\beta}_1,\boldsymbol{\beta}_2,\boldsymbol{\beta}_3)=(\boldsymbol{\alpha}_1,\boldsymbol{\alpha}_2,\boldsymbol{\alpha}_3)\boldsymbol{K}.$$

(1)证明向量组 $\boldsymbol{\beta}_1,\boldsymbol{\beta}_2,\boldsymbol{\beta}_3$ 线性无关的充分必要条件是 $|\boldsymbol{K}|\neq 0$;

(2)若 $\boldsymbol{\beta}_1=\boldsymbol{\alpha}_1+\boldsymbol{\alpha}_2+\boldsymbol{\alpha}_3$,$\boldsymbol{\beta}_2=2\boldsymbol{\alpha}_1+a\boldsymbol{\alpha}_2+3\boldsymbol{\alpha}_3$,$\boldsymbol{\beta}_3=\boldsymbol{\alpha}_1+3\boldsymbol{\alpha}_2+a\boldsymbol{\alpha}_3$,问 $\boldsymbol{\beta}_1,\boldsymbol{\beta}_2,\boldsymbol{\beta}_3$ 是否线性相关?

线索	答题区 （难度星级:★★★）	笔记
(读题时记录)		(做题时记录)
简化		困难
抓重点	写出解题过程,步步有理、有据	卡点
提示隐藏		
一题只记一个点 总结	积累 · 内化 · 复用 题型 · 知识 · 方法	

260 求向量组 $\boldsymbol{\alpha}_1=\begin{bmatrix}3\\-1\\2\end{bmatrix},\boldsymbol{\alpha}_2=\begin{bmatrix}1\\5\\-7\end{bmatrix},\boldsymbol{\alpha}_3=\begin{bmatrix}7\\-13\\20\end{bmatrix},\boldsymbol{\alpha}_4=\begin{bmatrix}-2\\6\\1\end{bmatrix}$ 的秩和它的一个极大

线性无关组,并将向量组中的其余向量用该极大线性无关组表示,并说明向量组有几个极大线性无关组.

线索	答题区 （难度星级:★★）	笔记
(读题时记录)		(做题时记录)
简化		困难
抓重点	写出解题过程,步步有理、有据	卡点
提示隐藏		
一题只记一个点 总结	积累 · 内化 · 复用 题型 · 知识 · 方法	

261 设矩阵 $\boldsymbol{A}=\begin{bmatrix}1&2&3\\1&0&1\\2&2&4\end{bmatrix}$，互换矩阵 $\boldsymbol{A}$ 的第 1，3 列得到矩阵 $\boldsymbol{B}$，再将矩阵 $\boldsymbol{B}$ 第 2 列的 -1 倍加到第 3 列得到矩阵 $\boldsymbol{C}$. 写出一个可逆矩阵 $\boldsymbol{P}_1$，使得 $\boldsymbol{A}\boldsymbol{P}_1=\boldsymbol{C}$. 这样的可逆矩阵是否唯一？如不唯一，试求出所有的可逆矩阵 $\boldsymbol{P}$ 使 $\boldsymbol{A}\boldsymbol{P}=\boldsymbol{C}$.

线索	答题区 （难度星级：★★★★）	笔记
（读题时记录） 简化 抓重点 提示隐藏	写出解题过程、步步有理、有据	（做题时记录） 困难 卡点

一题只记一个坑 **总结**　积累 · 内化 · 复用　题型 · 知识 · 方法

262 设 $\boldsymbol{\alpha},\boldsymbol{\beta}$ 均为三维单位列向量，且内积 $(\boldsymbol{\alpha},\boldsymbol{\beta})=0$，求矩阵 $\boldsymbol{A}=\boldsymbol{E}-\boldsymbol{\alpha}\boldsymbol{\alpha}^{\mathrm{T}}-\boldsymbol{\beta}\boldsymbol{\beta}^{\mathrm{T}}$ 的秩.

线索	答题区 （难度星级：★★★★）	笔记
（读题时记录） 简化 抓重点 提示隐藏	写出解题过程、步步有理、有据	（做题时记录） 困难 卡点

一题只记一个坑 **总结**　积累 · 内化 · 复用　题型 · 知识 · 方法

263 设矩阵 $\boldsymbol{A}=\begin{bmatrix}1&0&2\\1&-1&0\\0&1&2\end{bmatrix}$ 经初等行变换变为矩阵 $\boldsymbol{B}=\begin{bmatrix}-1&2&2\\2&-1&2\\-2&2&a\end{bmatrix}$.

(1) 求 a 的值；

(2) 求满足 $\boldsymbol{PA}=\boldsymbol{B}$ 的所有可逆矩阵 $\boldsymbol{P}$.

线索	答题区 （难度星级：★★★★★）	笔记
（读题时记录） 简化 抓重点 提示隐藏	写出解题过程，步步有理、有据	（做题时记录） 困难 卡点
一题只记一个方法 总结	积累 · 内化 · 复用 题型 · 知识 · 方法	

264 已知矩阵 $\boldsymbol{A}=\begin{bmatrix}1&1&0\\0&1&-1\\1&0&1\end{bmatrix}$ 和 $\boldsymbol{B}=\begin{bmatrix}1&-2&0\\0&a&3\\0&0&1\end{bmatrix}$ 等价，求 a 的值并求一个满足要求的可逆矩阵 $\boldsymbol{P}$ 和 $\boldsymbol{Q}$ 使 $\boldsymbol{PAQ}=\boldsymbol{B}$.

线索	答题区 （难度星级：★★★）	笔记
（读题时记录） 简化 抓重点 提示隐藏	写出解题过程，步步有理、有据	（做题时记录） 困难 卡点
一题只记一个方法 总结	积累 · 内化 · 复用 题型 · 知识 · 方法	

线性方程组

265 设矩阵 $\boldsymbol{A}=\begin{bmatrix}2 & -2 & 0\\ -1 & 0 & -1\\ 1 & -2 & -1\end{bmatrix}$，$\boldsymbol{B}=\begin{bmatrix}-3 & -1\\ 1 & 3\\ -2 & 2\end{bmatrix}$，求满足 $\boldsymbol{AX}=\boldsymbol{B}$ 的所有矩阵 $\boldsymbol{X}$.

线索	答题区　（难度星级：★★★★★）	笔记
（读题时记录） 简化 抓重点 提示隐藏	写出解题过程、步步有理、有据	（做题时记录） 困难 卡点

一题只记一个总结

积累 · 内化 · 复用
题型 · 知识 · 方法

266 已知方程组

$$\begin{cases}x_1-2x_2-3x_3=1,\\ x_1+2x_2+(2a-1)x_3=1,\\ ax_1+2x_2+ax_3=1\end{cases}$$

有无穷多解，求 a 的值并求方程组的通解.

线索	答题区　（难度星级：★★）	笔记
（读题时记录） 简化 抓重点 提示隐藏	写出解题过程、步步有理、有据	（做题时记录） 困难 卡点

一题只记一个总结

积累 · 内化 · 复用
题型 · 知识 · 方法

267　设方程组

$$\begin{cases} x_1 - 2x_2 + 3x_3 + 4x_4 = 5, \\ 2x_1 - 4x_2 + 5x_3 + 6x_4 = 7, \\ 4x_1 + ax_2 + 9x_3 + 10x_4 = 11 \end{cases}$$

(1) 当 a 为何值时方程组有解?并求其通解;

(2) 求方程组满足 $x_1 = x_2$ 的所有解.

线索	答题区 （难度星级: ★★★）	笔记
（读题时记录）		（做题时记录）
简化		困难
抓重点		卡点
提示隐藏	写出解题过程,步步有理、有据	
一题只记一个 总结	积累 · 内化 · 复用 题型 · 知识 · 方法	

268　已知 A 是三阶实对称矩阵,$\lambda_1 = 1$ 和 $\lambda_2 = 2$ 是 A 的 2 个特征值,对应的特征向量分别是 $\boldsymbol{\alpha}_1 = (1, a, -1)^T$ 和 $\boldsymbol{\alpha}_2 = (1, 4, 5)^T$. 若矩阵 A 不可逆,求 $A\boldsymbol{x} = \boldsymbol{0}$ 的通解.

线索	答题区 （难度星级: ★★★★★）	笔记
（读题时记录）		（做题时记录）
简化		困难
抓重点		卡点
提示隐藏	写出解题过程,步步有理、有据	
一题只记一个 总结	积累 · 内化 · 复用 题型 · 知识 · 方法	

269 设 $A=\begin{bmatrix}a&1&1&1\\1&a&1&1\\1&1&a&1\\1&1&1&a\end{bmatrix}$，$\boldsymbol{\alpha}$ 是 $Ax=0$ 的基础解系，求 $A^{*}x=0$ 的通解.

线索	答题区　（难度星级：★★★）	笔记
（读题时记录） 简化 抓重点 提示隐藏	写出解题过程、步步有理、有据	（做题时记录） 困难 卡点

一题只记一个总结

积累 · 内化 · 复用

题型 · 知识 · 方法

270 设 $A=\begin{bmatrix}1&-2&0\\2&1&5\\0&1&1\end{bmatrix}$，$B$ 是三阶矩阵，求满足 $AB=O$ 所有的 B.

线索	答题区　（难度星级：★★★）	笔记
（读题时记录） 简化 抓重点 提示隐藏	写出解题过程、步步有理、有据	（做题时记录） 困难 卡点

一题只记一个总结

积累 · 内化 · 复用

题型 · 知识 · 方法

271 设 $A=\begin{bmatrix}1&0&0&1\\0&1&1&0\\0&1&1&0\\1&0&0&1\end{bmatrix}$，求 $A^n x=\mathbf{0}$ 的通解.

线索	答题区　（难度星级：★★★★）	笔记
（读题时记录） 简化 抓重点 提示隐藏	写出解题过程，步步有理、有据	（做题时记录） 困难 卡点

一题只记一个方法 总结　积累 · 内化 · 复用　题型 · 知识 · 方法

272 已知 $A=\begin{bmatrix}1&1&-1&2\\2&1&1&4\\3&1&1&1\end{bmatrix}$，下列命题中错误的是

(A) $A^{\mathrm{T}}x=\mathbf{0}$ 只有零解.
(B) 存在 $B\neq O$ 而 $AB=O$.
(C) $|A^{\mathrm{T}}A|=0$.
(D) $|AA^{\mathrm{T}}|=0$.

线索	答题区　（难度星级：★★）	笔记
（读题时记录） 简化 抓重点 提示隐藏	写出解题过程，步步有理、有据	（做题时记录） 困难 卡点

一题只记一个方法 总结　积累 · 内化 · 复用　题型 · 知识 · 方法

273 设$\boldsymbol{\alpha}_1,\boldsymbol{\alpha}_2,\boldsymbol{\alpha}_3,\boldsymbol{\alpha}_4,\boldsymbol{\alpha}_5$都是四维列向量，$\boldsymbol{A}=[\boldsymbol{\alpha}_1,\boldsymbol{\alpha}_2,\boldsymbol{\alpha}_3,\boldsymbol{\alpha}_4]$，非齐次线性方程组$\boldsymbol{Ax}=\boldsymbol{\alpha}_5$有通解$k\boldsymbol{\xi}+\boldsymbol{\eta}=k(1,-1,2,0)^{\mathrm{T}}+(2,1,0,1)^{\mathrm{T}}$，则下列关系式中不正确的是

(A)$2\boldsymbol{\alpha}_1+\boldsymbol{\alpha}_2+\boldsymbol{\alpha}_4-\boldsymbol{\alpha}_5=\boldsymbol{0}$.　　(B)$\boldsymbol{\alpha}_5-\boldsymbol{\alpha}_4-2\boldsymbol{\alpha}_3-3\boldsymbol{\alpha}_1=\boldsymbol{0}$.

(C)$\boldsymbol{\alpha}_1-\boldsymbol{\alpha}_2+2\boldsymbol{\alpha}_3-\boldsymbol{\alpha}_5=\boldsymbol{0}$.　　(D)$\boldsymbol{\alpha}_5-\boldsymbol{\alpha}_4+4\boldsymbol{\alpha}_3-3\boldsymbol{\alpha}_2=\boldsymbol{0}$.

线索	答题区（难度星级：★★★）	笔记
（读题时记录） 简化 抓重点 提示隐藏	写出解题过程，步步有理、有据	（做题时记录） 困难 卡点

一题只记一个点 总结

积累 · 内化 · 复用
题型 · 知识 · 方法

274 试确定λ为何值时，线性方程组

$$\begin{cases}\lambda x_1+2x_2+3x_3=4,\\ 2x_2+(\lambda+4)x_3=2,\\ 2\lambda x_1+2x_2+5x_3=6\end{cases}$$

无解，有唯一解和无穷多解，并在有解时求其全部解.

线索	答题区（难度星级：★★）	笔记
（读题时记录） 简化 抓重点 提示隐藏	写出解题过程，步步有理、有据	（做题时记录） 困难 卡点

一题只记一个点 总结

积累 · 内化 · 复用
题型 · 知识 · 方法

275 已知方程组

$$(\text{Ⅰ}):\begin{cases}x_1+2x_2+3x_3=0,\\x_1+x_2+2x_3=0\end{cases}\text{与}(\text{Ⅱ}):\begin{cases}a^2x_1-2ax_2-x_3=0,\\x_1-2x_2+bx_3=0.\end{cases}$$

若方程组(Ⅰ)的解均为方程组(Ⅱ)的解.

(1) 求 a,b 的值;(2) 方程组(Ⅰ)与方程组(Ⅱ)是否同解?说明理由.

线索	答题区 (难度星级:★★)	笔记
(读题时记录) 简化 抓重点 提示隐藏	写出解题过程,步步有理、有据	(做题时记录) 困难 卡点

一题只记一个点 总结

积累 · 内化 · 复用
题型 · 知识 · 方法

276 已知方程组

$$(\text{Ⅰ}):\begin{cases}x_1+x_2+x_3=1,\\x_1+2x_2+ax_3=1\end{cases}\text{与}(\text{Ⅱ}):\begin{cases}x_1+4x_2+a^2x_3=1,\\x_1+2x_2+x_3=a\end{cases}$$

有公共解,求 a 的值与所有公共解.

线索	答题区 (难度星级:★★)	笔记
(读题时记录) 简化 抓重点 提示隐藏	写出解题过程,步步有理、有据	(做题时记录) 困难 卡点

一题只记一个点 总结

积累 · 内化 · 复用
题型 · 知识 · 方法

277 设 $\boldsymbol{A}=\begin{bmatrix}1&1&1\\1&2&a\\1&4&a^2\end{bmatrix}$，$\boldsymbol{\beta}=\begin{bmatrix}1\\3\\7\end{bmatrix}$，当 a 为何值时，方程组 $\boldsymbol{Ax}=\boldsymbol{\beta}$ 有无穷多解？此时求方程组的通解.

线索	答题区（难度星级：★★）	笔记
（读题时记录） 简化 抓重点 提示隐藏	写出解题过程，步步有理、有据	（做题时记录） 困难 卡点

一题只记一个点 总结：积累 · 内化 · 复用　题型 · 知识 · 方法

278 线性方程组

$$\begin{cases}x_1-2x_2+3x_3-x_4=0,\\2x_1+x_2+x_3-2x_4=0,\\x_1+3x_2-2x_3-x_4=0.\end{cases}$$

（1）求该方程组的基础解系；

（2）若该方程组的解和另一个解为 $k_1(0,2,3,1)^{\mathrm{T}}+k_2(1,1,3,0)^{\mathrm{T}}$ 的方程组有公共解，求出所有公共解.

线索	答题区（难度星级：★★★）	笔记
（读题时记录） 简化 抓重点 提示隐藏	写出解题过程，步步有理、有据	（做题时记录） 困难 卡点

一题只记一个点 总结：积累 · 内化 · 复用　题型 · 知识 · 方法

279 (1) 设 $\boldsymbol{A},\boldsymbol{B}$ 均为三阶矩阵，证明方程组 $\boldsymbol{Ax}=\boldsymbol{0}$ 与 $\boldsymbol{Bx}=\boldsymbol{0}$ 同解的充分必要条件为

$$r(\boldsymbol{A})=r(\boldsymbol{B})=r\begin{pmatrix}\boldsymbol{A}\\ \boldsymbol{B}\end{pmatrix};$$

(2) 若 $\boldsymbol{A}=\begin{bmatrix}1&0&1\\0&1&1\\0&0&0\end{bmatrix}$，$\boldsymbol{B}=\begin{bmatrix}1&0&a\\0&1&1\\0&2&2\end{bmatrix}$，且方程组 $\boldsymbol{Ax}=\boldsymbol{0}$ 与 $\boldsymbol{Bx}=\boldsymbol{0}$ 不同解，确定数 a 满足的条件.

线索	答题区 （难度星级：★★★★）	笔记
（读题时记录） 简化 抓重点 提示隐藏	写出解题过程，步步有理、有据	（做题时记录） 困难 卡点

一题只记一个点 总结	积累 · 内化 · 复用 题型 · 知识 · 方法

特征值与特征向量

280 设向量 $\boldsymbol{\beta}=(1,1,2)^{\mathrm{T}}$ 是矩阵 $\boldsymbol{A}=\begin{bmatrix}1&a&-1\\1&1&-1\\0&4&b\end{bmatrix}$ 的特征向量.

(1) 求 a,b 的值；

(2) 求方程组 $\boldsymbol{A}^2\boldsymbol{x}=\boldsymbol{\beta}$ 的通解.

线索	答题区 （难度星级：★★★★）	笔记
（读题时记录） 简化 抓重点 提示隐藏	写出解题过程，步步有理、有据	（做题时记录） 困难 卡点

一题只记一个点 总结	积累 · 内化 · 复用 题型 · 知识 · 方法

281 设$\boldsymbol{A}=\begin{bmatrix}0 & -2 & 2\\ 2 & 4 & -2\\ a & 2 & 0\end{bmatrix}$有二重特征值，求 a.

线索	答题区 （难度星级：★★）	笔记
（读题时记录） 简化 抓重点 提示隐藏	写出解题过程、步步有理、有据	（做题时记录） 困难 卡点

一题只记一个点 **总结**　积累 · 内化 · 复用　题型 · 知识 · 方法

282 已知 $\boldsymbol{A}$ 是三阶实对称矩阵，满足 $\boldsymbol{A}^2-2\boldsymbol{A}=3\boldsymbol{E}$，若秩 $r(\boldsymbol{A}+\boldsymbol{E})=2$，求和 $\boldsymbol{A}$ 相似的对角矩阵.

线索	答题区 （难度星级：★★）	笔记
（读题时记录） 简化 抓重点 提示隐藏	写出解题过程、步步有理、有据	（做题时记录） 困难 卡点

一题只记一个点 **总结**　积累 · 内化 · 复用　题型 · 知识 · 方法

283 已知 $\boldsymbol{A}=\begin{bmatrix}a_{11} & a_{12} & a_{13}\\ a_{21} & a_{22} & a_{23}\\ a_{31} & a_{32} & a_{33}\end{bmatrix}$是三阶可逆矩阵，$\boldsymbol{B}$是三阶矩阵，且 $\boldsymbol{BA}=\begin{bmatrix}a_{11} & 4a_{13} & a_{12}\\ a_{21} & 4a_{23} & a_{22}\\ a_{31} & 4a_{33} & a_{32}\end{bmatrix}$，求 $\boldsymbol{B}$ 的特征值.

线索	答题区　（难度星级：★★）	笔记
（读题时记录） 简化 抓重点 提示隐藏	写出解题过程，步步有理、有据	（做题时记录） 困难 卡点

一题只记一个结论 总结

积累 · 内化 · 复用
题型 · 知识 · 方法

284 设 $\boldsymbol{A}$ 为 $n\times m$ 矩阵且 $r(\boldsymbol{A})=n$，则下列命题中正确的是

(A) $\boldsymbol{AA}^{\mathrm{T}}$ 必为可逆矩阵.　　(B) $\boldsymbol{A}^{\mathrm{T}}\boldsymbol{A}$ 必为可逆矩阵.

(C) $\boldsymbol{AA}^{\mathrm{T}}$ 必与单位矩阵相似.　　(D) $\boldsymbol{A}^{\mathrm{T}}\boldsymbol{A}$ 必与单位矩阵相似.

线索	答题区　（难度星级：★★）	笔记
（读题时记录） 简化 抓重点 提示隐藏	写出解题过程，步步有理、有据	（做题时记录） 困难 卡点

一题只记一个结论 总结

积累 · 内化 · 复用
题型 · 知识 · 方法

285 设三阶矩阵 $\boldsymbol{A}$ 的特征值是 $0,1,-1$，则下列命题中不正确的是

(A) 矩阵 $\boldsymbol{A}-\boldsymbol{E}$ 是不可逆矩阵.

(B) 矩阵 $\boldsymbol{A}+\boldsymbol{E}$ 和对角矩阵相似.

(C) 矩阵 $\boldsymbol{A}$ 属于 1 与 -1 的特征向量相互正交.

(D) 方程组 $\boldsymbol{Ax}=\boldsymbol{0}$ 的基础解系由一个向量构成.

线索	答题区 （难度星级：★★）	笔记
（读题时记录） 简化 抓重点 提示隐藏	写出解题过程、步步有理、有据	（做题时记录） 困难 卡点

一题只记一个点 总结

积累 · 内化 · 复用
题型 · 知识 · 方法

286 设 $\boldsymbol{A},\boldsymbol{B},\boldsymbol{C},\boldsymbol{D}$ 都是 n 阶矩阵，且 $\boldsymbol{A}\sim\boldsymbol{C},\boldsymbol{B}\sim\boldsymbol{D}$，则必有

(A) $(\boldsymbol{A}+\boldsymbol{B})\sim(\boldsymbol{C}+\boldsymbol{D})$.

(B) $\begin{bmatrix}\boldsymbol{A}&\boldsymbol{O}\\\boldsymbol{O}&\boldsymbol{B}\end{bmatrix}\sim\begin{bmatrix}\boldsymbol{C}&\boldsymbol{O}\\\boldsymbol{O}&\boldsymbol{D}\end{bmatrix}$.

(C) $\boldsymbol{AB}\sim\boldsymbol{CD}$.

(D) $\begin{bmatrix}\boldsymbol{O}&\boldsymbol{A}\\\boldsymbol{B}&\boldsymbol{O}\end{bmatrix}\sim\begin{bmatrix}\boldsymbol{O}&\boldsymbol{C}\\\boldsymbol{D}&\boldsymbol{O}\end{bmatrix}$.

线索	答题区 （难度星级：★★）	笔记
（读题时记录） 简化 抓重点 提示隐藏	写出解题过程、步步有理、有据	（做题时记录） 困难 卡点

一题只记一个点 总结

积累 · 内化 · 复用
题型 · 知识 · 方法

287 已知 $A(1,1)$，$B(2,2)$，$C(a,1)$ 为坐标平面上的点，其中 a 为参数，问是否存在经过点 A,B,C 的曲线 $y=k_1x+k_2x^2+k_3x^3$？如果存在，求出曲线方程.

线索	答题区 （难度星级：★★）	笔记
（读题时记录） 简化 抓重点 提示隐藏	写出解题过程，步步有理、有据	（做题时记录） 困难 卡点

一题只记一个收获 **总结**　积累 · 内化 · 复用　题型 · 知识 · 方法

288 已知 $\boldsymbol{A}$ 是 n 阶矩阵，证明 $\boldsymbol{A}^2=\boldsymbol{A}$ 的充分必要条件是 $r(\boldsymbol{A})+r(\boldsymbol{A}-\boldsymbol{E})=n$.

线索	答题区 （难度星级：★★★）	笔记
（读题时记录） 简化 抓重点 提示隐藏	写出解题过程，步步有理、有据	（做题时记录） 困难 卡点

一题只记一个收获 **总结**　积累 · 内化 · 复用　题型 · 知识 · 方法

289 设 $\boldsymbol{A}$ 为三阶矩阵，交换 $\boldsymbol{A}$ 的第 1 行和第 2 行，再将第 1 列的 1 倍加到第 3 列得到矩阵 $\begin{bmatrix}3&2&3\\1&2&1\\1&-1&3\end{bmatrix}$. 求矩阵 $\boldsymbol{A}$ 的特征值与矩阵 $(\boldsymbol{A}^*)^2-3\boldsymbol{A}^*+2\boldsymbol{E}$ 的迹.

线索 | 答题区（难度星级：★★★） | 笔记

（读题时记录）

简化

抓重点

提示隐藏

写出解题过程，步步有理、有据

（做题时记录）

困难

卡点

一题只记一个点 总结

积累 · 内化 · 复用

题型 · 知识 · 方法

290 已知 $\boldsymbol{A}$ 是三阶矩阵，$\boldsymbol{\alpha}_1,\boldsymbol{\alpha}_2,\boldsymbol{\alpha}_3$ 是线性无关的三维列向量，且满足

$$\boldsymbol{A}\boldsymbol{\alpha}_1=3\boldsymbol{\alpha}_1+4\boldsymbol{\alpha}_3,\boldsymbol{A}\boldsymbol{\alpha}_2=2\boldsymbol{\alpha}_1-\boldsymbol{\alpha}_2+2\boldsymbol{\alpha}_3,\boldsymbol{A}\boldsymbol{\alpha}_3=-2\boldsymbol{\alpha}_1-3\boldsymbol{\alpha}_3.$$

（1）求矩阵 $\boldsymbol{A}$ 的特征值；

（2）判断矩阵 $\boldsymbol{A}$ 能否相似对角化，说明理由；

（3）求秩 $r(\boldsymbol{A}^2+\boldsymbol{A})$.

线索 | 答题区（难度星级：★★★★） | 笔记

（读题时记录）

简化

抓重点

提示隐藏

写出解题过程，步步有理、有据

（做题时记录）

困难

卡点

一题只记一个点 总结

积累 · 内化 · 复用

题型 · 知识 · 方法

291 设矩阵$A=\begin{bmatrix}0&0&1\\1&1&a\\1&0&0\end{bmatrix}$能相似于对角矩阵. 求$a$的值,并求可逆矩阵$P$,使得$P^{-1}AP$为对角矩阵.

线索	答题区 （难度星级：★★★）	笔记
（读题时记录） 简化 抓重点 提示隐藏	写出解题过程.步步有理、有据	（做题时记录） 困难 卡点
一题只记一个点 总结	积累 · 内化 · 复用 题型 · 知识 · 方法	

292 设A为三阶实对称矩阵,A的各行元素之和为2, $|A|=-4$, $\alpha=\begin{pmatrix}-1\\0\\1\end{pmatrix}$为方程组$(2A^{-1}+E)x=0$的解,求矩阵$A$.

线索	答题区 （难度星级：★★★★）	笔记
（读题时记录） 简化 抓重点 提示隐藏	写出解题过程.步步有理、有据	（做题时记录） 困难 卡点
一题只记一个点 总结	积累 · 内化 · 复用 题型 · 知识 · 方法	

293 已知 $\boldsymbol{A}=\begin{bmatrix}2 & a & 1\\ 0 & -1 & 0\\ 3 & 2 & 0\end{bmatrix}$ 有 3 个线性无关的特征向量，求 a，并求 $\boldsymbol{A}^n$.

线索	答题区（难度星级：★★★★）	笔记
（读题时记录） 简化 抓重点 提示隐藏	写出解题过程，步步有理、有据	（做题时记录） 困难 卡点

一题只记一个技 总结

积累 · 内化 · 复用
题型 · 知识 · 方法

294 设 $A=\begin{bmatrix}1&2&1\\0&1&a\\1&a&0\end{bmatrix}$，$B$ 是三阶非零矩阵且满足 $BA=O$.

(1) 求矩阵 B；

(2) 如果矩阵 B 的第一列是 $(1,2,-3)^T$，求 $(B-E)^{100}$.

线索	答题区 （难度星级：★★★★★）	笔记
（读题时记录）		（做题时记录）
简化 抓重点 提示隐藏	写出解题过程、步步有理、有据	困难 卡点

一题只记一个方法 总结

积累 · 内化 · 复用
题型 · 知识 · 方法

295 已知 $\boldsymbol{\alpha}_1,\boldsymbol{\alpha}_2,\cdots,\boldsymbol{\alpha}_t$ 是齐次方程组 $\boldsymbol{Ax}=\boldsymbol{0}$ 的基础解系，$\boldsymbol{\beta}$ 不是 $\boldsymbol{Ax}=\boldsymbol{0}$ 的解，证明 $\boldsymbol{\beta}+\boldsymbol{\alpha}_1,\boldsymbol{\beta}+\boldsymbol{\alpha}_2,\cdots,\boldsymbol{\beta}+\boldsymbol{\alpha}_t$ 线性无关.

线索	答题区（难度星级：★★★）	笔记
（读题时记录） 简化 抓重点 提示隐藏	写出解题过程，步步有理、有据	（做题时记录） 困难 卡点

一题只记一个技 总结

积累 · 内化 · 复用
题型 · 知识 · 方法

296 设 $\boldsymbol{A}=[\boldsymbol{\alpha}_1,\boldsymbol{\alpha}_2,\boldsymbol{\alpha}_3]$ 为三阶实对称矩阵，且 $r(\boldsymbol{A})=2$，若 $\boldsymbol{\alpha}_1+2\boldsymbol{\alpha}_2+2\boldsymbol{\alpha}_3=\begin{pmatrix}1\\2\\2\end{pmatrix}$，$2\boldsymbol{\alpha}_1+\boldsymbol{\alpha}_2-2\boldsymbol{\alpha}_3=\begin{pmatrix}-2\\-1\\2\end{pmatrix}$，求矩阵 $\boldsymbol{A}$.

线索	答题区（难度星级：★★★★）	笔记
（读题时记录） 简化 抓重点 提示隐藏	写出解题过程，步步有理、有据	（做题时记录） 困难 卡点

一题只记一个技 总结

积累 · 内化 · 复用
题型 · 知识 · 方法

297 设 $\boldsymbol{A}$ 为三阶矩阵，$\boldsymbol{\alpha}_1,\boldsymbol{\alpha}_2,\boldsymbol{\alpha}_3$ 均为三维非零列向量，且 $\boldsymbol{A}\boldsymbol{\alpha}_i=(i-1)\boldsymbol{\alpha}_i,i=1,2,3$.

(1) 证明向量组 $\boldsymbol{\alpha}_1,\boldsymbol{\alpha}_2,\boldsymbol{\alpha}_3$ 线性无关；

(2) 若 $\boldsymbol{\alpha}_1=\begin{pmatrix}a\\b\\1\end{pmatrix},\boldsymbol{\alpha}_2=\begin{pmatrix}c\\1\\0\end{pmatrix},\boldsymbol{\alpha}_3=\begin{pmatrix}1\\0\\0\end{pmatrix}$，求矩阵 $\boldsymbol{A}$.

线索	答题区　（难度星级：★★★★★）	笔记
（读题时记录） 简化 抓重点 提示隐藏	写出解题过程，步步有理、有据	（做题时记录） 困难 卡点
一题只记一个 总结	积累 · 内化 · 复用 题型 · 知识 · 方法	

298 已知 $\boldsymbol{\alpha},\boldsymbol{\beta}$ 均为三维非零列向量，矩阵 $\boldsymbol{A}=\boldsymbol{\alpha}\boldsymbol{\beta}^{\mathrm{T}}$. 试求矩阵 $\boldsymbol{A}$ 的特征值，并判断矩阵 $\boldsymbol{A}$ 能否对角化.

线索	答题区　（难度星级：★★★）	笔记
（读题时记录） 简化 抓重点 提示隐藏	写出解题过程，步步有理、有据	（做题时记录） 困难 卡点
一题只记一个 总结	积累 · 内化 · 复用 题型 · 知识 · 方法	

299 已知矩阵 $\boldsymbol{A}=\begin{bmatrix}3 & 1 & 2\\ 0 & 2 & 0\\ t-1 & -1 & t\end{bmatrix}$有二重特征值.

(1) 求 t 的值；

(2) $\boldsymbol{A}$ 能否相似于对角矩阵？若能，求可逆矩阵 $\boldsymbol{P}$，使得 $\boldsymbol{P}^{-1}\boldsymbol{AP}$ 为对角矩阵.

线索	答题区 （难度星级：★★★）	笔记
（读题时记录） 简化 抓重点 提示隐藏	写出解题过程，步步有理、有据	（做题时记录） 困难 卡点

一题只记一个坑 **总结**

积累 · 内化 · 复用
题型 · 知识 · 方法

300 设 $\boldsymbol{A}$ 为三阶矩阵，$\boldsymbol{\alpha}_1,\boldsymbol{\alpha}_2,\boldsymbol{\alpha}_3$ 为三维列向量且 $\boldsymbol{\alpha}_1\neq\boldsymbol{0}$，满足 $\boldsymbol{A\alpha}_1=\boldsymbol{0},\boldsymbol{A\alpha}_2=\boldsymbol{\alpha}_1,\boldsymbol{A\alpha}_3=\boldsymbol{\alpha}_2$.

(1) 证明向量组 $\boldsymbol{\alpha}_1,\boldsymbol{\alpha}_2,\boldsymbol{\alpha}_3$ 线性无关；(2) 求矩阵 $\boldsymbol{A}$ 的特征值；(3) 矩阵 $\boldsymbol{A}$ 能否对角化？

线索	答题区 （难度星级：★★★★）	笔记
（读题时记录） 简化 抓重点 提示隐藏	写出解题过程，步步有理、有据	（做题时记录） 困难 卡点

一题只记一个坑 **总结**

积累 · 内化 · 复用
题型 · 知识 · 方法

301 设 A 为三阶矩阵，$\alpha_1,\alpha_2,\alpha_3$ 为三维列向量，且

$$A\alpha_1=\alpha_1,A\alpha_2=2\alpha_1+t\alpha_2,A\alpha_3=\alpha_1+2\alpha_3,$$

若 $\alpha_1,\alpha_2,\alpha_3$ 线性无关，问矩阵 A 能否相似于对角矩阵，说明理由.

线索	答题区　（难度星级：★★★★）	笔记
（读题时记录） 简化 抓重点 提示隐藏	写出解题过程，步步有理、有据	（做题时记录） 困难 卡点
一题只记一个点 总结	积累 · 内化 · 复用 题型 · 知识 · 方法	

302 下列矩阵中，不能相似对角化的矩阵是

(A) $\begin{bmatrix}3&0&0\\-2&-1&0\\1&4&1\end{bmatrix}$.　　(B) $\begin{bmatrix}3&1&0\\1&5&3\\0&3&2\end{bmatrix}$.

(C) $\begin{bmatrix}1&0&-1\\-3&0&3\\5&0&-5\end{bmatrix}$.　　(D) $\begin{bmatrix}2&1&2\\0&-1&3\\0&0&2\end{bmatrix}$.

线索	答题区　（难度星级：★★）	笔记
（读题时记录） 简化 抓重点 提示隐藏	写出解题过程，步步有理、有据	（做题时记录） 困难 卡点
一题只记一个点 总结	积累 · 内化 · 复用 题型 · 知识 · 方法	

303 已知 $\boldsymbol{\alpha}=\begin{pmatrix}1\\1\\1\end{pmatrix},\boldsymbol{\beta}=\begin{pmatrix}1\\-2\\1\end{pmatrix}$.

(1) 求向量 $\boldsymbol{\gamma}$，使得 $\boldsymbol{\alpha},\boldsymbol{\beta},\boldsymbol{\gamma}$ 为正交向量组；

(2) 求矩阵 $\boldsymbol{A}=\boldsymbol{\alpha}\boldsymbol{\alpha}^{\mathrm{T}}+\boldsymbol{\beta}\boldsymbol{\beta}^{\mathrm{T}}$ 的特征值与特征向量.

线索	答题区 （难度星级：★★★★）	笔记
（读题时记录） 简化 抓重点 提示隐藏	写出解题过程，步步有理、有据	（做题时记录） 困难 卡点
一题只记一个点 总结	积累 · 内化 · 复用 题型 · 知识 · 方法	

304 求出前两列为 $\boldsymbol{\alpha}_1=\dfrac{1}{\sqrt{2}}\begin{pmatrix}1\\-1\\0\end{pmatrix},\boldsymbol{\alpha}_2=\begin{pmatrix}\frac{1}{2}\\\frac{1}{2}\\\frac{1}{\sqrt{2}}\end{pmatrix}$ 的三阶正交矩阵.

线索	答题区 （难度星级：★★）	笔记
（读题时记录） 简化 抓重点 提示隐藏	写出解题过程，步步有理、有据	（做题时记录） 困难 卡点
一题只记一个点 总结	积累 · 内化 · 复用 题型 · 知识 · 方法	

305 设矩阵 $\boldsymbol{A}=\begin{bmatrix}1 & 1 & 1\\ -3 & 5 & a\\ 3 & -3 & -1\end{bmatrix}$，若矩阵 $\boldsymbol{A}$ 有二重特征值，求 a 的值，并判断矩阵 $\boldsymbol{A}$ 能否对角化.

线索	答题区　（难度星级：★★★）	笔记
（读题时记录） 简化 抓重点 提示隐藏	写出解题过程，步步有理、有据	（做题时记录） 困难 卡点

一题只记一个技 总结

积累 · 内化 · 复用
题型 · 知识 · 方法

306 已知 $\boldsymbol{\alpha}=(1,-2,3)^{\mathrm{T}}$ 是矩阵 $\boldsymbol{A}=\begin{bmatrix}1 & -1 & 1\\ 2 & a & -2\\ -3 & b & 5\end{bmatrix}$ 的一个特征向量.

(1) 求 a,b 的值；

(2) 判断 $\boldsymbol{A}$ 能否相似对角化，若能，则求可逆矩阵 $\boldsymbol{P}$ 使 $\boldsymbol{P}^{-1}\boldsymbol{A}\boldsymbol{P}=\boldsymbol{\Lambda}$，若不能，则说明理由.

线索	答题区　（难度星级：★★★）	笔记
（读题时记录） 简化 抓重点 提示隐藏	写出解题过程，步步有理、有据	（做题时记录） 困难 卡点

一题只记一个技 总结

积累 · 内化 · 复用
题型 · 知识 · 方法

307 设矩阵 $\boldsymbol{A}=\begin{bmatrix}-1 & 3 & -1\\ 2 & -2 & a\\ 0 & 0 & a\end{bmatrix}$，当 a 为何值时，矩阵 $\boldsymbol{A}$ 能对角化？此时求可逆矩阵 $\boldsymbol{P}$，使得 $\boldsymbol{P}^{-1}\boldsymbol{AP}$ 为对角矩阵.

线索	答题区 （难度星级：★★★）	笔记
（读题时记录） 简化 抓重点 提示隐藏	写出解题过程，步步有理、有据	（做题时记录） 困难 卡点

一题只记一个总结

积累 · 内化 · 复用
题型 · 知识 · 方法

二次型

308 已知向量 $\boldsymbol{\alpha}=\begin{pmatrix}1\\1\\-2\end{pmatrix}$ 为矩阵 $\boldsymbol{A}=\begin{bmatrix}1 & -2 & b\\ -2 & a & -1\\ b & -1 & 0\end{bmatrix}$ 的特征向量.

求：(1) a,b 的值；(2) 正交矩阵 $\boldsymbol{Q}$，使得 $\boldsymbol{Q}^{-1}\boldsymbol{AQ}$ 为对角矩阵.

线索	答题区 （难度星级：★★★）	笔记
（读题时记录） 简化 抓重点 提示隐藏	写出解题过程，步步有理、有据	（做题时记录） 困难 卡点

一题只记一个总结

积累 · 内化 · 复用
题型 · 知识 · 方法

309 已知三元二次型 $\boldsymbol{x}^{\mathrm{T}}\boldsymbol{A}\boldsymbol{x}=x_1^2-5x_2^2+x_3^2+2ax_1x_2+2x_1x_3+2bx_2x_3$，若 $\boldsymbol{\alpha}=(2,1,2)^{\mathrm{T}}$ 是矩阵 $\boldsymbol{A}$ 的特征向量，求二次型 $\boldsymbol{x}^{\mathrm{T}}\boldsymbol{A}\boldsymbol{x}$ 的正惯性指数 p.

线索	答题区 （难度星级：★★★）	笔记
（读题时记录） 简化 抓重点 提示隐藏	写出解题过程，步步有理、有据	（做题时记录） 困难 卡点
一题只记一个总结	积累 · 内化 · 复用 题型 · 知识 · 方法	

310 已知二次型 $\boldsymbol{x}^{\mathrm{T}}\boldsymbol{A}\boldsymbol{x}=ax_1^2+ax_2^2+ax_3^2+2x_1x_2+2x_1x_3-2x_2x_3$ 的规范形是 $y_1^2+y_2^2-y_3^2$，求 a 的取值范围.

线索	答题区 （难度星级：★★）	笔记
（读题时记录） 简化 抓重点 提示隐藏	写出解题过程，步步有理、有据	（做题时记录） 困难 卡点
一题只记一个总结	积累 · 内化 · 复用 题型 · 知识 · 方法	

311 若二次型 $f(x_1,x_2,x_3)=\boldsymbol{x}^{\mathrm{T}}(\boldsymbol{A}^{\mathrm{T}}\boldsymbol{A})\boldsymbol{x}$ 为正定的，其中 $\boldsymbol{A}=\begin{bmatrix}1&1&2\\1&0&1\\0&1&t\end{bmatrix}$，求 t 满足的条件.

线索	答题区 （难度星级：★★）	笔记
（读题时记录） 简化 抓重点 提示隐藏	写出解题过程、步步有理、有据	（做题时记录） 困难 卡点

一题只记一个点 **总结**

积累 · 内化 · 复用
题型 · 知识 · 方法

312 求二次型 $f(x_1,x_2,x_3)=2x_1x_2+4x_1x_3$ 在正交变换下的标准形.

线索	答题区 （难度星级：★★）	笔记
（读题时记录） 简化 抓重点 提示隐藏	写出解题过程、步步有理、有据	（做题时记录） 困难 卡点

一题只记一个点 **总结**

积累 · 内化 · 复用
题型 · 知识 · 方法

313 设二次型 $f(x,y,z)=\lambda(x^2+y^2+z^2)+2xy+2xz-2yz$，若 f 是正定二次型，求 λ 的范围.

线索	答题区 （难度星级：★★）	笔记
（读题时记录） 简化 抓重点 提示隐藏	写出解题过程，步步有理、有据	（做题时记录） 困难 卡点

一题只记一个方法 **总结**　积累 · 内化 · 复用　题型 · 知识 · 方法

314 设三阶实对称矩阵 $\boldsymbol{A}$ 的特征值是 $1,-2,0$，矩阵 $\boldsymbol{A}$ 属于特征值 $1,-2$ 的特征向量分别是 $\boldsymbol{\alpha}_1=(-1,-1,1)^{\mathrm{T}}$，$\boldsymbol{\alpha}_2=(1,a,-1)^{\mathrm{T}}$.

(1) 求 $\boldsymbol{A}$ 的属于特征值 0 的特征向量；

(2) 求二次型 $\boldsymbol{x}^{\mathrm{T}}\boldsymbol{A}\boldsymbol{x}$；

(3) 若二次型 $\boldsymbol{x}^{\mathrm{T}}(\boldsymbol{A}+k\boldsymbol{E})\boldsymbol{x}$ 的规范形是 $y_1^2+y_2^2-y_3^2$，求 k 的取值范围.

线索	答题区 （难度星级：★★★★★）	笔记
（读题时记录） 简化 抓重点 提示隐藏	写出解题过程，步步有理、有据	（做题时记录） 困难 卡点

一题只记一个方法 **总结**　积累 · 内化 · 复用　题型 · 知识 · 方法

315 已知二次型 $f(x_1,x_2,x_3)=x_1^2+(a+3)x_2^2+ax_3^2+4x_1x_2+2x_2x_3-2x_1x_3$ 的规范形为 $z_1^2-z_2^2$. 求 a 的值与将其化为规范形的可逆线性变换.

线索	答题区（难度星级：★★★）	笔记
（读题时记录） 简化 抓重点 提示隐藏	写出解题过程，步步有理、有据	（做题时记录） 困难 卡点

一题只记一个点 **总结**：积累 · 内化 · 复用 题型 · 知识 · 方法

316 已知 $\boldsymbol{A}=\begin{bmatrix}1&2&1\\2&3&a\\1&a&-3\end{bmatrix}$，$\boldsymbol{\beta}=\begin{pmatrix}0\\1\\2\end{pmatrix}$，若方程组 $\boldsymbol{Ax}=\boldsymbol{\beta}$ 有无穷多解.

求：(1) a 的值；(2) 可逆线性变换 $\boldsymbol{x}=\boldsymbol{Py}$ 将二次型 $f(x_1,x_2,x_3)=\boldsymbol{x}^{\mathrm{T}}\boldsymbol{Ax}$ 化为标准形.

线索	答题区（难度星级：★★★）	笔记
（读题时记录） 简化 抓重点 提示隐藏	写出解题过程，步步有理、有据	（做题时记录） 困难 卡点

一题只记一个点 **总结**：积累 · 内化 · 复用 题型 · 知识 · 方法

317 已知二次型 $f(x_1,x_2,x_3)=\boldsymbol{x}^{\mathrm{T}}(\boldsymbol{\alpha}\boldsymbol{\alpha}^{\mathrm{T}}+\boldsymbol{\beta}\boldsymbol{\beta}^{\mathrm{T}})\boldsymbol{x}$，其中设 $\boldsymbol{\alpha}=\begin{pmatrix}1\\a\\1\end{pmatrix}$，$\boldsymbol{\beta}=\begin{pmatrix}2\\0\\-2\end{pmatrix}$.

(1) 求方程组 $(\boldsymbol{\alpha}\boldsymbol{\alpha}^{\mathrm{T}}+\boldsymbol{\beta}\boldsymbol{\beta}^{\mathrm{T}})\boldsymbol{x}=\boldsymbol{0}$ 的解；

(2) 求正交变换 $\boldsymbol{x}=\boldsymbol{P}\boldsymbol{y}$，化二次型 $f(x_1,x_2,x_3)$ 为标准形.

线索	答题区 （难度星级：★★★★）	笔记
（读题时记录） 简化 抓重点 提示隐藏	写出解题过程，步步有理、有据	（做题时记录） 困难 卡点

一题只记一个总结

积累 · 内化 · 复用
题型 · 知识 · 方法

318 已知二次型 $f(x_1,x_2,x_3)=x_1^2+2x_2^2+2x_3^2+2x_1x_2+2x_1x_3$ 经正交变换 $\boldsymbol{x}=\boldsymbol{Q}\boldsymbol{y}$，化为二次型 $g(y_1,y_2,y_3)=y_1^2+y_2^2+ty_3^2-2y_1y_2$，求 t 的值，并求正交矩阵 $\boldsymbol{Q}$.

线索	答题区 （难度星级：★★★★）	笔记
（读题时记录） 简化 抓重点 提示隐藏	写出解题过程，步步有理、有据	（做题时记录） 困难 卡点

一题只记一个总结

积累 · 内化 · 复用
题型 · 知识 · 方法

319 设矩阵 $\boldsymbol{A}=\begin{bmatrix}1&1&1\\1&0&1\\1&-1&a\end{bmatrix}$，若二次型 $f(x_1,x_2,x_3)=\boldsymbol{x}^{\mathrm{T}}\boldsymbol{A}^{\mathrm{T}}\boldsymbol{A}\boldsymbol{x}$ 的秩为 2，求 a 的值与正交变换 $\boldsymbol{x}=\boldsymbol{Q}\boldsymbol{y}$ 化二次型 f 为标准形.

线索	答题区　（难度星级：★★★）	笔记
（读题时记录） 简化 抓重点 提示隐藏	写出解题过程，步步有理、有据	（做题时记录） 困难 卡点

一题只记一个点 总结

积累 · 内化 · 复用
题型 · 知识 · 方法

320 已知二次型 $f(x_1,x_2,x_3)=x_1^2+2x_2^2+2x_3^2+2x_1x_2+2x_1x_3$ 经可逆线性变换 $\boldsymbol{x}=\boldsymbol{P}\boldsymbol{y}$，化为二次型 $g(y_1,y_2,y_3)=y_1^2+y_2^2+ty_3^2-2y_1y_2$，求参数 t 满足的条件，并求变换矩阵 $\boldsymbol{P}$.

线索	答题区　（难度星级：★★★）	笔记
（读题时记录） 简化 抓重点 提示隐藏	写出解题过程，步步有理、有据	（做题时记录） 困难 卡点

一题只记一个点 总结

积累 · 内化 · 复用
题型 · 知识 · 方法

321 已知二次型 $f(x_1,x_2,x_3)=x_1^2+5x_2^2+5x_3^2+2x_1x_2-4x_1x_3$ 经可逆线性变换 $\boldsymbol{x}=\boldsymbol{P}\boldsymbol{y}$ 化为二次型 $g(y_1,y_2,y_3)=y_1^2+5y_2^2+4y_3^2+2y_1y_2-8y_2y_3$，求变换矩阵 $\boldsymbol{P}$.

线索	答题区（难度星级：★★★）	笔记
（读题时记录） 简化 抓重点 提示隐藏	写出解题过程，步步有理、有据	（做题时记录） 困难 卡点

一题只记一个点 **总结**

积累 · 内化 · 复用
题型 · 知识 · 方法

322 设矩阵 $\boldsymbol{A}=\begin{bmatrix}1&2&1\\2&2&0\\1&0&a\end{bmatrix}$ 与矩阵 $\boldsymbol{B}=\begin{bmatrix}1&0&0\\0&-1&0\\0&0&0\end{bmatrix}$ 合同. 求 a 的值，并求可逆矩阵 $\boldsymbol{P}$，使得 $\boldsymbol{P}^{\mathrm{T}}\boldsymbol{A}\boldsymbol{P}=\boldsymbol{B}$.

线索	答题区（难度星级：★★★★）	笔记
（读题时记录） 简化 抓重点 提示隐藏	写出解题过程，步步有理、有据	（做题时记录） 困难 卡点

一题只记一个点 **总结**

积累 · 内化 · 复用
题型 · 知识 · 方法

323 设矩阵 $\boldsymbol{A}=\begin{bmatrix}1&1&a\\1&a&1\\a&1&1\end{bmatrix}$. 求二次型 $f(x_1,x_2,x_3)=\boldsymbol{x}^{\mathrm{T}}\boldsymbol{A}\boldsymbol{x}$ 的标准形与规范形.

线索	答题区 （难度星级：★★★）	笔记
（读题时记录） 简化 抓重点 提示隐藏	写出解题过程、步步有理、有据	（做题时记录） 困难 卡点

一题只记一个点 总结

积累 · 内化 · 复用
题型 · 知识 · 方法

324 已知二次型 $f(x_1,x_2,x_3)=(x_1+x_2)^2+(x_2+x_3)^2+(ax_1+x_3)^2$，求可逆线性变换将二次型 $f(x_1,x_2,x_3)$ 化为标准形.

线索	答题区 （难度星级：★★★）	笔记
（读题时记录） 简化 抓重点 提示隐藏	写出解题过程、步步有理、有据	（做题时记录） 困难 卡点

一题只记一个点 总结

积累 · 内化 · 复用
题型 · 知识 · 方法

325 已知 $\boldsymbol{A}$ 是三阶矩阵，满足 $\boldsymbol{A}^2-2\boldsymbol{A}-3\boldsymbol{E}=\boldsymbol{O}$.

(1) 证明 $\boldsymbol{A}$ 可逆，并求 $\boldsymbol{A}^{-1}$；

(2) 如 $|\boldsymbol{A}+2\boldsymbol{E}|=25$，求 $|\boldsymbol{A}-\boldsymbol{E}|$ 的值；

(3) 证明 $\boldsymbol{A}^{\mathrm{T}}\boldsymbol{A}$ 是正定矩阵.

线索	答题区 （难度星级：★★★★★）	笔记
（读题时记录） 简化 抓重点 提示隐藏	写出解题过程，步步有理、有据	（做题时记录） 困难 卡点

一题只记一个tip **总结**

积累 · 内化 · 复用

题型 · 知识 · 方法

326 已知二次型 $f(x_1,x_2,x_3)=x_1^2+x_3^2-6x_1x_3$ 与 $g(y_1,y_2,y_3)=y_1^2-y_2^2-y_3^2-2y_2y_3$.

(1) 是否存在正交变换 $\boldsymbol{x}=\boldsymbol{Q}\boldsymbol{y}$，使得二次型 $f(x_1,x_2,x_3)$ 化为二次型 $g(y_1,y_2,y_3)$？

(2) 是否存在可逆线性变换 $\boldsymbol{x}=\boldsymbol{P}\boldsymbol{y}$，使得二次型 $f(x_1,x_2,x_3)$ 化为二次型 $g(y_1,y_2,y_3)$？若存在，求变换矩阵 $\boldsymbol{P}$.

线索	答题区 （难度星级：★★★★★）	笔记
（读题时记录） 简化 抓重点 提示隐藏	写出解题过程，步步有理、有据	（做题时记录） 困难 卡点

一题只记一个点

总结

积累 · 内化 · 复用

题型 · 知识 · 方法

327 二次型 $\boldsymbol{x}^{\mathrm{T}}\boldsymbol{A}\boldsymbol{x}=2x_2^2+2x_1x_2-2x_1x_3+2ax_2x_3$ 的秩为 2.

(1) 求 a 的值；

(2) 求正交变换 $\boldsymbol{x}=\boldsymbol{Q}\boldsymbol{y}$ 化二次型为标准形，并写出所用坐标变换；

(3) 若 $\boldsymbol{A}+k\boldsymbol{E}$ 是正定矩阵，求 k 的取值范围.

线索	答题区 （难度星级：★★★★）	笔记
（读题时记录） 简化 抓重点 提示隐藏	写出解题过程，步步有理、有据	（做题时记录） 困难 卡点

一题只记一个 总结

积累 · 内化 · 复用

题型 · 知识 · 方法

328 已知 A 是迹为 2 的三阶实对称矩阵，$\boldsymbol{\alpha}=(1,2,2)^{\mathrm{T}}$，$\boldsymbol{\beta}=(3,0,0)^{\mathrm{T}}$，$A\boldsymbol{\alpha}=\boldsymbol{\beta}$，$A\boldsymbol{\beta}=\boldsymbol{\alpha}$.

(1) 求正交变换 $\boldsymbol{x}=\boldsymbol{Q}\boldsymbol{y}$，化二次型 $\boldsymbol{x}^{\mathrm{T}}\boldsymbol{A}\boldsymbol{x}$ 为标准形，写出标准形；

(2) 若 $\boldsymbol{\gamma}=(3,2,-2)^{\mathrm{T}}$，求 $\boldsymbol{A}^{2026}\boldsymbol{\gamma}$.

线索	答题区 （难度星级：★★★★★）	笔记
（读题时记录） 简化 抓重点 提示隐藏	写出解题过程，步步有理、有据	（做题时记录） 困难 卡点

一题只记一个点 总结

积累 · 内化 · 复用
题型 · 知识 · 方法

329 已知矩阵 $\boldsymbol{A}=\begin{bmatrix} & & 1\\ & 1 & \\ 1 & & \end{bmatrix}$ 和 $\boldsymbol{B}=\begin{bmatrix}2 & & \\ & 1 & \\ & & -2\end{bmatrix}$,

(1) 证明矩阵 $\boldsymbol{A}$ 与 $\boldsymbol{B}$ 合同,并求可逆矩阵 $\boldsymbol{C}$,使 $\boldsymbol{C}^{\mathrm{T}}\boldsymbol{A}\boldsymbol{C}=\boldsymbol{B}$;

(2) 如果 $\boldsymbol{A}+k\boldsymbol{E}$ 与 $\boldsymbol{B}+k\boldsymbol{E}$ 合同,求 k 的取值.

线索	答题区 (难度星级: ★★★)	笔记
(读题时记录) 简化 抓重点 提示隐藏	写出解题过程,步步有理、有据	(做题时记录) 困难 卡点

一题只记一个法 总结

积累 · 内化 · 复用

题型 · 知识 · 方法

330 已知矩阵

$$A=\begin{bmatrix}0&1&0&0\\1&0&0&0\\0&0&1&2\\0&0&2&4\end{bmatrix},$$

(1) 求可逆矩阵 $\boldsymbol{P}$，使 $(\boldsymbol{AP})^{\mathrm{T}}(\boldsymbol{AP})$ 为对角矩阵；

(2) 若 $\boldsymbol{A}+k\boldsymbol{E}$ 与 $\boldsymbol{E}$ 合同，求 k 的取值.

线索 （读题时记录）	答题区　（难度星级：★★★）	笔记 （做题时记录）
简化 抓重点 提示隐藏	写出解题过程，步步有理、有据	困难 卡点

一题只记一个TA **总结**

积累 · 内化 · 复用
题型 · 知识 · 方法

2026

考研专用

金榜时代®

GLISTIME 明德·弘毅·惟精

金榜时代考研数学书课——上岸学习包

数学强化通关330题

（数学二）

答案册

编著 ◎ 李永乐 武忠祥 王式安 贺金陵 宋浩 小侯七 薛威 朱祥和 陈默 刘喜波 申亚男 章纪民

中国农业出版社
CHINA AGRICULTURE PRESS
·北京·

目录
CONTENTS

高等数学

线性代数

高等数学

1 【解】 设 $a_n=\underbrace{\sqrt{2+\sqrt{2+\cdots+\sqrt{2}}}}_{n个}$，故 $a_1=\sqrt{2}$，$a_n=\sqrt{2+a_{n-1}}$.

$a_1=\sqrt{2}=2\cos\frac{\pi}{4}$，故

$$a_2=\sqrt{2+a_1}=\sqrt{2+2\cos\frac{\pi}{4}}=2\cos\frac{\pi}{8}=2\cos\frac{\pi}{2^3},$$

$$a_3=\sqrt{2+a_2}=2\cos\frac{\pi}{2^4},$$

故可得 $a_n=2\cos\frac{\pi}{2^{n+1}}$. 因此，

$$原式=\lim_{n\to\infty}2^n\sqrt{2-2\cos\frac{\pi}{2^{n+1}}}=\sqrt{2}\lim_{n\to\infty}2^n\sqrt{1-\cos\frac{\pi}{2^{n+1}}}=\sqrt{2}\lim_{n\to\infty}2^n\sqrt{2\sin^2\frac{\pi}{2^{n+2}}}$$

$$=\lim_{n\to\infty}2^n\cdot 2\cdot\sin\frac{\pi}{2^{n+2}}=\frac{\pi}{2}.$$

2 【解】 当 $n=2$ 时，$f_2(x)=\dfrac{\frac{x}{\sqrt{1+x^2}}}{\sqrt{1+\left(\frac{x}{\sqrt{1+x^2}}\right)^2}}=\dfrac{x}{\sqrt{1+2x^2}}$.

设 $n=k$ 时，$f_k(x)=\dfrac{x}{\sqrt{1+kx^2}}$，则当 $n=k+1$ 时，有

$$f_{k+1}(x)=\frac{\frac{x}{\sqrt{1+kx^2}}}{\sqrt{1+\left(\frac{x}{\sqrt{1+kx^2}}\right)^2}}=\frac{x}{\sqrt{1+kx^2+x^2}}=\frac{x}{\sqrt{1+(k+1)x^2}}.$$

由数学归纳法知，$f_n(x)=\dfrac{x}{\sqrt{1+nx^2}}$.

$$\lim_{n\to\infty}\sqrt{n}f_n\left(\frac{1}{2}\right)=\lim_{n\to\infty}\sqrt{n}\frac{\frac{1}{2}}{\sqrt{1+\frac{n}{4}}}=\lim_{n\to\infty}\sqrt{\frac{\frac{n}{4}}{1+\frac{n}{4}}}$$

$$=\lim_{n\to\infty}\sqrt{\frac{\frac{1}{4}}{\frac{1}{n}+\frac{1}{4}}}=1.$$

3 【解】 (1) 令 $f(x)=\ln(1+x)-x$，则 $f'(x)=\dfrac{1}{1+x}-1$.

当 $x>0$ 时，$f'(x)<0$，故 $f(x)$ 在$[0,+\infty)$ 上单调减少. 又由于 $f(0)=0$，故 $f(x)<$

$f(0)=0$，即 $\ln(1+x)<x$.

令 $g(x)=\ln(1+x)-\dfrac{x}{1+x}=\ln(1+x)-1+\dfrac{1}{1+x}$. 求导得

$$g'(x)=\frac{1}{1+x}-\frac{1}{(1+x)^2}=\frac{x}{(1+x)^2}.$$

当 $x>0$ 时，$g'(x)>0$，故 $g(x)$ 在 $[0,+\infty)$ 上单调增加. 又由于 $g(0)=0$，故 $g(x)>g(0)=0$，即 $\dfrac{x}{1+x}<\ln(1+x)$.

综上所述，当 $x>0$ 时，$\dfrac{x}{1+x}<\ln(1+x)<x$.

(2) 注意到 $n^2-n+1,n^2-n+3,\cdots,n^2+n-1$ 构成首项为 n^2-n+1，公差为 2 的等差数列，故 $x_n=\prod\limits_{i=1}^{n}\left(1+\dfrac{n^2-n+2i-1}{n^3}\right)$，从而 $\ln x_n=\sum\limits_{i=1}^{n}\ln\left(1+\dfrac{n^2-n+2i-1}{n^3}\right)$.

由第(1)问的结论可得，

$\dfrac{n^2-n+2i-1}{n^3+n^2+n}\leqslant\dfrac{n^2-n+2i-1}{n^3+n^2-n+2i-1}<\ln\left(1+\dfrac{n^2-n+2i-1}{n^3}\right)<\dfrac{n^2-n+2i-1}{n^3}$.

于是，

$$\sum_{i=1}^{n}\frac{n^2-n+2i-1}{n^3+n^2+n}\leqslant\sum_{i=1}^{n}\ln\left(1+\frac{n^2-n+2i-1}{n^3}\right)\leqslant\sum_{i=1}^{n}\frac{n^2-n+2i-1}{n^3}.$$

因为 $\sum\limits_{i=1}^{n}(n^2-n+2i-1)=\dfrac{n^2-n+1+n^2+n-1}{2}\cdot n=n^3$，所以

$$\frac{n^3}{n^3+n^2+n}\leqslant\sum_{i=1}^{n}\ln\left(1+\frac{n^2-n+2i-1}{n^3}\right)\leqslant\frac{n^3}{n^3}=1.$$

令 $n\to\infty$，并由夹逼准则可得，$\lim\limits_{n\to\infty}\sum\limits_{i=1}^{n}\ln\left(1+\dfrac{n^2-n+2i-1}{n^3}\right)=1$，即 $\lim\limits_{n\to\infty}\ln x_n=1$.

因此，$\lim\limits_{n\to\infty}x_n=\mathrm{e}$.

4 【解】 (1) 令 $y_1=0,y_n=\ln\dfrac{x_n}{x_{n-1}}(n\geqslant 2)$，则由已知条件，知 $\lim\limits_{n\to\infty}y_n=\ln L$.

由 Stolz 定理可知，

$$\lim_{n\to\infty}\frac{y_1+y_2+\cdots+y_n}{n}=\ln L.$$

而 $\dfrac{y_1+y_2+\cdots+y_n}{n}=\dfrac{1}{n}\left(\ln x_2+\ln\dfrac{x_3}{x_2}+\cdots+\ln\dfrac{x_n}{x_{n-1}}\right)=\ln\sqrt[n]{x_n}$，所以

$$\lim_{n\to\infty}\ln\sqrt[n]{x_n}=\ln L,\lim_{n\to\infty}\sqrt[n]{x_n}=L.$$

(2) 用数学归纳法证明.

当 $n=1$ 时，$x_1=\dfrac{a-b}{\sqrt{5}}$ 显然成立.

假设当 $n\leqslant k$ 时，$x_n=\dfrac{a^n-b^n}{\sqrt{5}}$，则当 $n=k+1$ 时，

$$x_{k+1}=x_k+x_{k-1}=\frac{a^k-b^k}{\sqrt{5}}+\frac{a^{k-1}-b^{k-1}}{\sqrt{5}}.$$

注意到 $a=\dfrac{1+\sqrt{5}}{2},b=\dfrac{1-\sqrt{5}}{2}$，$ab=-1,a-1=-b,b-1=-a$，所以

$$x_{k+1}=\frac{a^k-b^k-ba^k+ab^k}{\sqrt{5}}=\frac{a^k(1-b)+b^k(a-1)}{\sqrt{5}}=\frac{a^{k+1}-b^{k+1}}{\sqrt{5}},$$

故 $x_n=\dfrac{a^n-b^n}{\sqrt{5}}$.

(3) 因为 $a=\dfrac{1+\sqrt{5}}{2}>1$，而 $\dfrac{x_{n+1}}{x_n}=\dfrac{a^{n+1}-b^{n+1}}{a^n-b^n}=\dfrac{a^{n+1}-\left(-\frac{1}{a}\right)^{n+1}}{a^n-\left(-\frac{1}{a}\right)^n}$，故

$$\lim_{n\to\infty}\frac{x_{n+1}}{x_n}=\lim_{n\to\infty}\frac{a^{n+1}-\left(-\frac{1}{a}\right)^{n+1}}{a^n-\left(-\frac{1}{a}\right)^n}=a,$$

由(1)知，$\lim\limits_{n\to\infty}\sqrt[n]{x_n}=a$.

5 【证明】 $$原式=\lim_{n\to\infty}\left[e^{\frac{1}{n+1}\ln((n+1)!)}-e^{\frac{1}{n}\ln(n!)}\right]=\lim_{n\to\infty}\sqrt[n]{n!}\left[e^{\frac{\ln[(n+1)!]}{n+1}-\frac{\ln(n!)}{n}}-1\right]$$

$$=\lim_{n\to\infty}\frac{\sqrt[n]{n!}}{n}\left\{n\frac{\ln[(n+1)!]}{n+1}-\ln(n!)\right\}.$$

其中 $$\lim_{n\to\infty}\frac{\sqrt[n]{n!}}{n}=\lim_{n\to\infty}\left(\frac{n!}{n^n}\right)^{\frac{1}{n}}=\lim_{n\to\infty}e^{\frac{1}{n}\ln\left(\frac{n!}{n^n}\right)}=\lim_{n\to\infty}e^{\frac{1}{n}\ln\left(\frac{n}{n}\cdot\frac{n-1}{n}\cdot\cdots\cdot\frac{2}{n}\cdot\frac{1}{n}\right)}$$

$$=\lim_{n\to\infty}e^{\frac{1}{n}\sum\limits_{i=1}^{n}\ln\frac{i}{n}}=e^{\int_0^1\ln x\mathrm{d}x}=e^{(x\ln x-x)\big|_0^1}=e^{-1},$$

$$原式=\frac{1}{e}\lim_{n\to\infty}\left\{n\frac{\ln[(n+1)!]}{n+1}-\ln(n!)\right\}$$

$$=\frac{1}{e}\lim_{n\to\infty}\left\{(n+1-1)\frac{\ln[(n+1)!]}{n+1}-\ln(n!)\right\}$$

$$=\frac{1}{e}\lim_{n\to\infty}\left\{\ln[(n+1)!]-\ln(n!)-\frac{\ln[(n+1)!]}{n+1}\right\}$$

$$=\frac{1}{e}\lim_{n\to\infty}\left\{\ln(n+1)-\ln[(n+1)!]^{\frac{1}{n+1}}\right\}$$

$$=\frac{1}{e}\lim_{n\to\infty}\ln\frac{n+1}{\sqrt[n+1]{(n+1)!}}=\frac{1}{e}.$$

6 【解】 (1) 因为 $a_0\in(-1,1)$，所以可记 $\theta=\arccos a_0$，$\theta\in(0,\pi)$. 则

$$a_1=\sqrt{\frac{1+a_0}{2}}=\sqrt{\frac{1+\cos\theta}{2}}=\cos\frac{\theta}{2}.$$

假设 $a_{n-1}=\cos\dfrac{\theta}{2^{n-1}}$，则 $a_n=\sqrt{\dfrac{1+a_{n-1}}{2}}=\sqrt{\dfrac{1+\cos\frac{\theta}{2^{n-1}}}{2}}=\cos\dfrac{\theta}{2^n}$，所以根据数学归纳法有

$$a_n=\cos\frac{\theta}{2^n},n=1,2,\cdots.$$

$$\lim_{n\to\infty}4^n(1-a_n)=\lim_{n\to\infty}4^n\left(1-\cos\frac{\theta}{2^n}\right)=\lim_{n\to\infty}4^n\cdot\frac{1}{2}\left(\frac{\theta}{2^n}\right)^2=\frac{\theta^2}{2}=\frac{1}{2}(\arccos a_0)^2.$$

(2) $\lim\limits_{n\to\infty}a_1a_2\cdots a_n=\lim\limits_{n\to\infty}\cos\dfrac{\theta}{2}\cos\dfrac{\theta}{2^2}\cdots\cos\dfrac{\theta}{2^n}$

$$= \lim_{n\to\infty} \frac{\cos\frac{\theta}{2}\cos\frac{\theta}{2^2}\cdots\cos\frac{\theta}{2^n}\cdot\sin\frac{\theta}{2^n}}{\sin\frac{\theta}{2^n}}$$

$$= \lim_{n\to\infty} \frac{\frac{1}{2^n}\sin\theta}{\sin\frac{\theta}{2^n}} = \frac{\sin\theta}{\theta}$$

$$= \frac{\sqrt{1-a_0^2}}{\arccos a_0}.$$

7 【解】 (1) 由夹逼准则可得 $\lim\limits_{n\to\infty}\sqrt[n]{a_1^n+a_2^n+\cdots+a_m^n}=\max\{a_i\}$，其中 $a_i>0,i=1,2,\cdots,m$，故

$$f(x)=\lim_{n\to\infty}\sqrt[n]{1+(2x)^n+x^{2n}}=\begin{cases}1, & 0\leqslant x<\frac{1}{2},\\ 2x, & \frac{1}{2}\leqslant x<2,\\ x^2, & 2\leqslant x.\end{cases}$$

(2) 讨论函数 $f(x)$ 在 $x=\frac{1}{2}$ 与 $x=2$ 处的连续性.

$\lim\limits_{x\to(\frac{1}{2})^+}f(x)=\lim\limits_{x\to(\frac{1}{2})^+}2x=1$，$\lim\limits_{x\to(\frac{1}{2})^-}f(x)=\lim\limits_{x\to(\frac{1}{2})^-}1=1$，$f\left(\frac{1}{2}\right)=1$，故 $f(x)$ 在 $x=\frac{1}{2}$ 处连续.

$\lim\limits_{x\to2^+}f(x)=\lim\limits_{x\to2^+}x^2=4$，$\lim\limits_{x\to2^-}f(x)=\lim\limits_{x\to2^-}2x=4$，$f(2)=4$，故 $f(x)$ 在 $x=2$ 处连续.

故 $f(x)$ 在 $(-\infty,+\infty)$ 上连续.

8 【解】 令 $x_n=\sqrt[n]{\frac{2n(2n+1)\cdots(3n-1)}{(\sqrt{n^2+1}+n)(\sqrt{n^2+2}+n)\cdots(\sqrt{n^2+n}+n)}}$，则

$$\sqrt[n]{\frac{2n(2n+1)\cdots(3n-1)}{(\sqrt{n^2+n}+n)^n}}\leqslant x_n\leqslant\sqrt[n]{\frac{2n(2n+1)\cdots(3n-1)}{(\sqrt{n^2+1}+n)^n}}.$$

令 $y_n=\sqrt[n]{\frac{2n(2n+1)\cdots(3n-1)}{(\sqrt{n^2+n}+n)^n}}=\frac{\sqrt[n]{2n(2n+1)\cdots(3n-1)}}{\sqrt{n^2+n}+n}$，

$z_n=\sqrt[n]{\frac{2n(2n+1)\cdots(3n-1)}{(\sqrt{n^2+1}+n)^n}}=\frac{\sqrt[n]{2n(2n+1)\cdots(3n-1)}}{\sqrt{n^2+1}+n}$，

即 $y_n\leqslant x_n\leqslant z_n$. 且

$$\lim_{n\to\infty}y_n=\lim_{n\to\infty}\frac{n}{\sqrt{n^2+n}+n}\cdot\lim_{n\to\infty}\sqrt[n]{2\cdot\left(2+\frac{1}{n}\right)\cdots\left(2+\frac{n+1}{n}\right)}$$

$$=\frac{1}{2}\lim_{n\to\infty}e^{\frac{1}{n}\left[\ln 2+\ln\left(2+\frac{1}{n}\right)+\cdots+\ln\left(2+\frac{n-1}{n}\right)\right]}$$

$$=\frac{1}{2}e^{\int_0^1\ln(2+x)\mathrm{d}x},$$

$$\lim_{n\to\infty}z_n=\lim_{n\to\infty}\frac{n}{\sqrt{n^2+1}+n}\cdot\lim_{n\to\infty}\sqrt[n]{2\left(2+\frac{1}{n}\right)\cdots\left(2+\frac{n-1}{n}\right)}=\frac{1}{2}e^{\int_0^1\ln(2+x)\mathrm{d}x}.$$

由夹逼准则可知$\lim\limits_{n\to\infty}x_n=\dfrac{1}{2}e^{\int_0^1\ln(2+x)dx}$，其中

$$\begin{aligned}\int_0^1\ln(2+x)dx&=x\ln(2+x)\Big|_0^1-\int_0^1\frac{x}{2+x}dx\\&=\ln 3-\int_0^1\left(1-\frac{2}{2+x}\right)dx\\&=\ln 3-1+2\ln(2+x)\Big|_0^1\\&=3\ln 3-1-2\ln 2=\ln\frac{27}{4e},\end{aligned}$$

$$\lim_{n\to\infty}x_n=\frac{1}{2}e^{\int_0^1\ln(2+x)dx}=\frac{1}{2}\cdot\frac{27}{4e}=\frac{27}{8e}.$$

9 【解】 由于$0<x_1<\dfrac{\pi}{2}$，$0<\sin x_1<1$，故$0<x_2=\sqrt{\dfrac{\pi}{2}x_1\sin x_1}<\dfrac{\pi}{2}$.

由数学归纳法可得，对所有的正整数n，都有$0<x_n<\dfrac{\pi}{2}$. 因此，数列$\{x_n\}$有界.

下面考虑数列的单调性. 根据递推式可得，

$$\frac{x_{n+1}}{x_n}=\sqrt{\frac{\pi}{2}}\cdot\sqrt{\frac{\sin x_n}{x_n}}. \qquad ①$$

令$f(x)=\dfrac{\sin x}{x}$，$x\in\left(0,\dfrac{\pi}{2}\right)$，则$f'(x)=\dfrac{x\cos x-\sin x}{x^2}$. 注意到$f'(x)$的分母恒大于0，故考虑分子的符号.

令$g(x)=x\cos x-\sin x$，$x\in\left(0,\dfrac{\pi}{2}\right)$，则

$$g'(x)=\cos x-x\sin x-\cos x=-x\sin x<0,$$

于是，$g(x)$在$\left(0,\dfrac{\pi}{2}\right)$内单调减少. 结合$g(0)=0$，可得$g(x)<0$，从而$f'(x)$在$\left(0,\dfrac{\pi}{2}\right)$内小于0，$f(x)$在$\left(0,\dfrac{\pi}{2}\right)$内单调减少. 因此，当$x\in\left(0,\dfrac{\pi}{2}\right)$时，$f(x)>f\left(\dfrac{\pi}{2}\right)=\dfrac{2}{\pi}$，即$\dfrac{\sin x}{x}>\dfrac{2}{\pi}$.

将$\dfrac{\sin x}{x}>\dfrac{2}{\pi}$代入①式可得，$\dfrac{x_{n+1}}{x_n}>1$. 因此，$\{x_n\}$单调增加.

根据单调有界准则，知数列$\{x_n\}$的极限存在. 记$\lim\limits_{n\to\infty}x_n=a$，则$0<x_1\leqslant a\leqslant\dfrac{\pi}{2}$.

对$x_{n+1}=\sqrt{\dfrac{\pi}{2}x_n\sin x_n}$两端关于$n$求极限可得，

$$a=\sqrt{\frac{\pi}{2}a\sin a}，即\frac{\sin a}{a}=\frac{2}{\pi}.$$

由对$f(x)$的分析可知，$a=\dfrac{\pi}{2}$. 因此，

$$\lim_{n\to\infty}\frac{\sec x_n-\tan x_n}{\frac{\pi}{2}-x_n}\xlongequal{y_n=\frac{\pi}{2}-x_n}\lim_{n\to\infty}\frac{\csc y_n-\cot y_n}{y_n}=\lim_{n\to\infty}\frac{1-\cos y_n}{y_n\sin y_n}$$

$$=\lim_{y\to 0}\frac{1-\cos y}{y\sin y}=\lim_{y\to 0}\frac{\frac{y^2}{2}}{y^2}=\frac{1}{2}.$$

10 【证明】 利用单调有界准则.

$$a_{n+1}-a_n=\left(1+\frac{1}{\sqrt{2}}+\cdots+\frac{1}{\sqrt{n+1}}-2\sqrt{n+1}\right)-\left(1+\frac{1}{\sqrt{2}}+\cdots+\frac{1}{\sqrt{n}}-2\sqrt{n}\right)$$

$$=\frac{1}{\sqrt{n+1}}-2\sqrt{n+1}+2\sqrt{n}=\frac{1}{\sqrt{n+1}}-2(\sqrt{n+1}-\sqrt{n})$$

$$=\frac{1}{\sqrt{n+1}}-\frac{2}{\sqrt{n+1}+\sqrt{n}}=\frac{2}{2\sqrt{n+1}}-\frac{2}{\sqrt{n+1}+\sqrt{n}}<0.$$

于是，$\{a_n\}$单调减少.

下面证明$\{a_n\}$有下界.

注意到$\frac{1}{\sqrt{n}}<2(\sqrt{n}-\sqrt{n-1})=\frac{2}{\sqrt{n}+\sqrt{n-1}}<\frac{1}{\sqrt{n-1}}$. 因此，

$$\frac{1}{\sqrt{n-1}}<2(\sqrt{n-1}-\sqrt{n-2})<\frac{1}{\sqrt{n-2}},$$

$$\cdots$$

$$\frac{1}{\sqrt{2}}<2(\sqrt{2}-\sqrt{1})<\frac{1}{\sqrt{1}}.$$

上述各式相加可得，

$$\frac{1}{\sqrt{2}}+\frac{1}{\sqrt{3}}+\cdots+\frac{1}{\sqrt{n}}<2\sqrt{n}-2<1+\frac{1}{\sqrt{2}}+\cdots+\frac{1}{\sqrt{n-1}}. \qquad ①$$

由①式可得，$1+\frac{1}{\sqrt{2}}+\cdots+\frac{1}{\sqrt{n}}-2\sqrt{n}>-2+\frac{1}{\sqrt{n}}>-2$，即$-2$为$\{a_n\}$的一个下界.

由单调有界准则可知，$\{a_n\}$收敛.

11 【解】 记

$$f(x)=\sqrt{\frac{1+x}{1-x}}\cdot\sqrt[4]{\frac{1+2x}{1-2x}}\cdot\sqrt[6]{\frac{1+3x}{1-3x}}\cdot\cdots\cdot\sqrt[2026]{\frac{1+1013x}{1-1013x}},$$

则有 $f(0)=1$，且注意到当 $x\to 0$ 时，$\arcsin x-(x^2+1)\arctan^2 x\sim x$，从而

$$\lim_{x\to 0}\frac{\sqrt{\frac{1+x}{1-x}}\cdot\sqrt[4]{\frac{1+2x}{1-2x}}\cdot\sqrt[6]{\frac{1+3x}{1-3x}}\cdot\cdots\cdot\sqrt[2026]{\frac{1+1013x}{1-1013x}}-1}{\arcsin x-(x^2+1)\arctan^2 x}=\lim_{x\to 0}\frac{f(x)-f(0)}{x}=f'(0),$$

故以下只需要计算 $f'(0)$ 即可.

另一方面，

$$\ln f(x)=\ln\left(\sqrt{\frac{1+x}{1-x}}\cdot\sqrt[4]{\frac{1+2x}{1-2x}}\cdot\sqrt[6]{\frac{1+3x}{1-3x}}\cdot\cdots\cdot\sqrt[2026]{\frac{1+1013x}{1-1013x}}\right)=\sum_{n=1}^{1013}\frac{1}{2n}\ln\left(\frac{1+nx}{1-nx}\right).$$

上式两边求导可得

$$\frac{f'(x)}{f(x)}=\sum_{n=1}^{1013}\frac{1}{2n}\left(\frac{n}{1+nx}+\frac{n}{1-nx}\right).$$

代入 $x=0$ 可得：$f'(0)=1013$.

综上 $$\lim_{x\to 0}\frac{\sqrt{\frac{1+x}{1-x}}\cdot\sqrt[4]{\frac{1+2x}{1-2x}}\cdot\sqrt[6]{\frac{1+3x}{1-3x}}\cdot\cdots\cdot\sqrt[2026]{\frac{1+1013x}{1-1013x}}-1}{\arcsin x-(x^2+1)\arctan^2 x}=1013.$$

12 【解】 **方法一**

$$原式=\lim_{x\to 0}\frac{e^{\frac{\ln(1+x)}{x}}-e^{\frac{\ln(1+2x)}{2x}}}{x}=\lim_{x\to 0}e^{\frac{\ln(1+2x)}{2x}}\cdot\frac{e^{\frac{2\ln(1+x)-\ln(1+2x)}{2x}}-1}{x}$$

$$=e\lim_{x\to 0}\frac{2\ln(1+x)-\ln(1+2x)}{2x^2}$$

$$=e\lim_{x\to 0}\frac{2\left[x-\frac{x^2}{2}+o(x^2)\right]-\left[2x-\frac{(2x)^2}{2}+o(x^2)\right]}{2x^2}$$

$$=\frac{e}{2}.$$

方法二

$$原式=\lim_{x\to 0}\frac{e^{\frac{\ln(1+x)}{x}}-e^{\frac{\ln(1+2x)}{2x}}}{x}$$

$$=\lim_{x\to 0}\frac{e^{\xi}\left[\frac{\ln(1+x)}{x}-\frac{\ln(1+2x)}{2x}\right]}{x}$$ （拉格朗日中值定理）

$$=\frac{e}{2}\lim_{x\to 0}\frac{2\ln(1+x)-\ln(1+2x)}{x^2}$$

$$=\frac{e}{2}\lim_{x\to 0}\frac{\ln\left(1+\frac{x^2}{1+2x}\right)}{x^2}=\frac{e}{2}.$$

13 【解】 由于 $\sec x=1+\frac{x^2}{2}+o(x^3)$，$\tan x=x+\frac{x^3}{3}+o(x^3)$，且

$$\sin(\sin x)=\sin x-\frac{(\sin x)^3}{6}+o(x^3)=x-\frac{x^3}{6}-\frac{x^3}{6}+o(x^3)=x-\frac{x^3}{3}+o(x^3).$$

故

$$\lim_{x\to 0}\frac{\sec x\tan x-\sin(\sin x)}{x^3}=\lim_{x\to 0}\frac{\left[1+\frac{x^2}{2}+o(x^3)\right]\left[x+\frac{x^3}{3}+o(x^3)\right]-\left[x-\frac{x^3}{3}+o(x^3)\right]}{x^3}$$

$$=\lim_{x\to 0}\frac{x+\frac{x^3}{3}+\frac{x^3}{2}-x+\frac{x^3}{3}+o(x^3)}{x^3}$$

$$=\lim_{x\to 0}\frac{\frac{7x^3}{6}+o(x^3)}{x^3}=\frac{7}{6}.$$

14 【解】 (1) 利用洛必达法则.

$$\lim_{x\to+\infty}\frac{\arctan 2x-\arctan x}{\frac{\pi}{2}-\arctan x}=\lim_{x\to+\infty}\frac{\frac{2}{1+4x^2}-\frac{1}{1+x^2}}{-\frac{1}{1+x^2}}=\lim_{x\to+\infty}\left[-\frac{2(1+x^2)}{1+4x^2}+1\right]=\frac{1}{2}.$$

(2) 注意到

$$I=\lim_{x\to+\infty}\frac{\arctan 2x-\arctan x}{\frac{\pi}{2}-\arctan x}+b\lim_{x\to+\infty}\frac{\arctan x\cdot[1-f(x)]}{\frac{\pi}{2}-\arctan x}.$$

我们断言 $\lim\limits_{x\to+\infty}\frac{\arctan x\cdot[1-f(x)]}{\frac{\pi}{2}-\arctan x}$ 不存在. 否则，

$$\lim_{x\to+\infty} x[1-f(x)] = \lim_{x\to+\infty} \frac{\arctan x\cdot[1-f(x)]}{\frac{\pi}{2}-\arctan x}\cdot\frac{x\left(\frac{\pi}{2}-\arctan x\right)}{\arctan x}$$

$$=\frac{2}{\pi}\lim_{x\to+\infty}\frac{\arctan x\cdot[1-f(x)]}{\frac{\pi}{2}-\arctan x}\lim_{x\to+\infty}\frac{\frac{\pi}{2}-\arctan x}{\frac{1}{x}}$$

$$=\frac{2}{\pi}\lim_{x\to+\infty}\frac{\arctan x\cdot[1-f(x)]}{\frac{\pi}{2}-\arctan x},$$

与 $\lim\limits_{x\to+\infty} x[1-f(x)]$ 不存在矛盾.

因此，若 I 存在，只能 $b=0$. 此时，$I=\frac{1}{2}$.

15 【解】

$$\lim_{x\to0}\frac{e^{(1+x)^{\frac{1}{x}}}-(1+x)^{\frac{e}{x}}}{x^2}=\lim_{x\to0}\frac{e^{(1+x)^{\frac{1}{x}}}-e^{\frac{e}{x}\ln(1+x)}}{x^2}$$

$$=\lim_{x\to0}e^{\frac{e}{x}\ln(1+x)}\cdot\frac{e^{\left[(1+x)^{\frac{1}{x}}-\frac{e}{x}\ln(1+x)\right]}-1}{x^2}$$

$\lim\limits_{x\to0}[(1+x)^{\frac{1}{x}}-\frac{e}{x}\ln(1+x)]=0$

$$=e^{e}\lim_{x\to0}\frac{(1+x)^{\frac{1}{x}}-\frac{e}{x}\ln(1+x)}{x^2}$$

$$=e^{e}\lim_{x\to0}\frac{e^{\frac{1}{x}\ln(1+x)}-\frac{e}{x}\ln(1+x)}{x^2}=e^{e+1}\lim_{x\to0}\frac{e^{\frac{1}{x}\ln(1+x)-1}-\frac{1}{x}\ln(1+x)}{x^2}$$

$$=e^{e+1}\lim_{x\to0}\frac{e^{\frac{\ln(1+x)-x}{x}}-\frac{\ln(1+x)}{x}}{x^2}$$

$$=e^{e+1}\lim_{x\to0}\frac{1+\left[\frac{\ln(1+x)-x}{x}\right]+\frac{1}{2!}\left[\frac{\ln(1+x)-x}{x}\right]^2+o\left[\frac{\ln(1+x)-x}{x}\right]^2-\frac{\ln(1+x)}{x}}{x^2}$$

$$=e^{e+1}\lim_{x\to0}\frac{\frac{1}{2!}\left(\frac{-\frac{1}{2}x^2}{x}\right)^2+o(x^2)}{x^2}=\frac{e^{e+1}}{8}.$$

16 【解】 设 $f(x)=(e^x+x)^{\frac{1}{x}}$，对 $f(x)$ 利用拉格朗日中值定理可得，

$f(\sin x)-f(\tan x)=f'(\xi)(\sin x-\tan x)$，$\xi$ 介于 $\sin x$ 与 $\tan x$ 之间，

故

$$\lim_{x\to0}\frac{(e^{\sin x}+\sin x)^{\frac{1}{\sin x}}-(e^{\tan x}+\tan x)^{\frac{1}{\tan x}}}{x^3}=\lim_{x\to0}\frac{\left.\frac{d}{dx}(e^x+x)^{\frac{1}{x}}\right|_{x=\xi}\cdot(\sin x-\tan x)}{x^3}$$

$$=\lim_{x\to0}\frac{\mathrm{d}}{\mathrm{d}x}(\mathrm{e}^x+x)^{\frac{1}{x}}\Big|_{x=\xi}\cdot\lim_{x\to0}\frac{\tan x(\cos x-1)}{x^3}=\lim_{x\to0}\frac{\mathrm{d}}{\mathrm{d}x}(\mathrm{e}^x+x)^{\frac{1}{x}}\Big|_{x=\xi}\cdot\lim_{x\to0}\frac{x\cdot\left(-\frac{1}{2}x^2\right)}{x^3}$$

$$=-\frac{1}{2}\lim_{x\to0}\frac{\mathrm{d}}{\mathrm{d}x}(\mathrm{e}^x+x)^{\frac{1}{x}}\Big|_{x=\xi}=-\frac{1}{2}\lim_{x\to0}\frac{(\mathrm{e}^x+x)^{\frac{1}{x}}-\mathrm{e}^2}{x-0}=-\frac{\mathrm{e}^2}{2}\lim_{x\to0}\frac{\mathrm{e}^{\frac{1}{x}\ln(\mathrm{e}^x+x)-2}-1}{x}$$

$$=-\frac{\mathrm{e}^2}{2}\lim_{x\to0}\frac{\ln(\mathrm{e}^x+x)-2x}{x^2}\xlongequal{\text{洛必达}}-\frac{\mathrm{e}^2}{2}\lim_{x\to0}\frac{\frac{\mathrm{e}^x+1}{\mathrm{e}^x+x}-2}{2x}=-\frac{\mathrm{e}^2}{2}\lim_{x\to0}\frac{1-\mathrm{e}^x-2x}{2x(\mathrm{e}^x+x)}$$

$$=-\frac{\mathrm{e}^2}{2}\lim_{x\to0}\frac{1-\mathrm{e}^x-2x}{2x}=-\frac{\mathrm{e}^2}{2}\lim_{x\to0}\frac{1-[1+x+o(x)]-2x}{2x}=\frac{3\mathrm{e}^2}{4}.$$

17 【解】 由题可知$\lim\limits_{x\to0}\dfrac{\arctan x-\dfrac{x+ax^3}{1+bx^2}}{x^n}$存在且$n$尽可能大，本题考虑用泰勒展开.

$$\text{原式}=\lim_{x\to0}\frac{x-\frac{1}{3}x^3+\frac{1}{5}x^5-\frac{1}{7}x^7+o(x^7)-\frac{x+ax^3}{1+bx^2}}{x^n}$$

$$=\lim_{x\to0}\frac{(1+bx^2)\left[x-\frac{1}{3}x^3+\frac{1}{5}x^5-\frac{1}{7}x^7+o(x^7)\right]-(x+ax^3)}{(1+bx^2)\cdot x^n}$$

$$=\lim_{x\to0}\frac{(1+bx^2)\left[x-\frac{1}{3}x^3+\frac{1}{5}x^5-\frac{1}{7}x^7+o(x^7)\right]-(x+ax^3)}{x^n}$$

$$=\lim_{x\to0}\frac{\left(b-\frac{1}{3}-a\right)x^3+\left(\frac{1}{5}-\frac{b}{3}\right)x^5+\left(\frac{1}{5}b-\frac{1}{7}\right)x^7+o(x^7)}{x^n}.$$

为了使得n尽可能高，故$\begin{cases}b-\dfrac{1}{3}-a=0,\\ \dfrac{1}{5}-\dfrac{1}{3}b=0.\end{cases}$ 因此$\begin{cases}a=\dfrac{4}{15},\\ b=\dfrac{3}{5},\end{cases}$ 故$n=7$.

18 【解】

$$\lim_{x\to0}\frac{f(x)-f(\sin x)}{x^4}\xlongequal{\text{洛必达}}\lim_{x\to0}\frac{f'(x)-f'(\sin x)\cos x}{4x^3}$$

$$=\lim_{x\to0}\frac{f'(x)-f'(\sin x)+f'(\sin x)-f'(\sin x)\cos x}{4x^3}$$

$$=\lim_{x\to0}\frac{f'(x)-f'(\sin x)}{4x^3}+\lim_{x\to0}\frac{f'(\sin x)-f'(\sin x)\cos x}{4x^3}$$

$$=\lim_{x\to0}\frac{(x-\sin x)f''(\xi)}{4x^3}+\lim_{x\to0}\frac{(1-\cos x)f'(\sin x)}{4x^3}$$

（ξ介于x，$\sin x$之间，当$x\to0$，$\sin x\to0$时，$\xi\to0$.）

$$=\lim_{x\to0}\frac{\frac{1}{6}x^3f''(\xi)}{4x^3}+\lim_{x\to0}\frac{\frac{1}{2}x^2f'(\sin x)}{4x^3}=\frac{A}{24}+\frac{1}{8}\lim_{x\to0}\frac{f'(\sin x)}{x}$$

$$=\frac{A}{24}+\frac{1}{8}f''(0)=\frac{A}{6}.$$

19 【解】 **方法一**

$$\lim_{x\to 0}\frac{\mathrm{e}^x(1+bx+cx^2)-1-ax}{x^4}\xlongequal{\text{洛}}\lim_{x\to 0}\frac{\mathrm{e}^x(1+bx+cx^2)+\mathrm{e}^x(b+2cx)-a}{4x^3},$$

若 $1+b-a\neq 0$，则上式极限等于 ∞，与题设矛盾，故 $1+b-a=0$. 再用洛必达法则，

$$\text{原式}=\lim_{x\to 0}\frac{\mathrm{e}^x(1+bx+cx^2)+2\mathrm{e}^x(b+2cx)+2c\mathrm{e}^x}{12x^2},$$

仿上讨论有 $1+2b+2c=0$. 继续用洛必达法则，

$$\text{原式}=\lim_{x\to 0}\frac{\mathrm{e}^x(1+bx+cx^2)+3\mathrm{e}^x(b+2cx)+6c\mathrm{e}^x}{24x},$$

仿上讨论有 $1+3b+6c=0$. 综合之，由以上 3 个等式解得 $a=\dfrac{1}{3}$，$b=-\dfrac{2}{3}$，$c=\dfrac{1}{6}$.

将 a,b,c 之值代入，再由洛必达法则，可得原式极限为 $\dfrac{1}{72}$.

方法二 将 e^x 在 $x_0=0$ 处按佩亚诺型余项泰勒公式展开到 $o(x^4)$，有

$$\mathrm{e}^x=1+x+\frac{x^2}{2}+\frac{x^3}{6}+\frac{x^4}{24}+o(x^4),$$

于是

$$\text{原式}=\lim_{x\to 0}\frac{(1+b-a)x+\left(\frac{1}{2}+b+c\right)x^2+\left(\frac{1}{6}+\frac{b}{2}+c\right)x^3+\left(\frac{1}{24}+\frac{b}{6}+\frac{c}{2}\right)x^4+o(x^4)}{x^4}.$$

可见上述极限存在的充要条件是

$$1+b-a=0,\ \frac{1}{2}+b+c=0,\ \frac{1}{6}+\frac{b}{2}+c=0,$$

解得 a,b,c，将 a,b,c 之值代入，立即可得原式极限为 $\dfrac{1}{72}$.

【评注】 若式中有待定系数且用洛必达法则时，必须步步讨论，方法二比方法一方便、快捷.

20 【解】 由 $\lim\limits_{x\to 0}\dfrac{f(x)}{x}=0$ 知，$f(0)=0$，$f'(0)=0$.

由题设知 $\alpha>0$.

$$\begin{aligned}\lim_{x\to 0^+}\frac{\int_0^x f(t)\mathrm{d}t}{x^\alpha-\sin x}&=\lim_{x\to 0^+}\frac{f(x)}{\alpha x^{\alpha-1}-\cos x}\text{（由题设知 }\alpha=1\text{）}\\&=\lim_{x\to 0^+}\frac{f(x)}{1-\cos x}=\lim_{x\to 0^+}\frac{f(x)}{\frac{1}{2}x^2}\\&=\lim_{x\to 0}\frac{f'(x)}{x}=f''(0)=\beta.\end{aligned}$$

21 【解】

$$\begin{aligned}\lim_{x\to 0^+}\frac{\int_0^{\ln(1+x)}tf(t)\mathrm{d}t}{\left[\int_0^x\sqrt{f(t)}\mathrm{d}t\right]^2}&\xlongequal{\text{洛必达}}\lim_{x\to 0^+}\frac{\ln(1+x)f[\ln(1+x)]}{2\int_0^x\sqrt{f(t)}\mathrm{d}t\cdot\sqrt{f(x)}}\cdot\frac{1}{1+x}\\&=\lim_{x\to 0^+}\frac{\ln(1+x)f[\ln(1+x)]}{2\int_0^x\sqrt{f(t)}\mathrm{d}t\cdot\sqrt{f(x)}}.\end{aligned}$$

由 $f(0)=0, f'(0)=\frac{1}{2}$ 可得，当 $x\to 0^{+}$ 时，$f(x)\sim \frac{1}{2}x$，故

$$f[\ln(1+x)]\sim \frac{1}{2}\ln(1+x)\sim \frac{1}{2}x.$$

又由于 $\lim\limits_{x\to 0^{+}}\frac{f(x)}{x}=\frac{1}{2}$，故 $\lim\limits_{x\to 0^{+}}\frac{\sqrt{f(x)}}{\sqrt{x}}=\frac{\sqrt{2}}{2}$，从而

$$\sqrt{f(x)}\sim \frac{\sqrt{2}}{2}\sqrt{x}, \int_{0}^{x}\sqrt{f(t)}\,\mathrm{d}t\sim \int_{0}^{x}\frac{\sqrt{2}}{2}\sqrt{t}\,\mathrm{d}t=\frac{\sqrt{2}}{3}x^{\frac{3}{2}}.$$

因此，原极限 $=\lim\limits_{x\to 0^{+}}\dfrac{x\cdot\frac{x}{2}}{2\cdot\frac{\sqrt{2}}{3}x^{\frac{3}{2}}\cdot\frac{\sqrt{2}}{2}\sqrt{x}}=\lim\limits_{x\to 0^{+}}\dfrac{\frac{x^{2}}{2}}{\frac{2}{3}x^{2}}=\dfrac{3}{4}.$

22 【解】 当 $x\to\infty$ 时，

$$\left[\frac{\mathrm{e}}{\left(1+\frac{1}{x}\right)^{x}}\right]^{x}-\sqrt{\mathrm{e}}=\mathrm{e}^{x\ln\frac{\mathrm{e}}{\left(1+\frac{1}{x}\right)^{x}}}-\sqrt{\mathrm{e}}=\mathrm{e}^{x\left[1-x\ln\left(1+\frac{1}{x}\right)\right]}-\sqrt{\mathrm{e}}$$

$$=\sqrt{\mathrm{e}}\left[\mathrm{e}^{x-x^{2}\ln\left(1+\frac{1}{x}\right)-\frac{1}{2}}-1\right]$$

$$=\sqrt{\mathrm{e}}\left\{\mathrm{e}^{x-x^{2}\left[\frac{1}{x}-\frac{1}{2}\cdot\frac{1}{x^{2}}+\frac{1}{3}\cdot\frac{1}{x^{3}}+o\left(\frac{1}{x^{3}}\right)\right]-\frac{1}{2}}-1\right\}$$

$$=\sqrt{\mathrm{e}}\cdot\left[\mathrm{e}^{-\frac{1}{3}\cdot\frac{1}{x}+o\left(\frac{1}{x}\right)}-1\right].$$

由于 $\lim\limits_{x\to\infty}\dfrac{\mathrm{e}^{-\frac{1}{3}\cdot\frac{1}{x}+o\left(\frac{1}{x}\right)}-1}{\frac{1}{x}}=\lim\limits_{x\to\infty}\dfrac{-\frac{1}{3x}+o\left(\frac{1}{x}\right)}{\frac{1}{x}}=-\dfrac{1}{3}$，故 $k=-1$.

23 【解】 由于 $\sqrt{1+\tan x}-\sqrt{1+\sin x}=\dfrac{\tan x-\sin x}{\sqrt{1+\tan x}+\sqrt{1+\sin x}}$，故当 $x\to 0$ 时，$\sqrt{1+\tan x}-\sqrt{1+\sin x}$ 与 $\tan x-\sin x$ 同阶.

又因为 $\tan x=x+\frac{x^{3}}{3}+o(x^{3})$，$\sin x=x-\frac{x^{3}}{6}+o(x^{3})$，所以 $\tan x-\sin x=\frac{x^{3}}{2}+o(x^{3})$，$\tan x-\sin x$ 与 x^{3} 同阶，从而 α_1 与 x^{3} 同阶.

由于 $\int_{0}^{x^{4}}\frac{1}{\sqrt{1-t^{2}}}\mathrm{d}t=\arcsin x^{4}$，而当 $x\to 0$ 时，$\arcsin x^{4}\sim x^{4}$，故 α_2 与 x^{4} 同阶.

记 $F(x)=\int_{0}^{x}\mathrm{d}u\int_{0}^{u^{2}}\arctan t\,\mathrm{d}t$，则 $F'(x)=\int_{0}^{x^{2}}\arctan t\,\mathrm{d}t$，$F''(x)=\arctan x^{2}\cdot 2x$. 当 $x\to 0$ 时，$F''(x)$ 与 x^{3} 同阶，从而 $\alpha_3=F(x)$ 与 x^{5} 同阶.

综上所述，$\alpha_1,\alpha_2,\alpha_3$ 按照从低阶到高阶的顺序是 $\alpha_1,\alpha_2,\alpha_3$.

24 【解】 易见 $x_1=0$ 是 $f(x)$ 的间断点. 依题意，$f(x)$ 还有另一个间断点 x_2 满足 $\mathrm{e}^{\frac{1}{x_2}}+b=0$，故 $b=-\mathrm{e}^{\frac{1}{x_2}}<0$，且 $b\neq -1$(因为 $\frac{1}{x_2}\neq 0$)，可求得 $x_2=\dfrac{1}{\ln(-b)}\neq 0$.

因为 $\lim\limits_{x\to x_2}(\mathrm{e}^{\frac{1}{x}}+b)=0$，所以 $\lim\limits_{x\to x_2}(x^{2}+a^{2})(x-1)=0$(否则 $x=x_2$ 是 $f(x)$ 的第二类间断

点），即$(x_2^2+a^2)(x_2-1)=0$. 因$x_2\neq0$，故$x_2^2+a^2>0$，由此得$x_2=1,b=-e$.

因为$\lim\limits_{x\to1}f(x)=\lim\limits_{x\to1}\dfrac{(x^2+a^2)(x-1)}{e^{\frac{1}{x}}-e}=\dfrac{-(1+a^2)}{e}$存在，所以$x_2=1$是$f(x)$的可去间断点，于是$x_1=0$是$f(x)$的跳跃间断点. 而

$$\lim_{x\to0^+}f(x)=\lim_{x\to0^+}\frac{(x^2+a^2)(x-1)}{e^{\frac{1}{x}}-e}=0,$$

$$\lim_{x\to0^-}f(x)=\lim_{x\to0^-}\frac{(x^2+a^2)(x-1)}{e^{\frac{1}{x}}-e}=\frac{a^2}{e},$$

故$\dfrac{a^2}{e}\neq0$，可得$a\neq0$. 总之，$a\neq0,b=-e$.

25 【解】 $x=k(k=1,2,\cdots)$，$x=-1$是$f(x)$的间断点，$x=0$是可疑间断点，其余点都连续.

当$x=k(k=1,3,4,\cdots)$时，

$$\lim_{x\to k}f(x)=\lim_{x\to k}\frac{x(x^2-4)}{\sin\pi x}=\infty,$$

则$x=k(k=1,3,4,\cdots)$是$f(x)$的无穷间断点，是第二类间断点.

当$x=2$时，

$$\lim_{x\to2}f(x)=\lim_{x\to2}\frac{x(x^2-4)}{\sin\pi x}=8\lim_{x\to2}\frac{x-2}{\sin\pi x}=8\lim_{x\to2}\frac{1}{\pi\cos\pi x}=\frac{8}{\pi},$$

则$x=2$是$f(x)$的可去间断点，是第一类间断点.

当$x=-1$时，

$$\lim_{x\to-1}f(x)=\lim_{x\to-1}\frac{x(x+1)}{x^2-1}=\lim_{x\to-1}\frac{x}{x-1}=\frac{1}{2},$$

则$x=-1$是$f(x)$的可去间断点，是第一类间断点.

当$x=0$时，

$$\lim_{x\to0^-}f(x)=\lim_{x\to0^-}\frac{x(x+1)}{x^2-1}=0,$$

$$\lim_{x\to0^+}f(x)=\lim_{x\to0^+}\frac{x(x^2-4)}{\sin\pi x}=\lim_{x\to0^+}\frac{x(x^2-4)}{\pi x}=-\frac{4}{\pi},$$

则$x=0$是$f(x)$的跳跃间断点，是第一类间断点.

26 【解】 若$\lim\limits_{x\to x_0}f(x)$存在且$\lim\limits_{x\to x_0}f(x)\neq f(x_0)$，则称$x_0$是$f(x)$的可去间断点.

因为$x=0$是$f(x)$的可去间断点，所以

$$\lim_{x\to0}f(x)=\lim_{x\to0}\frac{ax-\ln(1+x)}{x+b\sin x}=\lim_{x\to0}\frac{a-\dfrac{1}{1+x}}{1+b\cos x}$$
$$=\lim_{x\to0}\frac{(a-1)+ax}{(1+b\cos x)(1+x)}=\frac{a-1}{1+b}(b\neq-1).$$

当$b=-1$时，$\lim\limits_{x\to0}f(x)=\lim\limits_{x\to0}\dfrac{ax-\ln(1+x)}{x-\sin x}=\lim\limits_{x\to0}\dfrac{(a-1)x+\dfrac{1}{2}x^2+o(x^2)}{\dfrac{1}{3!}x^3}=\infty.$

为保证$\lim\limits_{x\to0}f(x)$存在，只须$1+b\neq0$，即$b\neq-1$.

27 【解】 由于 $\lim\limits_{x\to-\infty}\dfrac{1+x}{1-e^{-x}}=0$,则 $y=0$ 是该曲线的一条水平渐近线;

$\lim\limits_{x\to0}\dfrac{1+x}{1-e^{-x}}=\infty$,则 $x=0$ 是该曲线的一条铅直渐近线;

$$\lim_{x\to+\infty}\frac{y}{x}=\lim_{x\to+\infty}\frac{1+x}{x(1-e^{-x})}=1=a,$$

$$\lim_{x\to+\infty}(y-ax)=\lim_{x\to+\infty}\frac{1+xe^{-x}}{1-e^{-x}}=1=b,$$

则 $y=x+1$ 是该曲线的一条斜渐近线.

或者
$$y=\frac{1+x}{1-e^{-x}}=x+1+\frac{(1+x)e^{-x}}{1-e^{-x}},$$

而 $\lim\limits_{x\to+\infty}\dfrac{(1+x)e^{-x}}{1-e^{-x}}=0$,则 $y=x+1$ 是该曲线的一条斜渐近线.

28 【证明】 令 $F(x)=f(x)-f\left(x+\dfrac{b-a}{2}\right)$,由于 $f(x)$ 在 $[a,b]$ 上连续,则 $F(x)$ 在 $\left[a,\dfrac{a+b}{2}\right]$ 上连续,又

$$F(a)=f(a)-f\left(\frac{a+b}{2}\right),$$

$$F\left(\frac{a+b}{2}\right)=f\left(\frac{a+b}{2}\right)-f(b)=f\left(\frac{a+b}{2}\right)-f(a),$$

若 $f(a)-f\left(\dfrac{a+b}{2}\right)=0$,原题结论显然成立,此时,$\alpha=a,\beta=\dfrac{a+b}{2}$.

若 $f(a)-f\left(\dfrac{a+b}{2}\right)\neq0$,则 $F(a)$ 与 $F\left(\dfrac{a+b}{2}\right)$ 异号,由连续函数的零点定理可知,至少存在 $\xi\in\left(a,\dfrac{a+b}{2}\right)$,使得 $F(\xi)=0$,即

$$f(\xi)=f\left(\xi+\frac{b-a}{2}\right),$$

即至少存在一个 $[\alpha,\beta]\subset[a,b]$,且 $\beta-\alpha=\dfrac{b-a}{2}$,使 $f(\alpha)=f(\beta)$. 这里 $\alpha=\xi,\beta=\xi+\dfrac{b-a}{2}$.

一元函数微分学

29 【证明】 $\lim\limits_{x\to0}\dfrac{f(x)-f[\ln(1+x)]}{x^3}=\lim\limits_{x\to0}\dfrac{f'(\xi)[x-\ln(1+x)]}{x^3}$(拉格朗日中值定理),这里 ξ 介于 $\ln(1+x)$ 与 x 之间,从而 $\dfrac{\xi}{x}$ 介于 $\dfrac{\ln(1+x)}{x}$ 与 $\dfrac{x}{x}$ 之间,则

$$\lim_{x\to0}\frac{\xi}{x}=1,$$

$$\lim_{x\to0}\frac{f'(\xi)}{x}=\lim_{x\to0}\frac{\xi}{x}\cdot\frac{f'(\xi)-f'(0)}{\xi}=f''(0),$$

$$\lim_{x\to0}\frac{x-\ln(1+x)}{x^2}=\lim_{x\to0}\frac{\frac{1}{2}x^2}{x^2}=\frac{1}{2},$$

则 $\lim\limits_{x\to 0}\dfrac{f(x)-f[\ln(1+x)]}{x^3}=\dfrac{1}{2}f''(0)$.

30 【解】 原式 $=\lim\limits_{x\to a}\dfrac{f(x)-f(a)-f'(a)(x-a)}{f'(a)(x-a)[f(x)-f(a)]}$

$$\xlongequal{洛}\lim_{x\to a}\frac{f'(x)-f'(a)}{f'(a)[f(x)-f(a)+f'(x)(x-a)]}$$

$$=\lim_{x\to a}\frac{\dfrac{f'(x)-f'(a)}{(x-a)}}{f'(a)\left[\dfrac{f(x)-f(a)}{(x-a)}+f'(x)\right]}$$

$$=\frac{f''(a)}{f'(a)[f'(a)+f'(a)]}=\frac{f''(a)}{2[f'(a)]^2}.$$

31 【解】 曲线 $y=f(x)$ 在点 $(0,1)$ 处的切线方程为

$$y-1=f'(0)x,$$

即 $y=f'(0)x+1$.

由于该切线与曲线 $y=\ln x$ 相切，则

$$\begin{cases}f'(0)x+1=\ln x,\\ f'(0)=\dfrac{1}{x},\end{cases}$$

解得 $f'(0)=\dfrac{1}{e^2}$. 则

$$\lim_{x\to 0}\frac{f(\sin x)-1}{x+\sin x}=\lim_{x\to 0}\frac{f(\sin x)-f(0)}{2\sin x}\cdot\lim_{x\to 0}\frac{2\sin x}{x+\sin x}=\frac{f'(0)}{2}=\frac{1}{2e^2}.$$

32 【解】 由导数的定义，

$$\lim_{x\to 0}\frac{f(\varphi(x))-f(\varphi(0))}{x-0}=\lim_{x\to 0}\frac{f\left(x^2\left(2+\sin\frac{1}{x}\right)\right)-f(0)}{x}$$

$$=\lim_{x\to 0}\frac{f\left(x^2\left(2+\sin\frac{1}{x}\right)\right)-f(0)}{x^2\left(2+\sin\frac{1}{x}\right)}\cdot\frac{x^2\left(2+\sin\frac{1}{x}\right)}{x}$$

$$=f'(0)\cdot\lim_{x\to 0}x\left(2+\sin\frac{1}{x}\right)=f'(0)\cdot 0=0.$$

因此，函数在 $x=0$ 处可导且导数为 0.

33 【解】 $F(x)=\displaystyle\int_{-1}^{x}f(t)\mathrm{d}t=\begin{cases}\displaystyle\int_{-1}^{x}e^t\mathrm{d}t, & x\leqslant 0,\\ \displaystyle\int_{-1}^{0}e^t\mathrm{d}t+\int_0^x(t^2+a)\mathrm{d}t, & x>0\end{cases}$

$$=\begin{cases}e^x-e^{-1}, & x\leqslant 0,\\ 1-e^{-1}+\dfrac{1}{3}x^3+ax, & x>0.\end{cases}$$

$\lim\limits_{x\to 0^-}F(x)=1-e^{-1}$，$\lim\limits_{x\to 0^+}F(x)=1-e^{-1}$，知 $F(x)$ 在 $x=0$ 处连续.

$$F'_{-}(0)=\lim_{x\to 0^{-}}\frac{e^{x}-e^{-1}-1+e^{-1}}{x}=\lim_{x\to 0^{-}}\frac{e^{x}-1}{x}=1,$$

$$F'_{+}(0)=\lim_{x\to 0^{+}}\frac{1-e^{-1}+\frac{1}{3}x^{3}+ax-1+e^{-1}}{x}=a,$$

故当且仅当 $a=1$ 时可导.

34 【解】 由题设知 $F'(x)$ 是以 4 为周期的连续函数,且 $F'(x)=f(x)$,$F''(1)=-1$,则有

$$\lim_{x\to 0}\frac{F'(5-x)-F'(5)}{x}=\lim_{x\to 0}\frac{F'(1-x)-F'(1)}{x}$$
$$=-\lim_{x\to 0}\frac{F'(1-x)-F'(1)}{-x}=-F''(1)=1.$$

35 【答案】 C

【分析】 命题 ① 不正确.

例如 $f(x)=x-x_0$ 在 x_0 处可导,但 $|f(x)|=|x-x_0|$ 在 x_0 处不可导.

命题 ② 不正确.

例如 $f(x)=\begin{cases}-1, & x\leqslant x_0,\\ 1, & x>x_0\end{cases}$ 在 x_0 处不可导,但 $|f(x)|\equiv 1$ 在 x_0 处可导.

命题 ③ 正确.

由题设知 $f'(x_0)=\lim\limits_{x\to x_0}\dfrac{f(x)}{x-x_0}\neq 0$,令 $g(x)=|f(x)|$,则

$$g'_{+}(x_0)=\lim_{x\to x_0^{+}}\frac{|f(x)|}{x-x_0}=\lim_{x\to x_0^{+}}\left|\frac{f(x)}{x-x_0}\right|=|f'(x_0)|,$$

$$g'_{-}(x_0)=\lim_{x\to x_0^{-}}\frac{|f(x)|}{x-x_0}=-\lim_{x\to x_0^{-}}\left|\frac{f(x)}{x-x_0}\right|=-|f'(x_0)|,$$

则 $g'_{-}(x_0)\neq g'_{+}(x_0)$,$g(x)=|f(x)|$ 在 x_0 处不可导.

命题 ④ 正确.

若 $f(x_0)>0$,则在 x_0 某邻域内,$f(x)>0$,$|f(x)|=f(x)$,从而由 $|f(x)|$ 在 x_0 处可导得 $f(x)$ 在 x_0 处可导;

若 $f(x_0)<0$,则在 x_0 某邻域内,$f(x)<0$,$|f(x)|=-f(x)$,从而由 $|f(x)|$ 在 x_0 处可导得 $f(x)$ 在 x_0 处可导;

若 $f(x_0)=0$,由 $|f(x)|$ 在 x_0 处可导知,$\lim\limits_{x\to x_0}\dfrac{|f(x)|}{x-x_0}$ 存在,而

$$\lim_{x\to x_0^{+}}\frac{|f(x)|}{x-x_0}\geqslant 0,\lim_{x\to x_0^{-}}\frac{|f(x)|}{x-x_0}\leqslant 0,$$

则 $\lim\limits_{x\to x_0}\dfrac{|f(x)|}{x-x_0}=0$,因此 $\lim\limits_{x\to x_0}\left|\dfrac{|f(x)|}{x-x_0}\right|=\lim\limits_{x\to x_0}\left|\dfrac{f(x)}{x-x_0}\right|=0$,故 $\lim\limits_{x\to x_0}\dfrac{f(x)}{x-x_0}=0$,即 $f(x)$ 在 x_0 处可导.

36 【解】 由反函数求导公式得

$$\varphi'(y)=\frac{1}{f'(x)},$$

$$\varphi''(y)=\frac{\mathrm{d}}{\mathrm{d}x}\left[\frac{1}{f'(x)}\right]\cdot\frac{\mathrm{d}x}{\mathrm{d}y}=-\frac{f''(x)}{[f'(x)]^2}\cdot\frac{1}{f'(x)},$$

$$\varphi''(2)=-\frac{f''(1)}{[f'(1)]^3}=-\frac{3}{8}.$$

37 【解】 当 $\Delta x\to 0,\Delta y\to 0$ 时，$\Delta x\Delta y=o(\Delta x)=o(\Delta y)$，故有

$$\Delta y=\frac{x}{\sqrt{x^2+1}}\Delta x-\frac{x^2}{\sqrt{x^2+1}+1}\Delta y+\frac{\sqrt{x^2+1}}{\sqrt{x^2+1}+1}o(\Delta x),$$

$$\Delta y+\frac{x^2}{\sqrt{x^2+1}+1}\Delta y=\frac{x}{\sqrt{x^2+1}}\Delta x+\frac{\sqrt{x^2+1}}{\sqrt{x^2+1}+1}o(\Delta x),$$

$$\Delta y\left(1+\frac{x^2}{\sqrt{x^2+1}+1}\right)=\frac{x}{\sqrt{x^2+1}}\Delta x+\frac{\sqrt{x^2+1}}{\sqrt{x^2+1}+1}o(\Delta x).$$

$$\lim_{\Delta x\to 0}\frac{\Delta y}{\Delta x}\left(1+\frac{x^2}{\sqrt{x^2+1}+1}\right)=\lim_{\Delta x\to 0}\frac{\dfrac{x}{\sqrt{x^2+1}}\Delta x+\dfrac{\sqrt{x^2+1}}{\sqrt{x^2+1}+1}o(\Delta x)}{\Delta x},$$

由导数定义可得
$$y'\left(1+\frac{x^2}{\sqrt{x^2+1}+1}\right)=\frac{x}{\sqrt{x^2+1}},$$

化简可得
$$y'=\frac{\dfrac{x}{\sqrt{x^2+1}}}{\dfrac{\sqrt{x^2+1}+1+x^2}{\sqrt{x^2+1}+1}}=\frac{x}{1+x^2},$$

两边积分
$$y=\frac{1}{2}\ln(1+x^2)+C.$$

由 $y(0)=0$，可得 $y=\dfrac{1}{2}\ln(1+x^2)$.

因此当 $x\to 0$ 时，$\displaystyle\int_0^{\arctan x}\frac{1}{2}\ln(1+x^2)\mathrm{d}t\sim\int_0^{\arctan x}\frac{1}{2}x^2\mathrm{d}t\sim\frac{1}{6}(\arctan x)^3\sim\frac{1}{6}x^3$，而

$$x^2\ln(x+\sqrt{1+x^2})\sim x^2(x+\sqrt{1+x^2}-1)\sim x^3.$$

于是
$$\lim_{x\to 0}\frac{\displaystyle\int_0^{\arctan x}y(t)\mathrm{d}t}{x^2\ln(x+\sqrt{1+x^2})}=\lim_{x\to 0}\frac{\dfrac{1}{6}x^3}{x^3}=\frac{1}{6}.$$

38 【解】 已知 $y>x>0$ 时，$x<\dfrac{y-x}{f(y)-f(x)}<y$，于是

$$\frac{1}{y}<\frac{f(y)-f(x)}{y-x}<\frac{1}{x}.$$

当 $x>0,\Delta x>0$ 时，

$$\frac{1}{x+\Delta x}<\frac{f(x+\Delta x)-f(x)}{\Delta x}<\frac{1}{x},$$

取 $\Delta x\to 0^+$，得 $\displaystyle\lim_{\Delta x\to 0^+}\frac{f(x+\Delta x)-f(x)}{\Delta x}=\frac{1}{x}$.

当 $x>0,\Delta x<0$ 且 $x+\Delta x>0$ 时，$x>x+\Delta x>0$，

$$\frac{1}{x}<\frac{f(x)-f(x+\Delta x)}{-\Delta x}<\frac{1}{x+\Delta x},$$

取 $\Delta x\to 0^-$,得 $\lim\limits_{\Delta x\to 0^-}\dfrac{f(x+\Delta x)-f(x)}{\Delta x}=\dfrac{1}{x}$.

总之:$f'(x)=\lim\limits_{\Delta x\to 0}\dfrac{f(x+\Delta x)-f(x)}{\Delta x}=\dfrac{1}{x}$. $f(x)=\ln x+C$,由 $f(1)=0$ 得 $C=0$,即 $f(x)=\ln x$.

39 【解】 作换元,令 $u=x+y,v=x-y$,则 $y=\dfrac{u-v}{2}$,此时已知条件转化为

$$\left|f(u)-f(v)-\frac{u-v}{2}\right|\leqslant\left(\frac{u-v}{2}\right)^2,$$

再记 $h(t)=f(t)-\dfrac{t}{2}$,上式即为 $|h(u)-h(v)|\leqslant\left(\dfrac{u-v}{2}\right)^2$.

当 $u\neq v$ 时,有

$$\left|\frac{h(u)-h(v)}{u-v}\right|\leqslant\frac{|u-v|}{4},$$

两边取极限,令 $u\to v$,可知 $\lim\limits_{u\to v}\dfrac{h(u)-h(v)}{u-v}=0$,$h'(t)=0$,故 $h(t)=f(t)-\dfrac{t}{2}$ 是常值函数,可设 $h(t)=f(t)-\dfrac{t}{2}=C$,综上,$f(x)=\dfrac{x}{2}+C$,C 为任意常数.

40 【解】 当 $x-1<0$,即 $x<1$,$n\to\infty$ 时,$e^{n(x-1)}=[e^{(x-1)}]^n=0$. 此时

$$f(x)=\lim_{n\to\infty}\frac{x^2e^{n(x-1)}+ax+b}{1+e^{n(x-1)}}=ax+b.$$

当 $x-1=0$,即 $x=1$,$n\to\infty$ 时,$e^{n(x-1)}=1^n=1$. 此时

$$f(1)=\lim_{n\to\infty}\frac{1^2\cdot e^{n(1-1)}+a\cdot 1+b}{1+e^{n(1-1)}}=\frac{1+a+b}{2}.$$

当 $x-1>0$,即 $x>1$,$n\to\infty$ 时,$e^{n(x-1)}\to\infty$. 此时

$$f(x)=\lim_{n\to\infty}\frac{x^2e^{n(x-1)}+ax+b}{1+e^{n(x-1)}}=x^2.$$

故 $f(x)=\begin{cases}ax+b, & x<1,\\ \dfrac{1+a+b}{2}, & x=1,\\ x^2, & x>1.\end{cases}$

若 $f(x)$ 连续,则 $\lim\limits_{x\to 1^-}(ax+b)=\lim\limits_{x\to 1^+}x^2=\dfrac{1+a+b}{2}\Rightarrow a+b=1$.

若 $f(x)$ 可导,则

$$f'_+(1)=\lim_{x\to 1^+}\frac{f(x)-f(1)}{x-1}=\lim_{x\to 1^+}\frac{x^2-1}{x-1}=2,$$

$$f'_-(1)=\lim_{x\to 1^-}\frac{f(x)-f(1)}{x-1}=\lim_{x\to 1^-}\frac{ax+b-1}{x-1}=a,$$

故 $a=2,b=-1$. 因此 $f(x)=\begin{cases}2x-1, & x<1,\\ 1, & x=1,\\ x^2, & x>1.\end{cases}$

41 【解】 (1) 因为 $f(0)\neq 0$，故 $\lim\limits_{x\to 0}\dfrac{\int_0^x f(t)\mathrm{d}t}{x}\xlongequal{\text{洛必达}}\lim\limits_{x\to 0}\dfrac{f(x)}{1}=f(0)$. 因此 $x\to 0$ 时，$\int_0^x f(t)\mathrm{d}t\sim xf(0)$.

$$\lim_{x\to 0}\left[\frac{1}{\int_0^x f(t)\mathrm{d}t}-\frac{1}{xf(0)}\right]=\lim_{x\to 0}\frac{xf(0)-\int_0^x f(t)\mathrm{d}t}{xf(0)\int_0^x f(t)\mathrm{d}t}=\frac{1}{f(0)}\lim_{x\to 0}\frac{xf(0)-\int_0^x f(t)\mathrm{d}t}{x\int_0^x f(t)\mathrm{d}t}$$

$$\xlongequal{\text{洛必达}}\frac{1}{f(0)}\lim_{x\to 0}\frac{f(0)-f(x)}{\int_0^x f(t)\mathrm{d}t+xf(x)}=\frac{1}{f(0)}\lim_{x\to 0}\frac{\dfrac{f(0)-f(x)}{x}}{\dfrac{\int_0^x f(t)\mathrm{d}t}{x}+f(x)}$$

$$=\frac{1}{f(0)}\frac{\lim\limits_{x\to 0}\dfrac{f(0)-f(x)}{x}}{\lim\limits_{x\to 0}\dfrac{\int_0^x f(t)\mathrm{d}t}{x}+\lim\limits_{x\to 0}f(x)}=-\frac{f'(0)}{2f^2(0)}.$$

(2) $$\lim_{x\to 0}\left[\frac{1}{\int_0^x f(t)\mathrm{d}t}-\frac{1}{xf(0)}\right]=\lim_{x\to 0}\frac{xf(0)-xf(\xi)}{xf(0)xf(\xi)}=\frac{1}{f^2(0)}\cdot\lim_{x\to 0}\frac{f(0)-f(\xi)}{x}$$

$$=\frac{1}{f^2(0)}\cdot\lim_{x\to 0}\frac{f'(\eta)(0-\xi)}{x},$$

ξ 介于 0 与 x 之间，η 介于 ξ 与 0 之间，当 $x\to 0$ 时，$\xi\to 0$，$\eta\to 0$. 因此由 $f'(x)$ 连续，且 $f'(0)\neq 0$，故

$$\text{上式}=-\frac{f'(0)}{f^2(0)}\cdot\lim_{x\to 0}\frac{\xi}{x}.$$

由第(1)问可知 $-\dfrac{f'(0)}{f^2(0)}\cdot\lim\limits_{x\to 0}\dfrac{\xi}{x}=-\dfrac{f'(0)}{2f^2(0)}$，故 $\lim\limits_{x\to 0}\dfrac{\xi}{x}=\dfrac{1}{2}$.

42 【解】 过点 $(x,f(x))$ 的曲线 $y=f(x)$ 的切线方程为

$$Y-f(x)=f'(x)(X-x),$$

由于 $f'(0)=0$，$f''(0)>0$，所以当 $x\neq 0$ 时，$f'(x)\neq 0$，因此切线在 x 轴上的截距为 $u=x-\dfrac{f(x)}{f'(x)}$，且

$$\lim_{x\to 0}u=\lim_{x\to 0}\left[x-\frac{f(x)}{f'(x)}\right]=-\lim_{x\to 0}\frac{\dfrac{f(x)-f(0)}{x}}{\dfrac{f'(x)-f'(0)}{x}}=-\frac{f'(0)}{f''(0)}=0.$$

由 $f(x)$ 在 $x=0$ 处的二阶泰勒公式

$$f(x)=f(0)+f'(0)x+\frac{f''(0)}{2}x^2+o(x^2)=\frac{f''(0)}{2}x^2+o(x^2),$$

可得 $$\lim_{x\to 0}\frac{u}{x}=1-\lim_{x\to 0}\frac{f(x)}{xf'(x)}=1-\lim_{x\to 0}\frac{\dfrac{f''(0)}{2}x^2+o(x^2)}{xf'(x)}$$

$$= 1 - \lim_{x \to 0} \frac{\dfrac{f''(0)}{2} + \dfrac{o(x^2)}{x^2}}{\dfrac{f'(x)}{x}} = \frac{1}{2}.$$

故
$$\lim_{x \to 0} \frac{xf(u)}{uf(x)} = \lim_{x \to 0} \frac{x\left[\dfrac{f''(0)}{2}u^2 + o(u^2)\right]}{u\left[\dfrac{f''(0)}{2}x^2 + o(x^2)\right]} = \frac{1}{2}.$$

43 【解】 由 $x = 1, y = -1$，得 $a + b = -2$，

$y' = 2x + a, y'|_{x=1} = a + 2$；

$2y' = y^3 + 3xy^2y'$，

$2y'|_{x=1} = -1 + 3y'|_{x=1}, y'|_{x=1} = 1$.

综上，$a = -1, b = -1$.

44 【解】 (1) 注意到 $\int_0^1 \sqrt{1 + [f'(x)]^2}\,dx$ 为曲线 $y = f(x)$ 在 $[0,1]$ 上的长度.

由于两点之间的直线段长度最小，故当 $y = f(x)$ 为直线时，$\int_0^1 \sqrt{1 + [f'(x)]^2}\,dx$ 最小，从而 $1 + \frac{a}{\sqrt{2}} - \int_0^1 \sqrt{1 + [f'(x)]^2}\,dx$ 最大.

此时，直线方程为 $f(x) - 1 = (a - 1)x$，即 $f(x) = (a - 1)x + 1$.

(2) $[0,1]$ 上的直线段长度即点 $(0, f(0))$ 与点 $(1, f(1))$ 之间的距离，即 $\sqrt{(a-1)^2 + 1}$. 于是，$g(a) = 1 + \frac{a}{\sqrt{2}} - \sqrt{(a-1)^2 + 1}$.

$$g'(a) = \frac{1}{\sqrt{2}} - \frac{a - 1}{\sqrt{(a-1)^2 + 1}}.$$

令 $g'(a) = 0$，可得 $\frac{a-1}{\sqrt{(a-1)^2+1}} = \frac{1}{\sqrt{2}}$，解得 $a = 2$. 于是，$a = 2$ 为 $g(a)$ 的唯一驻点.

$$g''(a) = -\frac{\sqrt{(a-1)^2 + 1} - (a-1) \cdot \dfrac{a-1}{\sqrt{(a-1)^2 + 1}}}{(a-1)^2 + 1} = -\frac{(a-1)^2 + 1 - (a-1)^2}{[(a-1)^2 + 1]^{\frac{3}{2}}} < 0.$$

因此，$a = 2$ 为极大值点，也为最大值点. 当 $a = 2$ 时，$g(a)$ 取得最大值，最大值为 $g(2) = 1$.

45 【证明】 欲证当 $x > 0$ 时，$(1+x)^{1+\frac{1}{x}} = e^{(1+\frac{1}{x})\ln(1+x)} < e^{1+\frac{x}{2}}$. 因为 e^x 是严格单增函数，故只需证明当 $x > 0$ 时，

$$\left(1 + \frac{1}{x}\right)\ln(1+x) < 1 + \frac{x}{2}.$$

下面证明当 $x > 0$ 时，$(x+1)\ln(1+x) < x + \frac{x^2}{2}$.

令 $f(x) = \frac{x^2}{2} + x - (x+1)\ln(1+x)$，则 $f(x)$ 在 $[0, +\infty)$ 上连续，在 $(0, +\infty)$ 上可导，且当 $x > 0$ 时，

$$f'(x) = x + 1 - \ln(1+x) - 1 = x - \ln(1+x).$$

令 $g(x)=x-\ln(1+x)$，$g(x)$ 在$[0,+\infty)$上连续，在$(0,+\infty)$上可导，且当 $x>0$ 时，

$$g'(x)=1-\frac{1}{1+x}=\frac{x}{1+x}>0.$$

故 $g(x)$ 在$[0,+\infty)$上严格单调增加，从而当 $x>0$ 时，$g(x)>g(0)=0$.

这说明当 $x>0$ 时，$f'(x)=g(x)>0$，故 $f(x)$ 在$[0,+\infty)$上严格单调增加，于是当 $x>0$ 时，$f(x)>f(0)=0$. 总之，当 $x>0$ 时，

$$\frac{x^2}{2}+x-(x+1)\ln(1+x)>0,$$

$$\frac{x^2}{2}+x>(x+1)\ln(1+x),$$

$$\frac{x}{2}+1>\left(1+\frac{1}{x}\right)\ln(1+x),$$

$$e^{1+\frac{x}{2}}>e^{\left(1+\frac{1}{x}\right)\ln(1+x)}=(1+x)^{1+\frac{1}{x}}.$$

得证.

46 【解】 将数列转化成函数.

设 $y=\dfrac{(1+x)^3}{(1-x)^2}(x\geqslant 2)$，则 $y'=\dfrac{(1+x)^2(5-x)}{(1-x)^3}$.

令 $y'=0$，在所考虑的定义域内有唯一解 $x=5$，当 $2\leqslant x<5$ 时，$y'<0$，当 $x>5$ 时，$y'>0$，故函数 y 在 $x=5$ 处取极小值，也是最小值，最小值 $y\Big|_{x=5}=\dfrac{27}{2}$. 故数列的最小项的项数 $n=5$，数值为$\dfrac{27}{2}$.

47 【解】 由题设条件知，$f'(x)$ 单调增加，且 $f(0)=0$，易知 $f'(x)\equiv 0$.

若不然，不妨设存在 x_0，使 $f'(x_0)>0$，则当 $x>x_0$ 时，

$$f(x)-f(x_0)=f'(\xi)(x-x_0)\geqslant f'(x_0)(x-x_0)\to+\infty(x\to+\infty),$$

这与 $0\leqslant f(x)\leqslant 1-e^{-x^2}$ 相矛盾，故 $f'(x_0)\leqslant 0$.

同理可证 $f'(x)\geqslant 0$. 因此，$f'(x)\equiv 0$，$f(x)\equiv f(0)=0$.

48 【答案】 D

【分析】 **直接法**

令 $F(x)=\ln|f(x)|$，则

$$F'(x)=\frac{f'(x)}{f(x)}>0,$$

$F(x)$ 单调增加，$F(1)>F(0)$，$\ln|f(1)|>\ln|f(0)|$.

由于 $\ln x$ 单调增加，则 $|f(1)|>|f(0)|$，即 $\left|\dfrac{f(1)}{f(0)}\right|>1$.

故应选(D).

排除法

令 $f(x)=e^x$，则

$$\frac{f(x)}{f'(x)}=1>0,$$

而 $f(x)=e^x$ 单调增加，则 $f(1)>f(0)$，且 $\left|\frac{f(1)}{f(0)}\right|>1$，则(B)(C) 选项不正确.

令 $f(x)=-e^x$，则

$$\frac{f(x)}{f'(x)}=1>0,$$

而 $f(x)=-e^x$ 单调减少，则 $f(1)<f(0)$，则(A) 选项不正确.

故应选(D).

49 【解】 记 $f(y)=\frac{\alpha-1}{\alpha}y+\frac{1}{\alpha}\cdot\frac{x^\alpha}{y^{\alpha-1}}$，则 $f'(y)=\frac{\alpha-1}{\alpha}\left[1-\left(\frac{x}{y}\right)^\alpha\right]$，以下分三种情形讨论.

情形一 当 $\alpha=1$ 时，对于任意的正数 x,y，显然有 $x\leqslant\frac{\alpha-1}{\alpha}y+\frac{1}{\alpha}\cdot\frac{x^\alpha}{y^{\alpha-1}}$ 成立.

情形二 当 $\alpha>1$ 时，若 $0<y<x$，则 $f'(y)<0$；若 $y>x$，则 $f'(y)>0$，所以对于任意的正数 x,y 有 $f(y)\geqslant f(x)=x$，满足条件.

情形三 当 $0<\alpha<1$ 时，若 $0<y<x$，则 $f'(y)>0$；若 $y>x$，则 $f'(y)<0$，所以 $f(y)\leqslant f(x)=x$，不满足条件.

综上，正实数 α 的范围为 $[1,+\infty)$.

50 【证明】 反证法. 若 $f\left(\frac{1}{2}\right)\leqslant\frac{1}{2}$，结合已知条件"$f(x)\geqslant x$"可得：$f\left(\frac{1}{2}\right)=\frac{1}{2}$，以下分两种情形讨论.

情形一 当 $x>\frac{1}{2}$ 时，$f(x)-f\left(\frac{1}{2}\right)\geqslant x-\frac{1}{2}$，故 $\frac{f(x)-f\left(\frac{1}{2}\right)}{x-\frac{1}{2}}\geqslant 1$，两边令 $x\to\left(\frac{1}{2}\right)^+$，结合导数的定义以及函数极限的局部保号性，有 $f'_+\left(\frac{1}{2}\right)\geqslant 1$.

情形二 当 $x<\frac{1}{2}$ 时，$f(x)-f\left(\frac{1}{2}\right)\geqslant\frac{1}{2}-x$，故 $\frac{f(x)-f\left(\frac{1}{2}\right)}{x-\frac{1}{2}}\leqslant -1$，两边令 $x\to\left(\frac{1}{2}\right)^-$，类似地有 $f'_-\left(\frac{1}{2}\right)\leqslant -1$.

所以 $1\leqslant f'_+\left(\frac{1}{2}\right)=f'\left(\frac{1}{2}\right)=f'_-\left(\frac{1}{2}\right)\leqslant -1$，矛盾.

故 $f\left(\frac{1}{2}\right)>\frac{1}{2}$，得证.

51 【证明】 注意到当 $0<x<\frac{\pi}{2}$ 时，$\frac{\sin x}{\sqrt[3]{\cos x}}-x>0$ 当且仅当 $\left(\frac{\sin x}{x}\right)^3>\cos x$. 为此构造函数 $f(x)=\frac{\sin x}{\sqrt[3]{\cos x}}-x$，则有 $f(0)=0$ 且

$$f'(x)=\left(\frac{\sin x}{\sqrt[3]{\cos x}}-x\right)'=\frac{\cos^{\frac{4}{3}}x-\frac{1}{3}\sin x(\cos x)^{-\frac{2}{3}}(-\sin x)}{(\cos x)^{\frac{2}{3}}}-1$$

$$= \frac{2\cos^2 x + 1}{3(\cos x)^{\frac{4}{3}}} - 1 = \frac{\cos^{\frac{2}{3}} x + \cos^{\frac{2}{3}} x + \frac{1}{\cos^{\frac{4}{3}} x}}{3} - 1 > 0,$$

故 $f(x)$ 在 $\left(0,\frac{\pi}{2}\right)$ 上单调增加，且 $f(0)=0$，故 $f(x)>0$，所以结论成立，得证.

52 【答案】 C

【分析】 由不等式 $\sin x < x < \tan x\left(0 < x < \frac{\pi}{2}\right)$ 可知，当 $0 < x < \frac{\pi}{4}$ 时，$\frac{\tan x}{x} > 1$，由此可得

$$\frac{\tan x}{x} < \left(\frac{\tan x}{x}\right)^2,$$

即 $f(x) < g(x)$.

又

$$f'(x) = \frac{x\sec^2 x - \tan x}{x^2} = \frac{x - \sin x\cos x}{x^2\cos^2 x} > \frac{x - \sin x}{x^2\cos^2 x} > 0\left(0 < x < \frac{\pi}{4}\right),$$

则 $f(x) = \frac{\tan x}{x}$ 在区间 $\left(0,\frac{\pi}{4}\right)$ 上单调增加，又在该区间上 $x^2 < x$，从而有

$$f(x^2) < f(x),$$

即 $\frac{\tan x^2}{x^2} < \frac{\tan x}{x}$，$h(x) < f(x)$.

则 $g(x) > f(x) > h(x)$，故应选(C).

53 【解】 因函数 $f(x)$ 是偶函数，故只需在 $[0,+\infty)$ 上求即可.

令 $f'(x) = (2-x^2)e^{-x^2}\cdot 2x = 0$，在区间 $(0,+\infty)$ 内得唯一驻点 $x=\sqrt{2}$.

当 $0 < x < \sqrt{2}$ 时，$f'(x) > 0$；当 $\sqrt{2} < x$ 时，$f'(x) < 0$. 故 $x=\sqrt{2}$ 是极大值点. 极大值为

$$f(\sqrt{2}) = \int_0^2 (2-x)e^{-x}dx = -(2-x)e^{-x}\Big|_0^2 - \int_0^2 e^{-x}dx = 1 + e^{-2}.$$

又 $f(+\infty) = -(2-x)e^{-x}\Big|_0^{+\infty} - \int_0^{+\infty} e^{-x}dx = 2-1 = 1$，$f(0)=0$，故 $f(x)$ 的最大值为 $f(\pm\sqrt{2}) = 1+e^{-2}$，最小值为 $f(0)=0$.

54 【答案】 B

【分析】 由题意可知，$f(x)$ 是一个凸函数，即 $f''(x) < 0$，且在点 $(1,1)$ 处的曲率

$$\rho = \frac{|y''|}{[1+(y')^2]^{\frac{3}{2}}} = \frac{1}{\sqrt{2}},$$

而 $f'(1) = -1$，由此可得，$f''(1) = -2$.

在 $[1,2]$ 上，$f'(x) \leqslant f'(1) = -1 < 0$，即 $f(x)$ 单调减少，没有极值点.

对于 $f(2)-f(1) = f'(\xi) < -1$，$\xi \in (1,2)$（拉格朗日中值定理），

而 $f(1) = 1 > 0$，故 $f(2) < 0$，由零点定理知，在 $(1,2)$ 上，$f(x)$ 有零点，故应选(B).

55 【答案】 A

【分析】 因 $f'(x_0) = 0$，故 x_0 是 $f(x)$ 的驻点；由 $x_0 \neq 0$，得

$$f''(x_0)=\frac{1-e^{-x_0}}{x_0}>0,$$

故 x_0 是 $f(x)$ 的极小值点. 选项(A) 是对的.

56 【解】 (1) 令 $\varphi(x)=x-\arctan x$,则 $\varphi(x)$ 在$[0,+\infty)$ 上连续,$\varphi(0)=0$,且 $x>0$ 时,

$$\varphi'(x)=1-\frac{1}{1+x^2}=\frac{x^2}{1+x^2}>0.$$

于是,$\varphi(x)$ 在$[0,+\infty)$ 上单调增加,当 $x>0$ 时,$\varphi(x)>\varphi(0)=0$,即 $\arctan x<x$.

令 $\psi(x)=\arctan x-x+\frac{1}{3}x^3$,则 $\psi(x)$ 在$[0,+\infty)$ 上连续,$\psi(0)=0$,且 $x>0$ 时,

$$\psi'(x)=\frac{1}{1+x^2}-1+x^2=\frac{x^4}{1+x^2}>0.$$

于是,$\psi(x)$ 在$[0,+\infty)$ 上单调增加,当 $x>0$ 时,$\psi(x)>\psi(0)=0$,即 $\arctan x>x-\frac{1}{3}x^3$.

因此,当 $x>0$ 时,$x-\frac{1}{3}x^3<\arctan x<x$.

(2) 由第(1) 问可知,

$$\sum_{k=1}^{n}\arctan\frac{n}{n^2+k^2}<\sum_{k=1}^{n}\frac{n}{n^2+k^2}.$$

$$\sum_{k=1}^{n}\arctan\frac{n}{n^2+k^2}>\sum_{k=1}^{n}\frac{n}{n^2+k^2}-\frac{1}{3}\sum_{k=1}^{n}\left(\frac{n}{n^2+k^2}\right)^3>\sum_{k=1}^{n}\frac{n}{n^2+k^2}-\frac{1}{3}\sum_{k=1}^{n}\frac{1}{n^3}.$$

因此,

$$\lim_{n\to\infty}\left(\sum_{k=1}^{n}\frac{n}{n^2+k^2}-\frac{1}{3}\sum_{k=1}^{n}\frac{1}{n^3}\right)\leqslant\lim_{n\to\infty}\sum_{k=1}^{n}\arctan\frac{n}{n^2+k^2}\leqslant\lim_{n\to\infty}\sum_{k=1}^{n}\frac{n}{n^2+k^2}.$$

注意到

$$\lim_{n\to\infty}\sum_{k=1}^{n}\frac{1}{n^3}=\lim_{n\to\infty}\frac{1}{n^3}\sum_{k=1}^{n}1=\lim_{n\to\infty}\frac{n}{n^3}=0,$$

故 $\lim\limits_{n\to\infty}\left(\sum_{k=1}^{n}\frac{n}{n^2+k^2}-\frac{1}{3}\sum_{k=1}^{n}\frac{1}{n^3}\right)=\lim\limits_{n\to\infty}\sum_{k=1}^{n}\frac{n}{n^2+k^2}$. 又因为

$$\lim_{n\to\infty}\sum_{k=1}^{n}\frac{n}{n^2+k^2}=\lim_{n\to\infty}\frac{1}{n}\sum_{k=1}^{n}\frac{1}{1+\left(\frac{k}{n}\right)^2}=\int_0^1\frac{1}{1+x^2}dx=\arctan x\Big|_0^1=\frac{\pi}{4},$$

所以由夹逼准则可知,$\lim\limits_{n\to\infty}\sum_{k=1}^{n}\arctan\frac{n}{n^2+k^2}=\frac{\pi}{4}$.

57 【证明】 在 $f(x+h)-f(x)=hf'\left(x+\frac{h}{2}\right)$中,令 $x=0$ 可得

$$f(h)=f(0)+hf'\left(\frac{h}{2}\right). \quad ①$$

$f(x)$ 在$(-\infty,+\infty)$ 上二阶连续可导,在等式 $f(x+h)-f(x)=hf'\left(x+\frac{h}{2}\right)$两边对 h 求导得

$$f'(x+h)=f'\left(x+\frac{h}{2}\right)+\frac{h}{2}f''\left(x+\frac{h}{2}\right),$$

令 $x=-\frac{h}{2}$，则 $f'\left(\frac{h}{2}\right)=f'(0)+\frac{h}{2}f''(0)$，代入 ① 式，可得

$$f(h)=f(0)+h\left[f'(0)+\frac{h}{2}f''(0)\right]=f(0)+hf'(0)+\frac{h^2}{2}f''(0),$$

故 $f(x)=ax^2+bx+c$，其中 $a=\frac{1}{2}f''(0),b=f'(0),c=f(0)$ 为常数.

58 【解】 由题设可知 $f(0)=0$，将 $x=0,y=0$ 代入 $\int_0^{y+x}e^{-t^2}dt=2y-\sin x$ 得 $\alpha=0$，等式 $\int_0^{y+x}e^{-t^2}dt=2y-\sin x$ 两端对 x 求导得

$$e^{-(y+x)^2}(y'+1)=2y'-\cos x.$$

将 $x=0,y=0$ 代入上式得

$$y'(0)+1=2y'(0)-1,$$

则 $y'(0)=2$，从而 $f'(0)=2$.

又 $\lim\limits_{x\to0}\left[\frac{\ln(1+x)}{x^{1+\alpha}}\right]^{\frac{1}{f(x)}}=\lim\limits_{x\to0}\left[1+\frac{\ln(1+x)-x}{x}\right]^{\frac{1}{f(x)}}$，

$$\lim_{x\to0}\frac{\ln(1+x)-x}{xf(x)}=\lim_{x\to0}\frac{\ln(1+x)-x}{x^2}\cdot\lim_{x\to0}\frac{1}{\frac{f(x)-f(0)}{x}}$$

$$=-\frac{1}{2}\cdot\frac{1}{2}=-\frac{1}{4}.$$

则 $\lim\limits_{x\to0}\left[\frac{\ln(1+x)}{x^{1+\alpha}}\right]^{\frac{1}{f(x)}}=e^{-\frac{1}{4}}$.

59 【证明】 当 $0<x<1$ 时，要证不等式 $\sqrt{\frac{1-x}{1+x}}<\frac{\ln(1+x)}{\arcsin x}$，只要证明

$$\sqrt{1-x^2}\arcsin x<(1+x)\ln(1+x).$$

为此，令 $f(x)=(1+x)\ln(1+x)-\sqrt{1-x^2}\arcsin x,x\in[0,1)$. 显然，$f(x)$ 在 $[0,1)$ 上连续，$f(0)=0$，因此只要证明当 $0<x<1$ 时，$f'(x)>0$. 而

$$f'(x)=\ln(1+x)+1+\frac{x}{\sqrt{1-x^2}}\arcsin x-1$$

$$=\ln(1+x)+\frac{x}{\sqrt{1-x^2}}\arcsin x>0,x\in(0,1),$$

则 $f(x)$ 在 $[0,1)$ 上单调增加，又 $f(0)=0$，则当 $0<x<1$ 时，$f(x)>0$. 故原题得证.

60 【证明】 设 $f(x)=(x-4)e^{\frac{x}{2}}-(x-2)e^x+2$，有 $f(0)=0$，

$$f'(x)=\left(\frac{x}{2}-1\right)e^{\frac{x}{2}}-(x-1)e^x,f'(0)=0,$$

$$f''(x)=xe^{\frac{x}{2}}\left(\frac{1}{4}-e^{\frac{x}{2}}\right)<0(x>0),$$

由泰勒公式有

$$f(x)=f(0)+f'(0)x+\frac{1}{2}f''(\xi)x^2\leqslant 0,$$

当且仅当在 $x=0$ 时成立等号，证毕.

61 【证明】 记 $f(x)=x^p+(1-x)^p$，则 $f(x)$ 在 $[0,1]$ 上连续，且

$$f'(x)=p[x^{p-1}-(1-x)^{p-1}].$$

所以

$$f'(x)\begin{cases}<0, & x\in\left[0,\dfrac{1}{2}\right),\\ >0, & x\in\left(\dfrac{1}{2},1\right].\end{cases}$$

连续函数 $f(x)$ 在有界闭区间 $[0,1]$ 上一定有极大值和极小值，极值一定在 $x=0,\dfrac{1}{2},1$ 三点取得. 而 $f(0)=f(1)=1$，$f\left(\dfrac{1}{2}\right)=\dfrac{1}{2^{p-1}}$，所以 $f(x)$ 在有界闭区间 $[0,1]$ 上的极大值和极小值分别为 $1,\dfrac{1}{2^{p-1}}$. 故当 $x\in[0,1]$，$p>1$ 时，$\dfrac{1}{2^{p-1}}\leqslant x^p+(1-x)^p\leqslant 1$.

62 【解】 注意到

$$f(x)=(x-1)^n\,(x^2+x+1)^n\sin\left(\frac{\pi}{2}x\right).$$

由莱布尼茨公式可得

$$\begin{aligned}f^{(n+1)}(1)&=\left[(x-1)^n(x^2+x+1)^n\sin\left(\frac{\pi}{2}x\right)\right]^{(n+1)}\Bigg|_{x=1}\\&=\sum_{k=0}^{n+1}C_{n+1}^k[(x-1)^n]^{(k)}\cdot\left[(x^2+x+1)^n\sin\left(\frac{\pi}{2}x\right)\right]^{(n+1-k)}\Bigg|_{x=1}\\&=C_{n+1}^n[(x-1)^n]^{(n)}\cdot\left[(x^2+x+1)^n\sin\left(\frac{\pi}{2}x\right)\right]'\Bigg|_{x=1}\\&=(n+1)\cdot n!\cdot\Bigg[n\,(x^2+x+1)^{n-1}(2x+1)\sin\left(\frac{\pi}{2}x\right)+\\&\qquad(x^2+x+1)^n\cdot\frac{\pi}{2}\cdot\cos\left(\frac{\pi}{2}x\right)\Bigg]\Bigg|_{x=1}\\&=n\cdot(n+1)!\cdot 3^n.\end{aligned}$$

63 【解】 记 $f_1(x)=\sqrt[3]{\sin x^3}$，$f_2(x)=\ln\cos x$，显然 $f_1(x)$ 是奇函数，$f_1^{(4)}(0)=0$. 另一方面，

$$\begin{aligned}f_2(x)&=\ln\cos x=\ln(1+\cos x-1)=(\cos x-1)-\frac{(\cos x-1)^2}{2}+o(x^4)\\&=\left[1-\frac{x^2}{2!}+\frac{x^4}{4!}+o(x^4)\right]-1-\frac{1}{2}\cdot\left(-\frac{x^2}{2}\right)^2+o(x^4)=-\frac{x^2}{2}-\frac{x^4}{12}+o(x^4),\end{aligned}$$

故 $f_2^{(4)}(0)=-2$，$f^{(4)}(0)=f_1^{(4)}(0)+f_2^{(4)}(0)=-2$.

下面求 $f^{(7)}(0)$，首先注意到 $f_2(x)$ 是偶函数，则 $f_2^{(7)}(0)=0$. 另一方面，

$$f_1(x)=\sqrt[3]{\sin x^3}=\sqrt[3]{x^3-\frac{x^9}{3!}+o(x^9)}=x\sqrt[3]{1-\frac{x^6}{3!}+o(x^6)}$$

$$= x\left\{1+\frac{1}{3}\cdot\left[-\frac{x^6}{6}+o(x^6)\right]+o(x^6)\right\}=x-\frac{x^7}{18}+o(x^7),$$

故 $f_1^{(7)}(0)=-280, f^{(7)}(0)=f_1^{(7)}(0)+f_2^{(7)}(0)=-280.$

64 【解】 注意到

$$\begin{aligned} f(x) &= \sin^2(x^2+1)=\frac{1-\cos(2x^2+2)}{2} \\ &= \frac{1}{2}-\frac{1}{2}[\cos(2x^2)\cos 2-\sin(2x^2)\sin 2] \\ &= \frac{1}{2}-\frac{\cos 2}{2}\sum_{k=0}^{\infty}\frac{(-1)^k(2x^2)^{2k}}{(2k)!}+\frac{\sin 2}{2}\sum_{k=0}^{\infty}\frac{(-1)^k(2x^2)^{2k+1}}{(2k+1)!} \\ &= \frac{1}{2}-\frac{\cos 2}{2}\sum_{k=0}^{\infty}\frac{(-1)^k 2^{2k}x^{4k}}{(2k)!}+\frac{\sin 2}{2}\sum_{k=0}^{\infty}\frac{(-1)^k 2^{2k+1}x^{4k+2}}{(2k+1)!}. \end{aligned}$$

所以

$$f^{(n)}(0)=\begin{cases} 0, & n=2k+1, \\ -\dfrac{(-1)^{k+1}2^{2k+2}\cos 2}{2\cdot(2k+2)!}(4k+4)!, & n=4k+4, \\ \dfrac{(-1)^k 2^{2k+1}\sin 2}{2\cdot(2k+1)!}(4k+2)!, & n=4k+2 \end{cases} (k=0,1,2,\cdots).$$

65 【证明】 (1) 设 $f'(0)=a>0$. 由拉格朗日型余项泰勒公式有

$$f(x)=f(0)+f'(0)x+\frac{1}{2}f''(\xi)x^2>f(0)+ax\ (x\neq 0),$$

于是当 $x>-\dfrac{f(0)}{a}$ 时 $f(x)>0$,所以在区间 $(0,+\infty)$ 上至少有 1 个零点.

又因当 $x>0$ 时 $f'(x)>f'(0)=a>0$,所以在 $(0,+\infty)$ 上正好有 1 个零点.

同理可证,若 $a<0$,则在 $(-\infty,0)$ 上 $f(x)$ 正好有 1 个零点.

若 $f'(0)=a=0$,则必存在 $\delta>0$,当 $x\in[0,\delta]$ 时 $f(x)<0$ 且 $f'(\delta)>0$. 在 $x=\delta$ 处按上述对 $x=0$ 讨论的方法,可知 $f(x)$ 在区间 $(\delta,+\infty)$ 上正好有 1 个零点,从而在区间 $(0,+\infty)$ 上正好有 1 个零点.

类似可知当 $a=0$ 时,在 $(-\infty,0)$ 上 $f(x)$ 也正好有 1 个零点. 又因 $f''(x)>0$,无论 a 是什么情形,所以在 $(-\infty,+\infty)$ 上 $f(x)$ 至多有 2 个零点,证毕.

(2) 上面已证不论 a 是哪种情形,$f(x)$ 在 $(0,+\infty)$ 上或 $(-\infty,0)$ 上正好有 1 个零点. 于是若 $f(x)$ 有 2 个零点,则此两个零点必反号.

66 【解】 $f(x)=\mathrm{e}^{x\ln\left(1+\frac{1}{x}\right)}, f'(x)=\mathrm{e}^{x\ln\left(1+\frac{1}{x}\right)}\left[\ln\left(1+\dfrac{1}{x}\right)-\dfrac{1}{1+x}\right].$

记 $g(x)=\ln\left(1+\dfrac{1}{x}\right)-\dfrac{1}{1+x}$,则 $g'(x)=\dfrac{1}{(1+x)^2}-\dfrac{1}{x(1+x)}<0, x\in(0,1)$,所以 $g(x)$ 为单调减少函数.

$g(1)=\ln 2-\dfrac{1}{2}>0$,所以 $g(x)>0, x\in(0,1)$,即 $f'(x)>0, x\in(0,1)$,故 $f(x)$ 为 $(0,1)$ 上的严格单调增加函数,没有极值.

67 【解】 由于 $f'(x)=\left(\dfrac{x}{\sin x}\right)'=\dfrac{\sin x-x\cos x}{\sin^2 x}$,

$$f''(x)=\left(\frac{\sin x-x\cos x}{\sin^2 x}\right)'=\frac{(\sin x-x\cos x)'\cdot\sin^2 x-2\sin x\cos x(\sin x-x\cos x)}{\sin^4 x}$$

$$=\frac{x-2\sin x\cos x+x\cos^2 x}{\sin^3 x}. \qquad ①$$

记 $g(x)=x-2\sin x\cos x+x\cos^2 x, x\in\left(0,\dfrac{\pi}{2}\right)$,则

$$\begin{aligned}g'(x)&=1+\cos^2 x+2x\cos x(-\sin x)-2\cos 2x\\&=1+\cos^2 x+2x\cos x(-\sin x)-2(2\cos^2 x-1)\\&=3\sin^2 x-2x\sin x\cos x=\sin x(3\sin x-2x\cos x).\end{aligned} \qquad ②$$

再记$h(x)=3\sin x-2x\cos x$,则当 $x\in\left(0,\dfrac{\pi}{2}\right)$时,

$$h'(x)=3\cos x-2\cos x+2x\sin x=\cos x+2x\sin x>0.$$

结合 $h(0)=0$,可知当 $x\in\left(0,\dfrac{\pi}{2}\right)$时,$h(x)>0$,由 ② 式,$g'(x)>0$,而 $g(0)=0$,故当 $x\in\left(0,\dfrac{\pi}{2}\right)$时,$g(x)>0$,由 ① 式,$f''(x)>0$,所以函数 $f(x)=\dfrac{x}{\sin x}$ 在$\left(0,\dfrac{\pi}{2}\right)$上是凹的.

68 【解】 由于$(t-2t^3)e^{-t^2}$ 是奇函数,则 $f(x)=\int_0^x(t-2t^3)e^{-t^2}dt$ 是偶函数. 显然 $f(0)=0$,所以只需确定 $f(x)$ 在区间$(0,+\infty)$ 上零点的个数. 令

$$f'(x)=(x-2x^3)e^{-x^2}=0, x\in(0,+\infty),$$

得 $x=\dfrac{1}{\sqrt{2}}$,则

当 $x\in\left(0,\dfrac{1}{\sqrt{2}}\right)$时,$f'(x)>0$,$f(x)$ 单调增加;

当 $x\in\left(\dfrac{1}{\sqrt{2}},+\infty\right)$时,$f'(x)<0$,$f(x)$ 单调减少.

则因 $f\left(\dfrac{1}{\sqrt{2}}\right)>0$,$f(x)$ 在$\left(0,\dfrac{1}{\sqrt{2}}\right)$内无零点,又

$$\begin{aligned}\lim_{x\to+\infty}f(x)&=\int_0^{+\infty}(t-2t^3)e^{-t^2}dt=\int_0^{+\infty}te^{-t^2}dt+\int_0^{+\infty}t^2de^{-t^2}\\&=\int_0^{+\infty}te^{-t^2}dt+t^2e^{-t^2}\Big|_0^{+\infty}-2\int_0^{+\infty}te^{-t^2}dt=-\int_0^{+\infty}te^{-t^2}dt<0,\end{aligned}$$

则 $f(x)$ 在$\left(\dfrac{1}{\sqrt{2}},+\infty\right)$内有且仅有一个零点,故方程 $f(x)=0$ 共有三个实根.

69 【解】 注意到 $f(1)=0$,$f\left(\dfrac{3}{2}\right)=\dfrac{1}{4}>0$,$f\left(\dfrac{7}{4}\right)=\dfrac{1-\sqrt{2}}{2}<0$,$f(2)=\dfrac{1}{2}>0$,由零点定理知,$f(x)=0$ 至少有三个互异实根;另一方面,由于

$$f'(x)=\pi\sin(\pi x)+6(2x-3)^2+\frac{1}{2},$$

$$f''(x)=\pi^2\cos(\pi x)+24(2x-3), f'''(x)=-\pi^3\sin(\pi x)+48>0,$$

所以 $f(x)=0$ 至多有三个互异实根.

综上，$f(x)=0$ 恰好有三个互异实根.

【评注】 若 $f^{(n)}(x)\neq 0$，则 $f(x)=0$ 至多有 n 个互异实根.

70 【解】 记 $f(x)=xe^{2x}-2x-\cos x$，则有

$$f'(x)=(1+2x)e^{2x}-2+\sin x,$$
$$f''(x)=4(1+x)e^{2x}+\cos x.$$

当 $x\leqslant-\frac{1}{2}$ 时，$f'(x)<0$，$f(x)$ 单调减少；当 $-\frac{1}{2}<x<0$ 时，由于 $f''(x)>0$ 以及 $f'(0)=-1<0$，可得 $f'(x)<0$，$f(x)$ 单调减少. 因此 $f(x)$ 在 $(-\infty,0)$ 上单调减少，结合 $f(-\infty)=+\infty$，$f(0)=-1<0$，$f(x)$ 在 $(-\infty,0]$ 上恰有一个实根.

当 $0<x<1$ 时，由 $f''(x)>0$ 以及 $f'(0)=-1<0$，$f'(1)=3e^2-2+\sin 1>0$，可知 $f(x)$ 在 $(0,1)$ 上先递减再递增，而 $f(0)=-1<0$，$f(1)=e^2-2-\cos 1>0$，故 $f(x)$ 在 $(0,1)$ 上恰有一个实根.

当 $x>1$ 时，由于 $f'(x)=(1+2x)e^{2x}-2+\sin x>3e^2-2+\sin x>0$. 又 $f(1)=e^2-2-\cos 1>0$，可知 $f(x)$ 在 $[1,+\infty)$ 上无实根.

综上，方程 $xe^{2x}-2x-\cos x=0$ 的实根的个数是 2.

71 【解】 先计算 $\frac{dy}{dx}$.

$$\frac{dy}{dx}=\frac{y'(t)}{x'(t)}=\frac{\cos t}{\frac{1}{\tan\frac{t}{2}}\cdot\sec^2\frac{t}{2}\cdot\frac{1}{2}-\sin t}=\frac{\cos t}{\frac{1}{\sin t}-\sin t}=\tan t.$$

于是，点 $M(x(t),y(t))$ 处的切线方程为

$$Y-\sin t=\tan t\left[X-\left(\ln\tan\frac{t}{2}+\cos t\right)\right].$$

令 $Y=0$，可得切线与 x 轴的交点 P 的横坐标为 $X=\ln\tan\frac{t}{2}+\cos t-\frac{\sin t}{\tan t}=\ln\tan\frac{t}{2}$.

$$|PM|=\sqrt{[X-x(t)]^2+[y(t)]^2}=\sqrt{(-\cos t)^2+\sin^2 t}=1.$$

72 【解】 将 $x=0$ 代入已知方程可得 $y+e^y=1$. 该方程有唯一解 $y=0$. 于是，当 $x=0$ 时，$y=0$. 对已知方程两端同时关于 x 求导可得 $y+(x+1)y'-e^x+e^y y'=0$，整理可得

$$(x+1+e^y)y'+y-e^x=0. \qquad ①$$

在 ① 式中代入 $x=0$，$y(0)=0$，可得 $2y'(0)=1$，即 $y'(0)=\frac{1}{2}$.

对 ① 式两端关于 x 求导可得

$$(1+e^y y')y'+(x+1+e^y)y''+y'-e^x=0. \qquad ②$$

在 ② 式中代入 $x=0$，$y=0$，$y'(0)=\frac{1}{2}$，可得 $y''(0)=-\frac{1}{8}$.

根据曲率的计算公式，曲线在点 $(0,0)$ 处的曲率为

$$\frac{|y''|}{(1+y'^2)^{\frac{3}{2}}}=\frac{1}{8}\cdot\frac{1}{\left(1+\frac{1}{4}\right)^{\frac{3}{2}}}=\frac{1}{5\sqrt{5}}.$$

73 【分析】 注意要证明 $f'(\xi)+g(\xi)f(\xi)=0$ 需构造辅助函数 $F(x)=f(x)e^{\int_a^x g(t)dt}$，则本题应构造辅助函数 $F(x)=f(x)e^{\int_a^x f(t)dt}$.

【证明】 令 $F(x)=f(x)e^{\int_a^x f(t)dt}$，由题设可知 $F(x)$ 在 $[a,b]$ 上满足罗尔定理条件，由罗尔定理知，存在 $\xi\in(a,b)$，使 $F'(\xi)=0$，即

$$f'(\xi)e^{\int_a^\xi f(t)dt}+f^2(\xi)e^{\int_a^\xi f(t)dt}=0,$$

而 $e^{\int_a^\xi f(t)dt}\neq 0$，则

$$f'(\xi)+f^2(\xi)=0,$$

原题得证.

74 【证明】 对任意 $h>0$，由泰勒公式可得，

$$f(x+h)=f(x)+f'(x)h+\frac{1}{2}f''(\xi_1)h^2,\ \xi_1 \text{ 介于 } x \text{ 与 } x+h \text{ 之间}.$$

$$f(x-h)=f(x)-f'(x)h+\frac{1}{2}f''(\xi_2)h^2,\ \xi_2 \text{ 介于 } x \text{ 与 } x-h \text{ 之间}.$$

两式相减得，

$$f(x+h)-f(x-h)=2f'(x)h+\frac{h^2}{2}[f''(\xi_1)-f''(\xi_2)].$$

故 $f'(x)=\frac{1}{2h}\left\{f(x+h)-f(x-h)+\frac{h^2}{2}[f''(\xi_2)-f''(\xi_1)]\right\}$. 所以有

$$\begin{aligned}|f'(x)| &\leqslant \frac{1}{2h}\left[|f(x+h)|+|f(x-h)|+\frac{h^2}{2}(|f''(\xi_2)|+|f''(\xi_1)|)\right]\\ &=\frac{|f(x+h)|+|f(x-h)|}{2h}+\frac{h}{4}(|f''(\xi_2)+f''(\xi_1)|)\\ &\leqslant \frac{M_0}{h}+\frac{hM_1}{2},\end{aligned}$$

即对任意 $h>0$，$h^2M_1-2h|f'(x)|+2M_0\geqslant 0$ 恒成立. 由判别式可知

$$(2|f'(x)|)^2-8M_0M_1\leqslant 0,\text{即 } |f'(x)|\leqslant\sqrt{2M_0M_1}.$$

75 【答案】 C

【分析】 由于 $f(x)$ 为奇函数，故 $f(0)=0$.

$f(x)$ 在以 $0,x(x\in[-1,1])$ 为端点的区间上用拉格朗日中值定理，有

$$|f(x)|=|f(x)-f(0)|=|f'(\xi)||x-0|\leqslant M\cdot 1,$$

故 $\forall x\in[-1,1]$，$|f(x)|\leqslant M$.

76 【分析】 已知函数 $f(x)$ 在三点的函数值，便可以根据它们构造一个二次多项式作为“过渡”到 $f(x)$ 的“桥梁”.

【证明】 因 $f(0)=0$，可令 $g(x)=x(ax+b)$，且过点 $(0,0),(1,1),(4,2)$，于是有

$$1=g(1)=a+b,$$

$$2=g(4)=4(4a+b),\text{即 } 8a+2b=1,$$

解得 $a=-\frac{1}{6}$，$b=\frac{7}{6}$，即 $g(x)=x\left(-\frac{x}{6}+\frac{7}{6}\right)$.

设 $F(x)=f(x)-g(x)=f(x)-\frac{x}{6}(-x+7),x\in[0,4]$.

显然，$F(x)$ 在区间$[0,4]$具有二阶导数.

$$F'(x)=f'(x)+\frac{x}{3}-\frac{7}{6},F''(x)=f''(x)+\frac{1}{3},$$

且 $F(0)=F(1)=F(4)=0$，在区间$[0,1]$和$[1,4]$上对 $F(x)$ 分别应用罗尔定理有，存在 $\xi_1\in(0,1)$ 和 $\xi_2\in(1,4)$，使

$$F'(\xi_1)=0,F'(\xi_2)=0.$$

继续在区间$[\xi_1,\xi_2]\subset(0,4)$上对 $F'(x)$ 应用罗尔定理有，存在 $\xi\in(\xi_1,\xi_2)\subset(0,4)$，使 $F''(\xi)=0$，即 $f''(\xi)=-\frac{1}{3}$.

77 【证明】 设在$[0,1]$上 $f(x)$ 恒为某常数，即 $f(x)$ 恒为 0，结论显然成立.

设在$[0,1]$上 $f(x)\not\equiv 0$，则在$(0,1)$上 $|f(x)|$ 存在最大值. 设 $x_0\in(0,1)$ 有 $|f(x_0)|=M=\max\limits_{0\leqslant x\leqslant 1}|f(x)|$，所以 $f(x_0)$ 不是 $f(x)$ 的最大值就是 $f(x)$ 的最小值，所以 $f'(x_0)=0$. 将 $f(x)$ 在 x_0 处按泰勒公式展开：

$$\begin{aligned}0=f(0)&=f(x_0)+f'(x_0)(-x_0)+\frac{1}{2}f''(\xi_1)x_0^2\\&=f(x_0)+\frac{1}{2}f''(\xi_1)x_0^2(0<\xi_1<x_0),\\0=f(1)&=f(x_0)+f'(x_0)(1-x_0)+\frac{1}{2}f''(\xi_2)(1-x_0)^2\\&=f(x_0)+\frac{1}{2}f''(\xi_2)(1-x_0)^2(x_0<\xi_2<1),\end{aligned}$$

所以有 $|f''(\xi_1)|=\frac{2M}{x_0^2}$ 及 $|f''(\xi_2)|=\frac{2M}{(1-x_0)^2}$.

若 $x_0\in\left(0,\frac{1}{2}\right)$，则存在 $\xi=\xi_1\in\left(0,\frac{1}{2}\right)$，使 $|f''(\xi)|>8M$.

若 $x_0\in\left[\frac{1}{2},1\right)$，则存在 $\xi=\xi_2\in\left[\frac{1}{2},1\right)$，使 $|f''(\xi)|\geqslant 8M$.

总之，至少存在一点 $\xi\in(0,1)$ 使 $|f''(\xi)|\geqslant 8M=8\max\limits_{0\leqslant x\leqslant 1}|f(x)|$.

78 【证明】 令 $F(x)=f(x)+x-3$，则 $F(x)$ 在$[0,2]$上连续，在$(0,2)$内可导，且 $F(0)=-3,F(2)=2$. 故由零点定理知，存在 $\xi_1\in(0,2)$，使 $F(\xi_1)=0$，即

$$f(\xi_1)=3-\xi_1.$$

在区间$[0,\xi_1]$和$[\xi_1,2]$上对 $f(x)$ 分别使用拉格朗日中值定理.

存在 $\xi_2\in(0,\xi_1),\xi_3\in(\xi_1,2)$，使得

$$f'(\xi_2)=\frac{f(\xi_1)-f(0)}{\xi_1-0}=\frac{3-\xi_1}{\xi_1},$$

$$f'(\xi_3)=\frac{f(2)-f(\xi_1)}{2-\xi_1}=\frac{\xi_1}{2-\xi_1}.$$

相乘得 $f'(\xi_2)f'(\xi_3)=\frac{3-\xi_1}{2-\xi_1}=1+\frac{1}{2-\xi_1}\geqslant 2\sqrt{\frac{1}{2-\xi_1}}$，即

$$f'(\xi_2)f'(\xi_3)\sqrt{2-\xi_1}\geqslant 2.$$

79 【解】 (1) 由泰勒中值定理,可得

$$f(x)=f(a)+f'(a)(x-a)+\frac{1}{2}f''(a)(x-a)^2+o[(x-a)^2]=o[(x-a)^2].$$

所以 $\lim\limits_{x\to a^+}\dfrac{f(x)}{(x-a)^2}=\lim\limits_{x\to a^+}\dfrac{o[(x-a)^2]}{(x-a)^2}=0.$

(2) 构造函数 $F(x)=\begin{cases}\dfrac{f(x)}{(x-a)^2}, & x\in(a,b],\\ 0, & x=a,\end{cases}$ 则 $F(x)$ 在 $[a,b]$ 上连续,在 (a,b) 内可导,由罗尔定理可知,存在 $c\in(a,b)$,使得 $F'(c)=0$,即为

$$\left.[f'(x)(x-a)^2-2f(x)(x-a)]\right|_{x=c}=0.$$

再记 $H(x)=f'(x)(x-a)^2-2f(x)(x-a),x\in[a,c].$

则 $H(a)=H(c)=0$,由罗尔定理知,存在 $\xi\in(a,c)\subset(a,b)$,使得 $H'(\xi)=0$,即

$$\left.[f'(x)(x-a)^2-2f(x)(x-a)]'\right|_{x=\xi}=0.$$

化简即为 $(\xi-a)^2f''(\xi)-2f(\xi)=0$,得证.

80 【证明】 分两种情形加以讨论.

情形一 当 $\lambda=1$ 时,$f'(x)=f(x)$,则有 $[e^{-x}f(x)]'=0$,故 $e^{-x}f(x)$ 是 $[0,1]$ 上的常值函数,而 $\left.e^{-x}f(x)\right|_{x=0}=0$,因此 $e^{-x}f(x)$ 恒为零,也就是 $f(x)$ 在 $[0,1]$ 上恒为零.

情形二 当 $\lambda\in(0,1)$ 时,由于 $f(x)$ 在 $[0,1]$ 上可导,不妨假设 M 是 $|f(x)|$ 在 $[0,1]$ 上的最大值,对于任意的 $x\in(0,1]$,由拉格朗日中值定理以及 $f'(x)=f(\lambda x)$,可得

$$\begin{aligned}f(x)&=f(x)-f(0)=f'(\xi_1)x=f(\lambda\xi_1)x=[f(\lambda\xi_1)-f(0)]x\\&=[f'(\xi_2)\lambda\xi_1]x=[f(\lambda\xi_2)](\lambda\xi_1)x=\cdots=[f(\lambda\xi_n)](\lambda\xi_{n-1})(\lambda\xi_{n-2})\cdots(\lambda\xi_1)x.\end{aligned}$$

故 $|f(x)|=|[f(\lambda\xi_n)](\lambda\xi_{n-1})(\lambda\xi_{n-2})\cdots(\lambda\xi_1)x|\leqslant M\lambda^{n-1}\to0,n\to\infty.$

所以 $f(x)$ 在 $[0,1]$ 上恒为零.

综上,结论成立.

81 【证明】 先构造函数 $F(x)=f(x)\cos x,x\in\left[-\dfrac{\pi}{2},\dfrac{\pi}{2}\right]$,显然有 $F\left(-\dfrac{\pi}{2}\right)=F(0)=F\left(\dfrac{\pi}{2}\right)$,结合罗尔中值定理知,存在 $\xi_1\in\left(-\dfrac{\pi}{2},0\right)$ 以及 $\xi_2\in\left(0,\dfrac{\pi}{2}\right)$,使得 $F'(\xi_1)=F'(\xi_2)=0$,即

$$\left.[f'(x)\cos x-f(x)\sin x]\right|_{x=\xi_1}=\left.[f'(x)\cos x-f(x)\sin x]\right|_{x=\xi_2}=0.$$

再构造函数 $G(x)=f'(x)\cos x-f(x)\sin x,x\in[\xi_1,\xi_2]$,则 $G(\xi_1)=G(\xi_2)=0$,再由罗尔中值定理知,存在 $\xi\in(\xi_1,\xi_2)\subset\left(-\dfrac{\pi}{2},\dfrac{\pi}{2}\right)$,使得 $G'(\xi)=0$,化简即为 $f''(\xi)=f(\xi)+2f'(\xi)\tan\xi$,得证.

82 【证明】 依题意,存在 ξ 在 x_0 与 x_1 之间,存在 η 在 x_0 与 x_2 之间,使得

$$f(x_1)=f(x_0)+f'(x_0)(x_1-x_0)+\frac{f''(x_0)}{2!}(x_1-x_0)^2+\frac{f'''(x_0)}{3!}(x_1-x_0)^3+\frac{f^{(4)}(\xi)}{4!}(x_1-x_0)^4,$$

$$f(x_2)=f(x_0)+f'(x_0)(x_2-x_0)+\frac{f''(x_0)}{2!}(x_2-x_0)^2+\frac{f'''(x_0)}{3!}(x_2-x_0)^3+\frac{f^{(4)}(\eta)}{4!}(x_2-x_0)^4.$$

两式相加得（注意 $x_1-x_0=-(x_2-x_0)$）：

$$f(x_1)+f(x_2)=2f(x_0)+f''(x_0)(x_1-x_0)^2+\frac{1}{24}(x_1-x_0)^4[f^{(4)}(\xi)+f^{(4)}(\eta)].$$

于是有

$$\begin{aligned}\left|f''(x_0)-\frac{f(x_1)-2f(x_0)+f(x_2)}{(x_1-x_0)^2}\right|&=\frac{1}{24}(x_1-x_0)^2\,|f^{(4)}(\xi)+f^{(4)}(\eta)|\\&\leqslant\frac{1}{24}(x_1-x_0)^2[|f^{(4)}(\xi)|+|f^{(4)}(\eta)|]\\&\leqslant\frac{M}{12}(x_1-x_0)^2.\end{aligned}$$

83 【证明】 (1) 由泰勒中值定理可知，存在 $\xi_1\in\left(0,\frac{1}{2}\right)$ 以及 $\xi_2\in\left(\frac{1}{2},1\right)$，使得

$$f(0)=f\left(\frac{1}{2}\right)-\frac{1}{2}f'\left(\frac{1}{2}\right)+\frac{f''(\xi_1)}{8},$$

$$f(1)=f\left(\frac{1}{2}\right)+\frac{1}{2}f'\left(\frac{1}{2}\right)+\frac{f''(\xi_2)}{8}.$$

上述两式相加，可得 $\quad 1=2f\left(\frac{1}{2}\right)+\frac{f''(\xi_1)}{8}+\frac{f''(\xi_2)}{8}.$

不妨设 $f''(\xi_1)\leqslant f''(\xi_2)$，则有

$$\frac{f''(\xi_1)}{4}\leqslant\frac{f''(\xi_1)}{8}+\frac{f''(\xi_2)}{8}=1-2f\left(\frac{1}{2}\right)<\frac{1}{2}.$$

即为 $f''(\xi_1)<2$，即存在 $\xi=\xi_1\in(0,1)$，使得 $f''(\xi)<2$. 得证.

(2) 反证法. 若存在 $c\in(0,1)$，使得 $f(c)\leqslant c^2$，构造函数 $F(x)=f(x)-x^2$，则

$$F(c)=f(c)-c^2\leqslant 0 \text{ 且 } F\left(\frac{1}{2}\right)=f\left(\frac{1}{2}\right)-\frac{1}{4}>0.$$

由零点定理知，存在 $x_0\in(0,1)$，使得 $F(x_0)=0$，因此可得：$F(0)=F(x_0)=F(1)=0$，三次利用罗尔定理，存在 $\eta\in(0,1)$，使得 $F''(\eta)=0$，即为 $f''(\eta)=2$，与已知条件相矛盾，综上结论成立.

一元函数积分学

84 【解】 (1) $f^{-1}(x)$ 是 f 的反函数，设 $f^{-1}(x)=y$，则 $x=f(y)$.

$$\begin{aligned}\int f^{-1}(x)\mathrm{d}x&=xf^{-1}(x)-\int x\mathrm{d}f^{-1}(x)\\&=xf^{-1}(x)-\int f(y)\mathrm{d}y\\&=xf^{-1}(x)-F(y)+C\\&=xf^{-1}(x)-F[f^{-1}(x)]+C.\end{aligned}$$

(2) 已知 $f(x)F(x)=\sin^2 2x$，等式两端积分，得

$$\int f(x)F(x)\mathrm{d}x=\int\sin^2 2x\mathrm{d}x,$$

即 $$\frac{1}{2}F^2(x)=\frac{1}{2}x-\frac{1}{8}\sin 4x+C,$$

由 $F(0)=1$,可得 $C=\frac{1}{2}$,即

$$F^2(x)=x-\frac{1}{4}\sin 4x+1,$$

又 $F(x)\geqslant 0$,故

$$F(x)=\sqrt{x-\frac{1}{4}\sin 4x+1},$$

$$f(x)=F'(x)=\frac{1-\cos 4x}{2\sqrt{x-\frac{1}{4}\sin 4x+1}}.$$

85 【解】 **方法一** 令 $x=\sin t,t\in\left(-\frac{\pi}{2},\frac{\pi}{2}\right)$,其中

$$\int\frac{dx}{x^2\sqrt{1-x^2}}=\int\frac{\cos tdt}{\sin^2t\cos t}=\int\csc^2tdt$$

$$=-\cot t+C=-\frac{\sqrt{1-x^2}}{x}+C,$$

所求积分 $\int\frac{\ln(1-x^2)}{x^2\sqrt{1-x^2}}dx=\int\ln(1-x^2)d\left(-\frac{\sqrt{1-x^2}}{x}\right)$

$$=-\frac{\sqrt{1-x^2}\ln(1-x^2)}{x}+\int\frac{\sqrt{1-x^2}}{x}\cdot\frac{-2x}{1-x^2}dx$$

$$=-\frac{\sqrt{1-x^2}\ln(1-x^2)}{x}-2\int\frac{1}{\sqrt{1-x^2}}dx$$

$$=-\frac{\sqrt{1-x^2}\ln(1-x^2)}{x}-2\arcsin x+C.$$

方法二 利用三角代换.令 $x=\sin t,t\in\left(-\frac{\pi}{2},\frac{\pi}{2}\right)$.

$$\int\frac{\ln(1-x^2)}{x^2\sqrt{1-x^2}}dx\xlongequal{x=\sin t}\int\frac{2\ln\cos t}{\sin^2t\cos t}\cos tdt=2\int\csc^2t\ln\cos tdt$$

$$=-2\int\ln\cos td(\cot t)=-2\left[\cot t\ln\cos t-\int\cot t\cdot\left(\frac{-\sin t}{\cos t}\right)dt\right]$$

$$=-2\cot t\ln\cos t-2\int\cot t\tan tdt$$

$$=-2\cot t\ln\cos t-2t+C,\text{其中 }C\text{ 为任意常数}.$$

当 $t\in\left(-\frac{\pi}{2},\frac{\pi}{2}\right)$时,$\cos t=\sqrt{1-x^2}$,$\cot t=\frac{\sqrt{1-x^2}}{x}$.于是,

$$-2\cot t\ln\cos t-2t=-\frac{2\sqrt{1-x^2}}{x}\ln\sqrt{1-x^2}-2\arcsin x$$

$$=-\frac{\sqrt{1-x^2}}{x}\ln(1-x^2)-2\arcsin x.$$

原积分 $=-\frac{\sqrt{1-x^2}}{x}\ln(1-x^2)-2\arcsin x+C$,其中 C 为任意常数.

86 【解】 (1) $\int\frac{\mathrm{d}x}{\sqrt[3]{(x+1)^2(x-1)^4}}=\int\frac{\mathrm{d}x}{(x-1)^2\sqrt[3]{\left(\frac{x+1}{x-1}\right)^2}}=\int\frac{\frac{1}{(x-1)^2}\mathrm{d}x}{\sqrt[3]{\left(1+\frac{2}{x-1}\right)^2}}$

$$\xlongequal{t=1+\frac{2}{x-1}}-\frac{1}{2}\int t^{-\frac{2}{3}}\mathrm{d}t=-\frac{3}{2}t^{\frac{1}{3}}+C$$

$$=-\frac{3}{2}\sqrt[3]{1+\frac{2}{x-1}}+C=-\frac{3}{2}\sqrt[3]{\frac{x+1}{x-1}}+C.$$

(2) $\int\sqrt{\frac{e^x-1}{e^x+1}}\mathrm{d}x=\int\frac{e^x-1}{\sqrt{e^{2x}-1}}\mathrm{d}x=\int\frac{e^x}{\sqrt{e^{2x}-1}}\mathrm{d}x-\int\frac{1}{\sqrt{e^{2x}-1}}\mathrm{d}x$

$$=\int\frac{\mathrm{d}(e^x)}{\sqrt{(e^x)^2-1}}-\int\frac{e^{-x}}{\sqrt{1-e^{-2x}}}\mathrm{d}x$$

$$=\ln(e^x+\sqrt{e^{2x}-1})+\int\frac{\mathrm{d}(e^{-x})}{\sqrt{1-(e^{-x})^2}}$$

$$=\ln(e^x+\sqrt{e^{2x}-1})+\arcsin e^{-x}+C.$$

87 【解】 (1) $\int x\ln(1+x^2)\mathrm{d}x\xlongequal{u=1+x^2}\frac{1}{2}\int\ln u\mathrm{d}u$

$$=\frac{1}{2}u\ln u-\frac{1}{2}\int u\cdot\frac{1}{u}\mathrm{d}u$$

$$=\frac{1}{2}u\ln u-\frac{1}{2}u+C_1$$

$$=\frac{1}{2}(1+x^2)\ln(1+x^2)-\frac{1}{2}(1+x^2)+C_1.$$

$$\int x\ln(1+x^2)\arctan x\mathrm{d}x=\frac{1}{2}\int\arctan x\mathrm{d}\{(1+x^2)[\ln(1+x^2)-1]\}$$

$$=\frac{1}{2}(1+x^2)[\ln(1+x^2)-1]\arctan x-\frac{1}{2}\int[\ln(1+x^2)-1]\mathrm{d}x$$

$$=\frac{1}{2}(1+x^2)[\ln(1+x^2)-1]\arctan x-\frac{1}{2}\int\ln(1+x^2)\mathrm{d}x+\frac{1}{2}x.$$

$$\int\ln(1+x^2)\mathrm{d}x=x\ln(1+x^2)-\int\frac{2x^2}{1+x^2}\mathrm{d}x=x\ln(1+x^2)-2\int\frac{x^2+1-1}{1+x^2}\mathrm{d}x$$

$$=x\ln(1+x^2)-2x+2\arctan x+C_2.$$

综上

$$\int x\ln(1+x^2)\arctan x\mathrm{d}x=\frac{1}{2}(1+x^2)\ln(1+x^2)\arctan x-\frac{1}{2}x^2\arctan x-\frac{1}{2}x\ln(1+x^2)+\frac{3}{2}x-\frac{3}{2}\arctan x+C.$$

(2) 设 $F'(x)=\max\{1,x^2\}=\begin{cases}x^2, & x\geqslant 1,\\ 1, & -1<x<1,\\ x^2, & x\leqslant -1.\end{cases}$ 则

$$F(x)=\begin{cases}\frac{1}{3}x^3+C_1, & x\geqslant 1,\\ x+C_2, & -1<x<1,\\ \frac{1}{3}x^3+C_3, & x\leqslant -1.\end{cases}$$

$F(x)$ 在 $x=1,x=-1$ 处连续，即

$$F(1)=\frac{1}{3}+C_1=\lim_{x\to 1^-}F(x)=1+C_2;$$

$$F(-1)=C_3-\frac{1}{3}=\lim_{x\to -1^+}F(x)=C_2-1.$$

求得 $C_1=C_2+\frac{2}{3},C_3=C_2-\frac{2}{3}$.

$$\text{故}\int\max\{1,x^2\}\mathrm{d}x=F(x)=\begin{cases}\frac{1}{3}x^3+\frac{2}{3}+C, & x\geqslant 1,\\ x+C, & -1<x<1,C\text{ 为任意常数}.\\ \frac{1}{3}x^3-\frac{2}{3}+C, & x\leqslant -1,\end{cases}$$

88 【解】 (1)

$$\begin{aligned}\int\frac{x}{x^8-1}\mathrm{d}x&=\frac{1}{2}\int\frac{x[(x^4+1)-(x^4-1)]}{(x^4+1)(x^4-1)}\mathrm{d}x\\&=\frac{1}{2}\int\frac{x}{x^4-1}\mathrm{d}x-\frac{1}{2}\int\frac{x}{x^4+1}\mathrm{d}x\\&=\frac{1}{4}\int\frac{x[(x^2+1)-(x^2-1)]}{(x^2+1)(x^2-1)}\mathrm{d}x-\frac{1}{4}\int\frac{\mathrm{d}(x^2)}{1+(x^2)^2}\\&=\frac{1}{4}\int\frac{x}{x^2-1}\mathrm{d}x-\frac{1}{4}\int\frac{x}{x^2+1}\mathrm{d}x-\frac{1}{4}\arctan x^2\\&=\frac{1}{8}\ln|x^2-1|-\frac{1}{8}\ln(x^2+1)-\frac{1}{4}\arctan x^2+C\\&=\frac{1}{8}\ln\left|\frac{x^2-1}{x^2+1}\right|-\frac{1}{4}\arctan x^2+C.\end{aligned}$$

(2)

$$\begin{aligned}\int\frac{x^{2n-1}}{x^n+1}\mathrm{d}x&=\int\frac{x^{n-1}(x^n+1)-x^{n-1}}{x^n+1}\mathrm{d}x\\&=\int x^{n-1}\mathrm{d}x-\int\frac{x^{n-1}}{x^n+1}\mathrm{d}x\\&=\frac{1}{n}x^n-\frac{1}{n}\ln|1+x^n|+C.\end{aligned}$$

89 【解】 (1)

$$\begin{aligned}\int\frac{\sin x}{1+\sin x}\mathrm{d}x&=\int\frac{\sin x(1-\sin x)}{(1+\sin x)(1-\sin x)}\mathrm{d}x\\&=\int\frac{\sin x-\sin^2 x}{\cos^2 x}\mathrm{d}x=\int\frac{\sin x}{\cos^2 x}\mathrm{d}x-\int(\sec^2 x-1)\mathrm{d}x\\&=\frac{1}{\cos x}-\tan x+x+C.\end{aligned}$$

(2)

$$\begin{aligned}\int\frac{\mathrm{d}x}{1+\sqrt{x}+\sqrt{1+x}}&=\int\frac{1+\sqrt{x}-\sqrt{1+x}}{(1+\sqrt{x}+\sqrt{1+x})(1+\sqrt{x}-\sqrt{1+x})}\mathrm{d}x\\&=\int\frac{1+\sqrt{x}-\sqrt{1+x}}{2\sqrt{x}}\mathrm{d}x=\int\frac{1}{2\sqrt{x}}\mathrm{d}x+\frac{1}{2}x-\frac{1}{2}\int\sqrt{\frac{1+x}{x}}\mathrm{d}x,\end{aligned}$$

其中

$$\begin{aligned}\int\sqrt{\frac{x+1}{x}}\mathrm{d}x&\xlongequal{t=\sqrt{x}}2\int\sqrt{1+t^2}\mathrm{d}t\\&=\ln|t+\sqrt{1+t^2}|+t\sqrt{1+t^2}+C'\end{aligned}$$

$$= \ln(\sqrt{x}+\sqrt{1+x})+\sqrt{x}\,\sqrt{1+x}+C'.$$

总之

$$\int \frac{\mathrm{d}x}{1+\sqrt{x}+\sqrt{1+x}} = \int \frac{1}{2\sqrt{x}}\mathrm{d}x+\frac{1}{2}x-\frac{1}{2}\int\sqrt{\frac{1+x}{x}}\mathrm{d}x$$

$$= \sqrt{x}+\frac{1}{2}x-\frac{1}{2}\sqrt{x(1+x)}-\frac{1}{2}\ln(\sqrt{x}+\sqrt{1+x})+C.$$

90 【解】 $x_n = \frac{1}{n^2}\sum_{k=1}^{n}\sqrt{4n^2-(2k-1)\cdot 2k} = \frac{2}{n}\sum_{k=1}^{n}\sqrt{1-\frac{(2k-1)\cdot 2k}{4n^2}}.$

将$[0,1]n$ 等分，分点为 $x_k=\frac{k}{n}, k=1,2,3,\cdots,n$. 取

$$\xi_k = \frac{2k-1}{2n} \in \left[\frac{k-1}{n},\frac{k}{n}\right],$$

$$\eta_k = \frac{2k}{2n} = \frac{k}{n} \in \left[\frac{k-1}{n},\frac{k}{n}\right], k=1,2,3,\cdots,n.$$

则

$$\sqrt{1-\eta_k^2} = \sqrt{1-\frac{(2k)^2}{4n^2}} \leqslant \sqrt{1-\frac{(2k-1)\cdot 2k}{4n^2}} \leqslant \sqrt{1-\frac{(2k-1)^2}{4n^2}} = \sqrt{1-\xi_k^2},$$

$$\frac{2}{n}\sum_{k=1}^{n}\sqrt{1-\eta_k^2} \leqslant x_n = \frac{2}{n}\sum_{k=1}^{n}\sqrt{1-\frac{(2k-1)\cdot 2k}{4n^2}} \leqslant \frac{2}{n}\sum_{k=1}^{n}\sqrt{1-\xi_k^2}.$$

由定积分定义可知

$$\lim_{n\to\infty}\frac{1}{n}\sum_{k=1}^{n}\sqrt{1-\xi_k^2} = \lim_{n\to\infty}\frac{1}{n}\sum_{k=1}^{n}\sqrt{1-\eta_k^2} = \int_0^1\sqrt{1-x^2}\,\mathrm{d}x = \frac{\pi}{4}.$$

由几何意义可知 $\int_0^1\sqrt{1-x^2}\,\mathrm{d}x=\frac{\pi}{4}$

故 $\lim\limits_{n\to\infty}x_n = 2\int_0^1\sqrt{1-x^2}\,\mathrm{d}x = \frac{\pi}{2}.$

91 【证明】 因为函数 $f(x)\neq 0, x\in(0,1)$，所以不妨假设 $f(x)>0, x\in(0,1)$.

有界闭区间$[0,1]$上的连续函数 $f(x)$ 存在最大值，记最大值为 $f(x_0)>0$，则由 $f(0)=f(1)=0$ 可知 $x_0\in(0,1)$，且

$$\int_0^1\left|\frac{f''(x)}{f(x)}\right|\mathrm{d}x > \frac{1}{f(x_0)}\int_0^1|f''(x)|\,\mathrm{d}x.$$

因为 $f(0)=f(1)=0$，所以由微分中值定理可知，存在 $\xi\in(0,x_0), \eta\in(x_0,1)$，使得

$$f(x_0)=f(0)+f'(\xi)x_0, f(x_0)=f(1)+f'(\eta)(x_0-1),$$

即 $f'(\xi)=\frac{f(x_0)}{x_0}, f'(\eta)=\frac{f(x_0)}{x_0-1}$. 因为函数 $f(x)$ 在$[0,1]$上二阶连续可导，所以

$$\int_0^1|f''(x)|\,\mathrm{d}x \geqslant \int_\xi^\eta|f''(x)|\,\mathrm{d}x \geqslant \left|\int_\xi^\eta f''(x)\,\mathrm{d}x\right|$$

$$= |f'(\eta)-f'(\xi)| = \frac{f(x_0)}{x_0(1-x_0)} \geqslant 4f(x_0),$$

故 $\int_0^1\left|\frac{f''(x)}{f(x)}\right|\mathrm{d}x > 4.$

92 【答案】 C

【分析】 **直接法** 由于 $\ln(t+\sqrt{1+t^2})$ 是奇函数，则 $t\ln(t+\sqrt{1+t^2})$ 是偶函数，所以 $\int_0^x t\ln(t+\sqrt{1+t^2})\mathrm{d}t$ 必是奇函数，故应选(C).

排除法 对于选项(A)中的函数 $f(x)=\int_a^x \sin t^2\mathrm{d}t$，如果 $a=0$，显然 $f(x)=\int_0^x \sin t^2\mathrm{d}t$ 是奇函数. 但是，若 $a=1$，此时 $f(x)=\int_1^x \sin t^2\mathrm{d}t$，$f(0)=\int_1^0 \sin t^2\mathrm{d}t\neq 0$，则 $f(x)=\int_1^x \sin t^2\mathrm{d}t$ 不是奇函数，排除选项(A).

$\sin t^3$ 是奇函数，则 $\int_0^x \sin t^3\mathrm{d}t$ 是偶函数，所以排除选项(B).

$\sin t^2$ 是偶函数，则 $\int_0^y \sin t^2\mathrm{d}t$ 是奇函数，从而 $\int_0^x\left(\int_0^y \sin t^2\mathrm{d}t\right)\mathrm{d}y$ 是偶函数，所以排除选项(D).

故应选(C).

93 【答案】 D

【分析】 首先，

$$f(x)=\max\{x,x^2\}=\begin{cases}x^2, & x\leqslant 0,\\ x, & 0<x\leqslant 1,\\ x^2, & x>1,\end{cases}$$

$\lim\limits_{x\to 0^-}f(x)=\lim\limits_{x\to 0^-}x^2=0$，$\lim\limits_{x\to 0^+}f(x)=\lim\limits_{x\to 0^+}x=0=f(0)$，所以 $f(x)$ 在 $x=0$ 处连续，类似 $f(x)$ 在 $x=1$ 处也连续，即 $f(x)$ 是处处连续的函数，因而其原函数 $F(x)$ 连续且可导. 这表示选项(A)是错的.

另外，

$$F(x)=\begin{cases}\dfrac{x^3}{3}, & x\leqslant 0,\\ \dfrac{x^2}{2}, & 0<x\leqslant 1,\\ \dfrac{1}{3}x^3+\dfrac{1}{6}, & x>1,\end{cases}$$

$F'_-(1)=1$，$F'_+(1)=1$，故 $x=1$ 不是 $F'(x)$ 的间断点. 这否定了选项(C). 同理 $x=0$ 也不是 $F'(x)$ 的间断点. 这否定了(B). 所以选项(D)正确.

94 【答案】 D

【分析】 由 $f(x)$ 的图形关于 $x=0$ 与 $x=1$ 均对称可知，$f(x)=f(-x)$，$f(1+x)=f(1-x)$. 于是，

$$f(x)=f(-x)=f[1+(-x-1)]=f[1-(-x-1)]=f(2+x).$$

因此，$f(x)$ 是周期为 2 的周期函数.

记 $F(x)=\int_0^x f(t)\mathrm{d}t$，则

$$F(x+2)-F(x)=\int_0^{x+2}f(t)\mathrm{d}t-\int_0^x f(t)\mathrm{d}t=\int_x^{x+2}f(t)\mathrm{d}t=\int_0^2 f(t)\mathrm{d}t.$$

若 $\int_0^2 f(x)\mathrm{d}x=0$，则 $F(x)$ 是周期为 2 的周期函数. 因此，命题 ② 正确.

由于 $f(x)$ 的图形关于 $x=1$ 对称，故 $\int_0^1 f(x)\mathrm{d}x=\int_1^2 f(x)\mathrm{d}x$. 若 $\int_0^1 f(x)\mathrm{d}x=0$，则 $\int_0^2 f(x)\mathrm{d}x=0$. 由前面的分析可知，$\int_0^x f(t)\mathrm{d}t$ 为周期函数. 因此，命题 ① 正确.

记 $G(x)=\int_0^x f(t)\mathrm{d}t-\frac{x}{2}\int_0^2 f(t)\mathrm{d}t$，则

$G(x+2)-G(x)=\int_x^{x+2} f(t)\mathrm{d}t-\frac{x+2}{2}\int_0^2 f(t)\mathrm{d}t+\frac{x}{2}\int_0^2 f(t)\mathrm{d}t=\int_x^{x+2} f(t)\mathrm{d}t-\int_0^2 f(t)\mathrm{d}t=0.$

因此，命题 ④ 正确.

同理对 $H(x)=\int_0^x f(t)\mathrm{d}t-x\int_0^2 f(t)\mathrm{d}t$ 计算 $H(x+2)-H(x)$ 可得

$$H(x+2)-H(x)=\int_x^{x+2} f(t)\mathrm{d}t-2\int_0^2 f(t)\mathrm{d}t=-\int_0^2 f(t)\mathrm{d}t.$$

由于不能确定 $\int_0^2 f(x)\mathrm{d}x$ 是否为0，故命题 ③ 不一定正确. 例如：取 $f(x)\equiv 1$，则 $f(x)$ 的图形关于 $x=0$ 与 $x=1$ 均对称，但 $H(x)=-x$，显然不是周期函数.

综上所述，应选(D).

95 【答案】 B

【分析】 对于(A)，因为 $f(x+T)=f(x)$，所以 $f'(x+T)=f'(x)$. 所以 $f'(x)$ 以 T 为周期.(A) 正确.

对于(B)，例如 $f(x)=\cos^2 x$，周期为 π，则 $\int_0^x f(t)\mathrm{d}t=\int_0^x \cos^2 t\mathrm{d}t=\frac{x}{2}+\frac{1}{4}\sin 2x$ 不是周期函数，故(B) 错误.

对于(C)，令 $F(x)=\int_0^x [f(t)-f(-t)]\mathrm{d}t$，则

$$\begin{aligned}F(x+T)&=\int_0^{x+T}[f(t)-f(-t)]\mathrm{d}t\\&=\int_0^x [f(t)-f(-t)]\mathrm{d}t+\int_x^{x+T}[f(t)-f(-t)]\mathrm{d}t.\end{aligned}$$

因为 $f(x+T)=f(x)$，所以

$\int_x^{x+T}[f(t)-f(-t)]\mathrm{d}t=\int_{-\frac{T}{2}}^{\frac{T}{2}}[f(t)-f(-t)]\mathrm{d}t=0$（因$[f(t)-f(-t)]$为奇函数）.

于是 $F(x+T)=F(x)$.(C) 正确.

对于(D)，设 $F(x)=\int_0^x f(t)\mathrm{d}t-\frac{x}{T}\int_0^T f(t)\mathrm{d}t$，则

$$\begin{aligned}F(x+T)&=\int_0^{x+T} f(t)\mathrm{d}t-\frac{T+x}{T}\int_0^T f(t)\mathrm{d}t=\int_0^{x+T} f(t)\mathrm{d}t-\int_0^T f(t)\mathrm{d}t-\frac{x}{T}\int_0^T f(t)\mathrm{d}t\\&=\int_0^x f(t)\mathrm{d}t-\frac{x}{T}\int_0^T f(t)\mathrm{d}t=F(x).\end{aligned}$$

(D) 正确.

96 【答案】 D

【分析】 **方法一** 先求 $g(x)$ 的表达式：当 $x\in(0,1)$ 时，

$$g(x)=\int_0^x \frac{1}{2}(t^2-1)\mathrm{d}t=\frac{1}{6}x^3-\frac{x}{2}.$$

当 $x \in [1,2)$ 时，$g(x) = \int_0^1 \frac{1}{2}(t^2-1)\mathrm{d}t + \int_1^x \frac{1}{3}(t+1)\mathrm{d}t$

$$= -\frac{1}{3} + \left(\frac{t^2}{6}+\frac{t}{3}\right)\Big|_1^x = \frac{x^2}{6}+\frac{x}{3}-\frac{5}{6}.$$

而
$$\lim_{x\to 1^-} g(x) = \lim_{x\to 1^-}\left(\frac{x^3}{6}-\frac{x}{2}\right) = -\frac{1}{3},$$
$$\lim_{x\to 1^+} g(x) = \lim_{x\to 1^+}\left(\frac{x^2}{6}+\frac{x}{3}-\frac{5}{6}\right) = -\frac{1}{3},$$

且 $g(1) = -\frac{1}{3}$，故 $g(x)$ 在 $x=1$ 处连续. 又 $g(x)$ 在区间 $(0,1)$ 和 $[1,2)$ 内也都连续，所以 $g(x)$ 在 $(0,2)$ 内连续. 选(D).

方法二 显然 $x=1$ 为 $f(x)$ 的跳跃间断点(第一类间断点)，则 $f(x)$ 在区间 $[0,2]$ 上可积，从而 $g(x) = \int_0^x f(t)\mathrm{d}t$ 在区间 $[0,2]$ 上连续，故选(D).

97 【答案】 B

【分析】 ①②③ 正确，④ 不正确.

对于 ①，将 a 看成变量，两边对 a 求导，由 $\int_{-a}^{a} f(x)\mathrm{d}x = 0 \Rightarrow$

$$f(a) - [-f(-a)] = 0 \Rightarrow f(a) = -f(-a) \Rightarrow f(x) \text{ 为奇函数},$$

反之，设 $f(x)$ 为奇函数，$f(x) = -f(-x) \Rightarrow$

$$\int_{-a}^{a} f(x)\mathrm{d}x = \int_{a}^{-a} f(-x)\mathrm{d}(-x) \Rightarrow \int_{-a}^{a} f(x)\mathrm{d}x = \int_{a}^{-a} f(x)\mathrm{d}x \Rightarrow \int_{-a}^{a} f(x)\mathrm{d}x = 0.$$

对于 ②，其证明与 ① 类似.

对于 ③，设 $\int_a^{a+\omega} f(x)\mathrm{d}x$ 与 a 无关，于是

$$\left(\int_a^{a+\omega} f(x)\mathrm{d}x\right)'_a = 0 \Rightarrow f(a+\omega) - f(a) = 0 \Rightarrow f(x) \text{ 具有周期 } \omega,$$

反之，设 $f(a+\omega) - f(a) = 0 \Rightarrow$

$$\left(\int_a^{a+\omega} f(x)\mathrm{d}x\right)'_a = f(a+\omega) - f(a) = 0 \Rightarrow \int_a^{a+\omega} f(x)\mathrm{d}x \text{ 与 } a \text{ 无关},$$

顺便可得出 $\int_a^{a+\omega} f(x)\mathrm{d}x = \int_0^{\omega} f(x)\mathrm{d}x = \int_{-\frac{\omega}{2}}^{\frac{\omega}{2}} f(x)\mathrm{d}x$.

对于 ④ 可举出反例. 例如 $f(x) = x-1$，$\int_0^2 (x-1)\mathrm{d}x = 0$，但 $\int_0^x f(t)\mathrm{d}t$ 并不是周期函数.

98 【答案】 B

【分析】 **方法一** 由 $|f(x)| \leqslant x^2$ 知，$f(0) = 0$，又

$$f'(0) = \lim_{x\to 0}\frac{f(x)}{x},\ \left|\frac{f(x)}{x}\right| \leqslant \frac{x^2}{|x|} = |x|,$$

由夹逼准则知 $\lim\limits_{x\to 0}\left|\frac{f(x)}{x}\right| = 0$，则 $f'(0) = \lim\limits_{x\to 0}\frac{f(x)}{x} = 0$.

由 $f''(x) > 0$ 可知 $f'(x)$ 单调增加，又 $f'(0) = 0$，$f(0) = 0$，则

当 $-1 \leqslant x < 0$ 时，$f'(x) < 0$，$f(x)$ 单调减少，$f(x) > 0$；

当 $0 < x \leqslant 1$ 时，$f'(x) > 0$，$f(x)$ 单调增加，$f(x) > 0$.

则 $I=\int_{-1}^{1}f(x)\mathrm{d}x>0$，故应选(B).

方法二　由 $|f(x)|\leqslant x^2$ 知，$f(0)=0$，又由泰勒公式

$$f(x)=f(0)+f'(0)x+\frac{f''(\xi)}{2!}x^2=f'(0)x+\frac{f''(\xi)}{2!}x^2,$$

则

$$\int_{-1}^{1}f(x)\mathrm{d}x=f'(0)\int_{-1}^{1}x\mathrm{d}x+\frac{1}{2}\int_{-1}^{1}f''(\xi)x^2\mathrm{d}x>0.$$

故应选(B).

99　【答案】 D

【分析】 $M=\int_{-\frac{\pi}{4}}^{\frac{\pi}{4}}\left(\frac{\tan x}{1+x^4}+x^8\right)\mathrm{d}x=\int_{-\frac{\pi}{4}}^{\frac{\pi}{4}}x^8\mathrm{d}x$，

$N=\int_{-\frac{\pi}{4}}^{\frac{\pi}{4}}[\sin^8x+\ln(x+\sqrt{x^2+1})]\mathrm{d}x=\int_{-\frac{\pi}{4}}^{\frac{\pi}{4}}\sin^8x\mathrm{d}x<\int_{-\frac{\pi}{4}}^{\frac{\pi}{4}}x^8\mathrm{d}x=M$，

$P=\int_{-\frac{\pi}{4}}^{\frac{\pi}{4}}[\tan^4x+(\mathrm{e}^x-\mathrm{e}^{-x})\cos x]\mathrm{d}x=\int_{-\frac{\pi}{4}}^{\frac{\pi}{4}}\tan^4x\mathrm{d}x>\int_{-\frac{\pi}{4}}^{\frac{\pi}{4}}x^4\mathrm{d}x>\int_{-\frac{\pi}{4}}^{\frac{\pi}{4}}x^8\mathrm{d}x=M$，

所以 $N<M<P$. 选(D).

100　【解】 $f\left(\frac{1}{x}\right)=\int_1^{\frac{1}{x}}\frac{\ln(1+t)}{t}\mathrm{d}t\xlongequal{令 u=\frac{1}{t}}\int_1^x\frac{\ln\left(1+\frac{1}{u}\right)}{\frac{1}{u}}\left(-\frac{\mathrm{d}u}{u^2}\right)$

$$=-\int_1^x\frac{\ln(1+u)-\ln u}{u}\mathrm{d}u,$$

于是　$f(x)+f\left(\frac{1}{x}\right)=\int_1^x\left[\frac{\ln(1+t)}{t}-\frac{\ln(1+t)-\ln t}{t}\right]\mathrm{d}t=\int_1^x\frac{\ln t}{t}\mathrm{d}t=\frac{1}{2}\ln^2x.$

当 $x=2$ 时，函数值为 $\frac{1}{2}\ln^2 2$.

101　【证明】 由于 $g(x)$ 在 $[a,b]$ 上有连续导数，且 $g'(x)\neq 0$，故由连续函数的性质可知，$g'(x)>0$ 或 $g'(x)<0$，$g(x)$ 在 $[a,b]$ 上为单调函数.

令 $F(x)=\int_a^x f(t)\mathrm{d}t$，则 $F(a)=F(b)=0$. 由罗尔定理可得，存在 $\eta\in(a,b)$，使得

$$F'(\eta)=f(\eta)=0.$$

下面证明 $f(x)$ 在 (a,b) 内不可能只有唯一零点 η.

假设 $f(x)$ 在 (a,b) 内只有唯一零点 η.

一方面，由 $\int_a^b f(x)\mathrm{d}x=0$ 以及 $\int_a^b f(x)g(x)\mathrm{d}x=0$ 可得，

$$\int_a^b f(x)[g(x)-g(\eta)]\mathrm{d}x=\int_a^b f(x)g(x)\mathrm{d}x-g(\eta)\int_a^b f(x)\mathrm{d}x=0. \qquad ①$$

另一方面，将 $[a,b]$ 划分为两个区间 $[a,\eta]$，$[\eta,b]$. 由于 $\int_a^b f(x)\mathrm{d}x=0$，故 $f(x)$ 在这两个区间上异号. 不妨假设在 $[a,\eta]$ 上，$f(x)<0$，在 $[\eta,b]$ 上，$f(x)>0$，$g(x)$ 在 $[a,b]$ 上单调增加. 于是，

$$\int_a^b f(x)[g(x)-g(\eta)]\mathrm{d}x=\int_a^\eta f(x)[g(x)-g(\eta)]\mathrm{d}x+\int_\eta^b f(x)[g(x)-g(\eta)]\mathrm{d}x>0.$$

这与 ① 式矛盾. 其余情形亦可推出矛盾.
因此,$f(x)$ 在(a,b) 内至少存在两个零点，结论成立.

102 【证明】 令 $G(x)=\int_a^x g(t)\mathrm{d}t$,则

$$\int_a^b f(x)g(x)\mathrm{d}x=\int_a^b f(x)\mathrm{d}G(x)=f(x)G(x)\Big|_a^b-\int_a^b G(x)f'(x)\mathrm{d}x$$
$$=f(b)\int_a^b g(x)\mathrm{d}x-\int_a^b f'(x)G(x)\mathrm{d}x.$$

因为 $f(x)$ 单调且可导,所以 $f'(x)$ 在$[a,b]$ 上不变号.
于是存在 $\xi\in[a,b]$,使$\int_a^b f'(x)G(x)\mathrm{d}x=G(\xi)\int_a^b f'(x)\mathrm{d}x$. 从而有

$$\int_a^b f(x)g(x)\mathrm{d}x=f(b)\int_a^b g(x)\mathrm{d}x-G(\xi)\int_a^b f'(x)\mathrm{d}x$$
$$=f(b)\int_a^b g(x)\mathrm{d}x-\int_a^\xi g(x)\mathrm{d}x[f(b)-f(a)]$$
$$=f(b)\int_a^b g(x)\mathrm{d}x-f(b)\int_a^\xi g(x)\mathrm{d}x+f(a)\int_a^\xi g(x)\mathrm{d}x$$
$$=f(a)\int_a^\xi g(x)\mathrm{d}x+f(b)\int_\xi^b g(x)\mathrm{d}x.$$

103 【解】 (1)$I_n+I_{n-1}=\int_0^{\frac{\pi}{2}}\dfrac{\cos(2n+1)x+\cos(2n-1)x}{\cos x}\mathrm{d}x$,而

$$\cos(2n+1)x+\cos(2n-1)x=2\cos 2nx\cdot\cos x,$$

所以 $I_n+I_{n-1}=\int_0^{\frac{\pi}{2}}2\cos 2nx\mathrm{d}x=0$,故

$$I_n=-I_{n-1}=(-1)^2I_{n-2}=\cdots=(-1)^nI_0=\frac{(-1)^n}{2}\pi.$$

(2) 由分部积分有

$$\int_0^{\frac{\pi}{2}}\cos 2nx\cdot\ln\cos x\mathrm{d}x=\frac{1}{2n}\sin 2nx\cdot\ln\cos x\Big|_0^{\frac{\pi}{2}}+\frac{1}{2n}\int_0^{\frac{\pi}{2}}\frac{\sin 2nx\cdot\sin x}{\cos x}\mathrm{d}x,$$

而 $\lim\limits_{x\to(\frac{\pi}{2})^-}\dfrac{1}{2n}\sin 2nx\cdot\ln\cos x=0$,所以

$$\int_0^{\frac{\pi}{2}}\cos 2nx\cdot\ln\cos x\mathrm{d}x=\frac{1}{2n}\int_0^{\frac{\pi}{2}}\frac{\sin 2nx\cdot\sin x}{\cos x}\mathrm{d}x$$
$$=-\frac{1}{4n}\int_0^{\frac{\pi}{2}}\frac{\cos(2n+1)x-\cos(2n-1)x}{\cos x}\mathrm{d}x$$
$$=-\frac{1}{4n}(I_n-I_{n-1}).$$

由(1) 可得 $I_n=-I_{n-1}$,所以

$$\int_0^{\frac{\pi}{2}}\cos 2nx\cdot\ln\cos x\mathrm{d}x=-\frac{1}{2n}I_n=\frac{(-1)^{n+1}}{4n}\pi,$$

$$\lim_{n\to\infty}n\left|\int_0^{\frac{\pi}{2}}\cos 2nx\cdot\ln\cos x\mathrm{d}x\right|=\frac{\pi}{4}.$$

104 【解】 由 $f(x+\pi)=\int_{x+\pi}^{x+\pi+\frac{\pi}{2}}|\sin t|\,\mathrm{d}t \xlongequal{u=t-\pi} \int_{x}^{x+\frac{\pi}{2}}|\sin u|\,\mathrm{d}u=f(x)$，所以 $f(x)$ 是周期为 π 的函数.（注：因为 $|\sin t|$ 是周期为 π 的函数，所以 $f(x)$ 的周期为 π.）

只需求出 $f(x)$ 在 $[0,\pi]$ 上的最大值与最小值.

$$f'(x)=\left|\sin\left(x+\frac{\pi}{2}\right)\right|-|\sin x|=|\cos x|-|\sin x|.$$

令 $f'(x)=0$，求得 $f(x)$ 在 $(0,\pi)$ 内的驻点为 $x_1=\frac{\pi}{4}, x_2=\frac{3}{4}\pi$.

$$f(0)=\int_0^{\frac{\pi}{2}}|\sin t|\,\mathrm{d}t=\int_0^{\frac{\pi}{2}}\sin x\mathrm{d}x=1, f(\pi)=f(0)=1.$$

$$f\left(\frac{\pi}{4}\right)=\int_{\frac{\pi}{4}}^{\frac{3\pi}{4}}|\sin t|\,\mathrm{d}t=\int_{\frac{\pi}{4}}^{\frac{3\pi}{4}}\sin x\mathrm{d}x=\sqrt{2}.$$

$$f\left(\frac{3\pi}{4}\right)=\int_{\frac{3\pi}{4}}^{\frac{5\pi}{4}}|\sin t|\,\mathrm{d}t=\int_{\frac{3\pi}{4}}^{\pi}\sin x\mathrm{d}x+\int_{\pi}^{\frac{5\pi}{4}}(-\sin x)\mathrm{d}x$$

$$=1-\frac{\sqrt{2}}{2}+1-\frac{\sqrt{2}}{2}=2-\sqrt{2}.$$

总之，$f(x)$ 的最大值为 $\sqrt{2}$，最小值为 $2-\sqrt{2}$.

105 【解】 **方法一** 由于 $y(0)=0$，故由牛顿-莱布尼茨公式可知

$$y(x)=y(x)-y(0)=\int_0^x y'(t)\mathrm{d}t=\int_0^x\cos(1-t)^2\mathrm{d}t.$$

因此，

$$\int_0^1 y(x)\mathrm{d}x=\int_0^1\mathrm{d}x\int_0^x\cos(1-y)^2\mathrm{d}y=\int_0^1\mathrm{d}y\int_y^1\cos(1-y)^2\mathrm{d}x$$

$$=\int_0^1(1-y)\cos(1-y)^2\mathrm{d}y=-\frac{1}{2}\int_0^1\cos(1-y)^2\mathrm{d}[(1-y)^2]$$

$$=-\frac{1}{2}\sin(1-y)^2\Big|_0^1=-\frac{1}{2}(0-\sin 1)=\frac{1}{2}\sin 1.$$

方法二 由于 $y(0)=0$，故由牛顿-莱布尼茨公式可知

$$y(1)=y(1)-y(0)=\int_0^1 y'(x)\mathrm{d}x=\int_0^1\cos(1-x)^2\mathrm{d}x.$$

因此，

$$\int_0^1 y(x)\mathrm{d}x=xy(x)\Big|_0^1-\int_0^1 xy'(x)\mathrm{d}x=y(1)-\int_0^1 x\cos(1-x)^2\mathrm{d}x$$

$$=\int_0^1\cos(1-x)^2\mathrm{d}x-\int_0^1 x\cos(1-x)^2\mathrm{d}x=\int_0^1(1-x)\cos(1-x)^2\mathrm{d}x$$

$$=-\frac{1}{2}\int_0^1\cos(1-x)^2\mathrm{d}[(1-x)^2]=-\frac{1}{2}\sin(1-x)^2\Big|_0^1$$

$$=-\frac{1}{2}(0-\sin 1)=\frac{1}{2}\sin 1.$$

106 【解】 由于

$$\frac{1}{2(n+1)}\leqslant\int_0^1\frac{x^n}{2}\mathrm{d}x\leqslant\int_0^1\frac{x^n}{1+x^2}\mathrm{d}x\leqslant\int_0^1 x^n\mathrm{d}x=\frac{1}{n+1}.$$

本题是一个 1^∞ 型极限，又

$$\lim_{n\to\infty}\frac{\ln n}{2(n+1)}=\lim_{n\to\infty}\frac{\ln n}{n+1}=0.$$

则
$$\lim_{n\to\infty}\ln n\cdot\int_0^1\frac{x^n}{1+x^2}\mathrm{d}x=0.$$

故
$$\lim_{n\to\infty}\left(1+\int_0^1\frac{x^n}{1+x^2}\mathrm{d}x\right)^{\ln n}=\mathrm{e}^0=1.$$

107 【解】 令 $t-s=u$,则 $y=\int_t^0\sin u^2(-\mathrm{d}u)=\int_0^t\sin u^2\mathrm{d}u$,所以

$$\frac{\mathrm{d}y}{\mathrm{d}x}=\frac{\frac{\mathrm{d}}{\mathrm{d}t}\left(\int_0^t\sin u^2\mathrm{d}u\right)}{\frac{\mathrm{d}}{\mathrm{d}t}\left(2\int_0^t\mathrm{e}^{-s^2}\mathrm{d}s\right)}=\frac{\sin t^2}{2\mathrm{e}^{-t^2}}=\frac{1}{2}\mathrm{e}^{t^2}\sin t^2,$$

$$\begin{aligned}\frac{\mathrm{d}^2y}{\mathrm{d}x^2}&=\frac{\mathrm{d}}{\mathrm{d}x}\left(\frac{\mathrm{d}y}{\mathrm{d}x}\right)=\frac{\mathrm{d}}{\mathrm{d}t}\left(\frac{1}{2}\mathrm{e}^{t^2}\sin t^2\right)\frac{\mathrm{d}t}{\mathrm{d}x}\\&=(t\mathrm{e}^{t^2}\sin t^2+t\mathrm{e}^{t^2}\cos t^2)\frac{1}{\frac{\mathrm{d}}{\mathrm{d}t}\left(2\int_0^t\mathrm{e}^{-s^2}\mathrm{d}s\right)}\\&=(t\mathrm{e}^{t^2}\sin t^2+t\mathrm{e}^{t^2}\cos t^2)\frac{1}{2\mathrm{e}^{-t^2}}\\&=\frac{t}{2}\mathrm{e}^{2t^2}(\sin t^2+\cos t^2),\end{aligned}$$

则 $\left.\frac{\mathrm{d}^2y}{\mathrm{d}x^2}\right|_{t=\sqrt{\pi}}=-\frac{\sqrt{\pi}\mathrm{e}^{2\pi}}{2}.$

108 【解】 令 $x=-t$,则

$$\int_{-1}^1\frac{\mathrm{d}x}{(1+\mathrm{e}^x)(1+x^2)}=\int_{-1}^1\frac{\mathrm{d}t}{(1+\mathrm{e}^{-t})(1+t^2)}=\int_{-1}^1\frac{\mathrm{e}^t\mathrm{d}t}{(1+\mathrm{e}^t)(1+t^2)},$$

故
$$\begin{aligned}\int_{-1}^1\frac{\mathrm{d}x}{(1+\mathrm{e}^x)(1+x^2)}&=\frac{1}{2}\left[\int_{-1}^1\frac{\mathrm{d}x}{(1+\mathrm{e}^x)(1+x^2)}+\int_{-1}^1\frac{\mathrm{e}^x\mathrm{d}x}{(1+\mathrm{e}^x)(1+x^2)}\right]\\&=\frac{1}{2}\int_{-1}^1\frac{\mathrm{d}x}{1+x^2}=\int_0^1\frac{\mathrm{d}x}{1+x^2}=\frac{\pi}{4}.\end{aligned}$$

109 【解】 先整理被积函数,再进行计算.

$$\begin{aligned}\int_0^{\sqrt{3}}\frac{x^4\arctan x}{x^2+1}\mathrm{d}x&=\int_0^{\sqrt{3}}\frac{(x^4-1+1)\arctan x}{x^2+1}\mathrm{d}x=\int_0^{\sqrt{3}}(x^2-1)\arctan x\mathrm{d}x+\int_0^{\sqrt{3}}\frac{\arctan x}{x^2+1}\mathrm{d}x\\&=\int_0^{\sqrt{3}}\arctan x\mathrm{d}\left(\frac{1}{3}x^3-x\right)+\int_0^{\sqrt{3}}\arctan x\mathrm{d}(\arctan x)\\&=\left(\frac{1}{3}x^3-x\right)\arctan x\Big|_0^{\sqrt{3}}-\frac{1}{3}\int_0^{\sqrt{3}}\frac{(x^2-3)x}{1+x^2}\mathrm{d}x+\frac{1}{2}\arctan^2x\Big|_0^{\sqrt{3}}\\&=-\frac{1}{3}\int_0^{\sqrt{3}}\left(x-\frac{4x}{1+x^2}\right)\mathrm{d}x+\frac{\pi^2}{18}=-\frac{1}{3}\int_0^{\sqrt{3}}x\mathrm{d}x+\frac{2}{3}\int_0^{\sqrt{3}}\frac{\mathrm{d}(1+x^2)}{1+x^2}+\frac{\pi^2}{18}\\&=-\frac{1}{2}+\frac{2}{3}\ln(1+x^2)\Big|_0^{\sqrt{3}}+\frac{\pi^2}{18}=-\frac{1}{2}+\frac{4}{3}\ln 2+\frac{\pi^2}{18}.\end{aligned}$$

110 【解】 本题考查定积分的几何意义、定积分换元法、周期函数的定积分性质.

先求 $g(x)$ 的表达式，由图形可知，线性函数 $g(x)$ 的斜率为 $k=\dfrac{0-1}{-\dfrac{1}{3}-0}=3$，

因此 $g(x)=3x+1, g'(x)=3$.

在 $\int_0^2 f(g(x))\mathrm{d}x$ 中令 $g(x)=t$，则当 $x=0$ 时 $t=1$；$x=2$ 时 $t=7$ 且 $g'(x)\mathrm{d}x=\mathrm{d}t$. 于是 $\int_0^2 f(g(x))\mathrm{d}x=\dfrac{1}{3}\int_1^7 f(t)\mathrm{d}t$.

由于函数 $f(x)$ 是以 2 为周期的连续函数，所以它在每一个周期上的积分相等，因此 $\int_1^7 f(t)\mathrm{d}t=3\int_0^2 f(t)\mathrm{d}t$. 根据积分的几何意义，$\int_0^2 f(t)\mathrm{d}t=\dfrac{1}{2}\times 2\times 1=1$.

从而 $\int_0^2 f(g(x))\mathrm{d}x=\dfrac{1}{3}\int_1^7 f(t)\mathrm{d}t=\dfrac{1}{3}\times 3\int_0^2 f(t)\mathrm{d}t=1$.

111 【解】 (1) 通过换元法求得：

$$\int_0^4 x(x-1)(x-2)(x-3)(x-4)\mathrm{d}x \xlongequal{t=x-2} \int_{-2}^2 (t+2)(t+1)t(t-1)(t-2)\mathrm{d}t$$
$$=\int_{-2}^2 t(t^2-1)(t^2-4)\mathrm{d}t,$$

因为 $t(t^2-1)(t^2-4)$ 是奇函数，所以原积分等于 0.

(2)
$$\int_0^\pi \frac{x\,|\sin x\cos x|}{1+\sin^4 x}\mathrm{d}x \xlongequal{t=\pi-x} -\int_\pi^0 \frac{(\pi-t)\,|\sin t\cos t|}{1+\sin^4 t}\mathrm{d}t$$
$$=\pi\int_0^\pi \frac{|\sin x\cos x|}{1+\sin^4 x}\mathrm{d}x-\int_0^\pi \frac{x\,|\sin x\cos x|}{1+\sin^4 x}\mathrm{d}x,$$

即 $\int_0^\pi \dfrac{x\,|\sin x\cos x|}{1+\sin^4 x}\mathrm{d}x=\dfrac{\pi}{2}\int_0^\pi \dfrac{|\sin x\cos x|}{1+\sin^4 x}\mathrm{d}x$.

因为 $|\sin x\cos x|=\left|\dfrac{1}{2}\sin 2x\right|$ 与 $\sin^4 x$ 周期都为 π. 所以

$$\int_0^\pi \frac{x\,|\sin x\cos x|}{1+\sin^4 x}\mathrm{d}x=\frac{\pi}{2}\int_0^\pi \frac{|\sin x\cos x|}{1+\sin^4 x}\mathrm{d}x=\frac{\pi}{2}\int_{-\frac{\pi}{2}}^{\frac{\pi}{2}} \frac{|\sin x\cos x|}{1+\sin^4 x}\mathrm{d}x$$
$$=\pi\int_0^{\frac{\pi}{2}} \frac{\sin x\cos x}{1+\sin^4 x}\mathrm{d}x=\frac{\pi}{2}\int_0^{\frac{\pi}{2}} \frac{\mathrm{d}(\sin^2 x)}{1+(\sin^2 x)^2}$$
$$=\frac{\pi}{2}\arctan(\sin^2 x)\Big|_0^{\frac{\pi}{2}}=\frac{\pi^2}{8}.$$

112 【解】 $I_1=\int_{-1}^1 (x^2-1)\mathrm{d}x=2\int_0^1 (x^2-1)\mathrm{d}x=-\dfrac{4}{3}$.

当 $n\geqslant 2$ 时，

$$I_n=\int_{-1}^1 (x+1)^n(x-1)^n\mathrm{d}x=\int_{-1}^1 (x-1)^n\mathrm{d}\,\frac{(x+1)^{n+1}}{n+1}$$
$$=\frac{(x+1)^{n+1}(x-1)^n}{n+1}\Big|_{-1}^1-\frac{n}{n+1}\int_{-1}^1 (x+1)^{n+1}(x-1)^{n-1}\mathrm{d}x$$
$$=-\frac{n}{n+1}\int_{-1}^1 (x+1)^2(x^2-1)^{n-1}\mathrm{d}x$$

$$=-\frac{n}{n+1}\int_{-1}^{1}(x^2-1+2x+2)(x^2-1)^{n-1}\mathrm{d}x$$

$$=-\frac{n}{n+1}I_n-\frac{2n}{n+1}\int_{-1}^{1}x(x^2-1)^{n-1}\mathrm{d}x-\frac{2n}{n+1}I_{n-1}.$$

因为 $x(x^2-1)^{n-1}$ 是奇函数，故 $\int_{-1}^{1}x(x^2-1)^{n-1}\mathrm{d}x=0$. 即

$$I_n=-\frac{n}{n+1}I_n-\frac{2n}{n+1}I_{n-1}(n\geqslant 2).$$

整理得 $I_n=-\frac{2n}{2n+1}I_{n-1}(n\geqslant 2)$. 于是可得

$$I_n=-\frac{2n}{2n+1}I_{n-1}=\left(-\frac{2n}{2n+1}\right)\left[-\frac{2(n-1)}{2n-1}\right]I_{n-2}=\cdots$$

$$=\left(-\frac{2n}{2n+1}\right)\left(-\frac{2n-2}{2n-1}\right)\left(-\frac{2n-4}{2n-3}\right)\cdots\left(-\frac{4}{5}\right)I_1$$

$$=\left(-\frac{2n}{2n+1}\right)\left(-\frac{2n-2}{2n-1}\right)\left(-\frac{2n-4}{2n-3}\right)\cdots\left(-\frac{4}{5}\right)\left(-\frac{4}{3}\right)$$

$$=2(-1)^n\cdot\frac{(2n)!!}{(2n+1)!!}=2(-1)^n\frac{[(2n)!!]^2}{(2n+1)!}$$

$$=(-1)^n\frac{(n!)^2 2^{2n+1}}{(2n+1)!}.$$

113 【证明】 因为 $\int_0^1\ln f(x+t)\mathrm{d}t\xlongequal{u=x+t}\int_x^{x+1}\ln f(u)\mathrm{d}u$. 所以只需证

$$\int_x^{x+1}\ln f(t)\mathrm{d}t-\int_0^x\ln\frac{f(t+1)}{f(t)}\mathrm{d}t=\int_0^1\ln f(t)\mathrm{d}t.$$

令 $F(x)=\int_x^{x+1}\ln f(t)\mathrm{d}t-\int_0^x\ln\frac{f(t+1)}{f(t)}\mathrm{d}t$，则 $F(x)$ 可导，且

$$F'(x)=\ln f(x+1)-\ln f(x)-\ln\frac{f(x+1)}{f(x)}=0.$$

于是存在常数 C，使 $F(x)\equiv C$.

又 $F(0)=\int_0^1\ln f(t)\mathrm{d}t$，故 $C=\int_0^1\ln f(t)\mathrm{d}t$，即 $F(x)=\int_0^1\ln f(t)\mathrm{d}t$，得证.

114 【解】 首先讨论绝对值.

当 $a\geqslant 1$ 时，

$$f(a)=\int_{-1}^{1}|x-a|\mathrm{e}^x\mathrm{d}x=\int_{-1}^{1}(a-x)\mathrm{e}^x\mathrm{d}x=a\mathrm{e}-\frac{a+2}{\mathrm{e}}.$$

当 $a\leqslant -1$ 时，

$$f(a)=\int_{-1}^{1}|x-a|\mathrm{e}^x\mathrm{d}x=\int_{-1}^{1}(x-a)\mathrm{e}^x\mathrm{d}x=\frac{a+2}{\mathrm{e}}-a\mathrm{e}.$$

当 $-1<a<1$ 时，

$$f(a)=\int_{-1}^{a}(a-x)\mathrm{e}^x\mathrm{d}x+\int_a^1(x-a)\mathrm{e}^x\mathrm{d}x=2\mathrm{e}^a-a\mathrm{e}-\frac{a+2}{\mathrm{e}}.$$

$$f(a)=\begin{cases} ae-\dfrac{a+2}{e}, & a\geqslant 1,\\ \dfrac{a+2}{e}-ae, & a\leqslant -1,\\ 2e^{a}-ae-\dfrac{a+2}{e}, & -1<a<1. \end{cases}$$

因为 $\lim\limits_{a\to 1^{+}}f(a)=\lim\limits_{a\to 1^{-}}f(a)=e-\dfrac{3}{e}=f(1)$，故 $f(a)$ 在 $a=1$ 处连续.

$$\lim_{x\to(-1)^{+}}f(a)=\lim_{x\to(-1)^{-}}f(a)=\frac{1}{e}+e=f(-1).$$

故 $f(a)$ 在 $a=-1$ 处连续. 从而 $f(x)$ 在 $(-\infty,+\infty)$ 上连续.

115 【解】 (1) 注意到 $x+1-[x+1]=x-[x]$，故 $x-[x]$ 是周期函数，且周期为 1.

$$\int_{k-1}^{k}(x-[x])\mathrm{d}x \xlongequal{u=x-(k-1)} \int_{0}^{1}(u+k-1-[u+k-1])\mathrm{d}u$$
$$=\int_{0}^{1}(u-[u])\mathrm{d}u=\int_{0}^{1}u\mathrm{d}u=\frac{1}{2}.$$

(2) 注意到 $\displaystyle\int_{0}^{1}(nx-[nx])f(x)\mathrm{d}x=\sum_{k=1}^{n}\int_{\frac{k-1}{n}}^{\frac{k}{n}}(nx-[nx])f(x)\mathrm{d}x$.

由于 $f(x)$ 在 $[0,1]$ 上单调减少，故

$$\sum_{k=1}^{n}\int_{\frac{k-1}{n}}^{\frac{k}{n}}(nx-[nx])f\left(\frac{k}{n}\right)\mathrm{d}x\leqslant\sum_{k=1}^{n}\int_{\frac{k-1}{n}}^{\frac{k}{n}}(nx-[nx])f(x)\mathrm{d}x$$
$$\leqslant\sum_{k=1}^{n}\int_{\frac{k-1}{n}}^{\frac{k}{n}}(nx-[nx])f\left(\frac{k-1}{n}\right)\mathrm{d}x. \qquad ①$$

下面计算 $\displaystyle\int_{\frac{k-1}{n}}^{\frac{k}{n}}(nx-[nx])\mathrm{d}x$.

$$\int_{\frac{k-1}{n}}^{\frac{k}{n}}(nx-[nx])\mathrm{d}x\xlongequal{t=nx}\frac{1}{n}\int_{k-1}^{k}(t-[t])\mathrm{d}t\xlongequal[\text{的结论}]{\text{第(1)问}}\frac{1}{2n}.$$

于是，由 ① 式可得，

$$\frac{1}{2n}\sum_{k=1}^{n}f\left(\frac{k}{n}\right)\leqslant\sum_{k=1}^{n}\int_{\frac{k-1}{n}}^{\frac{k}{n}}(nx-[nx])f(x)\mathrm{d}x\leqslant\frac{1}{2n}\sum_{k=1}^{n}f\left(\frac{k-1}{n}\right).$$

根据定积分的定义，$\displaystyle\lim_{n\to\infty}\frac{1}{2n}\sum_{k=1}^{n}f\left(\frac{k}{n}\right)=\lim_{n\to\infty}\frac{1}{2n}\sum_{k=1}^{n}f\left(\frac{k-1}{n}\right)=\frac{1}{2}\int_{0}^{1}f(x)\mathrm{d}x=\frac{1}{2}$，故由夹逼准则可得

$$\lim_{n\to\infty}\sum_{k=1}^{n}\int_{\frac{k-1}{n}}^{\frac{k}{n}}(nx-[nx])f(x)\mathrm{d}x=\frac{1}{2},$$

即 $\displaystyle\lim_{n\to\infty}\int_{0}^{1}(nx-[nx])f(x)\mathrm{d}x=\frac{1}{2}$.

116 【解】 因为

$$\int_{0}^{n\pi}\frac{x}{1+n^{2}\cos^{2}x}\mathrm{d}x=\frac{1}{2}\int_{0}^{n\pi}\left[\frac{x}{1+n^{2}\cos^{2}x}+\frac{n\pi-x}{1+n^{2}\cos^{2}(n\pi-x)}\right]\mathrm{d}x$$
$$=\frac{n\pi}{2}\int_{0}^{n\pi}\frac{\mathrm{d}x}{1+n^{2}\cos^{2}x},$$

$$\int_0^{n\pi}\frac{\mathrm{d}x}{1+n^2\cos^2 x}=\sum_{k=0}^{n-1}\int_{k\pi}^{(k+1)\pi}\frac{\mathrm{d}x}{1+n^2\cos^2 x}\quad(t=x-k\pi)$$

$$=\sum_{k=0}^{n-1}\int_0^{\pi}\frac{\mathrm{d}t}{1+n^2\cos^2 t}=n\int_0^{\pi}\frac{\mathrm{d}t}{1+n^2\cos^2 t},$$

所以$\lim\limits_{n\to\infty}\dfrac{1}{n}\displaystyle\int_0^{n\pi}\frac{x}{1+n^2\cos^2 x}\mathrm{d}x=\lim\limits_{n\to\infty}\frac{n\pi}{2}\int_0^{\pi}\frac{\mathrm{d}t}{1+n^2\cos^2 t}$. 且

$$\int_0^{\pi}\frac{\mathrm{d}t}{1+n^2\cos^2 t}=2\int_0^{\frac{\pi}{2}}\frac{\mathrm{d}t}{1+n^2\cos^2 t}=2\int_0^{\frac{\pi}{2}}\frac{\mathrm{d}t}{\sin^2 t+(n^2+1)\cos^2 t}$$

$$=2\int_0^{\frac{\pi}{2}}\frac{\mathrm{d}(\tan t)}{(n^2+1)+\tan^2 t}=\frac{2}{\sqrt{n^2+1}}\int_0^{\frac{\pi}{2}}\frac{\mathrm{d}\left(\dfrac{\tan t}{\sqrt{n^2+1}}\right)}{1+\left(\dfrac{\tan t}{\sqrt{n^2+1}}\right)^2}$$

$$=\frac{2}{\sqrt{n^2+1}}\arctan\frac{\tan t}{\sqrt{n^2+1}}\bigg|_0^{\frac{\pi}{2}}=\frac{\pi}{\sqrt{n^2+1}}.$$

所以$\lim\limits_{n\to\infty}\dfrac{1}{n}\displaystyle\int_0^{n\pi}\frac{x}{1+n^2\cos^2 x}\mathrm{d}x=\frac{\pi^2}{2}$.

117 【解】(1) **方法一** 因为

$$\int_{-a}^{a}f(x)\mathrm{d}x=\int_{-a}^{0}f(x)\mathrm{d}x+\int_0^a f(x)\mathrm{d}x,$$

作变量代换 $x=-t$，$\displaystyle\int_{-a}^{0}f(x)\mathrm{d}x=-\int_a^0 f(-t)\mathrm{d}t=\int_0^a f(-x)\mathrm{d}x$，所以

$$\int_{-a}^{a}f(x)\mathrm{d}x=\int_0^a[f(x)+f(-x)]\mathrm{d}x.$$

方法二 因为 $f(x)$ 为连续函数，所以

$$\frac{\mathrm{d}}{\mathrm{d}a}\int_{-a}^{a}f(x)\mathrm{d}x=f(a)+f(-a),$$

$$\frac{\mathrm{d}}{\mathrm{d}a}\int_0^a[f(x)+f(-x)]\mathrm{d}x=f(a)+f(-a),$$

显然当 $a=0$ 时，$\displaystyle\int_{-a}^{a}f(x)\mathrm{d}x=\int_0^a[f(x)+f(-x)]\mathrm{d}x=0$，所以对任意 $a\in\mathbf{R}$，

$$\int_{-a}^{a}f(x)\mathrm{d}x=\int_0^a[f(x)+f(-x)]\mathrm{d}x.$$

(2) 由(1)可知

$$\int_{-\frac{\pi}{2}}^{\frac{\pi}{2}}\frac{\sin^2 x}{1+\mathrm{e}^{-x}}\mathrm{d}x=\int_0^{\frac{\pi}{2}}\left[\frac{\sin^2 x}{1+\mathrm{e}^{-x}}+\frac{\sin^2(-x)}{1+\mathrm{e}^{x}}\right]\mathrm{d}x=\int_0^{\frac{\pi}{2}}\sin^2 x\mathrm{d}x=\frac{\pi}{4}.$$

118 【证明】(1) 设函数 $f(x)=(1+x^2)\mathrm{e}^{-x^2}$，则 $f(0)=1$. 由于 $f(x)$ 为偶函数，故只需证明在$(0,+\infty)$上，$f(x)\leqslant 1$ 即可. $f(x)$ 在$[0,+\infty)$上连续，当 $x>0$ 时，

$$f'(x)=2x\cdot\mathrm{e}^{-x^2}-2x[\mathrm{e}^{-x^2}(1+x^2)]=-2x^3\mathrm{e}^{-x^2}<0.$$

于是，$f(x)$ 在$[0,+\infty)$上单调减少，$f(x)\leqslant f(0)=1$，即 $\mathrm{e}^{-x^2}\leqslant\dfrac{1}{1+x^2}$.

因此，对任意实数 x，均有 $\mathrm{e}^{-x^2}\leqslant\dfrac{1}{1+x^2}$.

(2) 由于 $\lim\limits_{x\to+\infty}\dfrac{x^2}{e^{x^2}}\xlongequal{\text{洛必达}}\lim\limits_{x\to+\infty}\dfrac{2x}{2xe^{x^2}}=0$，故由反常积分审敛法可知$\int_0^{+\infty}e^{-x^2}dx$ 收敛.

由第(1)问可知，$e^{-x^2}\leqslant\dfrac{1}{1+x^2}$，从而 $e^{-nx^2}\leqslant\dfrac{1}{(1+x^2)^n}$. 于是，

$$\int_0^{+\infty}e^{-nx^2}dx\leqslant\int_0^{+\infty}\frac{1}{(1+x^2)^n}dx. \qquad ①$$

令 $t=\sqrt{n}x$，则

$$\int_0^{+\infty}e^{-nx^2}dx=\frac{1}{\sqrt{n}}\int_0^{+\infty}e^{-t^2}dt=\frac{1}{\sqrt{n}}\int_0^{+\infty}e^{-x^2}dx. \qquad ②$$

下面计算$\int_0^{+\infty}\dfrac{1}{(1+x^2)^n}dx$. 记 $I_n=\int_0^{+\infty}\dfrac{1}{(1+x^2)^n}dx$.

当 $n=1$ 时，$I_1=\int_0^{+\infty}\dfrac{1}{1+x^2}dx=\arctan x\Big|_0^{+\infty}=\dfrac{\pi}{2}$.

当 $n\geqslant 2$ 时，

$$\begin{aligned}I_n&=\int_0^{+\infty}\frac{1}{(1+x^2)^n}dx=\int_0^{+\infty}\frac{1+x^2-x^2}{(1+x^2)^n}dx=\int_0^{+\infty}\frac{1}{(1+x^2)^{n-1}}dx-\int_0^{+\infty}\frac{x^2}{(1+x^2)^n}dx\\&=I_{n-1}-\left[-\frac{1}{2(n-1)}\right]\int_0^{+\infty}x\,d\left[(1+x^2)^{-(n-1)}\right]\\&=I_{n-1}+\frac{1}{2(n-1)}\cdot\frac{x}{(1+x^2)^{n-1}}\Big|_0^{+\infty}-\frac{1}{2(n-1)}\int_0^{+\infty}\frac{1}{(1+x^2)^{n-1}}dx\\&=I_{n-1}-\frac{1}{2n-2}I_{n-1}=\frac{2n-3}{2n-2}I_{n-1}.\end{aligned}$$

因此，对 $n\geqslant 2$，

$$I_n=\frac{I_n}{I_{n-1}}\cdot\frac{I_{n-1}}{I_{n-2}}\cdots\frac{I_2}{I_1}\cdot I_1=\frac{\pi}{2}\cdot\frac{(2n-3)!!}{(2n-2)!!}.$$

结合 ①② 式，可得$\int_0^{+\infty}e^{-x^2}dx\leqslant\dfrac{\pi\sqrt{n}}{2}\cdot\dfrac{(2n-3)!!}{(2n-2)!!}$.

119 【证明】 $\int_0^{\frac{\pi}{2}}\dfrac{\cos x-\sin x}{1+x^2}dx=\int_0^{\frac{\pi}{4}}\dfrac{\cos x-\sin x}{1+x^2}dx+\int_{\frac{\pi}{4}}^{\frac{\pi}{2}}\dfrac{\cos x-\sin x}{1+x^2}dx$.

由于$\int_{\frac{\pi}{4}}^{\frac{\pi}{2}}\dfrac{\cos x-\sin x}{1+x^2}dx\xlongequal{t=\frac{\pi}{2}-x}\int_0^{\frac{\pi}{4}}\dfrac{\sin x-\cos x}{1+\left(\frac{\pi}{2}-x\right)^2}dx$，故

$$\begin{aligned}\int_0^{\frac{\pi}{2}}\frac{\cos x-\sin x}{1+x^2}dx&=\int_0^{\frac{\pi}{4}}\frac{\cos x-\sin x}{1+x^2}dx-\int_0^{\frac{\pi}{4}}\frac{\cos x-\sin x}{1+\left(\frac{\pi}{2}-x\right)^2}dx\\&=\int_0^{\frac{\pi}{4}}\left[\frac{\cos x-\sin x}{1+x^2}-\frac{\cos x-\sin x}{1+\left(\frac{\pi}{2}-x\right)^2}\right]dx\\&=\int_0^{\frac{\pi}{4}}\frac{(\cos x-\sin x)\left[\left(\frac{\pi}{2}-x\right)^2-x^2\right]}{(1+x^2)\left[1+\left(\frac{\pi}{2}-x\right)^2\right]}dx\end{aligned}$$

$$=\pi\int_0^{\frac{\pi}{4}}\frac{(\cos x-\sin x)\left(\frac{\pi}{4}-x\right)}{(1+x^2)\left[1+\left(\frac{\pi}{2}-x\right)^2\right]}dx.$$

当 $0\leqslant x\leqslant\frac{\pi}{4}$ 时，$\cos x-\sin x\geqslant 0$. 故 $\frac{(\cos x-\sin x)\left(\frac{\pi}{4}-x\right)}{(1+x^2)\left[1+\left(\frac{\pi}{2}-x\right)^2\right]}\geqslant 0$.

从而 $\int_0^{\frac{\pi}{2}}\frac{\cos x}{1+x^2}dx-\int_0^{\frac{\pi}{2}}\frac{\sin x}{1+x^2}dx=\pi\int_0^{\frac{\pi}{4}}\frac{(\cos x-\sin x)\left(\frac{\pi}{4}-x\right)}{(1+x^2)\left[1+\left(\frac{\pi}{2}-x\right)^2\right]}dx\geqslant 0$.

120 【证明】 (1) 对任意 x，存在 ξ，使得

$$e^x=1+x+\frac{e^\xi}{2}x^2\geqslant 1+x.$$

于是

$$e^{\sin^2 x}\geqslant 1+\sin^2 x.$$

$$\int_0^\pi e^{\sin^2 x}dx\geqslant\int_0^\pi(1+\sin^2 x)dx.$$

$$\int_0^\pi(1+\sin^2 x)dx=\pi+\frac{1}{2}\int_0^\pi(1-\cos 2x)dx=\frac{3\pi}{2}.$$

即 $\int_0^\pi e^{\sin^2 x}dx\geqslant\frac{3\pi}{2}$.

(2) $\int_0^\pi e^{\sin^2 x}dx=\int_0^{\frac{\pi}{2}}e^{\sin^2 x}dx+\int_{\frac{\pi}{2}}^\pi e^{\sin^2 x}dx$. 则

$$\int_{\frac{\pi}{2}}^\pi e^{\sin^2 x}dx\xlongequal{t=x-\frac{\pi}{2}}\int_0^{\frac{\pi}{2}}e^{\cos^2 t}dt=\int_0^{\frac{\pi}{2}}e^{\cos^2 x}dx.$$

$$\int_0^\pi e^{\sin^2 x}dx=\int_0^{\frac{\pi}{2}}e^{\sin^2 x}dx+\int_0^{\frac{\pi}{2}}e^{\cos^2 x}dx=\int_0^{\frac{\pi}{2}}(e^{\sin^2 x}+e^{\cos^2 x})dx.$$

$$e^{\sin^2 x}+e^{\cos^2 x}\geqslant 2\sqrt{e^{\sin^2 x}\cdot e^{\cos^2 x}}=2\sqrt{e}.$$

故 $\int_0^\pi e^{\sin^2 x}dx\geqslant\int_0^{\frac{\pi}{2}}2\sqrt{e}dx=\sqrt{e}\pi$.

121 【解】 (1) $g(0)=0$. 当 $x\neq 0$ 时，令 $u=tx^2$，则

$$g(x)=\int_0^{\sin x}f(tx^2)dt=\int_0^{x^2\sin x}f(u)\cdot\frac{1}{x^2}du$$
$$=\frac{1}{x^2}\int_0^{x^2\sin x}f(u)du,$$

$$g'(0)=\lim_{x\to 0}\frac{g(x)-g(0)}{x}=\lim_{x\to 0}\frac{\int_0^{x^2\sin x}f(u)du}{x^3}$$
$$=\lim_{x\to 0}\frac{f(x^2\sin x)(2x\sin x+x^2\cos x)}{3x^2}$$

$$=\frac{1}{3}\lim_{x\to 0}f(x^2\sin x)\cdot\lim_{x\to 0}\frac{2x\sin x+x^2\cos x}{x^2}=f(0).$$

于是 $g'(x)=\begin{cases}-\dfrac{2}{x^3}\displaystyle\int_0^{x^2\sin x}f(u)\mathrm{d}u+\dfrac{1}{x^2}f(x^2\sin x)(2x\sin x+x^2\cos x), & x\neq 0,\\ f(0), & x=0.\end{cases}$

(2) 当 $x\neq 0$ 时，$g'(x)$ 是连续的. 当 $x=0$ 时，

$$\begin{aligned}\lim_{x\to 0}g'(x)&=\lim_{x\to 0}\frac{1}{x^2}f(x^2\sin x)(2x\sin x+x^2\cos x)-2\lim_{x\to 0}\frac{\int_0^{x^2\sin x}f(u)\mathrm{d}u}{x^3}\\&=3f(0)-2\lim_{x\to 0}\frac{f(x^2\sin x)(2x\sin x+x^2\cos x)}{3x^2}\\&=3f(0)-2f(0)=f(0)=g'(0).\end{aligned}$$

即 $g'(x)$ 在 $x=0$ 也连续，总之 $g'(x)$ 处处连续.

122 【解】 $f(x)=x+\displaystyle\int_0^x f(t)(\sin x\cos t-\cos x\sin t)\mathrm{d}t$

$$=x+\sin x\int_0^x f(t)\cos t\mathrm{d}t-\cos x\int_0^x f(t)\sin t\mathrm{d}t. \qquad ①$$

因为 $f(x)$ 连续，所以 ① 式右端的两个变限积分都可导，从而 $f(x)$ 可导. 在 ① 式两端对 x 求导，得

$$f'(x)=1+\cos x\int_0^x f(t)\cos t\mathrm{d}t+\sin x\int_0^x f(t)\sin t\mathrm{d}t. \qquad ②$$

继续在等式两端对 x 求导，得

$$\begin{aligned}f''(x)&=-\sin x\int_0^x f(t)\cos t\mathrm{d}t+\cos x\int_0^x f(t)\sin t\mathrm{d}t+f(x)\\&=f(x)-\int_0^x f(t)\sin(x-t)\mathrm{d}t.\end{aligned}$$

代入题干中已知等式，得 $f''(x)=x$.

在 ①② 式子中取 $x=0$，得 $f(0)=0$，$f'(0)=1$.

由 $f''(x)=x$，$f'(0)=1$，可得 $f'(x)=\dfrac{1}{2}x^2+1$. 又 $f(0)=0$，故 $f(x)=\dfrac{1}{6}x^3+x$.

123 【解】 (1) 因为 $\displaystyle\lim_{x\to 0}\frac{\int_0^x f(t)\mathrm{d}t}{\int_0^x g(t)\mathrm{d}t}=\lim_{x\to 0}\frac{f(x)}{g(x)}=1$.

又 $\displaystyle\lim_{x\to a}\varphi(x)=0$，且 $f(x)$，$g(x)$ 在 $x=0$ 处连续，所以 $\displaystyle\lim_{x\to a}\frac{\int_0^{\varphi(x)}f(t)\mathrm{d}t}{\int_0^{\varphi(x)}g(t)\mathrm{d}t}=1$.

(2) $$\lim_{x\to 0}\frac{\int_0^{x^3}\ln(1+2\sin t)\mathrm{d}t}{\left[\int_0^x(\mathrm{e}^{2\sin t}-1)\mathrm{d}t\right]^3}=\lim_{x\to 0}\frac{\int_0^{x^3}\ln(1+2\sin t)\mathrm{d}t}{\int_0^{x^3}2t\mathrm{d}t}\cdot\lim_{x\to 0}\frac{\int_0^{x^3}2t\mathrm{d}t}{\left(\int_0^x 2t\mathrm{d}t\right)^3}\cdot\lim_{x\to 0}\frac{\left(\int_0^x 2t\mathrm{d}t\right)^3}{\left[\int_0^x(\mathrm{e}^{2\sin t}-1)\mathrm{d}t\right]^3}$$

$$=1\cdot\lim_{x\to 0}\frac{\int_0^{x^3}2t\mathrm{d}t}{\left(\int_0^x 2t\mathrm{d}t\right)^3}\cdot 1=\lim_{x\to 0}\frac{(x^3)^2}{(x^2)^3}=1.$$

124 【解】 (1) 先求出 $f(x)$ 的表达式. 由

$$\int_0^x f(t-x)\mathrm{d}t \xlongequal{t-x=s} \int_{-x}^0 f(s)\mathrm{d}s,$$

则
$$\int_{-x}^0 f(s)\mathrm{d}s = -\frac{x^2}{2} + \mathrm{e}^{-x} - 1.$$

两边求导得

$$f(-x) = -x - \mathrm{e}^{-x}.$$

故
$$f(x) = x - \mathrm{e}^x, x \in (-\infty, +\infty).$$

求导得
$$f'(x) = 1 - \mathrm{e}^x \begin{cases} > 0, & x < 0, \\ = 0, & x = 0, \\ < 0, & x > 0. \end{cases}$$

故 $f(0) = -1$ 是 $f(x)$ 在 $(-\infty, +\infty)$ 的最大值. $f(x)$ 在 $(-\infty, +\infty)$ 无最小值.

(2)
$$\lim_{x\to-\infty} \frac{f(x)}{x} = \lim_{x\to-\infty}\left(1 - \frac{\mathrm{e}^x}{x}\right) = 1,$$

$$\lim_{x\to-\infty}[f(x) - x] = \lim_{x\to-\infty}(-\mathrm{e}^x) = 0,$$

故 $y = f(x)$ 有斜渐近线 $y = x$.

又 $f(x)$ 无间断点, 且 $\lim\limits_{x\to+\infty}\frac{f(x)}{x} = \lim\limits_{x\to+\infty}\left(1 - \frac{\mathrm{e}^x}{x}\right) = -\infty$, 故 $y = f(x)$ 无其他渐近线.

125 【解】 显然 $f(x)$ 在 $(0, +\infty)$ 上连续, 所以, 当 $\lim\limits_{x\to0^+} f(x)$ 和 $\lim\limits_{x\to+\infty} f(x)$ 都存在时, $f(x)$ 在 $(0, +\infty)$ 上必有界.

先考虑 $\lim\limits_{x\to0^+} f(x)$, 显然, 当 $\alpha \leqslant 0$ 时, 极限 $\lim\limits_{x\to0^+} f(x) = 0$.

当 $\alpha > 0$ 时,

$$\lim_{x\to0^+} f(x) = \lim_{x\to0^+}\frac{\int_0^x |\sin t|\,\mathrm{d}t}{x^\alpha} = \lim_{x\to0^+}\frac{\sin x}{\alpha x^{\alpha-1}}$$

$$= \lim_{x\to0^+}\frac{x}{\alpha x^{\alpha-1}} = \begin{cases} 0, & \alpha < 2, \\ \frac{1}{2}, & \alpha = 2, \\ +\infty, & \alpha > 2. \end{cases}$$

总之, 当 $\alpha > 2$ 时, $\lim\limits_{x\to0^+} f(x) = +\infty$, $f(x)$ 在 $(0, +\infty)$ 上无界; 当 $\alpha \leqslant 2$ 时, $\lim\limits_{x\to0^+} f(x)$ 存在.

再考虑 $\lim\limits_{x\to+\infty} f(x)$, 当 $\alpha > 1$ 时,

$$\lim_{x\to+\infty} f(x) = \lim_{x\to+\infty}\frac{\int_0^x |\sin t|\,\mathrm{d}t}{x^\alpha} = \lim_{x\to+\infty}\frac{|\sin x|}{\alpha x^{\alpha-1}} = 0.$$

当 $\alpha = 1$ 时, 不妨设 $n\pi \leqslant x < (n+1)\pi$, 则

$$f(x) = \frac{\int_0^x |\sin t|\,\mathrm{d}t}{x} \leqslant \frac{\int_0^{(n+1)\pi} |\sin t|\,\mathrm{d}t}{n\pi} = \frac{(n+1)\int_0^\pi |\sin t|\,\mathrm{d}t}{n\pi} = \frac{2(n+1)}{n\pi} \to \frac{2}{\pi}(n\to\infty).$$

同时 $f(x) = \dfrac{\int_0^x |\sin t|\,\mathrm{d}t}{x} \geqslant \dfrac{\int_0^{n\pi} |\sin t|\,\mathrm{d}t}{(n+1)\pi} = \dfrac{n\int_0^\pi |\sin t|\,\mathrm{d}t}{(n+1)\pi} = \dfrac{2n}{(n+1)\pi} \to \dfrac{2}{\pi}(n\to\infty)$.

因此 $\lim\limits_{x\to+\infty} f(x)=\dfrac{2}{\pi}$.

当 $\alpha<1$ 时，

$$\lim_{x\to+\infty} f(x)=\lim_{x\to+\infty}\frac{\int_0^x |\sin t|\,dt}{x^{\alpha}}=\lim_{x\to+\infty}\frac{\int_0^x |\sin t|\,dt}{x}\cdot\frac{1}{x^{\alpha-1}}=+\infty.$$

总之，当 $\alpha<1$ 时，$\lim\limits_{x\to+\infty} f(x)=+\infty$，$f(x)$ 在$(0,+\infty)$上无界；当 $\alpha\geqslant 1$ 时 $\lim\limits_{x\to+\infty} f(x)$ 存在.

综合以上讨论，可知 $f(x)$ 在$(0,+\infty)$上有界，当且仅当 $1\leqslant\alpha\leqslant 2$.

126 【解】 (1) 容器的体积 $V=\pi\int_0^{h_0} x^2(y)\,dy=\pi\int_0^{h_0} 2y\,dy=\pi h_0^2$.

由 $\pi h_0^2=64\pi$，得 $h_0=8$. 选取微元$[y,y+dy]\subset[0,8]$，将该微元从容器顶部抽出，所做的功

$$dW=g\,dm\cdot(h_0-y)=g\cdot\rho dV\cdot(h_0-y)=\rho g\pi x^2dy\cdot(h_0-y),$$

所做的总功 $W=\int_0^{h_0} dW=\int_0^8 \rho g\pi\cdot 2y\cdot(8-y)\,dy=\dfrac{512\pi}{3}\cdot 10^4(\mathrm{J})$.

(2) 将水抽出 $28\pi\mathrm{m}^3$，记此时容器内水的深度为 h，有

$$\pi\int_h^{h_0} x^2(y)\,dy=\pi(h_0^2-h^2)=28\pi,$$

解得 $h=6$. 故所做总功 $W=\pi\int_6^8 2y(8-y)\,dy=\dfrac{80\pi}{3}\cdot 10^4(\mathrm{J})$.

127 【解】 曲线 $y=xe^x$，直线 $x=a(a>0)$ 与 x 轴所围平面图形的面积为

$$\int_0^a xe^x\,dx=(xe^x-e^x)\Big|_0^a=(a-1)e^a+1=1.$$

于是，$(a-1)e^a=0$，解得 $a=1$.

因此，由上述平面图形绕 x 轴旋转一周所形成的旋转体的体积为

$$V=\pi\int_0^1 (xe^x)^2\,dx=\pi\int_0^1 x^2e^{2x}\,dx=\frac{\pi}{2}\int_0^1 x^2\,d(e^{2x})=\frac{\pi}{2}\left(x^2e^{2x}\Big|_0^1-\int_0^1 2xe^{2x}\,dx\right)$$

$$=\frac{\pi}{2}\left[e^2-\int_0^1 x\,d(e^{2x})\right]=\frac{\pi}{2}\left(e^2-xe^{2x}\Big|_0^1+\int_0^1 e^{2x}\,dx\right)=\frac{\pi}{4}(e^2-1).$$

128 【证明】 令 $F(x)=\int_0^x f^3(t)\,dt$，$G(x)=\left[\int_0^x f(t)\,dt\right]^2$，则 $F(x)$，$G(x)$ 在$[0,1]$上可导，且 $G'(x)=2\int_0^x f(t)\,dt\cdot f(x)$ 在$(0,1)$内不为零.

由柯西中值定理，存在 $\eta\in(0,1)$，使

$$\frac{F(1)-F(0)}{G(1)-G(0)}=\frac{F'(\eta)}{G'(\eta)},$$

即

$$\frac{\int_0^1 f^3(x)\,dx}{\left[\int_0^1 f(x)\,dx\right]^2}=\frac{f^3(\eta)}{2\int_0^{\eta} f(x)\,dx\cdot f(\eta)}=\frac{f^2(\eta)}{2\int_0^{\eta} f(x)\,dx}.$$

进一步由柯西中值定理，可知存在 $\xi\in(0,\eta)$，使得

$$\frac{f^2(\eta)-f^2(0)}{\int_0^\eta f(x)\mathrm{d}x-0}=\frac{2f(\xi)f'(\xi)}{f(\xi)}=2f'(\xi).$$

总之，$\dfrac{\int_0^1 f^3(x)\mathrm{d}x}{\left[\int_0^1 f(x)\mathrm{d}x\right]^2}=\dfrac{f^2(\eta)}{2\int_0^\eta f(x)\mathrm{d}x}=f'(\xi)$，即$\int_0^1 f^3(x)\mathrm{d}x=f'(\xi)\left[\int_0^1 f(x)\mathrm{d}x\right]^2$.

129 【证明】 设 $F(x)=(1-x)\int_0^x f(t)\mathrm{d}t, x\in[0,1]$.

显然，因 $f(x)$ 在$[0,1]$上连续，则 $F(x)$ 在$[0,1]$上连续，在$(0,1)$内可导，且 $F(0)=F(1)=0$，满足罗尔定理的条件，故存在 $\xi\in(0,1)$，使 $F'(\xi)=0$，而

$$F'(\xi)=-\int_0^\xi f(t)\mathrm{d}t+(1-\xi)f(\xi)=0,$$

故$\int_0^\xi f(t)\mathrm{d}t=(1-\xi)f(\xi)$.

用反证法证明：当 $f(x)>0$，且单调减少时，上述 ξ 是唯一的.

设若同时存在 $\xi_1,\xi_2\in(0,1)$，$\xi_1<\xi_2$，满足

$$\int_0^{\xi_1} f(t)\mathrm{d}t=(1-\xi_1)f(\xi_1),\int_0^{\xi_2} f(t)\mathrm{d}t=(1-\xi_2)f(\xi_2),$$

两式相减，得

$$\begin{aligned}\int_{\xi_1}^{\xi_2} f(t)\mathrm{d}t&=f(\xi_2)-f(\xi_1)-\xi_2 f(\xi_2)+\xi_1 f(\xi_1)\\&=(1-\xi_2)[f(\xi_2)-f(\xi_1)]-(\xi_2-\xi_1)f(\xi_1).\end{aligned}$$

由所给条件知，$\int_{\xi_1}^{\xi_2} f(t)\mathrm{d}t>0$，而

$$(1-\xi_2)[f(\xi_2)-f(\xi_1)]-(\xi_2-\xi_1)f(\xi_1)<0,$$

矛盾！即满足等式的 ξ 是唯一的.

130 【证明】 不妨假设 $f(0)\geqslant f(1)$，此时，要证明 $|f(x)|\leqslant\max\{f(0),f(1)\}$，只需要证明 $-f(0)\leqslant f(x)\leqslant f(0)$.

注意到 $f''(x)>0$，曲线 $f(x)$ 是一条凹曲线，显然有 $f(x)\leqslant f(0)$，故只需要证明 $f(x)\geqslant -f(0)$ 即可. 进一步不妨设函数 $f(x)$ 在闭区间$[0,1]$上的最小值点为 $x=c$，因此只需要证明 $f(c)\geqslant -f(0)$ 即可.

以下分两种情形加以讨论.

情形一 当点 c 位于开区间$(0,1)$内时，构造函数

$$g(x)=\begin{cases}\dfrac{f(c)-f(0)}{c}x+f(0), & 0\leqslant x\leqslant c,\\ \dfrac{f(c)-f(1)}{c-1}(x-1)+f(1), & c<x\leqslant 1,\end{cases}$$

由于曲线 $f(x)$ 是一条凹曲线，则当 $x\in[0,1]$ 时，有 $g(x)\geqslant f(x)$，所以

$$\int_0^1 g(x)\mathrm{d}x\geqslant\int_0^1 f(x)\mathrm{d}x=0,$$

即
$$\int_0^c\left[\frac{f(c)-f(0)}{c}x+f(0)\right]\mathrm{d}x+\int_c^1\left[\frac{f(c)-f(1)}{c-1}(x-1)+f(1)\right]\mathrm{d}x\geqslant 0,$$

即有

$$\frac{f(c)-f(0)}{c}\cdot\frac{c^2}{2}+cf(0)-\frac{f(c)-f(1)}{c-1}\cdot\frac{(c-1)^2}{2}+f(1)(1-c)\geqslant 0,$$

化简可得
$$cf(0)+(1-c)f(1)+f(c)\geqslant 0.$$

注意到 $f(0)\geqslant f(1)$，则有
$$cf(0)+(1-c)f(0)+f(c)\geqslant 0, f(c)\geqslant -f(0).$$

情形二　当点 $c=1$ 时，构造函数
$$h(x)=[f(1)-f(0)]x+f(0), 0\leqslant x\leqslant 1.$$

类似地，有
$$\int_0^1 h(x)\mathrm{d}x\geqslant\int_0^1 f(x)\mathrm{d}x=0.$$

即
$$\int_0^1\{[f(1)-f(0)]x+f(0)\}\mathrm{d}x\geqslant 0\Rightarrow f(1)+f(0)\geqslant 0.$$

此时也有
$$f(c)=f(1)\geqslant -f(0).$$

综上，命题得证.

131　【证明】　令 $F(x)=\int_0^x f(t)\mathrm{d}t$，则 $\varphi(x)=F'(x)F(x)$，易见
$$\varphi(0)=f(0)\cdot\int_0^0 f(t)\mathrm{d}t=0.$$

因为 $\varphi(x)$ 单调减少，所以当 $x>0$ 时，$\varphi(x)\leqslant 0$，当 $x<0$ 时，$\varphi(x)\geqslant 0$.

当 $x>0$ 时，$\varphi(x)\leqslant 0$，于是 $\int_0^x\varphi(t)\mathrm{d}t\leqslant 0$（易见 $\varphi(x)$ 连续，故可积），即
$$\int_0^x F'(t)F(t)\mathrm{d}t=\frac{1}{2}[F^2(x)-F^2(0)]=\frac{1}{2}F^2(x)\leqslant 0.$$

故当 $x>0$ 时，$F(x)\equiv 0$.

当 $x<0$ 时，$\varphi(x)\geqslant 0$，于是 $\int_x^0\varphi(t)\mathrm{d}t=-\int_0^x\varphi(t)\mathrm{d}t\geqslant 0$，即
$$\int_0^x\varphi(t)\mathrm{d}t=\int_0^x F'(t)F(t)\mathrm{d}t=\frac{1}{2}F^2(x)\leqslant 0.$$

故当 $x<0$ 时，$F(x)\equiv 0$. 易见 $F(0)=0$.

综上，$F(x)=\int_0^x f(t)\mathrm{d}t\equiv 0$，故 $F'(x)=f(x)\equiv 0$.

132　【证明】　(1) 令 $F(x)=\int_x^{1-x}f(t)\mathrm{d}t$，则 $F(x)$ 在 $[0,1]$ 上可导，且
$$F(0)=\int_0^1 f(x)\mathrm{d}x=0, F(1)=-\int_0^1 f(x)\mathrm{d}x=0.$$

由罗尔定理可知，存在 $\xi\in(0,1)$，使 $F'(\xi)=0$. 且
$$F'(x)=-f(1-x)-f(x).$$

即 $f(1-\xi)+f(\xi)=0$.

(2) 令 $F(x)=\begin{cases}\dfrac{\int_0^x f(t)\mathrm{d}t}{x}, & 0<x\leqslant 1,\\ 0, & x=0.\end{cases}$ 则

$$\lim_{x\to0^+}F(x)=\lim_{x\to0^+}\frac{\int_0^x f(t)\mathrm{d}t}{x}=\lim_{x\to0^+}f(x)=f(0)=0=F(0).$$

这说明 $F(x)$ 在 $x=0$ 处右连续. 总之,$F(x)$ 在$[0,1]$上连续,在 $(0,1)$ 内可导,$F(0)=F(1)=0$. 由罗尔定理可知,存在 $\eta\in(0,1)$,使 $F'(\eta)=0$. 且

$$F'(x)=\frac{xf(x)-\int_0^x f(t)\mathrm{d}t}{x^2}.$$

即 $\eta f(\eta)-\int_0^\eta f(x)\mathrm{d}x=0$. 即$\int_0^\eta f(x)\mathrm{d}x=\eta f(\eta)$.

133 【证明】 令 $F(x)=\int_{x_0}^x f(t)\mathrm{d}t, x\in(a,b)$. 则对任意 $x_0\in(a,b)$,存在 ξ_x 在 x_0 与 x 之间,使得

$$\begin{aligned}F(x)&=F(x_0)+F'(x_0)(x-x_0)+\frac{F''(x_0)}{2}(x-x_0)^2+\frac{F'''(\xi_x)}{6}(x-x_0)^3\\&=f(x_0)(x-x_0)+\frac{f'(x_0)}{2}(x-x_0)^2+\frac{f''(\xi_x)}{6}(x-x_0)^3.\end{aligned}$$

分别取 $x=x_0+r, x=x_0-r$,则存在 $\xi_1\in(x_0,x_0+r),\xi_2\in(x_0-r,x_0)$,使

$$F(x_0+r)=f(x_0)r+\frac{f'(x_0)}{2}r^2+\frac{f''(\xi_1)}{6}r^3. \quad ①$$

$$F(x_0-r)=f(x_0)(-r)+\frac{f'(x_0)}{2}r^2+\frac{f''(\xi_2)}{6}(-r)^3. \quad ②$$

① − ② 得

$$\int_{x_0-r}^{x_0+r}f(x)\mathrm{d}x=2f(x_0)r+\frac{f''(\xi_1)+f''(\xi_2)}{6}r^3.$$

因为 $f''(x)$ 连续,所以存在 $\xi\in[\xi_2,\xi_1]\subset(x_0-r,x_0+r)$,使 $f''(\xi)=\frac{f''(\xi_1)+f''(\xi_2)}{2}$,即 $\int_{x_0-r}^{x_0+r}f(x)\mathrm{d}x=2f(x_0)r+\frac{f''(\xi)}{3}r^3$. 整理得

$$\begin{aligned}f''(\xi)&=\frac{3}{r^3}\left[\int_{x_0-r}^{x_0+r}f(x)\mathrm{d}x-2f(x_0)r\right]\\&=\frac{3}{r^3}\int_{x_0-r}^{x_0+r}[f(x)-f(x_0)]\mathrm{d}x.\end{aligned}$$

134 【证明】 **方法一** 令 $F(x)=\int_0^x(x^2-t^2)f(t)\mathrm{d}t$,则

$$F(0)=F(1)=0.$$

由罗尔定理知 $\exists\,\xi\in(0,1)$,使 $F'(\xi)=0$.

$$F(x)=x^2\int_0^x f(t)\mathrm{d}t-\int_0^x t^2f(t)\mathrm{d}t,$$

$$F'(x)=2x\int_0^x f(t)\mathrm{d}t+x^2f(x)-x^2f(x)=2x\int_0^x f(t)\mathrm{d}t,$$

则 $\int_0^\xi f(x)\mathrm{d}x=0$.

方法二 $\int_0^1 x^2 f(x)\mathrm{d}x = \int_0^1 x^2 \mathrm{d}\left[\int_0^x f(t)\mathrm{d}t\right]$

$$= x^2\int_0^x f(t)\mathrm{d}t\Big|_0^1 - 2\int_0^1\left[x\int_0^x f(t)\mathrm{d}t\right]\mathrm{d}x$$

$$= \int_0^1 f(t)\mathrm{d}t - 2\int_0^1\left[x\int_0^x f(t)\mathrm{d}t\right]\mathrm{d}x,$$

则$\int_0^1\left[x\int_0^x f(t)\mathrm{d}t\right]\mathrm{d}x = 0.$

由积分中值定理得$\int_0^1\left[x\int_0^x f(t)\mathrm{d}t\right]\mathrm{d}x = \xi\int_0^\xi f(t)\mathrm{d}t, \xi\in(0,1)$，则$\int_0^\xi f(x)\mathrm{d}x = 0.$

135 **【证明】** $\int_1^a f\left(x^2+\frac{a^2}{x^2}\right)\frac{\mathrm{d}x}{x} \xlongequal{t=x^2} \int_1^{a^2} f\left(t+\frac{a^2}{t}\right)\cdot\frac{1}{\sqrt{t}}(\sqrt{t})'\mathrm{d}t$

$$= \int_1^{a^2} f\left(t+\frac{a^2}{t}\right)\cdot\frac{1}{\sqrt{t}}\cdot\frac{1}{2\sqrt{t}}\mathrm{d}t$$

$$= \frac{1}{2}\int_1^a f\left(x+\frac{a^2}{x}\right)\frac{\mathrm{d}x}{x} + \frac{1}{2}\int_a^{a^2} f\left(x+\frac{a^2}{x}\right)\frac{\mathrm{d}x}{x}.$$

下面证明$\int_a^{a^2} f\left(x+\frac{a^2}{x}\right)\frac{\mathrm{d}x}{x} = \int_1^a f\left(x+\frac{a^2}{x}\right)\frac{\mathrm{d}x}{x}.$

令 $u=\frac{a^2}{x}$，即 $x=\frac{a^2}{u}$. 则

$$\int_a^{a^2} f\left(x+\frac{a^2}{x}\right)\frac{\mathrm{d}x}{x} = \int_a^1 f\left(\frac{a^2}{u}+u\right)\frac{u}{a^2}\left(\frac{a^2}{u}\right)'\mathrm{d}u$$

$$= \int_a^1 f\left(\frac{a^2}{u}+u\right)\cdot\frac{u}{a^2}\left(-\frac{a^2}{u^2}\right)\mathrm{d}u$$

$$= \int_1^a f\left(\frac{a^2}{u}+u\right)\cdot\frac{\mathrm{d}u}{u}$$

$$= \int_1^a f\left(x+\frac{a^2}{x}\right)\frac{\mathrm{d}x}{x}.$$

综上，$\int_1^a f\left(x^2+\frac{a^2}{x^2}\right)\frac{\mathrm{d}x}{x} = \int_1^a f\left(x+\frac{a^2}{x}\right)\frac{\mathrm{d}x}{x}.$

136 **【解】** 当 $x>0$ 时，

$$\int\frac{1}{(1+x^4)\sqrt[4]{1+x^4}}\mathrm{d}x = \int\frac{1}{(1+x^4)^{\frac{5}{4}}}\mathrm{d}x$$

$$= \int\frac{\mathrm{d}x}{x^5\left(1+\frac{1}{x^4}\right)^{\frac{5}{4}}} = -\frac{1}{4}\int\frac{\mathrm{d}\left(1+\frac{1}{x^4}\right)}{\left(1+\frac{1}{x^4}\right)^{\frac{5}{4}}}$$

$$= \left(1+\frac{1}{x^4}\right)^{-\frac{1}{4}} + C = \frac{x}{\sqrt[4]{1+x^4}} + C.$$

故$\int_1^{+\infty}\frac{1}{(1+x^4)\sqrt[4]{1+x^4}}\mathrm{d}x = \lim\limits_{A\to+\infty}\int_1^A\frac{1}{(1+x^4)\sqrt[4]{1+x^4}}\mathrm{d}x$

$$= \lim_{A\to+\infty}\left(\frac{x}{\sqrt[4]{1+x^4}}\Big|_1^A\right) = \lim_{A\to+\infty}\frac{A}{\sqrt[4]{1+A^4}} - \frac{1}{\sqrt[4]{2}}$$

$$= 1 - \frac{1}{\sqrt[4]{2}}.$$

137 【解】 由定积分的几何意义可知，$a = 2\int_0^2 \sqrt{2x - x^2}\,\mathrm{d}x = 2 \cdot \frac{\pi}{2} = \pi$.

微分方程 $f''(x) + \pi f'(x) + f(x) = 0$ 的特征方程为

$$r^2 + \pi r + 1 = 0,$$

$$r_{1,2} = \frac{-\pi \pm \sqrt{\pi^2 - 4}}{2},$$

则 $f(x) = C_1 \mathrm{e}^{r_1 x} + C_2 \mathrm{e}^{r_2 x}$，其中 $r_1 < 0, r_2 < 0$. 由此可知

$$\lim_{x \to +\infty} f(x) = \lim_{x \to +\infty} f'(x) = 0.$$

由 $f''(x) + \pi f'(x) + f(x) = 0$ 可知，$f(x) = -f''(x) - \pi f'(x)$，则

$$\int_0^{+\infty} f(x)\,\mathrm{d}x = -\int_0^{+\infty} [f''(x) + \pi f'(x)]\,\mathrm{d}x = -[f'(x) + \pi f(x)]\Big|_0^{+\infty}$$

$$= f'(0) + \pi f(0) = \beta + \pi\alpha.$$

138 【答案】 B

【分析】 **方法一** 令 $x = \frac{1}{t}$，则

$$\text{原式} = \int_{+\infty}^0 \frac{-t^{-2}}{(1 + t^{-\alpha})(1 + t^{-2})}\,\mathrm{d}t = \int_0^{+\infty} \frac{t^\alpha}{(1 + t^\alpha)(1 + t^2)}\,\mathrm{d}t$$

$$= \int_0^{+\infty} \frac{\mathrm{d}t}{1 + t^2} - \int_0^{+\infty} \frac{\mathrm{d}t}{(1 + t^\alpha)(1 + t^2)},$$

移项得

$$\int_0^{+\infty} \frac{\mathrm{d}x}{(1 + x^2)(1 + x^\alpha)} = \frac{1}{2}\int_0^{+\infty} \frac{\mathrm{d}t}{1 + t^2} = \frac{\pi}{4}.$$

故反常积分收敛.

方法二 ① 当 $\alpha > 0$ 时，有 $\lim\limits_{x \to +\infty} \frac{x^{2+\alpha}}{(1 + x^2)(1 + x^\alpha)} = 1$，此时 $2 + \alpha > 1$，反常积分收敛.

② 当 $\alpha < 0$ 时，有 $\lim\limits_{x \to +\infty} x^2 \cdot \frac{1}{(1 + x^2)(1 + x^\alpha)} = 1$，此时 $2 > 1$，反常积分收敛.

③ 当 $\alpha = 0$ 时，反常积分显然收敛.

故该反常积分收敛与 α 无关，应选(B).

139 【解】 $\forall A > 1$，有 $f(A) = f(1) + \int_1^A f'(x)\,\mathrm{d}x$.

由题设知 $\lim\limits_{A \to +\infty} f(A) = f(1) + \lim\limits_{A \to +\infty}\int_1^A f'(x)\,\mathrm{d}x = f(1) + \int_1^{+\infty} f'(x)\,\mathrm{d}x = a$，其中 a 是一个常数.

又因为 $\int_1^{+\infty} f(x)\,\mathrm{d}x$ 收敛，且存在极限 $\lim\limits_{x \to +\infty} f(x) = a$，必有极限值 $a = 0$，即 $\lim\limits_{x \to +\infty} f(x) = 0$.

140 【答案】 A

【分析】 因 $\int_0^1 \frac{\mathrm{d}x}{\sqrt{x}(1 + x)} = 2\int_0^1 \frac{\mathrm{d}\sqrt{x}}{1 + (\sqrt{x})^2} = 2\arctan\sqrt{x}\Big|_0^1 = \frac{\pi}{2}$，收敛.

同理$\int_1^{+\infty}\dfrac{\mathrm{d}x}{\sqrt{x}(1+x)}=2\arctan\sqrt{x}\Big|_1^{+\infty}=\dfrac{\pi}{2}$,也收敛.故选项(A)正确.

141 【解】 分别讨论$\int_1^2\dfrac{1}{x^p\ln^q x}\mathrm{d}x$与$\int_2^{+\infty}\dfrac{1}{x^p\ln^q x}\mathrm{d}x$的敛散性.

先讨论$\int_1^2\dfrac{1}{x^p\ln^q x}\mathrm{d}x$的敛散性($x=1$是瑕点),因为

$$\begin{aligned}\lim_{x\to1^+}(x-1)^q\cdot\frac{1}{x^p\ln^q x}&=\lim_{x\to1^+}\frac{(x-1)^q}{\ln^q(1+x-1)}\\&=\lim_{x\to1^+}\frac{(x-1)^q}{(x-1)^q}=1,\end{aligned}$$

所以$\int_1^2\dfrac{1}{x^p\ln^q x}\mathrm{d}x$与$\int_1^2\dfrac{1}{(x-1)^q}\mathrm{d}x$同敛散,当$0<q<1$时是收敛的,当$q\geqslant1$时发散.

再讨论$\int_2^{+\infty}\dfrac{1}{x^p\ln^q x}\mathrm{d}x$的敛散性(在$0<q<1$的前提下).

当$p>1$时,因为$\int_2^{+\infty}\dfrac{1}{x^p}\mathrm{d}x$收敛,且$\lim\limits_{x\to+\infty}x^p\cdot\dfrac{1}{x^p\ln^q x}=0$,所以$\int_2^{+\infty}\dfrac{1}{x^p\ln^q x}\mathrm{d}x$收敛.

当$p=1$时,$\int_2^{+\infty}\dfrac{1}{x^p\ln^q x}\mathrm{d}x=\int_2^{+\infty}\dfrac{1}{\ln^q x}\mathrm{d}(\ln x)=\dfrac{\ln^{1-q}x}{1-q}\Big|_2^{+\infty}=+\infty$,发散.

当$0<p<1$时,因为$\lim\limits_{x\to+\infty}x\cdot\dfrac{1}{x^p\ln^q x}=\lim\limits_{x\to+\infty}\dfrac{x^{1-p}}{\ln^q x}=+\infty$,而$\int_2^{+\infty}\dfrac{1}{x}\mathrm{d}x$发散,故$\int_2^{+\infty}\dfrac{1}{x^p\ln^q x}\mathrm{d}x$也发散.

综上:当$p>0,q\geqslant1$时,原积分发散.

当$0<q<1$且$p>1$时,原积分收敛.

当$0<q<1$且$0<p\leqslant1$时,原积分发散.

142 【解】 依题意可知$V(t)=\pi\int_1^t f^2(x)\mathrm{d}x=\dfrac{\pi}{3}[t^2f(t)-f(1)]$.即

$$3\int_1^t f^2(x)\mathrm{d}x=t^2f(t)-f(1)(t>1).$$

由上式可知$f(t)$可导,两端对t求导,得

$$3f^2(t)=2tf(t)+t^2f'(t),$$

即$y=f(x)$是满足初值问题$\begin{cases}3y^2=2xy+x^2y',\\y(1)=-\dfrac{1}{2}\end{cases}$的解.化简得

$$x^2y'=3y^2-2xy,y'=3\left(\frac{y}{x}\right)^2-2\frac{y}{x}.$$

令$u=\dfrac{y}{x}$,得$u+x\dfrac{\mathrm{d}u}{\mathrm{d}x}=3u^2-2u$,即

$$x\frac{\mathrm{d}u}{\mathrm{d}x}=3u^2-3u=3u(u-1).$$

当$u\neq0,u\neq1$时,有$\dfrac{\mathrm{d}u}{u(u-1)}=\dfrac{3\mathrm{d}x}{x}$,即

$$\left(\frac{1}{u-1}-\frac{1}{u}\right)\mathrm{d}u=\frac{3}{x}\mathrm{d}x,$$

两边积分，得$\dfrac{u-1}{u}=Cx^3$，代入 $u=\dfrac{y}{x}$，得 $y-x=Cx^3y$.

由 $y(1)=-\dfrac{1}{2}$，得 $C=3$.

总之，$f(x)=\dfrac{x}{1-3x^3}(x\geqslant 1)$.

143 【解】 由 $0\leqslant\left|\dfrac{x^2y}{\sqrt{x^4+y^2}}\right|\leqslant\left|\dfrac{x^2y}{\sqrt{x^4}}\right|=|y|$.

$\lim\limits_{y\to 0}|y|=0$，所以由夹逼准则，

$$\lim_{(x,y)\to(0,0)}f(x,y)=\lim_{(x,y)\to(0,0)}\frac{x^2y}{\sqrt{x^4+y^2}}=0.$$

又因为 $f(0,0)=0$，

$$\lim_{(x,y)\to(0,0)}f(x,y)=f(0,0)=0,$$

所以，$f(x,y)$ 在原点处连续.

$$f'_x(0,0)=\lim_{x\to 0}\frac{f(x,0)-f(0,0)}{x-0}=0.$$

同理得 $$f'_y(0,0)=0.$$

$$\lim_{(x,y)\to(0,0)}\frac{f(x,y)-f(0,0)-f'_x(0,0)x-f'_y(0,0)y}{\sqrt{x^2+y^2}}=\lim_{(x,y)\to(0,0)}\frac{x^2y}{\sqrt{x^4+y^2}\sqrt{x^2+y^2}},\quad ①$$

$$0\leqslant\frac{|x^2y|}{\sqrt{x^4+y^2}\sqrt{x^2+y}}\leqslant\frac{|x^2y|}{|y||x|}=|x|.$$

由夹逼准则知 ① 式极限为 0，故 $f(x,y)$ 在原点处可微.

144 【解】 由 $f(x,y)$ 在 $(0,0)$ 点连续，且$\lim\limits_{\substack{x\to 0\\y\to 0}}\dfrac{f(x,y)+3x-4y}{(x^2+y^2)^{\alpha}}=2(\alpha>0)$，可知 $f(0,0)=0$.

若 $\alpha>\dfrac{1}{2}$，则

$$2=\lim_{\substack{x\to 0\\y\to 0}}\frac{f(x,y)+3x-4y}{(x^2+y^2)^{\alpha}}=\lim_{\substack{x\to 0\\y\to 0}}\frac{f(x,y)+3x-4y}{\sqrt{x^2+y^2}}\cdot\frac{1}{(x^2+y^2)^{\alpha-\frac{1}{2}}}.$$

由于$\lim\limits_{\substack{x\to 0\\y\to 0}}\dfrac{1}{(x^2+y^2)^{\alpha-\frac{1}{2}}}=\infty$，则

$$\lim_{\substack{x\to 0\\y\to 0}}\frac{f(x,y)+3x-4y}{\sqrt{x^2+y^2}}=0,$$

即 $f(x,y)+3x-4y=o(\rho)$，

$$f(x,y)-f(0,0)=-3x+4y+o(\rho),$$

故 $f(x,y)$ 在 $(0,0)$ 点可微.

若 $\alpha=\dfrac{1}{2}$，则

$$\lim_{\substack{x\to 0\\y\to 0}}\frac{f(x,y)+3x-4y}{(x^2+y^2)^{\frac{1}{2}}}=2.$$

在上式中令 $y=0$，则

$$\lim_{x\to 0}\frac{f(x,0)+3x}{|x|}=2,$$

即 $\lim\limits_{x\to 0^+}\dfrac{f(x,0)}{x}=-1$，$\lim\limits_{x\to 0^-}\dfrac{f(x,0)}{x}=-5$，又 $f(0,0)=0$，则

$$\lim_{x\to 0^+}\frac{f(x,0)-f(0,0)}{x}=-1,\ \lim_{x\to 0^-}\frac{f(x,0)-f(0,0)}{x}=-5,$$

从而 $f'_x(0,0)$ 不存在，则 $f(x,y)$ 在 $(0,0)$ 点不可微.

同理可得，当 $\alpha<\dfrac{1}{2}$ 时，$f(x,y)$ 在 $(0,0)$ 点不可微.

145 【分析】 对于充分性，令 $u=ax+by$，$v=y$，得 $x=\dfrac{u-bv}{a}$，$y=v$ 转化为证明函数 $z=f\left(\dfrac{u-bv}{a},v\right)$ 与 v 无关，只是关于 u 的函数，即证明 $\dfrac{\partial z}{\partial v}=0$.

【证明】 **必要性** 由 $f(x,y)=g(ax+by)$，得

$$\frac{\partial z}{\partial x}=ag',\frac{\partial z}{\partial y}=bg',$$

所以，有 $b\dfrac{\partial z}{\partial x}=a\dfrac{\partial z}{\partial y}$.

充分性 令 $u=ax+by$，$v=y$，得 $x=\dfrac{u-bv}{a}$，$y=v$，

$$z=f(x,y)=f\left(\frac{u-bv}{a},v\right),\frac{\partial z}{\partial v}=-\frac{b}{a}f'_x+f'_y=\frac{1}{a}\left(-b\frac{\partial z}{\partial x}+a\frac{\partial z}{\partial y}\right)=0.$$

所以 $z=f(x,y)=f\left(\dfrac{u-bv}{a},v\right)$ 与 v 无关，只是关于 u 的函数，即存在可微函数 $g(u)$，使 $f(x,y)=g(ax+by)$.

146 【解】 $\dfrac{\partial^2 z}{\partial x\partial y}=\dfrac{\partial}{\partial y}\left(\dfrac{\partial z}{\partial x}\right)=0$ 两边对 y 积分得 $\dfrac{\partial z}{\partial x}=C(x)$. 又 $z(x,0)=\sin x$，所以，

$$\left.\frac{\partial z}{\partial x}\right|_{y=0}=C(x)=\frac{\mathrm{d}}{\mathrm{d}x}z(x,0)=\cos x,$$

即
$$C(x)=\cos x,\frac{\partial z}{\partial x}=\cos x,$$

两边对 x 积分得
$$z(x,y)=\sin x+g(y).$$

又 $z(0,y)=g(y)=\sin y$，所以 $z(x,y)=\sin x+\sin y$.

147 【答案】 B

【分析】 由已知，$x=x_0$ 是函数 $g(x)=f(x,y_0)$ 的极大值点，则有

$$g'(x_0)=\left.\frac{\mathrm{d}}{\mathrm{d}x}f(x,y_0)\right|_{x=x_0}=\left.\frac{\partial f}{\partial x}\right|_{M_0}=0,$$

$$g''(x_0)=\left.\frac{\mathrm{d}^2}{\mathrm{d}x^2}f(x,y_0)\right|_{x=x_0}=\left.\frac{\partial^2 f}{\partial x^2}\right|_{M_0}\leqslant 0.$$

（若 $g''(x_0)>0$，则 $x=x_0$ 是 $g(x)$ 的极小值点，与已知相矛盾.）

同理，$y=y_0$ 是函数 $h(y)=f(x_0,y)$ 的极大值点，且 $h''(y_0)=\dfrac{\mathrm{d}^2}{\mathrm{d}y^2}f(x_0,y)=\left.\dfrac{\partial^2 f}{\partial y^2}\right|_{M_0}\leqslant 0$.

因此，应选(B).

148 【分析】 用偏导数的定义求 $f(x,y)$ 在(0,0)处的偏导数，再利用可微的充分必要条件判断是否可微.

【解】 利用偏导数的定义

$$f'_x(0,0)=\lim_{x\to 0}\frac{f(x,0)-f(0,0)}{x}=\lim_{x\to 0}\frac{\varphi(|x\cdot 0|)-\varphi(0)}{x}=0,$$

同理 $f'_y(0,0)=0$，而

$$\frac{f(x,y)-f(0,0)-f'_x(0,0)x-f'_y(0,0)y}{\sqrt{x^2+y^2}}=\frac{f(x,y)}{\sqrt{x^2+y^2}}=\frac{\varphi(|xy|)}{\sqrt{x^2+y^2}}.$$

由已知在 $u=0$ 的某邻域内 $|\varphi(u)|\leqslant u^2$，得

$$\left|\frac{f(x,y)-f(0,0)-f'_x(0,0)x-f'_y(0,0)y}{\sqrt{x^2+y^2}}\right|=\frac{|\varphi(|xy|)|}{\sqrt{x^2+y^2}}\leqslant\frac{|xy|^2}{\sqrt{x^2+y^2}}.$$

由重要不等式 $|xy|^2=x^2y^2\leqslant\left(\frac{x^2+y^2}{2}\right)^2=\frac{(x^2+y^2)^2}{4}$，得

$$\left|\frac{f(x,y)-f(0,0)-f'_x(0,0)x-f'_y(0,0)y}{\sqrt{x^2+y^2}}\right|\leqslant\frac{(x^2+y^2)^{\frac{3}{2}}}{4}\to 0\begin{pmatrix}x\to 0\\ y\to 0\end{pmatrix}.$$

所以 $$\lim_{\substack{x\to 0\\ y\to 0}}\frac{f(x,y)-f(0,0)-f'_x(0,0)x-f'_y(0,0)y}{\sqrt{x^2+y^2}}=0,$$

由可微的充分必要条件知，$f(x,y)$ 在(0,0)处可微，且 $f(x,y)$ 在(0,0)处的全微分

$$\mathrm{d}f(0,0)=f'_x(0,0)\mathrm{d}x+f'_y(0,0)\mathrm{d}y=0.$$

【评注】 本题中还可利用其他方法计算 $\lim\limits_{\substack{x\to 0\\ y\to 0}}\frac{|xy|^2}{\sqrt{x^2+y^2}}=0$，如

$$\lim_{\substack{x\to 0\\ y\to 0}}\frac{|xy|^2}{\sqrt{x^2+y^2}}=\lim_{r\to 0}\frac{r^4\sin^2\theta\cos^2\theta}{r}=\frac{1}{4}\lim_{r\to 0}r^3\sin^2 2\theta=0.$$

149 【分析】 利用可微的定义，如：$g(x,y)-g(0,0)=g'_x(0,0)x+g'_y(0,0)y+o(\sqrt{x^2+y^2})$.

【证明】 由 $\mathrm{d}g(0,0)=0$，可得 $g'_x(0,0)=g'_y(0,0)=0$，因而

$$g(x,y)-g(0,0)=g'_x(0,0)x+g'_y(0,0)y+o(\sqrt{x^2+y^2}),$$

即 $$g(x,y)=o(\sqrt{x^2+y^2}).$$

用偏导数的定义

$$f'_x(0,0)=\lim_{x\to 0}\frac{f(x,0)-f(0,0)}{x}=\lim_{x\to 0}\frac{g(x,0)}{x}\sin\frac{1}{\sqrt{x^2}}$$

$$=\lim_{x\to 0}\frac{o(\sqrt{x^2})}{x}\sin\frac{1}{\sqrt{x^2}}=\lim_{x\to 0}\frac{o(\sqrt{x^2})}{\sqrt{x^2}}\cdot\frac{\sqrt{x^2}}{x}\sin\frac{1}{\sqrt{x^2}}=0.$$

同理 $$f'_y(0,0)=0,$$

由于 $\lim\limits_{\rho\to 0}\frac{f(x,y)-f(0,0)-[f'_x(0,0)\cdot x+f'_y(0,0)\cdot y]}{\rho}=\lim\limits_{\rho\to 0}\frac{g(x,y)}{\rho}\sin\frac{1}{\sqrt{x^2+y^2}}=0$，其中 $\rho=\sqrt{x^2+y^2}$. 故 $f(x,y)$ 在点(0,0)处可微，且 $\mathrm{d}f(0,0)=0$.

150 【证明】 由于极限$\lim\limits_{\substack{x\to 0\\y\to 0}}f(x,y)$存在，设$\lim\limits_{\substack{x\to 0\\y\to 0}}f(x,y)=c$，则$f(x,y)=c+\alpha(x,y)$，其中$\lim\limits_{\substack{x\to 0\\y\to 0}}\alpha(x,y)=0$.

又$g(x,y)$在点$(0,0)$处可微，且$g(0,0)=0$.则

$$g(x,y)-g(0,0)=g(x,y)=ax+by+o(\rho).$$

因此

$$\begin{aligned}z(x,y)-z(0,0)&=f(x,y)g(x,y)-f(0,0)g(0,0)\\&=f(x,y)g(x,y)\\&=[c+\alpha(x,y)][ax+by+o(\rho)]\\&=acx+bcy+\{\alpha(x,y)[ax+by+o(\rho)]+c\cdot o(\rho)\}.\end{aligned}$$

又$\left|\dfrac{\alpha(x,y)(ax+by)}{\rho}\right|\leqslant|\alpha(x,y)|(|a|+|b|)$，则

$$\lim_{\substack{x\to 0\\y\to 0}}\frac{\alpha(x,y)(ax+by)}{\rho}=0,$$

从而$\lim\limits_{\substack{x\to 0\\y\to 0}}\dfrac{\alpha(x,y)[ax+by+o(\rho)]+c\cdot o(\rho)}{\rho}=0$，即

$$z(x,y)-z(0,0)=acx+bcy+o(\rho)=Ax+By+o(\rho),$$

则$z=f(x,y)\cdot g(x,y)$在$(0,0)$处可微.

151 【解】 对$f(tu,tv)=t^2f(u,v)$，两边对t求导得

$$uf_1'(tu,tv)+vf_2'(tu,tv)=2tf(u,v).$$

令$u=1,v=2,t=1$得

$$f_1'(1,2)+2f_2'(1,2)=2f(1,2)\Rightarrow 3+2f_2'(1,2)=0\Rightarrow f_2'(1,2)=-\frac{3}{2},$$

所以

$$\begin{aligned}&\lim_{x\to 0}\frac{1}{x}\int_0^x[1+f(t-\sin t+1,\sqrt{1+t^3}+1)]^{\frac{1}{\ln(1+t^3)}}\mathrm{d}t\\&=\lim_{x\to 0}[1+f(x-\sin x+1,\sqrt{1+x^3}+1)]^{\frac{1}{\ln(1+x^3)}}\\&=\mathrm{e}^{\lim\limits_{x\to 0}\frac{1}{\ln(1+x^3)}\ln[1+f(x-\sin x+1,\sqrt{1+x^3}+1)]}.\end{aligned}$$

记$g(x)=\dfrac{\ln[1+f(x-\sin x+1,\sqrt{1+x^3}+1)]}{\ln(1+x^3)}$，则

$$\begin{aligned}\lim_{x\to 0}g(x)&=\lim_{x\to 0}\frac{f(x-\sin x+1,\sqrt{1+x^3}+1)}{x^3}\\&=\lim_{x\to 0}\frac{f(1,2)+f_1'(1,2)(x-\sin x)+f_2'(1,2)(\sqrt{1+x^3}-1)+o[\sqrt{(x-\sin x)^2+(\sqrt{1+x^3}-1)^2}]}{x^3}\\&=\lim_{x\to 0}\frac{3(x-\sin x)-\frac{3}{2}(\sqrt{1+x^3}-1)}{x^3}=\frac{3}{6}-\frac{3}{2}\cdot\frac{1}{2}=-\frac{1}{4}.\end{aligned}$$

故所求极限为$\mathrm{e}^{-\frac{1}{4}}$.

152 【解】 由$x=0,y=0$，得$z=0$.在方程两边同时对变量x求偏导数，得

$$\mathrm{e}^{xy}+x\cdot\mathrm{e}^{xy}\cdot y+y\cdot 2z\cdot\frac{\partial z}{\partial x}=y\left(\frac{\partial z}{\partial x}\sin x+z\cos x\right)+\frac{\partial z}{\partial x},$$

所以，$\left.\dfrac{\partial z}{\partial x}\right|_{(x,y)=(0,0)}=1.$

在上述方程两边再对变量 x 求偏导数，得

$$e^{xy}\cdot y(1+xy)+e^{xy}\cdot y+y\cdot\left(2z\frac{\partial z}{\partial x}\right)_x'=y\left(\frac{\partial z}{\partial x}\sin x+z\cos x\right)_x'+\frac{\partial^2 z}{\partial x^2},$$

所以，$\left.\dfrac{\partial^2 z}{\partial x^2}\right|_{(x,y)=(0,0)}=0.$

153 【解】 $\dfrac{\partial z}{\partial x}=2f'+g'_1+yg'_2,$

$$\frac{\partial^2 z}{\partial x\partial y}=-2f''+xg''_{12}+xyg''_{22}+g'_2.$$

154 【解】 直角坐标与极坐标的变换公式为 $x=r\cos\theta,y=r\sin\theta$. 视 x,y 为中间变量，r,θ 为自变量，则

$$\frac{\partial F}{\partial\theta}=\frac{\partial F}{\partial x}\frac{\partial x}{\partial\theta}+\frac{\partial F}{\partial y}\frac{\partial y}{\partial\theta}=f'(x)g(y)(-r\sin\theta)+f(x)g'(y)\cdot r\cos\theta$$
$$=-yf'(x)g(y)+xf(x)g'(y).$$

由于 $F(x,y)=\varphi(r)$，则

$$-yf'(x)g(y)+xf(x)g'(y)\equiv 0.$$

即
$$\frac{f'(x)}{xf(x)}\equiv\frac{g'(y)}{yg(y)}.$$

上式左端仅是 x 的函数，右端仅是 y 的函数，而 x,y 是两个独立的自变量，因此，上式应等于常数，记做 a，则应有

$$\frac{f'(x)}{xf(x)}\equiv a,\frac{g'(y)}{yg(y)}\equiv a.$$

由 $\dfrac{f'(x)}{xf(x)}\equiv a$ 得，$\dfrac{f'(x)}{f(x)}\equiv ax$，由此解得

$$f(x)=C_1e^{\frac{a}{2}x^2}.$$

同理 $g(y)=C_2e^{\frac{a}{2}y^2}$.

综上所述可得 $F(x,y)=Ce^{\frac{a}{2}(x^2+y^2)}$.

155 【解】 $\dfrac{\partial u}{\partial x}=f'_1+ye^{x^2y^2}f'_3,$

$$\frac{\partial^2 u}{\partial x\partial y}=f''_{12}+xe^{x^2y^2}f''_{13}+e^{x^2y^2}f'_3+2x^2y^2e^{x^2y^2}f'_3+ye^{x^2y^2}(f''_{32}+xe^{x^2y^2}f''_{33}).$$

156 【解】 令 $r=\sqrt{x^2+y^2},\dfrac{\partial r}{\partial x}=\dfrac{x}{\sqrt{x^2+y^2}}=\dfrac{x}{r},\dfrac{\partial r}{\partial y}=\dfrac{y}{r}$，则 $u=f(\ln r)$.

$$\frac{\partial u}{\partial x}=\frac{\partial u}{\partial r}\cdot\frac{\partial r}{\partial x}=\frac{1}{r}f'(\ln r)\cdot\frac{x}{r}=\frac{x}{r^2}f'(\ln r).$$

$$\frac{\partial^2 u}{\partial x^2}=\left(\frac{xf'(\ln r)}{r^2}\right)_x'=\frac{[xf'(\ln r)]'\cdot r^2-xf'(\ln r)\cdot\frac{\partial}{\partial x}r^2}{r^4}$$

$$=\frac{\left[f'(\ln r)+xf''(\ln r)\cdot\frac{1}{r}\cdot\frac{x}{r}\right]\cdot r^2-xf'(\ln r)\cdot 2r\cdot\frac{x}{r}}{r^4}$$

$$=\frac{r^2f'(\ln r)+x^2f''(\ln r)-2x^2f'(\ln r)}{r^4}.$$

同理得$\dfrac{\partial^2 u}{\partial y^2}=\dfrac{r^2f'(\ln r)+y^2f''(\ln r)-2y^2f'(\ln r)}{r^4}$.所以

$$\frac{\partial^2 u}{\partial x^2}+\frac{\partial^2 u}{\partial y^2}=\frac{2r^2f'(\ln r)+(x^2+y^2)f''(\ln r)-2(x^2+y^2)f'(\ln r)}{r^4}$$

$$=\frac{2r^2f'(\ln r)+r^2f''(\ln r)-2r^2f'(\ln r)}{r^4}=\frac{f''(\ln r)}{r^2}$$

$$=(x^2+y^2)^{\frac{3}{2}}=r^3,$$

即 $f''(\ln r)=r^5=e^{5\ln r}$，令 $t=\ln r$，则 $f''(t)=e^{5t}$，

$$f'(t)=\int e^{5t}dt=\frac{1}{5}e^{5t}+C_1.$$

由 $f'(0)=\dfrac{1}{5}$ 得 $C_1=0$，即 $f'(t)=\dfrac{1}{5}e^{5t}$，

$$f(t)=\frac{1}{5}\int e^{5t}dt=\frac{1}{25}e^{5t}+C_2.$$

由 $f(0)=\dfrac{1}{25}$ 得 $C_2=0$，故 $f(t)=\dfrac{1}{25}e^{5t}$.

157 【解】 $dz=2xdx-2ydy=d(x^2-y^2)$，则 $z=x^2-y^2+C$.

由 $f(1,1)=2$ 知，$C=2$，$f(x,y)=x^2-y^2+2$，令

$$\begin{cases}f'_x=2x=0,\\f'_y=-2y=0,\end{cases}$$

得驻点$(0,0)$，$f(0,0)=2$.

在边界 $x^2+\dfrac{y^2}{4}=1$ 上，$y^2=4-4x^2$ 即 $z=x^2-y^2+2=5x^2-2$，$x\in[-1,1]$.

显然 $x=0$ 时取最小值 -2，$x=\pm1$ 时取最大值 3，故

$$f_{\max}=f(1,0)=f(-1,0)=3,f_{\min}=f(0,2)=f(0,-2)=-2.$$

158 【解】 由题设知

$$\frac{\partial f}{\partial x}=2x,\frac{\partial f}{\partial y}=-2y,$$

于是 $f(x,y)=x^2+C(y)$，且 $C'(y)=-2y$，从而 $C(y)=-y^2+C$.

再由 $f(0,0)=2$，得 $C=2$，故 $f(x,y)=x^2-y^2+2$.

令$\dfrac{\partial f}{\partial x}=0$，$\dfrac{\partial f}{\partial y}=0$ 得可能极值点为 $x=0$，$y=0$，$f(0,0)=2$.

再考虑其在边界曲线 $x^2+y^2=1$ 上的情形：令拉格朗日函数为

$$F(x,y,\lambda)=f(x,y)+\lambda(x^2+y^2-1).$$

解方程组

$$\begin{cases} F'_x = \dfrac{\partial f}{\partial x} + 2\lambda x = 2(1+\lambda)x = 0, \\ F'_y = \dfrac{\partial f}{\partial y} + 2\lambda y = -2(1-\lambda)y = 0, \\ F'_\lambda = x^2 + y^2 - 1 = 0, \end{cases}$$

得可能极值点 $x = 0, y = \pm 1, \lambda = 1; x = \pm 1, y = 0, \lambda = -1$.

代入 $f(x,y)$ 得 $f(0, \pm 1) = 1, f(\pm 1, 0) = 3$.

可见 $z = f(x,y)$ 在区域 $D = \{(x,y) \mid x^2 + y^2 \leqslant 1\}$ 内的最大值为 3，最小值为 1.

159 【证明】 (1) 考虑条件极值问题 $\begin{cases} \min\left(\dfrac{x^p}{p} + \dfrac{y^q}{q}\right), \\ xy = 1(x > 0, y > 0), \end{cases}$ 作拉格朗日函数

$$L(x,y,\lambda) = \frac{x^p}{p} + \frac{y^q}{q} - \lambda(xy - 1).$$

求拉格朗日函数的驻点：

$$\begin{cases} L'_x = x^{p-1} - \lambda y = 0, \\ L'_y = y^{q-1} - \lambda x = 0, \\ L'_\lambda = -(xy - 1) = 0, \end{cases}$$

在第一象限 $x > 0, y > 0$ 内不难解得，方程组有唯一解 $x = 1, y = 1$.

当 $x \to 0^+$，或 $y \to 0^+$ 时，函数 $\dfrac{x^p}{p} + \dfrac{y^q}{q}$ 在双曲线 $xy = 1$ 上的函数值趋于正无穷，所以函数 $\dfrac{x^p}{p} + \dfrac{y^q}{q}$ 在双曲线 $xy = 1(x > 0, y > 0)$ 的最小值点就是 $x = 1, y = 1$，最小值为 1.

(2) 对任意 $x, y > 0$，要证 $\dfrac{x^p}{p} + \dfrac{y^q}{q} \geqslant xy$，即要证

$$\frac{1}{p}\frac{x^p}{xy} + \frac{1}{q}\frac{y^q}{xy} \geqslant 1.$$

记 $a = \dfrac{x}{(xy)^{1/p}}, b = \dfrac{y}{(xy)^{1/q}}$，则 $ab = \dfrac{xy}{(xy)^{(1/p)+(1/q)}} = 1$.

由(1) 知 $\dfrac{a^p}{p} + \dfrac{b^q}{q} \geqslant 1$，即 $\dfrac{1}{p}\dfrac{x^p}{xy} + \dfrac{1}{q}\dfrac{y^q}{xy} \geqslant 1$.

即对任意 $x, y > 0$，$\dfrac{x^p}{p} + \dfrac{y^q}{q} \geqslant xy$.

160 【解】 $z(x,y) = \int_0^x \mathrm{d}t \int_t^x f(t+y)g(yu)\mathrm{d}u$

$= \int_0^x \mathrm{d}u \int_0^u f(t+y)g(yu)\mathrm{d}t$（交换积分次序），

$$\frac{\partial z}{\partial x} = \int_0^x f(t+y)g(xy)\mathrm{d}t = g(xy)\int_0^x f(t+y)\mathrm{d}t \xlongequal{t+y=v} g(xy)\int_y^{x+y} f(v)\mathrm{d}v,$$

$$\frac{\partial^2 z}{\partial x \partial y} = xg'(xy)\int_y^{x+y} f(v)\mathrm{d}v + g(xy)[f(x+y) - f(y)].$$

161 【分析】 本题是求三元函数在区域 $D = \{(x,y,z) \mid x,y,z \geqslant 0, x+y+z = \pi\}$ 上的最值. 显然三元函数 $f(x,y,z)$ 在有界闭区域 D 上连续，一定能取到最大值和最小值，需求 D 内部的驻点及边界上的最值进行比较. 可看出在 D 的内部 $\{(x,y,z) \mid x,y,z > 0, x+y+

$z=\pi\}$，x,y,z 恰为三角形的三个内角.

【解】 在 D 的内部，利用拉格朗日乘数法. 令

$$F(x,y,z)=2\cos x+3\cos y+4\cos z+\lambda(x+y+z-\pi),$$

由 $\begin{cases}\dfrac{\partial F}{\partial x}=-2\sin x+\lambda=0,\\ \dfrac{\partial F}{\partial y}=-3\sin y+\lambda=0,\\ \dfrac{\partial F}{\partial z}=-4\sin z+\lambda=0,\\ \dfrac{\partial F}{\partial \lambda}=x+y+z-\pi=0,\end{cases}$ 得 $\sin x:\sin y:\sin z=\dfrac{1}{2}:\dfrac{1}{3}:\dfrac{1}{4}=6:4:3$，而 x,y,z 恰为三角形的三个内角，用正弦定理，设三角形的三边为 a,b,c 有

$$a:b:c=\sin x:\sin y:\sin z=6:4:3.$$

再用余弦定理：$a^2=b^2+c^2-2bc\cos x$，有 $36=16+9-24\cos x$，计算得 $\cos x=-\dfrac{11}{24}$，

同理 $\cos y=\dfrac{29}{36}$，$\cos z=\dfrac{43}{48}$，此时，$f(x,y,z)=2\cos x+3\cos y+4\cos z=\dfrac{61}{12}$，这是 D 的内部可能取得的最值.

在 D 的边界 $z=0$，$x+y=\pi$ 上，

$f(x,y,z)=2\cos x+3\cos(\pi-x)+4=4-\cos x(0\leqslant x\leqslant\pi)$，最小值为 3，最大值为 5.

在 D 的边界 $y=0$，$x+z=\pi$ 上，

$f(x,y,z)=2\cos x+4\cos(\pi-x)+3=3-2\cos x(0\leqslant x\leqslant\pi)$，最小值为 1，最大值为 5.

在 D 的边界 $x=0$，$y+z=\pi$ 上，

$f(x,y,z)=2+3\cos y+4\cos(\pi-y)=2-\cos y(0\leqslant y\leqslant\pi)$，最小值为 1，最大值为 3.

综上所述，所求函数的最小值为 1，最大值为 $\dfrac{61}{12}$.

【评注】 (1) 根据题目的特殊性，本题借助于三角形求出了 $\cos x=-\dfrac{11}{24}$，$\cos y=\dfrac{29}{36}$，$\cos z=\dfrac{43}{48}$，其实也可解方程组求得.

由 $\begin{cases}\dfrac{\partial F}{\partial x}=-2\sin x+\lambda=0,\\ \dfrac{\partial F}{\partial y}=-3\sin y+\lambda=0,\\ \dfrac{\partial F}{\partial z}=-4\sin z+\lambda=0,\\ \dfrac{\partial F}{\partial \lambda}=x+y+z-\pi=0,\end{cases}$ 得 $\begin{cases}2\sin x=3\sin y,\\ \sin x=2\sin(x+y).\end{cases}$

即
$$\begin{cases}2\sin x=3\sin y, & ①\\ \sin x=2\sin x\cos y+2\cos x\sin y. & ②\end{cases}$$

① 代入 ② 得

$$\sin x=2\sin x\cos y+\frac{4}{3}\cos x\sin x\Rightarrow 2\cos y=1-\frac{4}{3}\cos x(\sin x\neq 0),$$

进而
$$4\cos^2 y=1-\frac{8}{3}\cos x+\frac{16}{9}\cos^2 x, \quad ③$$

由 ① 知 $\cos^2 y = 1 - \frac{4}{9}\sin^2 x = \frac{5}{9} + \frac{4}{9}\cos^2 x$，代入 ③ 得 $\cos x = -\frac{11}{24}$.

进一步可求得
$$\cos y = \frac{29}{36}, \cos z = \frac{43}{48}.$$

(2) 题目还可转化为二元函数 $g(x,y) = 2\cos x + 3\cos y - 4\cos(x+y)$ 在平面有界闭区域 $D = \{(x,y) \mid 0 \leqslant x + y \leqslant \pi, 0 \leqslant x, y \leqslant \pi\}$ 的最值问题.

162 【解】 由 $f'_x(x,y) = 2x - 2xy^2$，得 $f(x,y) = x^2 - x^2y^2 + \varphi(y)$，进而
$$f'_y(x,y) = -2x^2y + \varphi'(y),$$
再由已知 $f'_y(x,y) = 4y - 2x^2y$，有 $\varphi'(y) = 4y$，于是
$$\varphi(y) = 2y^2 + C,$$
即
$$f(x,y) = x^2 - x^2y^2 + 2y^2 + C.$$

利用 $f(1,1) = 0$，得 $C = -2$，故 $f(x,y) = x^2 - x^2y^2 + 2y^2 - 2$.

解方程组 $\begin{cases} f'_x = 2x - 2xy^2 = 0, \\ f'_y = 4y - 2x^2y = 0, \end{cases}$ 得驻点为 $(0,0)$，$(\pm\sqrt{2},1)$，$(\pm\sqrt{2},-1)$.

计算 $A = f''_{xx} = 2 - 2y^2, B = f''_{xy} = -4xy, C = f''_{yy} = 4 - 2x^2$，

对点 $(0,0)$，$AC - B^2 = 8 > 0$，$A = 2 > 0$，有极小值 $f(0,0) = -2$；

对点 $(\pm\sqrt{2},1)$，$AC - B^2 = -32 < 0$，不是极值点；

对点 $(\pm\sqrt{2},-1)$，$AC - B^2 = -32 < 0$，不是极值点.

163 【解】 由题设中的关于 y 的微分方程 $\frac{f'_y(0,y)}{f(0,y)} = \cot y$，则
$$\ln f(0,y) = \ln|\sin y| + C_1,$$
$$f(0,y) = C\sin y.$$
由 $f\left(0,\frac{\pi}{2}\right) = 1$ 得 $f(0,y) = \sin y$.

再由题设中关于 x 的微分方程 $\frac{\partial f}{\partial x} = -f(x,y)$，则 $f(x,y) = C(y)e^{-x}$.

根据 $f(0,y) = \sin y$ 得 $C(y) = \sin y$. 故 $f(x,y) = e^{-x}\sin y$.

164 【分析】 本题是求由方程确定的二元隐函数的极值，方法与求二元显函数的极值完全相同，只是计算稍显复杂.

【解】 方程 $x^2 + y^2 - xz - yz - z^2 + 6 = 0$ 两边分别对 x, y 求偏导数
$$\begin{cases} 2x - z - x\frac{\partial z}{\partial x} - y\frac{\partial z}{\partial x} - 2z\frac{\partial z}{\partial x} = 0, & ① \\ 2y - x\frac{\partial z}{\partial y} - z - y\frac{\partial z}{\partial y} - 2z\frac{\partial z}{\partial y} = 0. & ② \end{cases}$$

令 $\begin{cases} \frac{\partial z}{\partial x} = 0, \\ \frac{\partial z}{\partial y} = 0, \end{cases}$ 得 $\begin{cases} 2x - z = 0, \\ 2y - z = 0, \end{cases}$ 即 $\begin{cases} y = x, \\ z = 2x. \end{cases}$ 代入原方程 $x^2 + y^2 - xz - yz - z^2 + 6 = 0$，有 $-6x^2 + 6 = 0$，解得 $x = \pm 1$，$z = z(x,y)$ 的驻点为 $(1,1)$，$(-1,-1)$，对应的函数值分别为 2 和 -2.

① 式两边分别对 x,y 求偏导得，

$$2-2\frac{\partial z}{\partial x}-x\frac{\partial^2 z}{\partial x^2}-y\frac{\partial^2 z}{\partial x^2}-2z\frac{\partial^2 z}{\partial x^2}-2\left(\frac{\partial z}{\partial x}\right)^2=0, \quad ③$$

$$-\frac{\partial z}{\partial y}-x\frac{\partial^2 z}{\partial x\partial y}-\frac{\partial z}{\partial x}-y\frac{\partial^2 z}{\partial x\partial y}-2\frac{\partial z}{\partial y}\frac{\partial z}{\partial x}-2z\frac{\partial^2 z}{\partial x\partial y}=0. \quad ④$$

② 式两边对 y 求偏导得，

$$2-x\frac{\partial^2 z}{\partial y^2}-2\frac{\partial z}{\partial y}-y\frac{\partial^2 z}{\partial y^2}-2z\frac{\partial^2 z}{\partial y^2}-2\left(\frac{\partial z}{\partial y}\right)^2=0, \quad ⑤$$

在$(1,1)$处，由 ③④⑤ 式得

$$A=\left.\frac{\partial^2 z}{\partial x^2}\right|_{(1,1,2)}=\frac{1}{3},\ B=\left.\frac{\partial^2 z}{\partial x\partial y}\right|_{(1,1,2)}=0,\ C=\left.\frac{\partial^2 z}{\partial y^2}\right|_{(1,1,2)}=\frac{1}{3},$$

此时，$AC-B^2=\frac{1}{9}>0,A=\frac{1}{3}>0$，点$(1,1)$处取极小值为 $z(1,1)=2$.

在$(-1,-1)$处，由 ③④⑤ 式得

$$A=\left.\frac{\partial^2 z}{\partial x^2}\right|_{(-1,-1,-2)}=-\frac{1}{3},\ B=\left.\frac{\partial^2 z}{\partial x\partial y}\right|_{(-1,-1,-2)}=0,\ C=\left.\frac{\partial^2 z}{\partial y^2}\right|_{(1,1,2)}=-\frac{1}{3},$$

此时，$AC-B^2=\frac{1}{9}>0,A=-\frac{1}{3}<0$，点$(-1,-1)$处取极大值为 $z(-1,-1)=-2$.

165 【解】 (1) 当 $x^2+y^2<1$ 时，由 $\begin{cases}\frac{\partial g}{\partial x}=-4y=0,\\ \frac{\partial g}{\partial y}=-4x=0\end{cases}$ 得 $x=0,y=0.\ g(0,0)=1.$

当 $x^2+y^2=1$ 时，令 $x=\sin t,y=\cos t$，

$$g(x,y)=1-4\sin t\cos t=1-2\sin 2t,$$

则 $g(x,y)$ 在圆周 $x^2+y^2=1$ 上的最小值为-1，则函数 $g(x,y)=1-4xy$ 在区域 $x^2+y^2\leqslant 1$ 上的最小值为-1，即 $m=-1$.

(2) 由于 $\lim\limits_{r\to+\infty}\left(x\frac{\partial f}{\partial x}+y\frac{\partial f}{\partial y}\right)=m=-1<0$，由极限保号性可知，存在 $R>0$，当 $r>R$ 时，$x\frac{\partial f}{\partial x}+y\frac{\partial f}{\partial y}<0$，即 $x^2+y^2>R^2$ 时，$x\frac{\partial f}{\partial x}+y\frac{\partial f}{\partial y}<0$，在 $f(x,y)$ 中，令

$$x=r\cos\theta,y=r\sin\theta,$$

则

$$\frac{\partial f}{\partial r}=\frac{\partial f}{\partial x}\cos\theta+\frac{\partial f}{\partial y}\sin\theta.$$

$$r\frac{\partial f}{\partial r}=\frac{\partial f}{\partial x}r\cos\theta+\frac{\partial f}{\partial y}r\sin\theta=x\frac{\partial f}{\partial x}+y\frac{\partial f}{\partial y}<0.$$

$$\frac{\partial f}{\partial r}<0.$$

则函数 $f(x,y)$ 在圆外 $x^2+y^2>R^2$ 关于 r 为减函数，又圆域 $x^2+y^2\leqslant R^2$ 为有界闭区域，由题设可知 $f(x,y)$ 为连续函数，则函数 $f(x,y)$ 在圆域 $x^2+y^2\leqslant R^2$ 上必有最大值，由以上讨论可知该最大值也是 $f(x,y)$ 在 $\mathbf{R}^2$ 上的最大值.

166 【证明】 将区域 $0\leqslant x\leqslant 1,-1\leqslant y<+\infty$ 记为 D，只需证明在 D 上

$$(x-x^2)+(1+y+y^2)e^{-y}\leqslant\left(e+\frac{1}{4}\right).$$

为此，令 $f(x,y)=(x-x^2)+(1+y+y^2)e^{-y}$，只要证明 $f(x,y)$ 在 D 上的最大值不超过 $e+\frac{1}{4}$.

由 $\begin{cases}\frac{\partial f}{\partial x}=1-2x=0,\\ \frac{\partial f}{\partial y}=e^{-y}(y-y^2)=0\end{cases}$ 可知，$x=\frac{1}{2}$，$y=0,1$. 则 $f(x,y)$ 在 D 内有两个驻点，分别为 $\left(\frac{1}{2},0\right)$ 和 $\left(\frac{1}{2},1\right)$，且

$$f\left(\frac{1}{2},0\right)=\frac{5}{4},f\left(\frac{1}{2},1\right)=\frac{1}{4}+3e^{-1}.$$

以下求 $f(x,y)$ 在 D 边界上的最大值.

当 $0\leqslant x\leqslant 1$，$y=-1$ 时，

$$f(x,y)=(x-x^2)+e,$$

其最大值为 $f\left(\frac{1}{2},-1\right)=\frac{1}{4}+e$.

当 $x=0$，$-1\leqslant y<+\infty$，或 $x=1$，$-1\leqslant y<+\infty$ 时，

$$f(x,y)=(1+y+y^2)e^{-y},$$

其最大值为 $f(0,-1)=f(1,-1)=e$.

又当 $0\leqslant x\leqslant 1$ 时，$\lim\limits_{y\to+\infty}f(x,y)=x-x^2\leqslant\frac{1}{4}$，则 $f(x,y)$ 在 D 上的最大值为 $f\left(\frac{1}{2},-1\right)=\frac{1}{4}+e$. 由此可知

$$(x-x^2)+(1+y+y^2)e^{-y}\leqslant\left(e+\frac{1}{4}\right).$$

故 $(x-x^2)e^y+1+y+y^2\leqslant\left(e+\frac{1}{4}\right)e^y$，原题得证.

167 【解】 方程 $3x^2+2xy+3y^2=1$ 两端对 x 求导得

$$6x+2y+2xy'+6yy'=0.$$

则 $y'=-\frac{3x+y}{x+3y}$.

设 (u,v) 为椭圆上任一点，则在该点处切线的斜率为 $-\frac{3u+v}{u+3v}$. 所以切线方程为

$$y-v=-\frac{3u+v}{u+3v}(x-u).$$

它与两坐标轴的交点为 $\left(\frac{(u+3v)v}{3u+v}+u,0\right)$ 和 $\left(0,\frac{(3u+v)u}{u+3v}+v\right)$，该切线与两坐标轴围成的三角形面积为

$$\begin{aligned}A&=\frac{1}{2}\left|\left[\frac{(u+3v)v}{3u+v}+u\right]\cdot\left[\frac{(3u+v)u}{u+3v}+v\right]\right|\\&=\frac{1}{2}\left|\frac{(3u^2+2uv+3v^2)^2}{(3u+v)(u+3v)}\right|=\frac{1}{2}\left|\frac{1}{(3u+v)(u+3v)}\right|.\end{aligned}$$

令 $F(u,v,\lambda)=(3u+v)(u+3v)+\lambda(3u^2+2uv+3v^2-1)$. 则令

$$\begin{cases}\dfrac{\partial F}{\partial u}=6u+10v+6u\lambda+2v\lambda=0, & ①\\ \dfrac{\partial F}{\partial v}=10u+6v+2u\lambda+6v\lambda=0, & ②\\ \dfrac{\partial F}{\partial \lambda}=3u^2+2uv+3v^2-1=0. & ③\end{cases}$$

由 ① 式和 ② 式可得 $(3u+5v)(u+3v)-(5u+3v)(3u+v)=0$，即 $u=\pm v$.

将 $u=\pm v$ 代入椭圆方程 $3u^2+2uv+3v^2=1$ 得 $8v^2=1$ 或 $4v^2=1$. 由此得

$$\begin{cases}u=\dfrac{\sqrt{2}}{4},\\ v=\dfrac{\sqrt{2}}{4}\end{cases}\text{或}\begin{cases}u=-\dfrac{\sqrt{2}}{4},\\ v=-\dfrac{\sqrt{2}}{4}\end{cases}\text{或}\begin{cases}u=-\dfrac{1}{2},\\ v=\dfrac{1}{2}\end{cases}\text{或}\begin{cases}u=\dfrac{1}{2},\\ v=-\dfrac{1}{2}.\end{cases}$$

则 $A=\dfrac{1}{4}$ 或 $A=\dfrac{1}{2}$. 由于椭圆的切线与两坐标轴所围三角形面积的最小值是存在的，则其最小值为 $\dfrac{1}{4}$.

168 【解】 $\dfrac{\partial u}{\partial x}=\mathrm{e}^{ax+by}\dfrac{\partial v}{\partial x}+a\mathrm{e}^{ax+by}v(x,y)$,

$$\frac{\partial^2 u}{\partial x^2}=\mathrm{e}^{ax+by}\frac{\partial^2 v}{\partial x^2}+2a\mathrm{e}^{ax+by}\frac{\partial v}{\partial x}+a^2\mathrm{e}^{ax+by}v(x,y),$$

$$\frac{\partial u}{\partial y}=\mathrm{e}^{ax+by}\frac{\partial v}{\partial y}+b\mathrm{e}^{ax+by}v(x,y),$$

$$\frac{\partial^2 u}{\partial y^2}=\mathrm{e}^{ax+by}\frac{\partial^2 v}{\partial y^2}+2b\mathrm{e}^{ax+by}\frac{\partial v}{\partial y}+b^2\mathrm{e}^{ax+by}v(x,y),$$

代入 $\dfrac{\partial^2 u}{\partial x^2}-\dfrac{\partial^2 u}{\partial y^2}+\dfrac{\partial u}{\partial x}+\dfrac{\partial u}{\partial y}=0$，并令 $\dfrac{\partial v}{\partial x},\dfrac{\partial v}{\partial y}$ 的系数为零，得

$$a=-\frac{1}{2},b=\frac{1}{2}.$$

此时有 $\dfrac{\partial^2 v}{\partial x^2}-\dfrac{\partial^2 v}{\partial y^2}=0$.

二重积分

169 【解】 由定积分定义可知，$[0,1]$ 区间进行 n 等份，每个小区间为

$$\left[\frac{i-1}{n},\frac{i}{n}\right](i=1,2,\cdots,n),$$

区间长度为 $\Delta x_i=\dfrac{1}{n}$. 本题积分区间上限选的 $\xi_i=\dfrac{3i-1}{3n}\in\left[\dfrac{i-1}{n},\dfrac{i}{n}\right]$，因此

$$\lim_{n\to\infty}\frac{1}{n}\sum_{i=1}^{n}f\left(\frac{3i-1}{3n}\right)=\int_0^1 f(x)\mathrm{d}x,$$

故设 $F\left(\dfrac{3i-1}{3n}\right)=\displaystyle\int_1^{\frac{3i-1}{3n}}\mathrm{e}^{-y^2}\mathrm{d}y$，所以有

$$\int_1^{\frac{2}{3n}}\mathrm{e}^{-y^2}\mathrm{d}y+\int_1^{\frac{5}{3n}}\mathrm{e}^{-y^2}\mathrm{d}y+\cdots+\int_1^{\frac{3n-1}{3n}}\mathrm{e}^{-y^2}\mathrm{d}y=\sum_{i=1}^{n}F\left(\frac{3i-1}{3n}\right),$$

故$\lim\limits_{n\to\infty}\dfrac{1}{n}\left(\int_1^{\frac{2}{3n}}e^{-y^2}dy+\int_1^{\frac{5}{3n}}e^{-y^2}dy+\cdots+\int_1^{\frac{3n-1}{3n}}e^{-y^2}dy\right)=\lim\limits_{n\to\infty}\dfrac{1}{n}\sum\limits_{i=1}^{n}F\left(\dfrac{3i-1}{3n}\right)=\int_0^1F(x)dx$

$$=\int_0^1\left(\int_1^x e^{-y^2}dy\right)dx.$$

原式 $=\int_0^1\left(\int_1^x e^{-y^2}dy\right)dx=-\int_0^1 dy\int_0^y e^{-y^2}dx=-\int_0^1 ye^{-y^2}dy=\dfrac{1}{2}\left(\dfrac{1}{e}-1\right).$

170 【解】 原式$=\lim\limits_{n\to\infty}\sum\limits_{i=1}^{n}\sum\limits_{j=1}^{i}\dfrac{1}{(n+i+j)^2}=\lim\limits_{n\to\infty}\dfrac{1}{n^2}\sum\limits_{i=1}^{n}\sum\limits_{j=1}^{i}\dfrac{1}{\left(1+\dfrac{i}{n}+\dfrac{j}{n}\right)^2}$

$$=\int_0^1\int_0^x\frac{1}{(1+x+y)^2}dydx$$

$$=\int_0^1\left(-\frac{1}{1+x+y}\right)\Bigg|_{y=0}^{y=x}dx$$

$$=\int_0^1\left(\frac{1}{x+1}-\frac{1}{2x+1}\right)dx$$

$$=\ln 2-\frac{1}{2}\ln 3.$$

171 【解】 注意到$\lim\limits_{x\to+\infty}\dfrac{2}{\pi}\arctan\dfrac{x}{t^2}=1$，

$$\lim_{\substack{x\to+\infty\\t\to0^+}}\frac{\int_0^{\sqrt{t}}dx\int_{x^2}^t\sin y^2dy}{\left[\left(\frac{2}{\pi}\arctan\frac{x}{t^2}\right)^x-1\right]\arctan(t^{\frac{3}{2}})}=\lim_{\substack{x\to+\infty\\t\to0^+}}\frac{\int_0^{\sqrt{t}}dx\int_{x^2}^t\sin y^2dy}{\left[e^{x\ln\left(\frac{2}{\pi}\arctan\frac{x}{t^2}\right)}-1\right]\arctan(t^{\frac{3}{2}})}$$

$$=\lim_{\substack{x\to+\infty\\t\to0^+}}\frac{\int_0^{\sqrt{t}}dx\int_{x^2}^t\sin y^2dy}{x\ln\left(\frac{2}{\pi}\arctan\frac{x}{t^2}\right)\arctan(t^{\frac{3}{2}})}$$

$$=\lim_{\substack{x\to+\infty\\t\to0^+}}\frac{\int_0^{\sqrt{t}}dx\int_{x^2}^t\sin y^2dy}{x\left(\frac{2}{\pi}\arctan\frac{x}{t^2}-1\right)\arctan(t^{\frac{3}{2}})}$$

$$=\lim_{\substack{x\to+\infty\\t\to0^+}}\frac{\int_0^{\sqrt{t}}dx\int_{x^2}^t\sin y^2dy}{\frac{2}{\pi}x\left(\arctan\frac{x}{t^2}-\frac{\pi}{2}\right)\arctan(t^{\frac{3}{2}})}$$

$$=\lim_{\substack{x\to+\infty\\t\to0^+}}\frac{\int_0^{\sqrt{t}}dx\int_{x^2}^t\sin y^2dy}{\frac{2}{\pi}x\left(-\arctan\frac{t^2}{x}\right)\arctan(t^{\frac{3}{2}})}$$

$$=\lim_{\substack{x\to+\infty\\t\to0^+}}\frac{\int_0^{t}dy\int_0^{\sqrt{y}}\sin y^2dx}{\frac{2}{\pi}x\cdot\left(-\frac{t^2}{x}\right)\arctan(t^{\frac{3}{2}})}$$

$$=\lim_{t\to0^+}\frac{\int_0^t\sin y^2\cdot\sqrt{y}dy}{-\frac{2}{\pi}t^2\arctan(t^{\frac{3}{2}})}.$$

$$故原式=-\frac{\pi}{2}\lim_{t\to0^+}\frac{\int_0^t\sqrt{y}\sin y^2\mathrm{d}y}{t^{\frac{7}{2}}}=-\frac{\pi}{2}\lim_{t\to0^+}\frac{\int_0^t y^{\frac{5}{2}}\mathrm{d}y}{t^{\frac{7}{2}}}=-\frac{\pi}{2}\cdot\frac{2}{7}=-\frac{\pi}{7}.$$

172 【解】 首先看极限类型，$\lim\limits_{x\to0^+}\int_0^{x^2}\mathrm{d}t\int_x^{\sqrt{t}}f(t,u)\mathrm{d}u=0$，$\lim\limits_{x\to0^+}(1-\mathrm{e}^{-x^3})=0$，为“$\frac{0}{0}$”型. 此积分含参数不方便计算，因此交换积分次序

$$\lim_{x\to0^+}\frac{\int_0^{x^2}\mathrm{d}t\int_x^{\sqrt{t}}f(t,u)\mathrm{d}u}{1-\mathrm{e}^{-x^3}}=\lim_{x\to0^+}\frac{-\int_0^x\mathrm{d}u\int_0^{u^2}f(t,u)\mathrm{d}t}{x^3}.$$

设 $g(u)=\int_0^{u^2}f(t,u)\mathrm{d}t$，

$$上式=\lim_{x\to0^+}\frac{-\int_0^x g(u)\mathrm{d}u}{x^3}\xlongequal{洛必达}-\lim_{x\to0^+}\frac{g(x)}{3x^2}=-\lim_{x\to0^+}\frac{\int_0^{x^2}f(t,x)\mathrm{d}t}{3x^2}$$

$$\xlongequal{积分中值定理}-\lim_{x\to0^+}\frac{x^2f(\xi,x)}{3x^2}\quad(0\leqslant\xi\leqslant x^2，当 x\to0^+ 时，\xi\to0^+)$$

$$=-\lim_{x\to0^+}\frac{x^2f(0,0)}{3x^2}=\frac{1}{3}.$$

173 【答案】 D

【分析】 注意在 D 内 $a\leqslant x+y\leqslant1$，则 $\ln^3(x+y)\leqslant0$.

由于当 $0<x<\frac{\pi}{2}$ 时，$\sin x<x$，则在 D 内 $0<\sin^2(x+y)<\sin(x+y)<x+y$，故 $J<I<K$.

174 【答案】 B

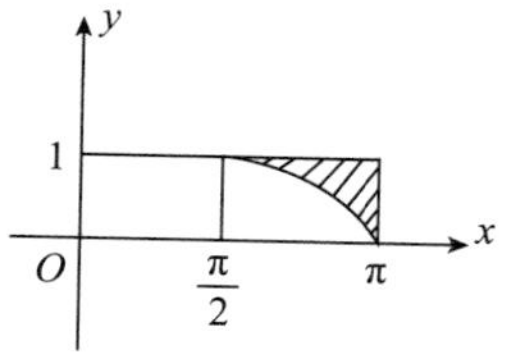

【分析】 该二次积分的积分区域为(图内阴影部分)

$$D:\begin{cases}\sin x\leqslant y\leqslant1,\\ \frac{\pi}{2}\leqslant x\leqslant\pi,\end{cases}$$

注意，当 $x\in\left[\frac{\pi}{2},\pi\right]$时，函数 $y=\sin x$ 的反函数应为 $x=\pi-\arcsin y$，故有

$\int_{\frac{\pi}{2}}^{\pi}\mathrm{d}x\int_{\sin x}^{1}f(x,y)\mathrm{d}y=\int_0^1\mathrm{d}y\int_{\pi-\arcsin y}^{\pi}f(x,y)\mathrm{d}x$. 选(B).

175 【解】 因为

$$\int_0^{\frac{2}{\pi}}\mathrm{d}x\int_0^{\pi}xf(\sin y)\mathrm{d}y=\int_0^{\frac{2}{\pi}}x\mathrm{d}x\int_0^{\pi}f(\sin y)\mathrm{d}y=\left(\frac{1}{2}x^2\Big|_0^{\frac{2}{\pi}}\right)\int_0^{\pi}f(\sin y)\mathrm{d}y$$

$$=\frac{2}{\pi^2}\int_0^{\pi}f(\sin y)\mathrm{d}y=1,$$

所以$\int_0^{\pi}f(\sin y)\mathrm{d}y=\frac{\pi^2}{2}$，而

$$\int_0^{\pi} f(\sin y)\mathrm{d}y \xlongequal{y=\frac{\pi}{2}+x} \int_{-\frac{\pi}{2}}^{\frac{\pi}{2}} f(\cos x)\mathrm{d}x = 2\int_0^{\frac{\pi}{2}} f(\cos x)\mathrm{d}x = \frac{\pi^2}{2},$$

从而$\int_0^{\frac{\pi}{2}} f(\cos x)\mathrm{d}x = \frac{\pi^2}{4}$.

176 **【答案】** B

【分析】 积分区域是以原点为圆心，2 为半径的圆在 y 轴右边的部分，所以

$$\int_0^2 \mathrm{d}x\int_{-\sqrt{4-x^2}}^{\sqrt{4-x^2}} f(x,y)\mathrm{d}y = \int_{-2}^2 \mathrm{d}y\int_0^{\sqrt{4-y^2}} f(x,y)\mathrm{d}x.$$

177 **【解】** 如图 1，

$D = D_1 \cup D_2 = \{(x,y)\mid 0\leqslant x\leqslant 1, 0\leqslant y\leqslant x\} \cup \{(x,y)\mid 0\leqslant x\leqslant 1, x\leqslant y\leqslant 1\}$,

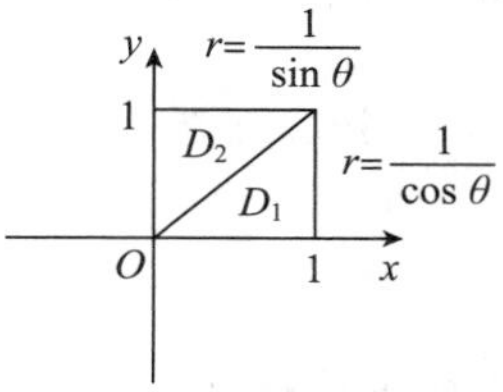

图 1

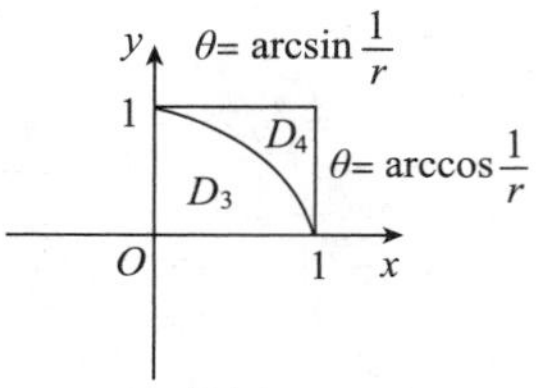

图 2

在极坐标系下，直线 $x=1, y=1$ 的方程分别为 $r=\frac{1}{\cos\theta}, r=\frac{1}{\sin\theta}$，则

$$D_1 = \left\{(r,\theta)\,\middle|\, 0\leqslant\theta\leqslant\frac{\pi}{4}, 0\leqslant r\leqslant\frac{1}{\cos\theta}\right\}, D_2 = \left\{(r,\theta)\,\middle|\, \frac{\pi}{4}\leqslant\theta\leqslant\frac{\pi}{2}, 0\leqslant r\leqslant\frac{1}{\sin\theta}\right\},$$

于是

$$\begin{aligned} I &= \iint_D f(x,y)\mathrm{d}x\mathrm{d}y \\ &= \int_0^{\frac{\pi}{4}}\mathrm{d}\theta\int_0^{\frac{1}{\cos\theta}} f(r\cos\theta, r\sin\theta)r\mathrm{d}r + \int_{\frac{\pi}{4}}^{\frac{\pi}{2}}\mathrm{d}\theta\int_0^{\frac{1}{\sin\theta}} f(r\cos\theta, r\sin\theta)r\mathrm{d}r. \end{aligned}$$

类似地有先 θ 后 r 的极坐标系下的二次积分形式，积分区域如图 2，$D = D_3 \cup D_4$，其中

$$D_3 = \left\{(r,\theta)\,\middle|\, 0\leqslant r\leqslant 1, 0\leqslant\theta\leqslant\frac{\pi}{2},\right\}, D_4 = \left\{(r,\theta)\,\middle|\, 1\leqslant r\leqslant\sqrt{2}, \arccos\frac{1}{r}\leqslant\theta\leqslant\arcsin\frac{1}{r}\right\},$$

因而

$$\begin{aligned} I &= \iint_D f(x,y)\mathrm{d}x\mathrm{d}y \\ &= \int_0^1 r\mathrm{d}r\int_0^{\frac{\pi}{2}} f(r\cos\theta, r\sin\theta)\mathrm{d}\theta + \int_1^{\sqrt{2}} r\mathrm{d}r\int_{\arccos\frac{1}{r}}^{\arcsin\frac{1}{r}} f(r\cos\theta, r\sin\theta)\mathrm{d}\theta. \end{aligned}$$

178 **【解】** 积分区域关于 y 轴对称，则$\iint_D x^7\cos^4 y\mathrm{d}\sigma = 0$.

设区域$D_1 = \left\{(r,\theta)\,\middle|\, 0\leqslant\theta\leqslant\frac{\pi}{6}, 0\leqslant r\leqslant 2\sin\theta\right\}, D_2 = \left\{(r,\theta)\,\middle|\, \frac{\pi}{6}\leqslant\theta\leqslant\frac{\pi}{2}, 0\leqslant r\leqslant 1\right\}$，则 $D_1 + D_2$ 为区域 D 在 y 轴右边的区域.

由对称性，

$$I = 2\iint_{D_1+D_2}\sqrt{4-x^2-y^2}\mathrm{d}\sigma$$

$$= 2\left(\iint\limits_{D_1} \sqrt{4-x^2-y^2}\,\mathrm{d}\sigma + \iint\limits_{D_2} \sqrt{4-x^2-y^2}\,\mathrm{d}\sigma\right)$$

$$= 2\left(\int_0^{\frac{\pi}{6}} \mathrm{d}\theta \int_0^{2\sin\theta} \sqrt{4-r^2}\,r\mathrm{d}r + \int_{\frac{\pi}{6}}^{\frac{\pi}{2}} \mathrm{d}\theta \int_0^1 \sqrt{4-r^2}\,r\mathrm{d}r\right)$$

$$= \frac{2}{3}(4-\sqrt{3})\pi - \frac{22}{9}.$$

179 【解】 由于区域 D 关于 $y=x$ 对称，由对称性知

$$\iint\limits_D \sqrt{x^2+y^2}\,\mathrm{d}x\mathrm{d}y = 2\int_0^{\frac{\pi}{4}} \mathrm{d}\theta \int_0^{\frac{1}{\cos\theta}} r^2\,\mathrm{d}r = \frac{2}{3}\int_0^{\frac{\pi}{4}} \frac{1}{\cos^3\theta}\mathrm{d}\theta,$$

$$\int_0^{\frac{\pi}{4}} \frac{1}{\cos^3\theta}\mathrm{d}\theta = \int_0^{\frac{\pi}{4}} \sec\theta\,\mathrm{d}\tan\theta = \sec\theta\tan\theta\Big|_0^{\frac{\pi}{4}} - \int_0^{\frac{\pi}{4}} \sec\theta\tan^2\theta\,\mathrm{d}\theta$$

$$= \sqrt{2} - \int_0^{\frac{\pi}{4}} \sec^3\theta\,\mathrm{d}\theta + \int_0^{\frac{\pi}{4}} \sec\theta\,\mathrm{d}\theta$$

$$= \sqrt{2} - \int_0^{\frac{\pi}{4}} \frac{1}{\cos^3\theta}\mathrm{d}\theta + \ln(\sec\theta+\tan\theta)\Big|_0^{\frac{\pi}{4}},$$

则 $\int_0^{\frac{\pi}{4}} \frac{1}{\cos^3\theta}\mathrm{d}\theta = \frac{1}{2}[\sqrt{2}+\ln(1+\sqrt{2})]$，故

$$\iint\limits_D \sqrt{x^2+y^2}\,\mathrm{d}x\mathrm{d}y = \frac{1}{3}[\sqrt{2}+\ln(1+\sqrt{2})].$$

180 【解】 用曲线 $y=-x^5$ 将 D 分为 D_1 与 D_2，其中 D_1 是由 $y=x^5$，$y=-x^5$，$y=1$ 所围成的区域，D_2 是由 $y=x^5$，$y=-x^5$，$x=-1$ 所围成的区域，则 D_1 关于 y 轴对称，D_2 关于 x 轴对称，所以，由对称性

$$\iint\limits_{D_1} x[1+\sin y^3 f(x^4+y^4)]\mathrm{d}x\mathrm{d}y = 0,$$

$$\iint\limits_{D_2} x[1+\sin y^3 f(x^4+y^4)]\mathrm{d}x\mathrm{d}y = \iint\limits_{D_2} x\mathrm{d}x\mathrm{d}y + \iint\limits_{D_2} x\sin y^3 f(x^4+y^4)\mathrm{d}x\mathrm{d}y$$

$$= \iint\limits_{D_2} x\mathrm{d}x\mathrm{d}y + 0 = \iint\limits_{D_2} x\mathrm{d}x\mathrm{d}y.$$

因此
$$I = \iint\limits_{D_1} + \iint\limits_{D_2} = \iint\limits_{D_2} x\mathrm{d}x\mathrm{d}y = \int_{-1}^0 \mathrm{d}x \int_{x^5}^{-x^5} x\mathrm{d}y = -\frac{2}{7}.$$

181 【解】

$$\iint\limits_D (\sqrt{x^2+y^2}+x)\mathrm{d}\sigma$$

$$= \iint\limits_D \sqrt{x^2+y^2}\,\mathrm{d}\sigma + \iint\limits_D x\,\mathrm{d}\sigma \quad \left(\text{利用对称性得}\iint\limits_D x\,\mathrm{d}\sigma = 0\right)$$

$$= \iint\limits_{x^2+y^2\leqslant 4} \sqrt{x^2+y^2}\,\mathrm{d}\sigma - \iint\limits_{x^2+(y+1)^2\leqslant 1} \sqrt{x^2+y^2}\,\mathrm{d}\sigma$$

$$= \int_0^{2\pi} \mathrm{d}\theta \int_0^2 r^2\,\mathrm{d}r - \int_{-\pi}^0 \mathrm{d}\theta \int_0^{-2\sin\theta} r^2\,\mathrm{d}r = \frac{16}{9}(3\pi-2).$$

182 【分析】 需把二次积分化为

$$I=-\int_0^1 \mathrm{d}y\int_y^1 (\mathrm{e}^{-x^2}+\mathrm{e}^x\sin x)\mathrm{d}x,$$

其中$\int_0^1 \mathrm{d}y\int_y^1 (\mathrm{e}^{-x^2}+\mathrm{e}^x\sin x)\mathrm{d}x$是积分区域$D=\{(x,y)\mid 0\leqslant y\leqslant 1, y\leqslant x\leqslant 1\}$上的二次积分，再交换积分次序计算.

【解】 交换积分次序

$$I=-\int_0^1 \mathrm{d}y\int_y^1 (\mathrm{e}^{-x^2}+\mathrm{e}^x\sin x)\mathrm{d}x=-\int_0^1 \mathrm{d}x\int_0^x (\mathrm{e}^{-x^2}+\mathrm{e}^x\sin x)\mathrm{d}y$$
$$=-\int_0^1 x(\mathrm{e}^{-x^2}+\mathrm{e}^x\sin x)\mathrm{d}x=-\int_0^1 x\mathrm{e}^{-x^2}\mathrm{d}x-\int_0^1 x\mathrm{e}^x\sin x\mathrm{d}x,$$

而

$$\int_0^1 x\mathrm{e}^{-x^2}\mathrm{d}x=-\frac{1}{2}\mathrm{e}^{-x^2}\Big|_0^1=\frac{1}{2}(1-\mathrm{e}^{-1}),$$

$$\int_0^1 x\mathrm{e}^x\sin x\mathrm{d}x=\frac{1}{2}\int_0^1 x\mathrm{d}[\mathrm{e}^x(\sin x-\cos x)]$$
$$=\frac{1}{2}x\mathrm{e}^x(\sin x-\cos x)\Big|_0^1-\frac{1}{2}\int_0^1 \mathrm{e}^x(\sin x-\cos x)\mathrm{d}x$$
$$=\frac{1}{2}\mathrm{e}(\sin 1-\cos 1)-\frac{1}{2}\int_0^1 \mathrm{e}^x(\sin x-\cos x)\mathrm{d}x$$
$$=\frac{1}{2}\mathrm{e}(\sin 1-\cos 1)+\frac{1}{2}\mathrm{e}^x\cos x\Big|_0^1=\frac{1}{2}\mathrm{e}\sin 1-\frac{1}{2}.$$

所以

$$I=\int_0^1 \mathrm{d}y\int_1^y (\mathrm{e}^{-x^2}+\mathrm{e}^x\sin x)\mathrm{d}x=\frac{1}{2}\mathrm{e}^{-1}-\frac{1}{2}\mathrm{e}\sin 1.$$

【评注】 解答中用到了如下不定积分的结果

$$\int \mathrm{e}^x\sin x\mathrm{d}x=\frac{1}{2}\mathrm{e}^x(\sin x-\cos x)+C,\int \mathrm{e}^x\cos x\mathrm{d}x=\frac{1}{2}\mathrm{e}^x(\sin x+\cos x)+C.$$

183 【解】 为消除被积函数上的绝对值号，需将区域D分成两部分. 以直线$x+y=\frac{\pi}{2}$将D分成D_1与D_2，则

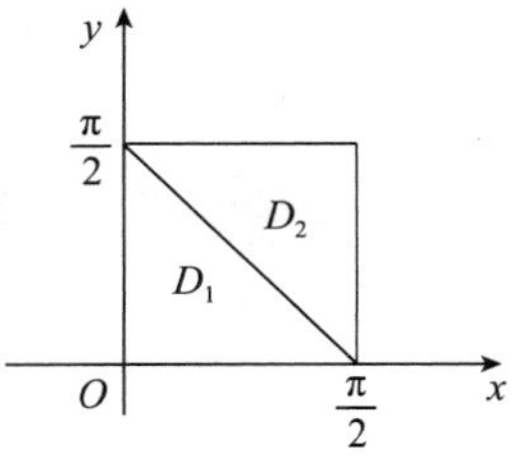

$$\iint_D |\cos(x+y)|\mathrm{d}x\mathrm{d}y=\iint_{D_1}\cos(x+y)\mathrm{d}x\mathrm{d}y-\iint_{D_2}\cos(x+y)\mathrm{d}x\mathrm{d}y,$$

其中 $$\iint_{D_1}\cos(x+y)\mathrm{d}x\mathrm{d}y=\int_0^{\frac{\pi}{2}}\mathrm{d}x\int_0^{\frac{\pi}{2}-x}\cos(x+y)\mathrm{d}y$$
$$=\int_0^{\frac{\pi}{2}}(1-\sin x)\mathrm{d}x=\frac{\pi}{2}-1;$$

$$\iint_{D_2}\cos(x+y)\mathrm{d}x\mathrm{d}y=\int_0^{\frac{\pi}{2}}\mathrm{d}x\int_{\frac{\pi}{2}-x}^{\frac{\pi}{2}}\cos(x+y)\mathrm{d}y=\int_0^{\frac{\pi}{2}}\sin(x+y)\Big|_{\frac{\pi}{2}-x}^{\frac{\pi}{2}}\mathrm{d}x$$
$$=\int_0^{\frac{\pi}{2}}(\cos x-1)\mathrm{d}x=1-\frac{\pi}{2}.$$

所以 $\iint\limits_D |\cos(x+y)|\mathrm{d}x\mathrm{d}y=\frac{\pi}{2}-1-\left(1-\frac{\pi}{2}\right)=\pi-2.$

184 【解】 如右图阴影部分所示，则

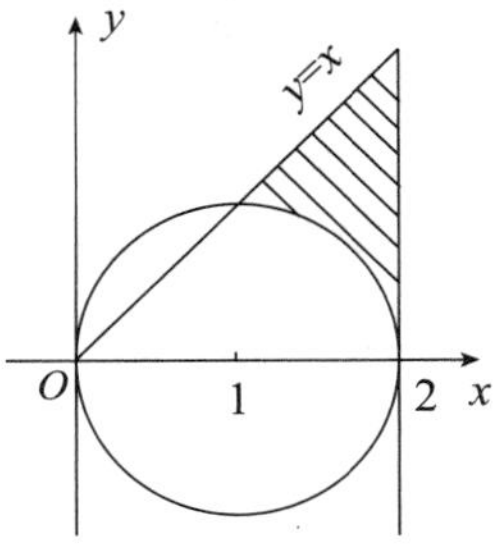

$$\iint\limits_D f(x,y)\mathrm{d}x\mathrm{d}y=\int_1^2\mathrm{d}x\int_{\sqrt{2x-x^2}}^{x}x^2y\mathrm{d}y$$
$$=\frac{1}{2}\int_1^2[x^4-x^2(2x-x^2)]\mathrm{d}x$$
$$=\frac{49}{20}.$$

185 【解】 积分区域关于 y 轴对称，有

$$\iint\limits_D y^2\ln(x+\sqrt{1+x^2})\mathrm{d}x\mathrm{d}y=0,\iint\limits_D 2xy\mathrm{d}x\mathrm{d}y=0.$$

所以 $I=\iint\limits_D(x^2+2xy+y^2)\mathrm{d}x\mathrm{d}y+0=\iint\limits_D(x^2+y^2)\mathrm{d}x\mathrm{d}y=2\iint\limits_{D_1}(x^2+y^2)\mathrm{d}x\mathrm{d}y$

$$=2\int_0^{\frac{\pi}{2}}\mathrm{d}\theta\int_{a\sin\theta}^{2a\sin\theta}r^2\cdot r\mathrm{d}r=\frac{15a^4}{2}\int_0^{\frac{\pi}{2}}\sin^4\theta\mathrm{d}\theta=\frac{45}{32}\pi a^4,$$

其中 D_1 由 D 中 $x\geqslant0$ 部分的区域组成.

186 【解】 用极坐标，则

$$I=\int_0^{2\pi}\mathrm{d}\theta\int_0^1|3r\cos\theta+4r\sin\theta|r\mathrm{d}r=\int_0^{2\pi}|3\cos\theta+4\sin\theta|\mathrm{d}\theta\int_0^1 r^2\mathrm{d}r$$
$$=\frac{1}{3}\int_0^{2\pi}|3\cos\theta+4\sin\theta|\mathrm{d}\theta=\frac{5}{3}\int_0^{2\pi}\left|\frac{3}{5}\cos\theta+\frac{4}{5}\sin\theta\right|\mathrm{d}\theta$$
$$=\frac{5}{3}\int_0^{2\pi}|\sin(\theta+\theta_0)|\mathrm{d}\theta\left(\text{其中}\sin\theta_0=\frac{3}{5},\cos\theta_0=\frac{4}{5}\right)$$
$$\xlongequal{\theta+\theta_0=t}\frac{5}{3}\int_{\theta_0}^{\theta_0+2\pi}|\sin t|\mathrm{d}t=\frac{10}{3}\int_0^{\pi}|\sin t|\mathrm{d}t=\frac{20}{3}.$$

187 【分析】 画出积分区域 D，由积分区域的特点用极坐标计算，同时利用二重积分的轮换对称性.

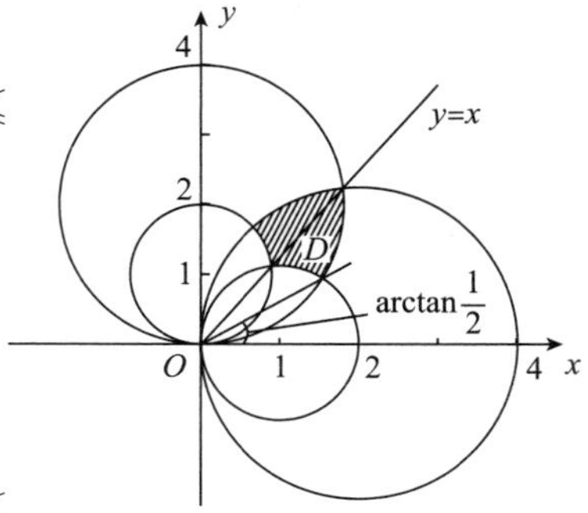

【解】 由 $\frac{1}{4}\leqslant\frac{x}{x^2+y^2}\leqslant\frac{1}{2}$，得 $\frac{1}{4}(x^2+y^2)\leqslant x\leqslant\frac{1}{2}(x^2+y^2)$，在极坐标系下为

$$\frac{1}{4}r^2\leqslant r\cos\theta\leqslant\frac{1}{2}r^2,\text{即 }2\cos\theta\leqslant r\leqslant4\cos\theta.$$

同理，由 $\frac{1}{4}\leqslant\frac{y}{x^2+y^2}\leqslant\frac{1}{2}$，有 $2\sin\theta\leqslant r\leqslant4\sin\theta$.

如图积分区域 $D=\{(r,\theta)\mid 2\cos\theta\leqslant r\leqslant4\cos\theta,2\sin\theta\leqslant r\leqslant4\sin\theta\}$，其关于直线 $y=x$ 对称，且被积函数 $f(x,y)=f(y,x)$，则

$$
\begin{aligned}
I &= 2\int_{\arctan\frac{1}{2}}^{\frac{\pi}{4}}\mathrm{d}\theta\int_{2\cos\theta}^{4\sin\theta}\frac{r}{r\cos\theta\cdot r\sin\theta}\mathrm{d}r = 2\int_{\arctan\frac{1}{2}}^{\frac{\pi}{4}}\frac{1}{\cos\theta\sin\theta}\ln r\Big|_{2\cos\theta}^{4\sin\theta}\mathrm{d}\theta \\
&= 2\int_{\arctan\frac{1}{2}}^{\frac{\pi}{4}}\frac{1}{\cos\theta\sin\theta}\ln(2\tan\theta)\mathrm{d}\theta = 2\int_{\arctan\frac{1}{2}}^{\frac{\pi}{4}}\frac{1}{\tan\theta}\ln(2\tan\theta)\mathrm{d}\tan\theta \\
&= 2\int_{\arctan\frac{1}{2}}^{\frac{\pi}{4}}\frac{1}{\tan\theta}(\ln 2+\ln\tan\theta)\mathrm{d}\tan\theta \\
&= 2\left(\ln 2\cdot\ln\tan\theta+\frac{1}{2}\ln^2\tan\theta\right)\Big|_{\arctan\frac{1}{2}}^{\frac{\pi}{4}} = \ln^2 2.
\end{aligned}
$$

188 【分析】 被积函数为分块函数，比较$\sqrt{\frac{3}{4}-x^2-y^2}$和$x^2+y^2$的大小，根据积分区域分块积分.

【解】 由$\sqrt{\frac{3}{4}-x^2-y^2}=x^2+y^2$，得$4(x^2+y^2)^2+4(x^2+y^2)-3=0$，解出

$$x^2+y^2=\frac{1}{2}\text{ 或 }x^2+y^2=-\frac{3}{2}\text{(舍去)}.$$

令积分区域$D=\left\{(x,y)\mid x^2+y^2\leqslant\frac{3}{4}\right\}=D_1\cup D_2$，其中

$$D_1=\left\{(x,y)\mid x^2+y^2\leqslant\frac{1}{2}\right\},D_2=\left\{(x,y)\mid \frac{1}{2}<x^2+y^2\leqslant\frac{3}{4}\right\}.$$

此时被积函数$\min\left\{\sqrt{\frac{3}{4}-x^2-y^2},x^2+y^2\right\}=\begin{cases}\sqrt{\frac{3}{4}-x^2-y^2}, & (x,y)\in D_2,\\ x^2+y^2, & (x,y)\in D_1,\end{cases}$则

$$
\begin{aligned}
I &= \iint\limits_{D_1}(x^2+y^2)\mathrm{d}x\mathrm{d}y+\iint\limits_{D_2}\sqrt{\frac{3}{4}-x^2-y^2}\mathrm{d}x\mathrm{d}y \\
&= \int_0^{2\pi}\mathrm{d}\theta\int_0^{\frac{\sqrt{2}}{2}}r^3\mathrm{d}r+\int_0^{2\pi}\mathrm{d}\theta\int_{\frac{\sqrt{2}}{2}}^{\frac{\sqrt{3}}{2}}r\sqrt{\frac{3}{4}-r^2}\mathrm{d}r \\
&= 2\pi\frac{r^4}{4}\Big|_0^{\frac{\sqrt{2}}{2}}+2\pi\left(-\frac{1}{3}\right)\left(\frac{3}{4}-r^2\right)^{\frac{3}{2}}\Big|_{\frac{\sqrt{2}}{2}}^{\frac{\sqrt{3}}{2}}=\frac{\pi}{8}+\frac{\pi}{12}=\frac{5}{24}\pi.
\end{aligned}
$$

189 【解】 $\int_0^{+\infty}\frac{\sin^2 x}{x^2}\mathrm{d}x=-\int_0^{+\infty}\sin^2 x\mathrm{d}\left(\frac{1}{x}\right)=-\frac{\sin^2 x}{x}\Big|_0^{+\infty}+\int_0^{+\infty}\frac{\sin 2x}{x}\mathrm{d}x$

$$\xlongequal{2x=u}\int_0^{+\infty}\frac{\sin u}{u}\mathrm{d}u=\frac{\pi}{2}.$$

$$\int_0^{+\infty}\int_0^{+\infty}\frac{\sin x}{x}\cdot\frac{\sin(x-y)}{y-x}\mathrm{d}x\mathrm{d}y=-\int_0^{+\infty}\frac{\sin x}{x}\mathrm{d}x\cdot\int_0^{+\infty}\frac{\sin(x-y)}{x-y}\mathrm{d}y, \qquad ①$$

其中$\int_0^{+\infty}\frac{\sin(x-y)}{x-y}\mathrm{d}y\xlongequal{x-y=t}\int_x^{-\infty}\frac{\sin t}{t}\mathrm{d}(-t)=\int_{-\infty}^x\frac{\sin t}{t}\mathrm{d}t$. 则

$$
\begin{aligned}
① &= -\int_0^{+\infty}\frac{\sin x}{x}\mathrm{d}x\int_{-\infty}^x\frac{\sin t}{t}\mathrm{d}t=-\int_0^{+\infty}\frac{\sin x}{x}\mathrm{d}x\left(\int_{-\infty}^0\frac{\sin t}{t}\mathrm{d}t+\int_0^x\frac{\sin t}{t}\mathrm{d}t\right) \\
&= -\int_0^{+\infty}\frac{\sin x}{x}\mathrm{d}x\int_0^{+\infty}\frac{\sin t}{t}\mathrm{d}t-\int_0^{+\infty}\frac{\sin x}{x}\mathrm{d}x\int_0^x\frac{\sin t}{t}\mathrm{d}t,
\end{aligned}
$$

其中$\int_0^{+\infty}\frac{\sin x}{x}\mathrm{d}x\int_0^{+\infty}\frac{\sin t}{t}\mathrm{d}t=\frac{\pi}{2}\cdot\frac{\pi}{2}=\frac{\pi^2}{4}$.

$$\int_0^{+\infty}\frac{\sin x}{x}\mathrm{d}x\int_0^x\frac{\sin t}{t}\mathrm{d}t=\int_0^{+\infty}\frac{\sin x}{x}\left(\int_0^x\frac{\sin t}{t}\mathrm{d}t\right)\mathrm{d}x,$$

记$\int_0^x\frac{\sin t}{t}\mathrm{d}t=f(x)$，有$f'(x)=\frac{\sin x}{x}$，$\lim\limits_{x\to+\infty}f(x)=\int_0^{+\infty}\frac{\sin t}{t}\mathrm{d}t=\frac{\pi}{2}$，则

$$\int_0^{+\infty}\frac{\sin x}{x}\left(\int_0^x\frac{\sin t}{t}\mathrm{d}t\right)\mathrm{d}x=\int_0^{+\infty}f'(x)f(x)\mathrm{d}x=\frac{1}{2}f^2(x)\Big|_0^{+\infty}=\frac{\pi^2}{8},$$

故$\int_0^{+\infty}\int_0^{+\infty}\frac{\sin x}{x}\cdot\frac{\sin(x-y)}{y-x}\mathrm{d}x\mathrm{d}y=-\frac{\pi^2}{4}-\frac{\pi^2}{8}=-\frac{3}{8}\pi^2$.

微分方程

190 【解】 由导数定义可知，

$$\begin{aligned}f'(x)&=\lim_{\Delta x\to0}\frac{f(x+\Delta x)-f(x)}{\Delta x}=\lim_{\Delta x\to0}\frac{f\left[x\left(1+\frac{\Delta x}{x}\right)\right]-f(x)}{\Delta x}\\&=\lim_{\Delta x\to0}\frac{f(x)\left(1+\frac{\Delta x}{x}\right)+f\left(1+\frac{\Delta x}{x}\right)x-f(x)}{\Delta x}\\&=\lim_{\Delta x\to0}\frac{f(x)\left(1+\frac{\Delta x}{x}-1\right)+f\left(1+\frac{\Delta x}{x}\right)x}{\Delta x}\\&=\lim_{\Delta x\to0}\frac{f(x)\frac{\Delta x}{x}}{\Delta x}+\lim_{\Delta x\to0}\frac{f\left(1+\frac{\Delta x}{x}\right)x}{\Delta x}\\&=\lim_{\Delta x\to0}\frac{f(x)}{x}+x\lim_{\Delta x\to0}\frac{f\left(1+\frac{\Delta x}{x}\right)}{\Delta x}.\end{aligned}\qquad ①$$

令$x=y=1$得$f(1)=f(1)+f(1)\Rightarrow f(1)=0$. ①式得

$$f'(x)=\lim_{\Delta x\to0}\frac{f(x)}{x}+x\lim_{\Delta x\to0}\frac{f\left(1+\frac{\Delta x}{x}\right)-f(1)}{\Delta x}=\frac{f(x)}{x}+f'(1),$$

故$f'(x)=\frac{f(x)}{x}+f'(1)$，此方程为一阶非齐次线性方程，解得

$$\begin{aligned}f(x)&=\mathrm{e}^{-\int-\frac{1}{x}\mathrm{d}x}\left[\int\mathrm{e}^{\int-\frac{1}{x}\mathrm{d}x}\cdot f'(1)\mathrm{d}x+C\right]=\mathrm{e}^{\ln x}\left[\int\mathrm{e}^{-\ln x}f'(1)\mathrm{d}x+C\right]\\&=f'(1)x\left(\int\frac{1}{x}\mathrm{d}x+C_1\right)=f'(1)x(\ln|x|+C_1)=f'(1)x\ln|x|+C_2x.\end{aligned}$$

由$f(1)=0$可知，$C_2=0$，故$f(x)=f'(1)x\ln x(x>0)$.

由$\lim\limits_{x\to+\infty}\frac{f(x)}{x\ln x+\sin x^2}=1$，可知$\lim\limits_{x\to+\infty}\frac{f(x)}{x\ln x}\cdot\frac{x\ln x}{x\ln x+\sin x^2}=f'(1)$，故$f'(1)=1$. 因此$f(x)=x\ln x$.

由题知$g(x)=\begin{cases}\dfrac{f[\cos(x-1)]}{1-\sin\frac{\pi}{2}x}, & x\neq1,\\ a, & x=1\end{cases}$ 在$x=1$处连续，所以由

$$\lim_{x\to1}g(x)=\lim_{x\to1}\frac{f[\cos(x-1)]}{1-\sin\frac{\pi}{2}x}=\lim_{x\to1}\frac{\cos(x-1)\ln[\cos(x-1)]}{1-\sin\frac{\pi}{2}x}$$

$$= \lim_{x\to 1}\frac{\ln[\cos(x-1)]}{1-\sin\frac{\pi}{2}x} \xlongequal{t=x-1} \lim_{t\to 0}\frac{\ln\cos t}{1-\cos\frac{\pi}{2}t}$$

$$= \lim_{t\to 0}\frac{\ln(1+\cos t-1)}{\frac{1}{2}\left(\frac{\pi}{2}t\right)^2} = \lim_{t\to 0}\frac{\cos t-1}{\frac{1}{2}\left(\frac{\pi}{2}t\right)^2} = -\frac{4}{\pi^2}.$$

因此 $a=-\dfrac{4}{\pi^2}$.

191 【解】 t 时刻物体的位置坐标为 $x(t)$，速度 $v=\dfrac{dx}{dt}$，加速度 $a=\dfrac{dv}{dt}=\dfrac{d^2x}{dt^2}$，物体受的力为重力 mg，空气阻力 $-kv^2$. 由牛顿第二定律得 $x(t)$ 满足：

$$m\frac{d^2x}{dt^2}=mg-k\left(\frac{dx}{dt}\right)^2,$$

相应地 $v(t)$ 满足

$$m\frac{dv}{dt}=mg-kv^2.$$

192 【解】 方程 $y'=\dfrac{y^2-2xy-x^2}{y^2+2xy-x^2}$ 为齐次微分方程.

令 $u=\dfrac{y}{x}$，即 $y=xu$，则 $y'=u+x\dfrac{du}{dx}$，代入原方程变为

$$u+x\frac{du}{dx}=\frac{u^2-2u-1}{u^2+2u-1},$$

亦是 $x\dfrac{du}{dx}=\dfrac{-u^3-u^2-u-1}{u^2+2u-1}$，分离变量得 $\dfrac{u^2+2u-1}{u^3+u^2+u+1}du=-\dfrac{1}{x}dx$.

令 $\dfrac{u^2+2u-1}{u^3+u^2+u+1}=\dfrac{a}{u+1}+\dfrac{bu+c}{u^2+1}$，有

$$a(u^2+1)+(bu+c)(u+1)=u^2+2u-1,$$

对应系数得 $\begin{cases}a+b=1,\\ b+c=2,\\ a+c=-1,\end{cases}$ 得 $a=-1,b=2,c=0$. 进而有 $\left(\dfrac{-1}{u+1}+\dfrac{2u}{u^2+1}\right)du=-\dfrac{1}{x}dx$，两边积分得

$$\int\left(\frac{-1}{u+1}+\frac{2u}{u^2+1}\right)du=\int\left(-\frac{1}{x}\right)dx.$$

因此 $\ln\left|\dfrac{u^2+1}{u+1}\right|=-\ln|x|-\ln C_1$，即 $\dfrac{u+1}{u^2+1}=Cx(C=\pm C_1)$.

将 u 回代得原方程的通解为 $\dfrac{x^2+xy}{y^2+x^2}=Cx$，由 $y(1)=-1$，得 $C=0$，所以所求的解为 $y=-x$.

193 【解】 令 $u=xy$，则 $\dfrac{du}{dx}=y+x\dfrac{dy}{dx}$，有

$$\frac{1}{y}\frac{du}{dx}=1+\frac{x}{y}\frac{dy}{dx}.$$

方程 $\dfrac{x}{y}\dfrac{dy}{dx}=f(xy)$ 变为 $\dfrac{x}{u}\dfrac{du}{dx}=f(u)+1$，为可分离变量的微分方程.

对微分方程 $y(1+x^2y^2)\mathrm{d}x=x\mathrm{d}y$，变形为

$$\frac{x}{y}\frac{\mathrm{d}y}{\mathrm{d}x}=1+x^2y^2.$$

令 $u=xy$，方程变为

$$\frac{x}{u}\frac{\mathrm{d}u}{\mathrm{d}x}=2+u^2.$$

分离变量得 $\dfrac{1}{u(2+u^2)}\mathrm{d}u=\dfrac{\mathrm{d}x}{x}$，积分得

$$\int\frac{1}{u(2+u^2)}\mathrm{d}u=\int\frac{\mathrm{d}x}{x},\text{有}\frac{1}{2}\int\left(\frac{1}{u}-\frac{u}{2+u^2}\right)\mathrm{d}u=\int\frac{\mathrm{d}x}{x},$$

解得 $\dfrac{1}{2}\ln\left|\dfrac{u}{\sqrt{2+u^2}}\right|=\ln|x|+\ln C_1$，亦是

$$\frac{u}{\sqrt{2+u^2}}=Cx^2(C=\pm C_1^2).$$

将 $u=xy$ 代入，微分方程 $y(1+x^2y^2)\mathrm{d}x=x\mathrm{d}y$ 的通解为

$$y=Cx\sqrt{2+x^2y^2}.$$

194 【解】(1) 由线性微分方程解的性质知，$y_1-y_2=2x^2$ 是方程 $y'+p(x)y=0$ 的解，将 $y=2x^2$ 带入方程 $y'+p(x)y=0$ 得 $p(x)=-\dfrac{2}{x}$.

此时微分方程变为 $y'-\dfrac{2}{x}y=-\dfrac{x}{2}q(x)$，再把 $y_1=2x^4+x^2$ 代入给定方程，有

$$q(x)=-8x^2.$$

(2) 由线性微分方程解的性质知，微分方程 $y'+p(x)y=\dfrac{q(x)}{p(x)}$ 的通解为

$$y=2Cx^2+2x^4+x^2(C\text{为任意常数}).$$

由 $y(1)=5$，得 $C=1$，故所求的特解为 $y=2x^4+3x^2$.

(3) 由(2)有 $\lim\limits_{x\to\infty}\dfrac{2x^4+3x^2}{ax^4+bx}=2$，所以 $a=1$，b 可取任意实数.

195 【解】(1) 由题设，方程左端的极限为 1^∞ 型，先转化.

$$\lim_{h\to0}\left[\frac{f(x+h\sin x)}{f(x)}\right]^{\frac{1}{h}}=\mathrm{e}^{\lim\limits_{h\to0}\frac{1}{h}\ln\frac{f(x+h\sin x)}{f(x)}}.$$

由导数的定义及复合函数求导法得

$$\lim_{h\to0}\frac{1}{h}\ln\frac{f(x+h\sin x)}{f(x)}=\lim_{h\to0}\frac{\ln f(x+h\sin x)-\ln f(x)}{h\sin x}\sin x$$
$$=[\ln f(x)]'\sin x.$$

于是 $$\mathrm{e}^{[\ln f(x)]'\sin x}=\mathrm{e}^{\frac{\sin x-x\cos x}{x}},\text{即}[\ln f(x)]'=\frac{\sin x-x\cos x}{x\sin x}.$$

积分得 $$\ln f(x)=\int\left(\frac{1}{x}-\frac{\cos x}{\sin x}\right)\mathrm{d}x=\ln x-\ln\sin x+C_1,$$

$$f(x)=\frac{Cx}{\sin x},x\in\left(0,\frac{\pi}{2}\right).$$

由 $\lim\limits_{x\to(\frac{\pi}{2})^-}f(x)=\dfrac{\pi}{2}$，得 $C=1$. 因此 $f(x)=\dfrac{x}{\sin x}$.

(2) 因 $f(x)$ 在 $\left(0,\frac{\pi}{2}\right)$ 内连续，又 $\lim\limits_{x\to 0^+}f(x)=1$，$\lim\limits_{x\to\left(\frac{\pi}{2}\right)^-}f(x)=\frac{\pi}{2}$，所以 $f(x)$ 在 $\left(0,\frac{\pi}{2}\right)$ 有界.

【评注】 若用洛必达法则求极限

$$\lim_{h\to 0}\frac{\ln f(x+h\sin x)-\ln f(x)}{h}\xlongequal{\text{分子、分母分别对 }h\text{ 求导}}\lim_{h\to 0}\frac{f'(x+h\sin x)\sin x}{f(x+h\sin x)}$$

$$=\frac{f'(x)\sin x}{f(x)},$$

这是不正确的. 因为这里最后一步用到了 $f'(x)$ 的连续性：$\lim\limits_{h\to 0}f'(x+h\sin x)=f'(x)$. 但题中只假设 $f(x)$ 在 $\left(0,\frac{\pi}{2}\right)$ 内可导. 因此，此解法不正确.

设 $f(x)$ 在 (a,b) 内连续，又存在极限 $\lim\limits_{x\to a^+}f(x)=A$，$\lim\limits_{x\to b^-}f(x)=B$，则 $f(x)$ 在 (a,b) 有界.

196 **【证明】** (1) 由一阶线性微分方程解的公式得

$$y=\mathrm{e}^{-\int_0^x\mathrm{d}t}\left[\int_0^x f(t)\mathrm{e}^{\int_0^t\mathrm{d}s}\mathrm{d}t+C\right]=\mathrm{e}^{-x}\left[\int_0^x f(t)\mathrm{e}^t\mathrm{d}t+C\right].$$

因为 $f(x)$ 有界，所以要使 y 有界，当且仅当

$$\lim_{x\to\pm\infty}y=\lim_{x\to\pm\infty}\mathrm{e}^{-x}\left[\int_0^x f(t)\mathrm{e}^t\mathrm{d}t+C\right]$$

存在，即 $C=\int_{-\infty}^0 f(t)\mathrm{e}^t\mathrm{d}t$.

从而原方程的唯一有界解为

$$y=\mathrm{e}^{-x}\left[\int_0^x f(t)\mathrm{e}^t\mathrm{d}t+\int_{-\infty}^0 f(t)\mathrm{e}^t\mathrm{d}t\right]=\int_{-\infty}^x f(t)\mathrm{e}^{t-x}\mathrm{d}t.$$

(2) 由(1)知，

$$y(x+T)=\int_{-\infty}^{x+T}f(t)\mathrm{e}^{t-x-T}\mathrm{d}t\xlongequal{u=t-T}\int_{-\infty}^x f(u+T)\mathrm{e}^{u-x}\mathrm{d}u$$

$$=\int_{-\infty}^x f(u)\mathrm{e}^{u-x}\mathrm{d}u=y(x),$$

所以此解是以 T 为周期的周期函数.

197 **【解】** 设该曲线方程为 $y=y(x)$，切点为 (x,y)，切线的斜率为 $y'(x)$，切点到点 $(1,0)$ 的连线的斜率为 $\frac{y}{x-1}$，则由题意可得 $y'\frac{y}{x-1}=-1(x\neq 1,y\neq 0)$，且满足初值条件 $y(0)=0$. 分离变量得 $y\mathrm{d}y=-(x-1)\mathrm{d}x$，积分得

$$\frac{1}{2}y^2=-\frac{1}{2}(x-1)^2+\frac{1}{2}C,$$

整理得 $y^2=-(x-1)^2+C$，代入初值条件可得 $C=1$.

易见当 $x=1$ 或 $y=0$ 时，$y^2=-(x-1)^2+1$ 的切线与切点和点 $(1,0)$ 的连线也互相垂直.

因此得所求曲线的方程为 $(x-1)^2+y^2=1$.

【评注】 实际上，从几何意义可直接看出，曲线恰好是圆心在 $(1,0)$ 点，半径为 1 的圆.

198 【解】 对方程 $x(x+1)f'(x)-(x+1)f(x)+\int_1^x f(t)\mathrm{d}t=x-1$ 两端同时求导并整理可得，

$$(x^2+x)f''(x)+xf'(x)=1,\text{即 } f''(x)+\frac{1}{x+1}f'(x)=\frac{1}{x(x+1)}.$$

这是一个关于 $f'(x)$ 的一阶非齐次线性微分方程. 于是，

$$f'(x)=\mathrm{e}^{-\int\frac{1}{x+1}\mathrm{d}x}\left[\int\mathrm{e}^{\int\frac{1}{x+1}\mathrm{d}x}\frac{1}{x(x+1)}\mathrm{d}x+C\right]=\frac{1}{x+1}(\ln x+C).$$

在原方程中令 $x=1$，可得 $f'(1)=0$，从而 $C=0$，即 $f'(x)=\dfrac{\ln x}{x+1}$.

在原方程中令 $x=2$，可得 $6f'(2)-3f(2)+\int_1^2 f(x)\mathrm{d}x=1$. 代入 $f'(2)=\dfrac{\ln 2}{3}$ 可得，

$$\int_1^2 f(x)\mathrm{d}x-3f(2)=1-2\ln 2.$$

另外，

$$\lim_{x\to1}\frac{\int_1^x\frac{\sin(t-1)^2}{t-1}\mathrm{d}t}{f(x)}\xlongequal{\text{洛必达}}\lim_{x\to1}\frac{\frac{\sin(x-1)^2}{x-1}}{f'(x)}=\lim_{x\to1}\frac{\sin(x-1)^2}{x-1}\cdot\frac{x+1}{\ln x}$$

$$=2\lim_{x\to1}\frac{\sin(x-1)^2}{(x-1)\ln(1+x-1)}=2\lim_{x\to1}\frac{(x-1)^2}{(x-1)^2}=2.$$

因此，原式 $=1-2\ln 2+2=3-2\ln 2$.

199 【解】 由 $r^2+1=0$，得 $r=\pm\mathrm{i}$，对应齐次微分方程的通解为

$$\bar{y}=C_1\cos x+C_2\sin x,C_1,C_2\text{ 为任意常数}.$$

可设非齐次微分方程的特解为 $y^*=A\mathrm{e}^x+x(B\cos x+C\sin x)$. 代入原方程得
$2A\mathrm{e}^x+2(-B\sin x+C\cos x)+x(-B\cos x-C\sin x)+x(B\cos x+C\sin x)=2\mathrm{e}^x+4\sin x$，
即 $2A\mathrm{e}^x-2B\sin x+2C\cos x=2\mathrm{e}^x+4\sin x$，待定系数得 $A=1,B=-2,C=0$.

故所求非齐次微分方程的通解为 $y=C_1\cos x+C_2\sin x+\mathrm{e}^x-2x\cos x$.

由 $\lim\limits_{x\to0}\dfrac{y(x)}{\ln(x+\sqrt{1+x^2})}=0$，有 $\lim\limits_{x\to0}\dfrac{y(x)}{x}=0$，得 $y(0)=y'(0)=0$，进而 $C_1=-1,C_2=1$，所求特解为

$$y=-\cos x+\sin x+\mathrm{e}^x-2x\cos x.$$

200 【答案】 C

【分析】 将(C)整理为 $C_1(2y_1-y_2-y_3)+C_2(y_2-y_3)+y_3$. 由于 y_1,y_2,y_3 均是原给方程的3个线性无关的解，所以 y_1-y_2,y_2-y_3,y_1-y_3 均是对应齐次方程的解，并且 $2y_1-y_2-y_3=(y_1-y_2)+(y_1-y_3)$ 与 (y_2-y_3) 是线性无关的. 于是知 $C_1(2y_1-y_2-y_3)+C_2(y_2-y_3)$ 是对应齐次方程的通解，$C_1(2y_1-y_2-y_3)+C_2(y_2-y_3)+y_3$ 是原方程的通解.

(A) 整理为 $C_1(y_1+y_2)+C_2(y_2-y_1-y_3)+y_3$；

(B) 整理为 $C_1(y_1-y_2+y_3)+C_2(y_2+y_3-y_1)$；

(D) 整理为 $C_1(y_1-y_2+y_3)+C_2(y_2-y_3)+y_3$，均不正确.

【评注】 设 $(2y_1-y_2-y_3)$ 与 (y_2-y_3) 线性相关，则存在不全为零的 k_1 与 k_2，使 $k_1(2y_1-y_2-y_3)+k_2(y_2-y_3)=0$，即 $2k_1y_1+(k_2-k_1)y_2-(k_1+k_2)y_3=0$，

但因 y_1, y_2, y_3 线性无关，故推得 $k_1 = 0, k_2 - k_1 = 0, k_1 + k_2 = 0$，得 $k_1 = k_2 = 0$，矛盾.故 $(2y_1 - y_2 - y_3)$ 与 $(y_2 - y_3)$ 线性无关.本题主要考查二阶线性非齐次方程与对应齐次方程的解的关系.

201 【解】 特征方程 $\lambda^2 + b\lambda + 1 = 0$ 的根为 $\lambda_{1,2} = \dfrac{-b \pm \sqrt{b^2-4}}{2} = -\dfrac{b \mp \sqrt{b^2-4}}{2}$.

当 $b^2 - 4 > 0$ 时，微分方程的通解为 $y(x) = C_1 e^{-\frac{b+\sqrt{b^2-4}}{2}x} + C_2 e^{-\frac{b-\sqrt{b^2-4}}{2}x}$，要使解 $y(x)$ 在 $(0, +\infty)$ 上有界，当且仅当 $b \pm \sqrt{b^2-4} \geqslant 0$，即 $b > 2$；

当 $b^2 - 4 < 0$ 时，微分方程的通解为 $y(x) = e^{-\frac{b}{2}x}\left(C_1 \cos \dfrac{\sqrt{4-b^2}}{2}x + C_2 \sin \dfrac{\sqrt{4-b^2}}{2}x\right)$，要使解 $y(x)$ 在 $(0, +\infty)$ 上有界，当且仅当 $0 \leqslant b < 2$；

当 $b = 2$ 时，通解 $y(x) = (C_1 + C_2 x)e^{-x}$ 在区间 $(0, +\infty)$ 上有界；

当 $b = -2$ 时，通解 $y(x) = (C_1 + C_2 x)e^{x}$ 在区间 $(0, +\infty)$ 上无界.

综上所述，当且仅当 $b \geqslant 0$ 时，微分方程 $y'' + by' + y = 0$ 的每一个解 $y(x)$ 都在 $(0, +\infty)$ 上有界.

202 【答案】 B

【分析】 当 $y(0) = 1, y'(0) = 0$ 时，代入微分方程得 $y''(0) = 1 - a_2$，所以当 $a_2 < 1$，即 $y''(0) > 0$ 时，$x = 0$ 是极小值点，故选(B).

203 【答案】 D

【分析】 由题意知 $-1 + i$ 为特征方程 $r^2 + ar + b = 0$ 的根，所以

$$(i-1)^2 + a(i-1) + b = 0,$$

实部和虚部对应相等得到 $a = 2, b = 2$.选择 (D).

204 【解】 令 $p = y'$，则方程化为

$$\frac{dp^2}{dy} - \frac{2}{y}p^2 = 2y\ln y,$$

这是一阶线性微分方程，由公式得，

$$p^2 = e^{\int \frac{2}{y}dy}\left(C_1 + \int 2y\ln y e^{\int \frac{-2}{y}dy}dy\right) = y^2(C_1 + \ln^2 y).$$

由初始条件，当 $x = 0$ 时，$y'\Big|_{x=0} = p\Big|_{x=0} = e, y\Big|_{x=0} = e$，代入得 $C_1 = 0$.所以

$$p = y' = \pm y\ln y.$$

再由该初始条件知 $p = y' = y\ln y$.即

$$\ln|\ln y| = x + C_2, \ln y = Ce^x.$$

再由初始条件得 $y = e^{e^x}$.

205 【解】 $y_1 = x^2 e^x$ 是常系数齐次线性微分方程的一个解，知 1 至少是 3 重特征根.

$y_2 = e^{2x}(3\cos 3x - 2\sin 3x)$ 是常系数齐次线性微分方程的一个解，知 $2 \pm 3i$ 是特征方程的根.特征方程至少是 5 次方程，因而最小的 n 为 5.

206 【答案】 D

【分析】 齐次方程的特征方程的特征根为 $\lambda_1 = 1, \lambda_2 = -1, \lambda_{3,4} = \pm i$，特征方程为
$$(\lambda - 1)(\lambda + 1)(\lambda + i)(\lambda - i) = 0，即 \lambda^4 - 1 = 0,$$
所求微分方程为 $y^{(4)} - y = 0$，答案选(D).

207 【解】 作 $PC \perp x$ 轴，交 x 轴于点 C. 设凸弧 $f(x)$ 的方程为 $y = f(x)$. 因梯形 $OAPC$ 的面积为 $\frac{1}{2} \cdot x \cdot [1 + f(x)]$. 所以，
$$x^3 = \int_0^x f(t)\mathrm{d}t - \frac{x}{2}[1 + f(x)],$$
两边对 x 求导，得 $y = f(x)$ 所满足的微分方程 $xy' - y = -6x^2 - 1$，即 $y' - \frac{1}{x}y = -6x - \frac{1}{x}$，则其通解为
$$y = e^{\int \frac{1}{x}\mathrm{d}x}\left[C - \int \left(6x + \frac{1}{x}\right)e^{-\int \frac{1}{x}\mathrm{d}x}\mathrm{d}x\right] = x\left[C - \int \left(6 + \frac{1}{x^2}\right)\mathrm{d}x\right] = Cx - 6x^2 + 1,$$
其中 C 为任意常数.

由题设知，曲线过点 $B(1,0)$，即 $y(1) = 0$. 代入通解中，得 $C = 5$，故所求曲线为
$$y = 5x - 6x^2 + 1.$$

208 【解】 由 $u = y\cos x$ 两边对 x 求导，得
$$u' = y'\cos x - y\sin x, u'' = y''\cos x - 2y'\sin x - y\cos x,$$
代入原方程得
$$u'' + 4u = e^x. \quad ①$$

解方程 ①，其特征方程为
$$r^2 + 4 = 0,$$
$r = \pm 2i$，其对应齐次方程的通解为
$$\bar{u} = C_1\cos 2x + C_2\sin 2x.$$

设其特解为 $u^* = ae^x$. 求导后代入方程 ① 得 $a = \frac{1}{5}$.

于是 ① 的通解为
$$u = C_1\cos 2x + C_2\sin 2x + \frac{1}{5}e^x (C_1, C_2 \text{ 为任意常数}).$$

原方程的通解为
$$y = C_1\frac{\cos 2x}{\cos x} + C_2\frac{\sin 2x}{\cos x} + \frac{e^x}{5\cos x}.$$

209 【解】 $f(t) = \int_0^{\frac{\pi}{2}}\mathrm{d}\theta\int_0^t r\cos\theta\left[1 + \frac{f(r)}{r^2}\right]r\mathrm{d}r = \int_0^t [r^2 + f(r)]\mathrm{d}r$，两端对 t 求导
$$f'(t) = t^2 + f(t),$$
这是非齐次线性方程，由通解公式知
$$f(t) = e^{\int \mathrm{d}t}\left(\int t^2e^{-\int \mathrm{d}t}\mathrm{d}t + C\right) = e^t(-t^2e^{-t} - 2te^{-t} - 2e^{-t} + C)$$
$$= Ce^t - t^2 - 2t - 2.$$

由 $f(0)=0$ 知 $C=2, f(t)=2\mathrm{e}^{t}-t^{2}-2t-2$.

210 【解】 (1) 令 $r=\sqrt{x^{2}+y^{2}}$,则

$$\frac{\partial u}{\partial x}=f'(r)\frac{x}{r},\frac{\partial^{2} u}{\partial x^{2}}=f''(r)\frac{x^{2}}{r^{2}}+f'(r)\left(\frac{1}{r}-\frac{x^{2}}{r^{3}}\right).$$

由对称性知$\frac{\partial^{2} u}{\partial y^{2}}=f''(r)\frac{y^{2}}{r^{2}}+f'(r)\left(\frac{1}{r}-\frac{y^{2}}{r^{3}}\right)$. 则$\frac{\partial^{2} u}{\partial x^{2}}+\frac{\partial^{2} u}{\partial y^{2}}=f''(r)+\frac{1}{r}f'(r)$,又

$$\iint\limits_{u^{2}+v^{2}\leqslant x^{2}+y^{2}}\frac{1}{1+u^{2}+v^{2}}\mathrm{d}u\mathrm{d}v=\int_{0}^{2\pi}\mathrm{d}\theta\int_{0}^{r}\frac{\rho}{1+\rho^{2}}\mathrm{d}\rho=\pi\ln(1+r^{2}),$$

$$f''(r)+\frac{1}{r}f'(r)=\pi\ln(1+r^{2}),$$

$$\begin{aligned}f'(r)&=\mathrm{e}^{-\int\frac{1}{r}\mathrm{d}r}\left[\int\pi\ln(1+r^{2})\mathrm{e}^{\int\frac{1}{r}\mathrm{d}r}\mathrm{d}r+C\right]\\&=\frac{\pi(1+r^{2})}{2r}[\ln(1+r^{2})-1]+\frac{C}{r}.\end{aligned}$$

又因为

$$\begin{aligned}\lim_{x\to0^{+}}f'(x)&=\lim_{x\to0^{+}}\left[\frac{\pi(1+x^{2})}{2x}\ln(1+x^{2})+\frac{2C-\pi-\pi x^{2}}{2x}\right]\\&=\lim_{x\to0^{+}}\frac{2C-\pi-\pi x^{2}}{2x}=0.\end{aligned}$$

则 $C=\frac{\pi}{2}, f'(x)=\frac{\pi(1+x^{2})}{2x}[\ln(1+x^{2})-1]+\frac{\pi}{2x}$.

(2)
$$\begin{aligned}\lim_{x\to0^{+}}\frac{f(x)}{x^{4}}&=\lim_{x\to0^{+}}\frac{f'(x)}{4x^{3}}\\&=\frac{\pi}{8}\lim_{x\to0^{+}}\frac{1}{x^{3}}\left[\frac{1+x^{2}}{x}\ln(1+x^{2})-x\right]\\&=\frac{\pi}{8}\lim_{x\to0^{+}}\frac{1}{x^{3}}\left\{\frac{1+x^{2}}{x}\left[x^{2}-\frac{x^{4}}{2}+o(x^{4})\right]-x\right\}\\&=\frac{\pi}{8}\lim_{x\to0^{+}}\frac{1}{x^{3}}\left[\frac{x^{3}}{2}+o(x^{3})\right]=\frac{\pi}{16}.\end{aligned}$$

211 【解】 该微分方程的特征方程为 $r^{2}+a^{2}=0$,得 $r_{1,2}=\pm a\mathrm{i}$,故该微分方程对应的齐次方程的通解为 $Y=C_{1}\cos ax+C_{2}\sin ax$.

当 $a\neq1$ 时,设特解 $y^{*}=A\cos x+B\sin x$,代入原方程可得 $A=0, B=\frac{1}{a^{2}-1}$,于是此时方程的通解 $y=C_{1}\cos ax+C_{2}\sin ax+\frac{1}{a^{2}-1}\sin x$.

当 $a=1$ 时,设特解 $y^{*}=Cx\cos x+Dx\sin x$,代入原方程可得 $C=-\frac{1}{2}, D=0$. 于是此时方程的通解 $y=C_{1}\cos x+C_{2}\sin x-\frac{1}{2}x\cos x$.

212 【解】 (1) 由线性微分方程解的性质可知 $y_{1}-y_{3}=\mathrm{e}^{-x}$, $y_{3}-y_{2}=\mathrm{e}^{2x}-2\mathrm{e}^{-x}$ 均是齐次方程的解,进一步 $\mathrm{e}^{2x}-2\mathrm{e}^{-x}+2\mathrm{e}^{-x}=\mathrm{e}^{2x}$ 也是齐次方程的解.

由于e^{-x}，e^{2x}是齐次微分方程线性无关的解，所以$C_1e^{-x}+C_2e^{2x}$是齐次方程的通解，特征方程的根为$-1,2$，故特征方程为$\lambda^2-\lambda-2=0$.

相应的齐次方程为$y''-y'-2y=0$，设所求的二阶非齐次方程为

$$y''-y'-2y=f(x),$$

$y_1=xe^x+e^{2x}$是非齐次方程的特解，代入上式得$f(x)=(1-2x)e^x$.

所以$y''-y'-2y=(1-2x)e^x$为所求的微分方程.

(2) 非齐次微分方程的通解为$y=C_1e^{-x}+C_2e^{2x}+xe^x+e^{2x}$，其中$C_1,C_2$为任意常数.

(3) 由$y(0)=0,y'(0)=1$得

$$\begin{cases}C_1+C_2+1=0,\\ -C_1+2C_2+3=1,\end{cases}$$

解出$C_1=0,C_2=-1$，所求特解为$y=xe^x$，且

$$\begin{aligned}\int_{-\infty}^{0}y(x)\mathrm{d}x&=\int_{-\infty}^{0}xe^x\mathrm{d}x=\int_{-\infty}^{0}x\mathrm{d}e^x\\&=xe^x\Big|_{-\infty}^{0}-\int_{-\infty}^{0}e^x\mathrm{d}x\\&=-e^x\Big|_{-\infty}^{0}=-1.\end{aligned}$$

213 【解】 将题设方程两边对x求导，得

$$f'(x)g[f(x)]+f(x)=(2x+x^2)e^x.$$

因$g(x)$为$f(x)$在$[0,+\infty)$上的反函数，所以$g[f(x)]=x$，代入方程得

$$xf'(x)+f(x)=(2x+x^2)e^x,$$

将$x=0$代入上述等式左、右两边，得$f(0)=0$.

又从上述方程可以看出

$$[xf(x)]'=(2x+x^2)e^x,$$

从而

$$xf(x)=\int(2x+x^2)e^x\mathrm{d}x+C=x^2e^x+C,$$

$$f(x)=xe^x+\frac{C}{x},$$

题设$f(x)$在$x=0$处连续，所以$C=0$. 故$f(x)=xe^x$.

214 【解】 由题设有$f(0)=-1$，

$$\begin{aligned}f(x)&=-1+x+2\int_0^x(x-t)f(t)f'(t)\mathrm{d}t\\&=-1+x+2x\int_0^x f(t)f'(t)\mathrm{d}t-2\int_0^x tf(t)f'(t)\mathrm{d}t\\&=-1+x+x\int_0^x\mathrm{d}f^2(t)-\int_0^x t\mathrm{d}f^2(t)\\&=-1+x+x\left[f^2(x)-f^2(0)\right]-\left[tf^2(t)\Big|_0^x-\int_0^x f^2(t)\mathrm{d}t\right]\\&=-1+x+xf^2(x)-x-xf^2(x)+\int_0^x f^2(t)\mathrm{d}t\\&=-1+\int_0^x f^2(t)\mathrm{d}t,\end{aligned}$$

将上述等式左、右两边对 x 求导，得 $f'(x)=f^2(x)$.

记 $y=f(x)$，得 $\dfrac{\mathrm{d}y}{\mathrm{d}x}=y^2$. 分离变量解得 $-\dfrac{1}{y}=x+C$.

将 $x=0,y=-1$ 代入，得 $C=1$，得解 $y=-\dfrac{1}{x+1}$，即 $f(x)=-\dfrac{1}{x+1}$.

215 【解】 (1) 令 $F(x)=\sin x-\dfrac{2}{\pi}x, F'(x)=\cos x-\dfrac{2}{\pi}, F''(x)=-\sin x$.

方法一 单调性.

由 $F''(x)=-\sin x<0\left(0<x<\dfrac{\pi}{2}\right)$，得 $F'(x)$ 在 $\left[0,\dfrac{\pi}{2}\right]$ 上单调减少，又

$$F'(0)=1-\frac{2}{\pi}>0, F'\left(\frac{\pi}{2}\right)=0-\frac{2}{\pi}<0,$$

由零点定理：$\exists\,\eta\in\left(0,\dfrac{\pi}{2}\right)$，使得 $F'(\eta)=0$，故当 $x\in(0,\eta)$ 时，$F'(x)>0$，$F(x)$ 在 $(0,\eta)$ 内单调增加；当 $x\in\left(\eta,\dfrac{\pi}{2}\right)$ 时，$F'(x)<0$，$F(x)$ 在 $\left(\eta,\dfrac{\pi}{2}\right)$ 内单调减少. 故 $F(x)$ 在 $\left[0,\dfrac{\pi}{2}\right]$ 上的最小值在左、右端点处取到. 因 $F(0)=0, F\left(\dfrac{\pi}{2}\right)=0$，故当 $x\in\left(0,\dfrac{\pi}{2}\right)$ 时，有 $F(x)>0$，即 $\sin x>\dfrac{2}{\pi}x$ 成立.

方法二 凹凸性.

由 $F''(x)=-\sin x<0\left(0<x<\dfrac{\pi}{2}\right)$，故 $F(x)$ 在 $\left[0,\dfrac{\pi}{2}\right]$ 上的图像为凸的，故 $F(x)$ 在 $\left(0,\dfrac{\pi}{2}\right)$ 内的图像在连接点 $(0,F(0))$ 和 $\left(\dfrac{\pi}{2},F\left(\dfrac{\pi}{2}\right)\right)$ 的直线的上方. 由 $F(0)=0, F\left(\dfrac{\pi}{2}\right)=0$，故当 $0<x<\dfrac{\pi}{2}$ 时，$F(x)>0$，即 $\sin x>\dfrac{2}{\pi}x$.

(2) 由 $f'(x_0)=0$，有 $x_0f''(x_0)=\dfrac{2}{\pi}x_0-\sin x_0$.

当 $x_0\neq 0$ 时，得 $f''(x_0)=\dfrac{\frac{2}{\pi}x_0-\sin x_0}{x_0}$.

当 $x_0\in(0,1)\subset\left(0,\dfrac{\pi}{2}\right)$ 时，有 $f''(x_0)=\dfrac{\frac{2}{\pi}x_0-\sin x_0}{x_0}<0$，故 $x=x_0$ 为函数 $f(x)$ 的极大值点.

当 $x_0\in(-1,0)\subset\left(-\dfrac{\pi}{2},0\right)$ 时，此时有 $\dfrac{2}{\pi}x_0-\sin x_0>0$，故 $f''(x_0)<0$，$x=x_0$ 为函数 $f(x)$ 的极大值点.

当 $x_0=0$ 时，由 $f''(x)=\dfrac{\frac{2}{\pi}x-\sin x}{x}+[f'(x)]^2$ 及二阶导数的连续性，有

$$f''(0)=\lim_{x\to 0}f''(x)=\lim_{x\to 0}\frac{\frac{2}{\pi}x-\sin x}{x}+\lim_{x\to 0}[f'(x)]^2,$$

其中$\lim\limits_{x\to 0}\dfrac{\dfrac{2}{\pi}x-\sin x}{x}\xlongequal{\text{洛必达法则}}\lim\limits_{x\to 0}\left(\dfrac{2}{\pi}-\cos x\right)=\dfrac{2}{\pi}-1$，$\lim\limits_{x\to 0}[f'(x)]^2=[f'(0)]^2=0$，故$f''(0)=\dfrac{2}{\pi}-1<0$，有 $x=0$ 为函数 $f(x)$ 的极大值点.

综上，$x=x_0$ 为函数 $f(x)$ 的极大值点.

(3) 由 $t\in\left(0,\dfrac{\pi}{2}\right)$，令 $t=\dfrac{\pi}{2}u$，有 $u\in(0,1)$，由(1)得 $\sin\dfrac{\pi}{2}u>\dfrac{2}{\pi}\cdot\dfrac{\pi}{2}u=u$，故当 $0\leqslant u\leqslant 1$ 时，有

$$2u\leqslant 1+u\leqslant 1+\sin\frac{\pi}{2}u\leqslant 2,$$

故

$$\left[\int_0^1(2x)^n\mathrm{d}x\right]^{\frac{1}{n}}\leqslant\left[\int_0^1\left(1+\sin\frac{\pi}{2}x\right)^n\mathrm{d}x\right]^{\frac{1}{n}}\leqslant\left(\int_0^1 2^n\mathrm{d}x\right)^{\frac{1}{n}}.$$

由$\lim\limits_{n\to\infty}\left[\int_0^1(2x)^n\mathrm{d}x\right]^{\frac{1}{n}}=2\lim\limits_{n\to\infty}\left(\int_0^1 x^n\mathrm{d}x\right)^{\frac{1}{n}}=2\lim\limits_{n\to\infty}\left(\dfrac{1}{n+1}\right)^{\frac{1}{n}}=2$，$\lim\limits_{n\to\infty}\left(\int_0^1 2^n\mathrm{d}x\right)^{\frac{1}{n}}=2$，由夹逼准则，有$\lim\limits_{n\to\infty}\left[\int_0^1\left(1+\sin\dfrac{\pi}{2}x\right)^n\mathrm{d}x\right]^{\frac{1}{n}}=2$.

216 【解】 (1) 题干方程两边同乘 $x+1$：$(x+1)[f'(x)+f(x)]-\int_0^x f(t)\mathrm{d}t=0$，方程两边对 x 求导得，

$$f'(x)+f(x)+(x+1)[f''(x)+f'(x)]-f(x)=0,$$

有 $(x+1)f''(x)+(x+2)f'(x)=0$. ①

记 $f'(x)=y$，则 $f''(x)=y'$，① 式化为 $(x+1)y'+(x+2)y=0$.

分离变量得，$\dfrac{\mathrm{d}y}{y}=-\dfrac{x+2}{x+1}\mathrm{d}x$，两边积分 $\int\dfrac{\mathrm{d}y}{y}=-\int\dfrac{x+2}{x+1}\mathrm{d}x$，得 $f'(x)=\dfrac{C\mathrm{e}^{-x}}{1+x}$. ②

将 $x=0$ 代入题干方程得 $f'(0)+f(0)-0=0$，则 $f'(0)=-f(0)=-1$. 代入 ② 式，求得 $C=-1$，故 $f'(x)=-\dfrac{\mathrm{e}^{-x}}{x+1}$.

(2) 由(1)可知，

$$\begin{aligned}\int_0^1\left[f'(x)-\frac{\mathrm{e}^{-x}}{(x+1)^2}\right]\mathrm{d}x&=\int_0^1\left[-\frac{\mathrm{e}^{-x}}{x+1}-\frac{\mathrm{e}^{-x}}{(x+1)^2}\right]\mathrm{d}x\\&=-\int_0^1\frac{\mathrm{e}^{-x}}{x+1}\mathrm{d}x+\int_0^1\mathrm{e}^{-x}\mathrm{d}\left(\frac{1}{x+1}\right)\\&=-\int_0^1\frac{\mathrm{e}^{-x}}{x+1}\mathrm{d}x+\frac{\mathrm{e}^{-x}}{x+1}\Big|_0^1-\int_0^1\frac{1}{x+1}\mathrm{d}(\mathrm{e}^{-x})\\&=\frac{1}{2\mathrm{e}}-1-\int_0^1\frac{\mathrm{e}^{-x}}{x+1}\mathrm{d}x+\int_0^1\frac{\mathrm{e}^{-x}}{x+1}\mathrm{d}x\\&=\frac{1}{2\mathrm{e}}-1.\end{aligned}$$

(3) 由(1)可知，当 $x\geqslant 0$ 时，$f'(x)<0$，故 $f(x)$ 在 $[0,+\infty)$ 上单调减少，有 $f(x)\leqslant f(0)=1$.

由牛顿－莱布尼茨公式知，$f(x)-f(0)=\int_0^x f'(t)\mathrm{d}t=-\int_0^x\dfrac{\mathrm{e}^{-t}}{1+t}\mathrm{d}t$.

故 $f(x)\geqslant f(0)-\int_0^x\mathrm{e}^{-t}\mathrm{d}t=1+\mathrm{e}^{-t}\Big|_0^x=\mathrm{e}^{-x}$，故当 $x\geqslant 0$ 时，有 $\mathrm{e}^{-x}\leqslant f(x)\leqslant 1$ 成立.

217 【解】 因为 $x=\tan t, y=u\sec t$，所以

$$\frac{\mathrm{d}y}{\mathrm{d}x}=\frac{\mathrm{d}y}{\mathrm{d}t}\cdot\frac{\mathrm{d}t}{\mathrm{d}x}=\left(\frac{\mathrm{d}u}{\mathrm{d}t}\sec t+u\sec t\tan t\right)\frac{1}{\sec^2 t}=u\sin t+\cos t\frac{\mathrm{d}u}{\mathrm{d}t},$$

$$\frac{\mathrm{d}^2y}{\mathrm{d}x^2}=\frac{\mathrm{d}}{\mathrm{d}t}\left(\frac{\mathrm{d}y}{\mathrm{d}x}\right)\frac{\mathrm{d}t}{\mathrm{d}x}=u\cos^3 t+\cos^3 t\frac{\mathrm{d}^2u}{\mathrm{d}t^2},$$

故原方程 $(1+x^2)^2\frac{\mathrm{d}^2y}{\mathrm{d}x^2}=y$ 可化为

$$(1+\tan^2 t)^2\left(u\cos^3 t+\cos^3 t\frac{\mathrm{d}^2u}{\mathrm{d}t^2}\right)=u\sec t,\text{即}\frac{\mathrm{d}^2u}{\mathrm{d}t^2}=0,$$

可得通解 $u=C_1t+C_2$，即得 $y=(C_1t+C_2)\sec t$.

由 $x=\tan t$，得出 $t=\arctan x$，故有 $y=(C_1\arctan x+C_2)\sqrt{x^2+1}$.

又 $y\Big|_{x=0}=0,\frac{\mathrm{d}y}{\mathrm{d}x}\Big|_{x=0}=1\Rightarrow C_1=1,C_2=0$. 可得出 $y=\sqrt{1+x^2}\arctan x$.

218 【解】 因为对任意 $x,y\in(-\infty,+\infty)$，恒有 $f(x+y)=f(x)f(y)$，取 $x=y=0$，有 $f(0)=f^2(0)$，又 $f(x)\neq 0$，可得 $f(0)=1$. 于是

$$f'(x)=\lim_{\Delta x\to 0}\frac{f(x+\Delta x)-f(x)}{\Delta x}=\lim_{\Delta x\to 0}\frac{f(x)\cdot f(\Delta x)-f(x)}{\Delta x}$$

$$=\lim_{\Delta x\to 0}\left[f(x)\frac{f(\Delta x)-1}{\Delta x}\right]=\lim_{\Delta x\to 0}\left[f(x)\frac{f(\Delta x)-f(0)}{\Delta x}\right]=f(x)f'(0).$$

因为 $f'(0)$ 存在，所以 $f'(x)$ 存在.

$f'(x)=f'(0)f(x)$. 又 $f'(0)=a$，故有 $f'(x)-af(x)=0$，于是可解得 $f(x)=C\mathrm{e}^{ax}$，由 $f(0)=1$ 可求得 $C=1$，所以 $f(x)=\mathrm{e}^{ax}$.

219 【解】 令 $\frac{\mathrm{d}y}{\mathrm{d}x}=u$，则 $\frac{\mathrm{d}^2y}{\mathrm{d}x^2}=uu'$，原方程化为 $u\cos y\cdot u'+u^2\sin y=u$.

当 $u=0$ 时，$y=C$ 不符合初值条件，舍去.

当 $u\neq 0$ 时，得到 $u'+u\tan y=\frac{1}{\cos y}$，其解为 $u=y'=\cos y(C_1+\tan y)$.

由 $y(-1)=\frac{\pi}{6},y'(-1)=\frac{1}{2}$，得 $C_1=0$.

再解方程 $\frac{\mathrm{d}y}{\mathrm{d}x}=\sin y$ 得到

$$\ln|\csc y-\cot y|=x+C_2.$$

由 $y(-1)=\frac{\pi}{6}$ 得出 $C_2=1+\ln(2-\sqrt{3})$，所求初值问题的解为

$$\tan\frac{y}{2}=(2-\sqrt{3})\mathrm{e}^{x+1}.$$

220 【分析】 利用反函数的求导法则与复合函数的求导法则求出 $\frac{\mathrm{d}x}{\mathrm{d}y},\frac{\mathrm{d}^2x}{\mathrm{d}y^2}$ 的表达式. 代入原微分方程，即得所求的微分方程. 然后再求此方程满足初始条件的解.

【解】 (1) 由反函数的求导法则，知 $\frac{\mathrm{d}x}{\mathrm{d}y}=\frac{1}{y'}$，即 $y'\frac{\mathrm{d}x}{\mathrm{d}y}=1$.

在上式两边同时对变量 x 求导，得 $y''\dfrac{dx}{dy}+\dfrac{d^2x}{dy^2}(y')^2=0$，即$\dfrac{d^2x}{dy^2}=-\dfrac{y''}{(y')^3}$. 代入原微分方程，得 $y''-y=\sin x$.

(2) 对应的齐次微分方程 $y''-y=0$ 的通解为 $\overline{y}=C_1e^x+C_2e^{-x}$，其中 C_1,C_2 为任意常数.

非齐次微分方程的特解可设为 $y^*=A\cos x+B\sin x$，代入到微分方程中，得 $A=0$，$B=-\dfrac{1}{2}$，故有 $y^*=-\dfrac{1}{2}\sin x$，从而微分方程的通解为 $y=C_1e^x+C_2e^{-x}-\dfrac{1}{2}\sin x$，其中 C_1，C_2 为任意常数.

由条件 $y(0)=0,y'(0)=\dfrac{1}{2}$ 得 $C_1=\dfrac{1}{2},C_2=-\dfrac{1}{2}$.

因此，所求初值问题的解为 $y=\dfrac{1}{2}e^x-\dfrac{1}{2}e^{-x}-\dfrac{1}{2}\sin x$.

221 【分析】 根据已知条件得到关于 $f(x)$ 或 $g(x)$ 的二阶常系数微分方程，求出 $f(x)$ 及 $g(x)$，再计算定积分. 实际上，可看到

$$\int_0^{\frac{\pi}{2}}\left[\frac{g(x)}{1+x}-\frac{f(x)}{(1+x)^2}\right]dx=\int_0^{\frac{\pi}{2}}\frac{(1+x)f'(x)-f(x)}{(1+x)^2}dx=\frac{f(x)}{1+x}\bigg|_0^{\frac{\pi}{2}}.$$

故只需求出 $f(x)$ 即可.

【解】 由条件 $f'(x)=g(x)$，得 $f''(x)=g'(x)=4e^x-f(x)$，求解二阶常系数微分方程

$$\begin{cases}f''(x)+f(x)=4e^x,\\ f(0)=0,f'(0)=g(0)=0.\end{cases}$$

对应齐次微分方程的特征方程为 $\lambda^2+1=0$，解得 $\lambda=\pm i$，通解为

$$\overline{f}(x)=C_1\cos x+C_2\sin x,$$

其中 C_1,C_2 为任意常数.

非齐次微分方程的特解可设为 $f^*(x)=Ae^x$，用待定系数得 $A=2$. 于是，非齐次微分方程的通解为 $f(x)=C_1\cos x+C_2\sin x+2e^x$.

由 $f(0)=f'(0)=0$，得 $C_1=C_2=-2$，故 $f(x)=-2\sin x-2\cos x+2e^x$，从而

$$I=\int_0^{\frac{\pi}{2}}\left[\frac{g(x)}{1+x}-\frac{f(x)}{(1+x)^2}\right]dx=\int_0^{\frac{\pi}{2}}\frac{(1+x)f'(x)-f(x)}{(1+x)^2}dx=\frac{f(x)}{1+x}\bigg|_0^{\frac{\pi}{2}}$$

$$=\frac{f\left(\frac{\pi}{2}\right)}{1+\frac{\pi}{2}}-\frac{f(0)}{1+0}=\frac{4(e^{\frac{\pi}{2}}-1)}{2+\pi}.$$

222 【解】 设过定点 $P(x,y)$ 的切线方程为 $Y-y=y'(x)(X-x)$，与 x 轴的交点为 $\left(x-\dfrac{y}{y'},0\right)$. 且由题设，知 $y(x)>0$.

因为 $S_1=\dfrac{1}{2}y\left|x-\left(x-\dfrac{y}{y'}\right)\right|=\dfrac{y^2}{2y'}$，且 $S_2=\displaystyle\int_0^x y(t)dt$.

由条件 $2S_1-S_2=1$，得$\dfrac{y^2}{y'}-\displaystyle\int_0^x y(t)dt=1$，两边对 x 求导得 $yy''=(y')^2$，且 $y(0)=1$，$y'(0)=1$.

令 $y'=\dfrac{dy}{dx}=p$，则 $y''=\dfrac{d^2y}{dx^2}=\dfrac{dy'}{dy}\dfrac{dy}{dx}=p\dfrac{dp}{dy}$.

于是，$yp\dfrac{\mathrm{d}p}{\mathrm{d}y}=p^2$，即 $y\dfrac{\mathrm{d}p}{\mathrm{d}y}=p$，$p=C_1y$，进而得通解为 $y=C_2\mathrm{e}^{C_1x}$，其中 C_1，C_2 为任意常数. 于是，满足特定条件的特解为 $y=\mathrm{e}^x$. 所求的曲线方程为 $y=\mathrm{e}^x$.

223 【分析】 本题是微分方程的反问题，可以利用解的定义带入方程，用待定系数法求出 a,b,c，或者利用解的性质和结构来求解.

【解】 (1) **方法一** 将特解代入原微分方程，有

$$9\mathrm{e}^{3x}+(4+x)\mathrm{e}^x+a[3\mathrm{e}^{3x}+(3+x)\mathrm{e}^x]+b[\mathrm{e}^{3x}+(2+x)\mathrm{e}^x]=c\mathrm{e}^x,$$

整理得 $\mathrm{e}^{3x}(9+3a+b)+x\mathrm{e}^x(1+a+b)+\mathrm{e}^x(4+3a+2b)=c\mathrm{e}^x$，

对应项系数相等得到

$$9+3a+b=0,1+a+b=0,4+3a+2b=c,$$

故

$$a=-4,b=3,c=-2.$$

对应齐次方程的特征方程的特征根为 $\lambda_1=1,\lambda_2=3$，齐次线性微分方程的通解为

$$\overline{y}=C_1\mathrm{e}^x+C_2\mathrm{e}^{3x}.$$

设原方程的特解为 $y^*=Ax\mathrm{e}^x$，代入微分方程 $y''-4y'+3y=-2\mathrm{e}^x$ 得

$$A(x+2)\mathrm{e}^x-4A(x+1)\mathrm{e}^x+3Ax\mathrm{e}^x=-2\mathrm{e}^x,$$

进而 $A=1$，故原方程的通解为 $y=C_1\mathrm{e}^x+C_2\mathrm{e}^{3x}+x\mathrm{e}^x$.

方法二 可利用解的性质和结构.

由方程的一个特解为 $y=\mathrm{e}^{3x}+(2+x)\mathrm{e}^x=\mathrm{e}^{3x}+2\mathrm{e}^x+x\mathrm{e}^x$，利用线性微分方程解的性质和结构可看出

$\overline{y}=\mathrm{e}^{3x}+2\mathrm{e}^x$ 是对应齐次线性微分方程的一个解，

$y^*=x\mathrm{e}^x$ 是非齐次线性微分方程的一个解，

因而对应特征方程的根为 $\lambda_1=1,\lambda_2=3$，由根与系数的关系得 $a=-4,b=3$.

再把 $y^*=x\mathrm{e}^x$ 带入方程 $y''-4y'+3y=c\mathrm{e}^x$ 中，有

$$(x+2)\mathrm{e}^x-4(x+1)\mathrm{e}^x+3x\mathrm{e}^x=c\mathrm{e}^x,$$

进而待定系数 $c=-2$，且原方程的通解为 $y=C_1\mathrm{e}^x+C_2\mathrm{e}^{3x}+x\mathrm{e}^x$.

(2) 已知 $\lim\limits_{x\to0}\dfrac{y(x)}{x}=3$，得 $y(0)=0,y'(0)=3$.

由方程的通解为 $y=C_1\mathrm{e}^x+C_2\mathrm{e}^{3x}+x\mathrm{e}^x$，有 $\begin{cases}C_1+C_2=0,\\C_1+3C_2+1=3.\end{cases}$ 解得 $C_1=-1,C_2=1$，所求的特解为 $y=-\mathrm{e}^x+\mathrm{e}^{3x}+x\mathrm{e}^x$.

224 【解】 (1) 令 $a=\int_0^1f(t)\mathrm{d}t$，则 $f'(x)=-\dfrac{a}{2}+f(x)$，$f''(x)=f'(x)$. 解此二阶常系数齐次微分方程得 $f(x)=C_1\mathrm{e}^x+C_2$.

由 $f(0)=1,f'(0)=1-\dfrac{a}{2}$，可得

$$C_1+C_2=1,C_1=1-\frac{a}{2},\text{即 }C_2=\frac{a}{2}.$$

所以 $f(x)=\left(1-\dfrac{a}{2}\right)\mathrm{e}^x+\dfrac{a}{2}$，两边积分得

$$a=\int_0^1f(x)\mathrm{d}x=\left(1-\frac{a}{2}\right)\int_0^1\mathrm{e}^x\mathrm{d}x+\frac{a}{2}.$$

亦是 $a=\left(1-\dfrac{a}{2}\right)(\mathrm{e}-1)+\dfrac{a}{2}$，有 $a=2-\dfrac{2}{\mathrm{e}}$，故 $f(x)=\mathrm{e}^{x-1}+1-\dfrac{1}{\mathrm{e}}$.

(2) 令 $F(x)=e^{x-1}+1-\frac{1}{e}-kx$，则 $F'(x)=e^{x-1}-k$.

当 $k<0$ 时，$F'(x)>0$，$F(x)$ 在 $(-\infty,+\infty)$ 上连续且单调增加，且 $F(-\infty)=-\infty<0$，$F(+\infty)=+\infty>0$，由零点定理，方程 $f(x)=kx$ 在 $(-\infty,+\infty)$ 上有一个根.

当 $k=0$ 时，$F(x)=e^{x-1}+1-\frac{1}{e}>0$，方程 $f(x)=kx$ 在 $(-\infty,+\infty)$ 上没有根.

当 $k>0$ 时，由 $F'(x)=e^{x-1}-k=0$，得 $x=1+\ln k$，则 $F(x)$ 在 $(-\infty,1+\ln k)$ 上单调减少，在 $(1+\ln k,+\infty)$ 上单调增加. 而

$$F(-\infty)=+\infty>0, F(1+\ln k)=1-\frac{1}{e}-k\ln k, F(+\infty)=+\infty>0,$$

此时，当 $1-\frac{1}{e}-k\ln k<0$，即 $k^k>e^{1-\frac{1}{e}}$ 时，方程 $f(x)=kx$ 在 $(-\infty,1+\ln k)$ 及 $(1+\ln k,+\infty)$ 上各有一个根；当 $k^k=e^{1-\frac{1}{e}}$ 时，方程 $f(x)=kx$ 在 $(-\infty,+\infty)$ 上只有一个根；当 $k^k<e^{1-\frac{1}{e}}$ 时，方程 $f(x)=kx$ 在 $(-\infty,+\infty)$ 上没有根.

225 【解】 令 $y'=p$，则 $y''=\frac{dp}{dx}$，原方程变为

$$(1+x)\frac{dp}{dx}+p=\ln(x+1),$$

即 $\frac{dp}{dx}+\frac{1}{1+x}p=\frac{\ln(x+1)}{1+x}$，通解为

$$p=e^{-\int\frac{1}{1+x}dx}\left[C_1+\int\frac{\ln(x+1)}{1+x}e^{\int\frac{1}{1+x}dx}dx\right]=\frac{1}{1+x}\left[C_1+\int\frac{\ln(x+1)}{1+x}(1+x)dx\right]$$

$$=\frac{1}{1+x}\left[C_1+\int\ln(x+1)dx\right]=\frac{1}{1+x}\left[C_1+x\ln(x+1)-\int\left(1-\frac{1}{1+x}\right)dx\right]$$

$$=\frac{1}{1+x}[C_2+(x+1)\ln(x+1)-(x+1)]=\ln(x+1)-1+\frac{C_2}{1+x}.$$

进而 $y'=\ln(x+1)-1+\frac{C_2}{1+x}$，有

$$y=\int\left[\ln(x+1)-1+\frac{C_2}{1+x}\right]dx$$

$$=(x+1)\ln(x+1)-2x+C_2\ln(x+1)+C_3,$$ 其中 C_2,C_3 为任意常数.

由 $y(0)=1,y'(0)=-1$，得 $C_2=0,C_3=1$，所求特解为

$$y=(x+1)\ln(x+1)-2x+1,$$

求导得 $y'=\ln(x+1)+1-2\xlongequal{令}0$，得驻点 $x=e-1$，此时

$$y''(e-1)=\left.\frac{1}{x+1}\right|_{x=e-1}=\frac{1}{e}>0.$$

故函数 $y(x)$ 在 $x=e-1$ 处取得极小值为 $y(e-1)=3-e$.

226 【解】 (1) 由题意知 $\frac{\partial u}{\partial x}=[e^x+f(x)]y$，$\frac{\partial u}{\partial y}=f(x)$，由 $\frac{\partial^2 u}{\partial x\partial y}=\frac{\partial^2 u}{\partial y\partial x}$ 得

$$f'(x)=e^x+f(x)，即 f'(x)-f(x)=e^x.$$

因此 $$f(x)=e^{-\int-dx}\left(\int e^x e^{\int-dx}dx+C\right)=e^x(x+C).$$

又 $f(0)=\frac{1}{2}=C$，所以 $f(x)=e^x\left(x+\frac{1}{2}\right)$.

(2) 微分方程$\left[e^x + e^x\left(x+\frac{1}{2}\right)\right]y\mathrm{d}x + e^x\left(x+\frac{1}{2}\right)\mathrm{d}y = 0$,即

$$\left(x+\frac{3}{2}\right)y\mathrm{d}x + \left(x+\frac{1}{2}\right)\mathrm{d}y = 0,$$

此方程为可分离变量的微分方程,变形为

$$\frac{1}{y}\mathrm{d}y = -\frac{x+\frac{3}{2}}{x+\frac{1}{2}}\mathrm{d}x,$$

解得微分方程的通解为 $y = C_1\dfrac{e^{-x}}{x+\frac{1}{2}}$.

(3) 由 $y(0) = 2$ 得 $C_1 = 1$,$y = \dfrac{e^{-x}}{x+\frac{1}{2}}$,因为

$$\lim_{x\to-\frac{1}{2}}\frac{e^{-x}}{x+\frac{1}{2}} = \infty,\ \lim_{x\to+\infty}\frac{e^{-x}}{x+\frac{1}{2}} = 0.$$

所以曲线 $y = \dfrac{e^{-x}}{x+\frac{1}{2}}$ 有垂直渐近线 $x = -\dfrac{1}{2}$,有水平渐近线 $y = 0$.

而 $\lim\limits_{x\to-\infty}\dfrac{y}{x} = \lim\limits_{x\to-\infty}\dfrac{e^{-x}}{x\left(x+\frac{1}{2}\right)} = \infty$,曲线 $y = \dfrac{e^{-x}}{x+\frac{1}{2}}$ 没有斜渐近线.

227 【证明】 (1) 因为 $y = \varphi_1(x)$,$y = \varphi_2(x)$ 是方程 $y'' + q(x)y = 0$ 的任意两个解,所以

$$\varphi_1''(x) + q(x)\varphi_1(x) = 0,\varphi_2''(x) + q(x)\varphi_2(x) = 0.$$

于是

$$W'(x) = [\varphi_1(x)\varphi_2'(x) - \varphi_2(x)\varphi_1'(x)]' = \varphi_1(x)\varphi_2''(x) - \varphi_2(x)\varphi_1''(x) = 0,$$

因此 $W(x)$ 为常数.

(2) 由于 $y = \varphi_1(x)$ 和 $y = \varphi_2(x)$ 均在 $x = x_0$ 处取得极值,则 $\varphi_1'(x_0) = \varphi_2'(x_0) = 0$.

因而 $W(x_0) = \begin{vmatrix} \varphi_1(x_0) & \varphi_2(x_0) \\ \varphi_1'(x_0) & \varphi_2'(x_0) \end{vmatrix} = 0$,而 $W(x)$ 为常数,有 $W(x) = \begin{vmatrix} \varphi_1(x) & \varphi_2(x) \\ \varphi_1'(x) & \varphi_2'(x) \end{vmatrix} = 0$.

设 $C_1\varphi_1(x) + C_2\varphi_2(x) = 0$,求导得

$$C_1\varphi_1'(x) + C_2\varphi_2'(x) = 0.$$

考虑关于 C_1,C_2 的方程组$\begin{cases} C_1\varphi_1(x) + C_2\varphi_2(x) = 0, \\ C_1\varphi_1'(x) + C_2\varphi_2'(x) = 0, \end{cases}$因为系数行列式

$$W(x) = \begin{vmatrix} \varphi_1(x) & \varphi_2(x) \\ \varphi_1'(x) & \varphi_2'(x) \end{vmatrix} = 0,$$

因而有不全为零的 C_1,C_2 使得 $C_1\varphi_1(x) + C_2\varphi_2(x) = 0$,所以 $\varphi_1(x)$ 与 $\varphi_2(x)$ 线性相关.

228 【解】 微分方程的特征方程为 $\lambda^2 + k^2 = 0$,特征根为 $\lambda_{1,2} = \pm k\mathrm{i}$. 方程的通解为

$$y = C_1\cos kx + C_2\sin kx.$$

(1) 将 $y\big|_{x=0} = 0$ 代入 $y = C_1\cos kx + C_2\sin kx$ 得 $C_1 = 0$.

将 $y'\Big|_{x=1}=0$ 代入 $y'=-C_1k\sin kx+C_2k\cos kx$ 得 $C_2k\cos k=0$.

若要解非零，则 $\cos k=0$，故 $k=n\pi+\dfrac{\pi}{2}(n=0,1,2,\cdots)$.

(2) 对于微分方程的任意解 $y=C_1\cos kx+C_2\sin kx$，$y'=-C_1k\sin kx+C_2k\cos kx$，则

$$\begin{aligned}(y')^2+k^2y^2&=(-C_1k\sin kx+C_2k\cos kx)^2+k^2(C_1\cos kx+C_2\sin kx)^2\\&=k^2(C_1^2\sin^2kx+C_2^2\cos^2kx-C_1C_2\sin 2kx)+\\&\quad k^2(C_1^2\cos^2kx+C_2^2\sin^2kx+C_1C_2\sin 2kx)\\&=k^2(C_1^2+C_2^2)\end{aligned}$$

为常数.

229 【解】 先求出 Γ 在点 $M(x,y)$ 处的切线方程

$$Y-y(x)=y'(x)(X-x),$$

其中 (X,Y) 是切线上点的坐标. 在切线方程中令 $Y=0$，得在 x 轴上的截距

$$X=x-\frac{y(x)}{y'(x)}.$$

又弧段 $\overset{\frown}{AM}$ 的长度为 $\int_0^x\sqrt{1+[y'(t)]^2}\mathrm{d}t$. 根据题意得

$$\int_0^x\sqrt{1+[y'(t)]^2}\mathrm{d}t-\left(x-\frac{y}{y'}\right)=\sqrt{2}-1. \qquad ①$$

① 式两边求导得

$$\sqrt{1+(y')^2}=1-\frac{(y')^2-yy''}{(y')^2}，即(y')^2\sqrt{1+(y')^2}=yy''.$$

又由条件及 ① 式得 $y(0)=\sqrt{2}-1$，$y'(0)=1$. 因此得初值问题

$$\begin{cases}(y')^2\sqrt{1+(y')^2}=yy'',\\ y(0)=\sqrt{2}-1,y'(0)=1.\end{cases} \qquad ②$$

这是不显含自变量 x 的二阶微分方程，作变换 $p=y'$，得

$$p^2\sqrt{1+p^2}=yp\frac{\mathrm{d}p}{\mathrm{d}y},$$

分离变量得 $\dfrac{\mathrm{d}p}{p\sqrt{1+p^2}}=\dfrac{\mathrm{d}y}{y}$. 两边积分

$$-\int\frac{\mathrm{d}\frac{1}{p}}{\sqrt{1+\frac{1}{p^2}}}=\int\frac{\mathrm{d}y}{y}，得 \ln\left(\frac{1}{p}+\sqrt{1+\frac{1}{p^2}}\right)=-\ln y+C'.$$

由 $y(0)=\sqrt{2}-1$ 时 $p=1$，得 $C'=0$，从而

$$\frac{1}{p}+\sqrt{1+\frac{1}{p^2}}=\frac{1}{y}\Rightarrow\sqrt{1+\frac{1}{p^2}}-\frac{1}{p}=y.$$

将上面两式相减，得 $\dfrac{\mathrm{d}x}{\mathrm{d}y}=\dfrac{1}{p}=\dfrac{1}{2}\left(\dfrac{1}{y}-y\right)$. 再积分得

$$x=\frac{1}{2}\ln y-\frac{1}{4}y^2+C, \qquad ③$$

将 $y(0)=\sqrt{2}-1$ 代入 ③ 得，$C=\dfrac{1}{4}(\sqrt{2}-1)^2-\dfrac{1}{2}\ln(\sqrt{2}-1)$. 故所求曲线 Γ 的方程为

$$x=\frac{1}{2}\ln y-\frac{1}{4}y^2+\frac{1}{4}(\sqrt{2}-1)^2-\frac{1}{2}\ln(\sqrt{2}-1).$$

【评注】 不显含 x 的二阶方程 $y''=f(y,y')$ 的解法是：

降阶法——以 $p=\frac{\mathrm{d}y}{\mathrm{d}x}$ 为新的未知函数，y 为自变量．将 $\frac{\mathrm{d}^2y}{\mathrm{d}x^2}=\frac{\mathrm{d}p}{\mathrm{d}x}=\frac{\mathrm{d}p}{\mathrm{d}y}p$ 代入方程即可降阶．

230 【解】 特征方程为 $\lambda^4-5\lambda^2+10\lambda-6=0$，变形为

$$\lambda^4-\lambda^3+\lambda^3-\lambda^2-4\lambda^2+10\lambda-6=0.$$

亦是 $(\lambda-1)(\lambda^3+\lambda^2-4\lambda+6)=0$．再变形为

$$(\lambda-1)(\lambda^3+3\lambda^2-2\lambda^2-4\lambda+6)=0,$$

即

$$(\lambda-1)(\lambda+3)(\lambda^2-2\lambda+2)=0,$$

解得特征根为 $\lambda_1=1,\lambda_2=-3,\lambda_{3,4}=1\pm\mathrm{i}$，齐次微分方程的通解为

$$y(x)=C_1\mathrm{e}^x+C_2\mathrm{e}^{-3x}+\mathrm{e}^x(C_3\cos x+C_4\sin x).$$

由初值条件 $y(0)=1,y'(0)=0,y''(0)=6,y'''(0)=-14$，有

$$\begin{cases}C_1+C_2+C_3=1,\\C_1-3C_2+C_3+C_4=0,\\C_1+9C_2+2C_4=6,\\C_1-27C_2-2C_3+2C_4=-14,\end{cases}\text{解得}\begin{cases}C_1=-\frac{1}{2},\\C_2=\frac{1}{2},\\C_3=1,\\C_4=1.\end{cases}$$

因而 $y(x)=-\frac{1}{2}\mathrm{e}^x+\frac{1}{2}\mathrm{e}^{-3x}+\mathrm{e}^x(\cos x+\sin x)$．

由泰勒公式得

$$\begin{aligned}y(x)&=y(0)+y'(0)x+\frac{y''(0)}{2}x^2+\frac{y'''(0)}{6}x^3+o(x^3)\\&=1+3x^2-\frac{7}{3}x^3+o(x^3).\end{aligned}$$

所以 $\lim\limits_{x\to0}\frac{y(x)-1-3x^2}{\mathrm{e}^{\sin^3x}-1}=\lim\limits_{x\to0}\frac{1+3x^2-\frac{7}{3}x^3+o(x^3)-1-3x^2}{x^3}=-\frac{7}{3}$．

【评注】 (1) 题中在求导计算时，可用莱布尼茨公式，如：

$$\begin{aligned}[\mathrm{e}^x(C_3\cos x+C_4\sin x)]'''\Big|_{x=0}&=\left[\sum_{k=0}^{3}C_3^k(\mathrm{e}^x)^{(k)}(C_3\cos x+C_4\sin x)^{(3-k)}\right]\Big|_{x=0}\\&=-2C_3+2C_4.\end{aligned}$$

(2) 计算 $\lim\limits_{x\to0}\frac{y(x)-1-3x^2}{\mathrm{e}^{\sin^3x}-1}$，可用洛必达法则，但计算稍显繁琐．

线性代数

行列式

231 【解】 (1) 这是爪形行列式，计算方法是用主对角线上的元素将第一列除 a_{11} 外的其余元素消为零，将其化为上三角形行列式. 我们将第 2,3,4 列的 (-1) 倍均加到第 1 列上得到

$$\begin{vmatrix} 1 & 2 & 3 & 4 \\ 2 & 2 & 0 & 0 \\ 3 & 0 & 3 & 0 \\ 4 & 0 & 0 & 4 \end{vmatrix} = \begin{vmatrix} 1-2-3-4 & 2 & 3 & 4 \\ 0 & 2 & 0 & 0 \\ 0 & 0 & 3 & 0 \\ 0 & 0 & 0 & 4 \end{vmatrix} = \begin{vmatrix} -8 & 2 & 3 & 4 \\ 0 & 2 & 0 & 0 \\ 0 & 0 & 3 & 0 \\ 0 & 0 & 0 & 4 \end{vmatrix} = -192.$$

(2) 这个行列式第一行元素为 $1,2,\cdots,n$，最后一列元素为 $n,n-1,\cdots,2,1$，副对角线上的元素为 $n,n-1,\cdots,2,1$. 类似于爪形行列式，我们将第 $1,2,\cdots,n-1$ 列的 (-1) 倍均加到第 n 列上：

$$\begin{vmatrix} 1 & 2 & \cdots & n-1 & n \\ 0 & 0 & \cdots & n-1 & n-1 \\ \vdots & \vdots & & \vdots & \vdots \\ 0 & 2 & \cdots & 0 & 2 \\ 1 & 0 & \cdots & 0 & 1 \end{vmatrix} = \begin{vmatrix} 1 & 2 & \cdots & n-1 & n-\sum\limits_{k=1}^{n-1} k \\ 0 & 0 & \cdots & n-1 & 0 \\ \vdots & \vdots & & \vdots & \vdots \\ 0 & 2 & \cdots & 0 & 0 \\ 1 & 0 & \cdots & 0 & 0 \end{vmatrix}$$

$$= \begin{vmatrix} 1 & 2 & \cdots & n-1 & \dfrac{(3-n)n}{2} \\ 0 & 0 & \cdots & n-1 & 0 \\ \vdots & \vdots & & \vdots & \vdots \\ 0 & 2 & \cdots & 0 & 0 \\ 1 & 0 & \cdots & 0 & 0 \end{vmatrix}$$

$$= (-1)^{\frac{n(n-1)}{2}} \frac{(3-n)}{2} \cdot n!.$$

【评注】 同学们应掌握爪形行列式及其变形行列式的计算.

232 【解】 **方法一** 按第一行展开，先将下面每行相应倍数加到第一行，得

$$D = \begin{vmatrix} 0 & -1 & -6 & 0 \\ 1 & 2 & 3 & 0 \\ 0 & 1 & 2 & 3 \\ 0 & 0 & 1 & 2 \end{vmatrix} = \begin{vmatrix} 0 & 0 & -4 & 3 \\ 1 & 2 & 3 & 0 \\ 0 & 1 & 2 & 3 \\ 0 & 0 & 1 & 2 \end{vmatrix} = \begin{vmatrix} 0 & 0 & 0 & 11 \\ 1 & 2 & 3 & 0 \\ 0 & 1 & 2 & 3 \\ 0 & 0 & 1 & 2 \end{vmatrix}$$

$$= 11 \times (-1)^{1+4} \begin{vmatrix} 1 & 2 & 3 \\ 0 & 1 & 2 \\ 0 & 0 & 1 \end{vmatrix} = -11.$$

方法二 化成上三角形，向下消零. 逐行相应倍数相加

$$D=\begin{vmatrix}2&3&0&0\\0&\frac{1}{2}&3&0\\0&1&2&3\\0&0&1&2\end{vmatrix}=\begin{vmatrix}2&3&0&0\\0&\frac{1}{2}&3&0\\0&0&-4&3\\0&0&1&2\end{vmatrix}=\begin{vmatrix}2&3&0&0\\0&\frac{1}{2}&3&0\\0&0&-4&3\\0&0&0&\frac{11}{4}\end{vmatrix}$$

$$=2\times\frac{1}{2}\times(-4)\times\frac{11}{4}=-11.$$

233 【解】 由拉普拉斯展开式得,

$$\begin{vmatrix}\boldsymbol{A}&-2\boldsymbol{A}\\\boldsymbol{B}&\boldsymbol{O}\end{vmatrix}=(-1)^{3\times3}\ |-2\boldsymbol{A}|\cdot|\boldsymbol{B}|$$

$$=-(-2)^3\ |\boldsymbol{A}|\cdot|\boldsymbol{B}|=-16.$$

234 【解】 **方法一** 由于行列式每一列均有 $n-1$ 个 a,1 个 b,故可将各行均加到第一行,再提出 $b+(n-1)a$ 得

$$D_n=\begin{vmatrix}a&a&\cdots&a&b\\a&a&\cdots&b&a\\\vdots&\vdots&&\vdots&\vdots\\a&b&\cdots&a&a\\b&a&\cdots&a&a\end{vmatrix}=[b+(n-1)a]\begin{vmatrix}1&1&\cdots&1&1\\a&a&\cdots&b&a\\\vdots&\vdots&&\vdots&\vdots\\a&b&\cdots&a&a\\b&a&\cdots&a&a\end{vmatrix}.$$

再将第一行的 $-a$ 倍分别加到第 $2,3,\cdots,n$ 行上得

$$D_n=[b+(n-1)a]\begin{vmatrix}1&1&\cdots&1&1\\0&0&\cdots&b-a&0\\\vdots&\vdots&&\vdots&\vdots\\0&b-a&\cdots&0&0\\b-a&0&\cdots&0&0\end{vmatrix}$$

$$=[b+(n-1)a]\cdot(-1)^{\frac{1}{2}n(n-1)}\cdot(b-a)^{n-1}.$$

方法二 将第一行的 -1 倍分别加到第 $2,3,\cdots,n$ 行上得

$$D_n=\begin{vmatrix}a&a&\cdots&a&b\\a&a&\cdots&b&a\\\vdots&\vdots&&\vdots&\vdots\\a&b&\cdots&a&a\\b&a&\cdots&a&a\end{vmatrix}=\begin{vmatrix}a&a&\cdots&a&b\\0&0&\cdots&b-a&a-b\\\vdots&\vdots&&\vdots&\vdots\\0&b-a&\cdots&0&a-b\\b-a&0&\cdots&0&a-b\end{vmatrix}.$$

再将第 $1,2,\cdots,n-1$ 列的 1 倍分别加到最后一列得

$$D_n=\begin{vmatrix}a&a&\cdots&a&b+(n-1)a\\0&0&\cdots&b-a&0\\\vdots&\vdots&&\vdots&\vdots\\0&b-a&\cdots&0&0\\b-a&0&\cdots&0&0\end{vmatrix}$$

$$=(-1)^{\frac{1}{2}n(n-1)}\cdot[b+(n-1)a]\cdot(b-a)^{n-1}.$$

矩阵

235 【解】 由于 $|A|=\begin{vmatrix}1&0&1\\0&-2&0\\1&0&2\end{vmatrix}=-2$，故 $AA^*=A^*A=-2E$，在等式

$$A^*XA^*+A^{-1}XA^{-1}+A^*X+A^{-1}X=A^*+A^{-1}$$

两边左乘矩阵 A，右乘矩阵 A 得

$$4X+X-2XA+XA=-2A+A.$$

即

$$X(5E-A)=-A.$$

由于 $|5E-A|=\begin{vmatrix}4&0&-1\\0&7&0\\-1&0&3\end{vmatrix}\neq 0$，矩阵 $5E-A$ 可逆，所以

$$X=-A(5E-A)^{-1}=-\frac{1}{11}\begin{bmatrix}1&0&1\\0&-2&0\\1&0&2\end{bmatrix}\begin{bmatrix}3&0&1\\0&\frac{11}{7}&0\\1&0&4\end{bmatrix}=-\frac{1}{11}\begin{bmatrix}4&0&5\\0&-\frac{22}{7}&0\\5&0&9\end{bmatrix}.$$

236 【解】 对 $A^*BA=2BA-9E$ 左乘 A，得

$$AA^*BA=2ABA-9A.$$

由 $AA^*=|A|E$，现 $|A|=\begin{vmatrix}1&1&0\\0&1&0\\0&0&-1\end{vmatrix}=-1$，整理得

$$2ABA+BA=9A.$$

右乘 A^{-1}，得

$$2AB+B=9E.$$

故 $B=9(2A+E)^{-1}=9\begin{bmatrix}3&2&0\\0&3&0\\0&0&-1\end{bmatrix}^{-1}=\begin{bmatrix}3&-2&0\\0&3&0\\0&0&-9\end{bmatrix}.$

237 【解】 $\begin{bmatrix}1&0&0\\0&0&1\\0&1&0\end{bmatrix}$ 和 $\begin{bmatrix}1&0&0\\0&2&0\\0&0&1\end{bmatrix}$ 都是初等矩阵. 故

$$\begin{bmatrix}1&0&0\\0&0&1\\0&1&0\end{bmatrix}^9=\begin{bmatrix}1&0&0\\0&0&1\\0&1&0\end{bmatrix},\begin{bmatrix}1&0&0\\0&2&0\\0&0&1\end{bmatrix}^{10}=\begin{bmatrix}1&0&0\\0&2^{10}&0\\0&0&1\end{bmatrix},$$

故

$$A=\begin{bmatrix}1&0&0\\0&0&1\\0&1&0\end{bmatrix}\begin{bmatrix}1&2&3\\4&5&6\\7&8&9\end{bmatrix}\begin{bmatrix}1&0&0\\0&2^{10}&0\\0&0&1\end{bmatrix}=\begin{bmatrix}1&2&3\\7&8&9\\4&5&6\end{bmatrix}\begin{bmatrix}1&0&0\\0&2^{10}&0\\0&0&1\end{bmatrix}$$

$$=\begin{bmatrix}1&2\cdot 2^{10}&3\\7&8\cdot 2^{10}&9\\4&5\cdot 2^{10}&6\end{bmatrix}.$$

238 【解】 整理等式得 $X(A-2E)=(A-2E)B$.

又 $A-2E=\begin{bmatrix}1&2&3\\0&-1&2\\0&0&1\end{bmatrix}$ 可逆，于是 $X=(A-2E)B(A-2E)^{-1}$.

$$\boldsymbol{X}^4=(\boldsymbol{A}-2\boldsymbol{E})\boldsymbol{B}^4(\boldsymbol{A}-2\boldsymbol{E})^{-1}=\begin{bmatrix}1&2&3\\0&-1&2\\0&0&1\end{bmatrix}\begin{bmatrix}1&0&0\\0&1&0\\0&0&2^4\end{bmatrix}\begin{bmatrix}1&2&-7\\0&-1&2\\0&0&1\end{bmatrix}$$

$$=\begin{bmatrix}1&0&-3+3\cdot 2^4\\0&1&-2+2\cdot 2^4\\0&0&2^4\end{bmatrix}.$$

239 【答案】 D

【分析】 (A) $(\boldsymbol{A}+\boldsymbol{E})(\boldsymbol{A}-\boldsymbol{E})$ 与 $(\boldsymbol{A}-\boldsymbol{E})(\boldsymbol{A}+\boldsymbol{E})$ 均为 $\boldsymbol{A}^2-\boldsymbol{E}$，故(A) 正确.

(B) 由 $(\boldsymbol{A}+\boldsymbol{E})(\boldsymbol{A}-2\boldsymbol{E})+2\boldsymbol{E}=\boldsymbol{A}^2-\boldsymbol{A}=\boldsymbol{O}$，即 $(\boldsymbol{A}+\boldsymbol{E})\cdot\frac{1}{2}(2\boldsymbol{E}-\boldsymbol{A})=\boldsymbol{E}$，故(B) 正确.

或 $\boldsymbol{A}$ 的特征值只能是 0 或 1. 于是 $\boldsymbol{A}+\boldsymbol{E}$ 的特征值只能是 1 或 2.

(C) $\boldsymbol{A}^{\mathrm{T}}\boldsymbol{B}$ 与 $\boldsymbol{B}^{\mathrm{T}}\boldsymbol{A}$ 均是 1×1 矩阵，其转置就是自身，于是 $\boldsymbol{A}^{\mathrm{T}}\boldsymbol{B}=(\boldsymbol{A}^{\mathrm{T}}\boldsymbol{B})^{\mathrm{T}}=\boldsymbol{B}^{\mathrm{T}}(\boldsymbol{A}^{\mathrm{T}})^{\mathrm{T}}=\boldsymbol{B}^{\mathrm{T}}\boldsymbol{A}$，即(C) 正确.

关于(D)，由 $\boldsymbol{AB}=\boldsymbol{O}$ 不能保证必有 $\boldsymbol{BA}=\boldsymbol{O}$.

例如 $\begin{bmatrix}1&1\\1&1\end{bmatrix}\begin{bmatrix}1&1\\-1&-1\end{bmatrix}=\boldsymbol{O}$，但 $\begin{bmatrix}1&1\\-1&-1\end{bmatrix}\begin{bmatrix}1&1\\1&1\end{bmatrix}=\begin{bmatrix}2&2\\-2&-2\end{bmatrix}$.

240 【答案】 D

【分析】 由于 $\boldsymbol{A},\boldsymbol{B}$ 为可逆矩阵，所以 $\boldsymbol{AB}$ 也为可逆矩阵，且

$$(\boldsymbol{AB})^*=|\boldsymbol{AB}|(\boldsymbol{AB})^{-1}=|\boldsymbol{A}||\boldsymbol{B}|\boldsymbol{B}^{-1}\boldsymbol{A}^{-1}=|\boldsymbol{B}|\boldsymbol{B}^{-1}|\boldsymbol{A}|\boldsymbol{A}^{-1}=\boldsymbol{B}^*\boldsymbol{A}^*,$$

故选项(A) 的结论正确.

由于 $(\boldsymbol{A}^{-1})^*=|\boldsymbol{A}^{-1}|(\boldsymbol{A}^{-1})^{-1}=|\boldsymbol{A}^{-1}|\boldsymbol{A}=\frac{1}{|\boldsymbol{A}|}\boldsymbol{A}$，$(\boldsymbol{A}^*)^{-1}=(|\boldsymbol{A}|\boldsymbol{A}^{-1})^{-1}=\frac{1}{|\boldsymbol{A}|}\boldsymbol{A}$，所以选项(B) 的结论正确.

由于 $(\boldsymbol{A}^*)^{\mathrm{T}}=(|\boldsymbol{A}|\boldsymbol{A}^{-1})^{\mathrm{T}}=|\boldsymbol{A}|(\boldsymbol{A}^{-1})^{\mathrm{T}}=|\boldsymbol{A}|(\boldsymbol{A}^{\mathrm{T}})^{-1}=|\boldsymbol{A}^{\mathrm{T}}|(\boldsymbol{A}^{\mathrm{T}})^{-1}=(\boldsymbol{A}^{\mathrm{T}})^*$，所以选项(C) 的结论正确.

由于 $(k\boldsymbol{A})^*=|k\boldsymbol{A}|(k\boldsymbol{A})^{-1}=k^3|\boldsymbol{A}|\cdot\frac{1}{k}\boldsymbol{A}^{-1}=k^2|\boldsymbol{A}|\boldsymbol{A}^{-1}=k^2\boldsymbol{A}^*$，所以选项(D) 的结论不正确.

【评注】 注意当矩阵 $\boldsymbol{A}$ 可逆，则 $\boldsymbol{A}^*=|\boldsymbol{A}|\boldsymbol{A}^{-1}$，即 $\boldsymbol{A}^*$ 与 $\boldsymbol{A}^{-1}$ 相差非零常数倍 $|\boldsymbol{A}|$.

241 【解】 **方法一** $(\boldsymbol{E}+\boldsymbol{BA}^{-1})^{-1}=(\boldsymbol{AA}^{-1}+\boldsymbol{BA}^{-1})^{-1}=[(\boldsymbol{A}+\boldsymbol{B})\boldsymbol{A}^{-1}]^{-1}$

$$=(\boldsymbol{A}^{-1})^{-1}(\boldsymbol{A}+\boldsymbol{B})^{-1}=\boldsymbol{A}(\boldsymbol{A}+\boldsymbol{B}).$$

注意，因为 $(\boldsymbol{A}+\boldsymbol{B})^2=\boldsymbol{E}$，即 $(\boldsymbol{A}+\boldsymbol{B})(\boldsymbol{A}+\boldsymbol{B})=\boldsymbol{E}$，按可逆定义知 $(\boldsymbol{A}+\boldsymbol{B})^{-1}=\boldsymbol{A}+\boldsymbol{B}$.

方法二 因 $(\boldsymbol{E}+\boldsymbol{BA}^{-1})\boldsymbol{A}(\boldsymbol{A}+\boldsymbol{B})=(\boldsymbol{A}+\boldsymbol{B})(\boldsymbol{A}+\boldsymbol{B})\overset{*}{=\!=}\boldsymbol{E}$（$*$ 是已知条件），故 $(\boldsymbol{E}+\boldsymbol{BA}^{-1})^{-1}=\boldsymbol{A}(\boldsymbol{A}+\boldsymbol{B})$.

【评注】 转置有性质 $(\boldsymbol{A}+\boldsymbol{B})^{\mathrm{T}}=\boldsymbol{A}^{\mathrm{T}}+\boldsymbol{B}^{\mathrm{T}}$，而可逆 $(\boldsymbol{A}+\boldsymbol{B})^{-1}$ 没有这种运算法则，一般情况下 $(\boldsymbol{A}+\boldsymbol{B})^{-1}\neq\boldsymbol{A}^{-1}+\boldsymbol{B}^{-1}$，因此对于 $(\boldsymbol{A}+\boldsymbol{B})^{-1}$ 通常要用单位矩阵恒等变形的技巧.

计算型的选择题，一般有两个思路，(1) 如方法一，计算出结果，做出选择；(2) 逐个验算，如方法二.

242 【解】 观察 $\boldsymbol{P},\boldsymbol{Q}$ 列向量的下标，可以看出 $\boldsymbol{P}$ 经三次列变换，得到 $\boldsymbol{Q}$.

$$\boldsymbol{Q}=\boldsymbol{P}\begin{bmatrix}1&0&0\\1&1&0\\0&0&1\end{bmatrix}\begin{bmatrix}1&&\\&-1&\\&&1\end{bmatrix}\begin{bmatrix}1&0&0\\0&1&0\\0&0&2\end{bmatrix}=\boldsymbol{P}\begin{bmatrix}1&0&0\\1&-1&0\\0&0&2\end{bmatrix},$$

$$\begin{aligned}\boldsymbol{Q}^{\mathrm{T}}\boldsymbol{A}\boldsymbol{Q}&=\begin{bmatrix}1&1&0\\0&-1&0\\0&0&2\end{bmatrix}\boldsymbol{P}^{\mathrm{T}}\boldsymbol{A}\boldsymbol{P}\begin{bmatrix}1&0&0\\1&-1&0\\0&0&2\end{bmatrix}\\&=\begin{bmatrix}1&1&0\\0&-1&0\\0&0&2\end{bmatrix}\begin{bmatrix}1&&\\&2&\\&&3\end{bmatrix}\begin{bmatrix}1&0&0\\1&-1&0\\0&0&2\end{bmatrix}=\begin{bmatrix}3&-2&0\\-2&2&0\\0&0&12\end{bmatrix}.\end{aligned}$$

243 【解】 经初等变换矩阵的秩不变.

$$\boldsymbol{A}=\begin{bmatrix}1-a&a&0&-a\\-3&6&3&-3\\2-a&a-2&-1&1-a\end{bmatrix}\to\begin{bmatrix}1-a&a&0&-a\\1&-2&-1&1\\1&-2&-1&1\end{bmatrix}$$

$$\to\begin{bmatrix}1-a&a&0&-a\\1&-2&-1&1\\0&0&0&0\end{bmatrix},$$

由于二阶子式 $\begin{vmatrix}1-a&0\\1&-1\end{vmatrix}=a-1$，$\begin{vmatrix}a&0\\-2&-1\end{vmatrix}=-a$，不可能同时为 0. 故对任意的 a，必有 $r(\boldsymbol{A})=2$.

244 【答案】 C

【分析】 $|\boldsymbol{A}|=\begin{vmatrix}2&4&2\\1&a&-2\\2&3&a+2\end{vmatrix}=2(a+1)(a-3)$.

如果 $a=1$，则 $|\boldsymbol{A}|\neq 0$，$\boldsymbol{A}$ 是可逆矩阵. 由 $\boldsymbol{AB}=\boldsymbol{O}$，有 $\boldsymbol{B}=\boldsymbol{O}$，与 $\boldsymbol{B}\neq\boldsymbol{O}$ 矛盾，于是(A)(B)均不可能.

如果 $a=3$ 或 $a=-1$ 时，都有 $r(\boldsymbol{A})=2$. 由 $\boldsymbol{AB}=\boldsymbol{O}$ 有 $r(\boldsymbol{A})+r(\boldsymbol{B})\leqslant 3$，$r(\boldsymbol{B})\leqslant 1$.

又因 $\boldsymbol{B}\neq\boldsymbol{O}$，从而 $r(\boldsymbol{B})=1$，所以应选(C).

245 【解】 据已知条件 $\boldsymbol{P}_1\boldsymbol{A}=\boldsymbol{B}$，其中 $\boldsymbol{P}_1=\begin{bmatrix}1&0&0\\0&0&1\\0&1&0\end{bmatrix}$.

$\boldsymbol{B}\boldsymbol{P}_2=\boldsymbol{E}$，其中 $\boldsymbol{P}_2=\begin{bmatrix}1&-3&0\\0&1&0\\0&0&1\end{bmatrix}$，于是 $\boldsymbol{P}_1\boldsymbol{A}\boldsymbol{P}_2=\boldsymbol{E}$，故

$$\boldsymbol{A}=\boldsymbol{P}_1^{-1}\boldsymbol{P}_2^{-1}=\begin{bmatrix}1&0&0\\0&0&1\\0&1&0\end{bmatrix}\begin{bmatrix}1&3&0\\0&1&0\\0&0&1\end{bmatrix}=\begin{bmatrix}1&3&0\\0&0&1\\0&1&0\end{bmatrix},$$

那么 $\boldsymbol{A}^*=|\boldsymbol{A}|\boldsymbol{A}^{-1}=\begin{bmatrix}-1&0&3\\0&0&-1\\0&-1&0\end{bmatrix}$.

246 【证明】 (1) 由于 $\boldsymbol{AB}=\boldsymbol{A}+\boldsymbol{B}$,所以

$$(\boldsymbol{A}-\boldsymbol{E})(\boldsymbol{B}-\boldsymbol{E})=\boldsymbol{AB}-\boldsymbol{A}-\boldsymbol{B}+\boldsymbol{E}=\boldsymbol{E},$$

故 $\boldsymbol{A}-\boldsymbol{E}$ 和 $\boldsymbol{B}-\boldsymbol{E}$ 均为可逆矩阵,且互为逆矩阵.

(2) 若矩阵 $\boldsymbol{A}$ 可逆,由 $\boldsymbol{AB}=\boldsymbol{A}+\boldsymbol{B}$ 得

$$(\boldsymbol{A}-\boldsymbol{E})\boldsymbol{B}=\boldsymbol{A},$$

由(1) 知 $\boldsymbol{A}-\boldsymbol{E}$ 可逆,所以 $\boldsymbol{B}=(\boldsymbol{A}-\boldsymbol{E})^{-1}\boldsymbol{A}$,故矩阵 $\boldsymbol{B}$ 可逆,且 $\boldsymbol{B}^{-1}=\boldsymbol{A}^{-1}(\boldsymbol{A}-\boldsymbol{E})$.

反之,若矩阵 $\boldsymbol{B}$ 可逆,由 $\boldsymbol{AB}=\boldsymbol{A}+\boldsymbol{B}$ 得

$$\boldsymbol{A}(\boldsymbol{B}-\boldsymbol{E})=\boldsymbol{B},$$

由(1) 知 $\boldsymbol{B}-\boldsymbol{E}$ 可逆,所以

$$\boldsymbol{A}=\boldsymbol{B}(\boldsymbol{B}-\boldsymbol{E})^{-1},$$

故矩阵 $\boldsymbol{A}$ 可逆,且 $\boldsymbol{A}^{-1}=(\boldsymbol{B}-\boldsymbol{E})\boldsymbol{B}^{-1}$.

(3) 由于 $\boldsymbol{A}-\boldsymbol{E}$ 和 $\boldsymbol{B}-\boldsymbol{E}$ 均可逆,且互为逆矩阵,所以

$$(\boldsymbol{A}-\boldsymbol{E})(\boldsymbol{B}-\boldsymbol{E})=(\boldsymbol{B}-\boldsymbol{E})(\boldsymbol{A}-\boldsymbol{E})=\boldsymbol{E},$$

于是

$$\boldsymbol{AB}-\boldsymbol{A}-\boldsymbol{B}+\boldsymbol{E}=\boldsymbol{BA}-\boldsymbol{A}-\boldsymbol{B}+\boldsymbol{E},$$

所以 $\boldsymbol{AB}=\boldsymbol{BA}$.

【评注】 本题主要考核矩阵运算,题目中的(1) 是(2) 和(3) 的桥梁.

247 【证明】 (1) 由于

$$\begin{aligned}\boldsymbol{A}^2&=(\boldsymbol{\alpha\beta}^{\mathrm T}-\boldsymbol{\alpha}^{\mathrm T}\boldsymbol{\beta E})(\boldsymbol{\alpha\beta}^{\mathrm T}-\boldsymbol{\alpha}^{\mathrm T}\boldsymbol{\beta E})\\&=(\boldsymbol{\alpha\beta}^{\mathrm T})(\boldsymbol{\alpha\beta}^{\mathrm T})-(\boldsymbol{\alpha}^{\mathrm T}\boldsymbol{\beta})\boldsymbol{\alpha\beta}^{\mathrm T}-(\boldsymbol{\alpha}^{\mathrm T}\boldsymbol{\beta})\boldsymbol{\alpha\beta}^{\mathrm T}+(\boldsymbol{\alpha}^{\mathrm T}\boldsymbol{\beta})^2\boldsymbol{E}\\&=\boldsymbol{\alpha}(\boldsymbol{\beta}^{\mathrm T}\boldsymbol{\alpha})\boldsymbol{\beta}^{\mathrm T}-2(\boldsymbol{\alpha}^{\mathrm T}\boldsymbol{\beta})\boldsymbol{\alpha\beta}^{\mathrm T}+(\boldsymbol{\alpha}^{\mathrm T}\boldsymbol{\beta})^2\boldsymbol{E}\\&=-(\boldsymbol{\alpha}^{\mathrm T}\boldsymbol{\beta})\boldsymbol{\alpha\beta}^{\mathrm T}+(\boldsymbol{\alpha}^{\mathrm T}\boldsymbol{\beta})^2\boldsymbol{E}\\&=\boldsymbol{\alpha}^{\mathrm T}\boldsymbol{\beta}(-\boldsymbol{\alpha\beta}^{\mathrm T}+\boldsymbol{\alpha}^{\mathrm T}\boldsymbol{\beta E})\\&=-\boldsymbol{\alpha}^{\mathrm T}\boldsymbol{\beta A},\end{aligned}$$

所以 $\boldsymbol{A}^2+\boldsymbol{\alpha}^{\mathrm T}\boldsymbol{\beta A}=\boldsymbol{O}$.

(2) 反证法　假设矩阵 $\boldsymbol{A}$ 可逆. 由(1) 知 $\boldsymbol{A}^2+\boldsymbol{\alpha}^{\mathrm T}\boldsymbol{\beta A}=\boldsymbol{O}$,在等式两边右乘矩阵 $\boldsymbol{A}^{-1}$ 得

$$\boldsymbol{A}+\boldsymbol{\alpha}^{\mathrm T}\boldsymbol{\beta E}=\boldsymbol{O}.$$

由题设 $\boldsymbol{A}=\boldsymbol{\alpha\beta}^{\mathrm T}-\boldsymbol{\alpha}^{\mathrm T}\boldsymbol{\beta E}$,所以 $\boldsymbol{\alpha\beta}^{\mathrm T}=\boldsymbol{O}$,这与 $\boldsymbol{\alpha}\neq\boldsymbol{0},\boldsymbol{\beta}\neq\boldsymbol{0}$ 相矛盾,所以矩阵 $\boldsymbol{A}$ 不可逆.

【评注】 一般地,对于矩阵 $\boldsymbol{A}$ 与 $\boldsymbol{B}$,由 $\boldsymbol{A}\neq\boldsymbol{O},\boldsymbol{B}\neq\boldsymbol{O}$ 不能得出 $\boldsymbol{AB}\neq\boldsymbol{O}$.

若 $\boldsymbol{\alpha}=\begin{pmatrix}a_1\\a_2\\a_3\end{pmatrix}\neq\boldsymbol{0},\boldsymbol{\beta}=\begin{pmatrix}b_1\\b_2\\b_3\end{pmatrix}\neq\boldsymbol{0}$,不妨设 $a_1\neq0,b_2\neq0$,于是 $a_1b_2\neq0$,则

$$\boldsymbol{\alpha\beta}^{\mathrm T}=\begin{pmatrix}a_1\\a_2\\a_3\end{pmatrix}(b_1,b_2,b_3)=\begin{bmatrix}a_1b_1&a_1b_2&a_1b_3\\a_2b_1&a_2b_2&a_2b_3\\a_3b_1&a_3b_2&a_3b_3\end{bmatrix}\neq\boldsymbol{O}.$$

248 【解】 (1) 由于 $A_{ij}+a_{ji}=0$,所以 $A_{ij}=-a_{ji}$,于是

$$\boldsymbol{A}^*=\begin{bmatrix}A_{11}&A_{21}&A_{31}\\A_{12}&A_{22}&A_{32}\\A_{13}&A_{23}&A_{33}\end{bmatrix}=\begin{bmatrix}-a_{11}&-a_{12}&-a_{13}\\-a_{21}&-a_{22}&-a_{23}\\-a_{31}&-a_{32}&-a_{33}\end{bmatrix}=-\boldsymbol{A}.$$

又 $\boldsymbol{AA}^*=|\boldsymbol{A}|\boldsymbol{E}$,所以 $-\boldsymbol{AA}=|\boldsymbol{A}|\boldsymbol{E}$,两边取行列式得 $(-1)^3|\boldsymbol{A}||\boldsymbol{A}|=|\boldsymbol{A}|^3$,故 $|\boldsymbol{A}|$

$=0$ 或 $|\boldsymbol{A}|=-1$.

对于一般的三阶矩阵 $\boldsymbol{A}$，有 $r(\boldsymbol{A}^*)=\begin{cases}3, & r(\boldsymbol{A})=3,\\ 1, & r(\boldsymbol{A})=2,\\ 0, & r(\boldsymbol{A})<2,\end{cases}$ 又本题中 $r(\boldsymbol{A}^*)=r(-\boldsymbol{A})=r(\boldsymbol{A})$，所以 $r(\boldsymbol{A})$ 为 0 或 3，由于 $\boldsymbol{A}$ 为非零矩阵，所以 $r(\boldsymbol{A})\neq 0$，故 $r(\boldsymbol{A})=3$，$|\boldsymbol{A}|=-1$.

(2) 由(1)知 $\boldsymbol{A}^*=-\boldsymbol{A}$，由题设 $\boldsymbol{AXA}+\boldsymbol{A}^*\boldsymbol{XA}+\boldsymbol{AXA}^*=\boldsymbol{E}$，所以

$$\boldsymbol{AXA}+(-\boldsymbol{A})\boldsymbol{XA}+\boldsymbol{AX}(-\boldsymbol{A})=\boldsymbol{E},$$

$$\boldsymbol{AX}(-\boldsymbol{A})=\boldsymbol{E},$$

故 $\boldsymbol{X}=-\boldsymbol{A}^{-1}\boldsymbol{EA}^{-1}=-\boldsymbol{A}^{-1}\boldsymbol{A}^{-1}$，又 $\boldsymbol{A}^{-1}=\dfrac{1}{|\boldsymbol{A}|}\boldsymbol{A}^*=-\boldsymbol{A}^*=\boldsymbol{A}$，所以 $\boldsymbol{X}=-\boldsymbol{E}$.

向量

249 【解】 由 $[\boldsymbol{\alpha}_1,\boldsymbol{\alpha}_2,\boldsymbol{\alpha}_3]=\begin{bmatrix}1&3&9\\2&0&6\\-3&-8&-25\end{bmatrix}\to\begin{bmatrix}1&3&9\\0&1&2\\0&0&0\end{bmatrix}$，知 $r(\text{Ⅰ})=2$.

因为对任意的 a，$\boldsymbol{\beta}_1$，$\boldsymbol{\beta}_2$ 坐标都不成比例，知 $\boldsymbol{\beta}_1$，$\boldsymbol{\beta}_2$ 一定线性无关. 那么

$$r(\text{Ⅱ})=2\Leftrightarrow|\boldsymbol{\beta}_1,\boldsymbol{\beta}_2,\boldsymbol{\beta}_3|=0,$$

即 $\begin{vmatrix}0&a&b\\1&2&1\\-1&-3&0\end{vmatrix}=\begin{vmatrix}0&a&b\\0&-1&1\\-1&-3&0\end{vmatrix}=-b-a=0$，得 $a=-b$.

由 $\boldsymbol{\beta}_2$ 可由(Ⅰ)线性表示 $\Leftrightarrow\boldsymbol{\beta}_2$ 可由 $\boldsymbol{\alpha}_1$，$\boldsymbol{\alpha}_2$ 线性表示(因 $r(\text{Ⅰ})=2$，$\boldsymbol{\alpha}_1$，$\boldsymbol{\alpha}_2$ 为极大无关组)，

$$\left[\begin{array}{cc:c}1&3&a\\2&0&2\\-3&-8&-3\end{array}\right]\to\left[\begin{array}{cc:c}1&3&a\\0&1&3a-3\\0&0&8a-8\end{array}\right],$$

故 $a=1$，$b=-1$.

由 $r(\text{Ⅰ})=r(\text{Ⅱ})=2$，

$$\boldsymbol{\alpha}_1=\begin{pmatrix}1\\2\\-3\end{pmatrix},\boldsymbol{\alpha}_2=\begin{pmatrix}3\\0\\-8\end{pmatrix}\text{与}\boldsymbol{\beta}_1=\begin{pmatrix}0\\1\\-1\end{pmatrix},\boldsymbol{\beta}_2=\begin{pmatrix}1\\2\\-3\end{pmatrix}$$

分别是(Ⅰ)和(Ⅱ)的极大线性无关组. 易见 $\boldsymbol{\beta}_1$ 不能由 $\boldsymbol{\alpha}_1$，$\boldsymbol{\alpha}_2$ 线性表示，故向量组(Ⅰ)和(Ⅱ)不等价.

250 【解】 $\boldsymbol{\beta}+\boldsymbol{\alpha}_1$，$\boldsymbol{\beta}+\boldsymbol{\alpha}_2$，$a\boldsymbol{\beta}+\boldsymbol{\alpha}_3$ 线性相关，则存在不全为零的数 k_1，k_2，k_3，使得

$$k_1(\boldsymbol{\beta}+\boldsymbol{\alpha}_1)+k_2(\boldsymbol{\beta}+\boldsymbol{\alpha}_2)+k_3(a\boldsymbol{\beta}+\boldsymbol{\alpha}_3)=\boldsymbol{0},$$

整理有

$$(k_1+k_2+k_3a)\boldsymbol{\beta}+(k_1\boldsymbol{\alpha}_1+k_2\boldsymbol{\alpha}_2+k_3\boldsymbol{\alpha}_3)=\boldsymbol{0}.$$

因已知 $2\boldsymbol{\alpha}_1-\boldsymbol{\alpha}_2+3\boldsymbol{\alpha}_3=\boldsymbol{0}$，且 $\boldsymbol{\beta}$ 是任意向量，故上式成立只需取 $k_1=2$，$k_2=-1$，$k_3=3$，则有 $2\boldsymbol{\alpha}_1-\boldsymbol{\alpha}_2+3\boldsymbol{\alpha}_3=\boldsymbol{0}$，且令 $\boldsymbol{\beta}$ 的系数为 0，即 $k_1+k_2+ak_3=2-1+3a=0$，即 $a=-\dfrac{1}{3}$.

251 【解】 对任意 t，$\boldsymbol{\alpha}_1$ 与 $\boldsymbol{\alpha}_2$ 的坐标一定不成比例，即 $\boldsymbol{\alpha}_1$，$\boldsymbol{\alpha}_2$ 必线性无关，那么 $\boldsymbol{\alpha}_1$，$\boldsymbol{\alpha}_2$ 是向量组 $\boldsymbol{\alpha}_1$，$\boldsymbol{\alpha}_2$，$\boldsymbol{\alpha}_3$，$\boldsymbol{\alpha}_4$ 的极大线性无关组，可以推出 $\boldsymbol{\alpha}_3$，$\boldsymbol{\alpha}_4$ 都可由 $\boldsymbol{\alpha}_1$，$\boldsymbol{\alpha}_2$ 线性表示.

$$[\boldsymbol{\alpha}_1,\boldsymbol{\alpha}_2\mid\boldsymbol{\alpha}_3,\boldsymbol{\alpha}_4]=\left[\begin{array}{cc:cc}1&2&2&t\\1&4&6&14\\-1&t-6&6&t-4\end{array}\right]\to\left[\begin{array}{cc:cc}1&2&2&t\\0&2&4&14-t\\0&t-4&8&2t-4\end{array}\right]$$

$$\to \begin{bmatrix} 1 & 2 & \vdots & 2 & t \\ 0 & 2 & \vdots & 4 & 14-t \\ 0 & 0 & \vdots & 32-4t & t^2-14t+48 \end{bmatrix},$$

仅 $t=8$ 时，$\boldsymbol{\alpha}_3,\boldsymbol{\alpha}_4$ 都可由 $\boldsymbol{\alpha}_1,\boldsymbol{\alpha}_2$ 线性表示，故 $t=8$.

252 【答案】 C

【分析】 若 $\boldsymbol{\alpha}_1,\boldsymbol{\alpha}_2,\boldsymbol{\alpha}_3$ 线性无关，则由于 $\boldsymbol{\alpha}_1,\boldsymbol{\alpha}_2,\boldsymbol{\alpha}_3,\boldsymbol{\beta}$ 是四个三维向量，必线性相关，从而 $\boldsymbol{\beta}$ 可由 $\boldsymbol{\alpha}_1,\boldsymbol{\alpha}_2,\boldsymbol{\alpha}_3$ 线性表示. 故命题 ④ 正确，由此用反证法知命题 ① 也正确. 故应选(C).

若 $\boldsymbol{\alpha}_1=\boldsymbol{\alpha}_2=\boldsymbol{\alpha}_3=\boldsymbol{\beta}=(1,0,0)^{\mathrm{T}}$，则 $\boldsymbol{\alpha}_1,\boldsymbol{\alpha}_2,\boldsymbol{\alpha}_3$ 线性相关，而 $\boldsymbol{\beta}$ 能由 $\boldsymbol{\alpha}_1,\boldsymbol{\alpha}_2,\boldsymbol{\alpha}_3$ 线性表示，故命题 ② 不正确，同时也表明 $\boldsymbol{\beta}$ 能由 $\boldsymbol{\alpha}_1,\boldsymbol{\alpha}_2,\boldsymbol{\alpha}_3$ 线性表示时，$\boldsymbol{\alpha}_1,\boldsymbol{\alpha}_2,\boldsymbol{\alpha}_3$ 可以线性相关，故命题 ③ 不正确.

【评注】 ①④ 互为逆否命题，②③ 互为逆否命题. 一个命题和其逆否命题若对则全对，若错则全错，因此只要判断其一是否正确即可.

253 【答案】 A

【分析】 因向量组 Ⅰ 可由 Ⅱ 线性表示，故

$$r(\text{Ⅰ})\leqslant r(\text{Ⅱ})=r(\boldsymbol{\beta}_1,\boldsymbol{\beta}_2,\cdots,\boldsymbol{\beta}_s)\leqslant s.$$

当 Ⅰ：$\boldsymbol{\alpha}_1,\boldsymbol{\alpha}_2,\cdots,\boldsymbol{\alpha}_r$ 线性无关时，有 $r(\text{Ⅰ})=r$，故必有 $r\leqslant s$，即(A) 正确.

设 $\boldsymbol{\alpha}_1=\begin{pmatrix}1\\0\\0\end{pmatrix},\boldsymbol{\alpha}_2=\begin{pmatrix}2\\0\\0\end{pmatrix},\boldsymbol{\beta}_1=\begin{pmatrix}1\\0\\0\end{pmatrix},\boldsymbol{\beta}_2=\begin{pmatrix}0\\1\\0\end{pmatrix}$，有 Ⅰ 可由 Ⅱ 线性表示，且 Ⅰ 线性相关，但不满足 $r>s$，即(B) 不正确.

又如 $\boldsymbol{\alpha}_1=\begin{pmatrix}1\\0\\0\end{pmatrix},\boldsymbol{\alpha}_2=\begin{pmatrix}2\\0\\0\end{pmatrix},\boldsymbol{\alpha}_3=\begin{pmatrix}3\\0\\0\end{pmatrix},\boldsymbol{\beta}_1=\begin{pmatrix}1\\0\\0\end{pmatrix},\boldsymbol{\beta}_2=\begin{pmatrix}0\\1\\0\end{pmatrix}$，可看出(C) 不正确.

关于(D) 的反例，请同学们自己构造.

254 【答案】 A

【分析】 由 $\boldsymbol{\eta}_1,\boldsymbol{\eta}_2$ 是 $\boldsymbol{Ax}=\boldsymbol{0}$ 的基础解系，知 $n-r(\boldsymbol{A})=2$，有

$$r(\boldsymbol{\alpha}_1,\boldsymbol{\alpha}_2,\boldsymbol{\alpha}_3,\boldsymbol{\alpha}_4)=r(\boldsymbol{A})=2.$$

又 $\boldsymbol{A\eta}_1=\boldsymbol{0},\boldsymbol{A\eta}_2=\boldsymbol{0}$，有

$$\begin{cases}3\boldsymbol{\alpha}_1+\boldsymbol{\alpha}_2-2\boldsymbol{\alpha}_3+2\boldsymbol{\alpha}_4=\boldsymbol{0},\\ \quad\ -\boldsymbol{\alpha}_2+2\boldsymbol{\alpha}_3+\ \boldsymbol{\alpha}_4=\boldsymbol{0},\end{cases}$$

两式相加得

$$\boldsymbol{\alpha}_1=-\boldsymbol{\alpha}_4,$$

得

$$\boldsymbol{\alpha}_1+\boldsymbol{\alpha}_2-2\boldsymbol{\alpha}_3=\boldsymbol{0},$$

故 ① 正确.

若 $\boldsymbol{\alpha}_1,\boldsymbol{\alpha}_3$ 线性相关，不妨设 $\boldsymbol{\alpha}_1=k\boldsymbol{\alpha}_3$，则有 $\boldsymbol{\alpha}_2=(2-k)\boldsymbol{\alpha}_3$. 那么

$$r(\boldsymbol{\alpha}_1,\boldsymbol{\alpha}_2,\boldsymbol{\alpha}_3,\boldsymbol{\alpha}_4)=r(k\boldsymbol{\alpha}_3,(2-k)\boldsymbol{\alpha}_3,\boldsymbol{\alpha}_3,-k\boldsymbol{\alpha}_3)\neq 2,$$

矛盾. 从而 $\boldsymbol{\alpha}_1,\boldsymbol{\alpha}_3$ 必线性无关，② 正确. 类似知 ④ 正确.

至于 ③，$[\boldsymbol{\alpha}_1,\boldsymbol{\alpha}_1+\boldsymbol{\alpha}_2,\boldsymbol{\alpha}_3-\boldsymbol{\alpha}_4]\to[\boldsymbol{\alpha}_1,\boldsymbol{\alpha}_2,\boldsymbol{\alpha}_3]$，由 ③ 知，$r(\boldsymbol{\alpha}_1,\boldsymbol{\alpha}_2,\boldsymbol{\alpha}_3)=r(\boldsymbol{\alpha}_1,\boldsymbol{\alpha}_2)=2$. ③ 正确.

255 【解】 易见 $\begin{vmatrix} 1 & 1 & 0 \\ 0 & 2 & 2 \\ 0 & 0 & 3 \end{vmatrix} \neq 0$，即三维向量$(1,0,0)^{\mathrm{T}},(1,2,0)^{\mathrm{T}},(0,2,3)^{\mathrm{T}}$ 线性无关. 那么 $\boldsymbol{\alpha}_1,\boldsymbol{\alpha}_2,\boldsymbol{\alpha}_3$ 必线性无关，从而 $r(\boldsymbol{\alpha}_1,\boldsymbol{\alpha}_2,\boldsymbol{\alpha}_3,\boldsymbol{\alpha}_4)=3 \Leftrightarrow |\boldsymbol{\alpha}_1,\boldsymbol{\alpha}_2,\boldsymbol{\alpha}_3,\boldsymbol{\alpha}_4|=0$.

而
$$\begin{vmatrix} 1 & 1 & 0 & 0 \\ 0 & 2 & 2 & 0 \\ 0 & 0 & 3 & 3 \\ 4 & 0 & 0 & a \end{vmatrix} = 1 \times \begin{vmatrix} 2 & 2 & 0 \\ 0 & 3 & 3 \\ 0 & 0 & a \end{vmatrix} + 4 \times (-1)^{4+1} \times \begin{vmatrix} 1 & 0 & 0 \\ 2 & 2 & 0 \\ 0 & 3 & 3 \end{vmatrix} = 6a - 24 = 0,$$
知必有 $a=4$.

256 【解】 (1)$\boldsymbol{\alpha}$ 可由 $\boldsymbol{\alpha}_1,\boldsymbol{\alpha}_2,\boldsymbol{\alpha}_3,\boldsymbol{\alpha}_4$ 线性表出，即方程组
$$x_1\boldsymbol{\alpha}_1 + x_2\boldsymbol{\alpha}_2 + x_3\boldsymbol{\alpha}_3 + x_4\boldsymbol{\alpha}_4 = \boldsymbol{\alpha}$$
有解. 对增广矩阵作初等行变换，有
$$\left[\begin{array}{cccc:c} 3 & 3 & 0 & 1 & a_1 \\ 3 & 1 & 0 & 0 & a_2 \\ 0 & 0 & 1 & -1 & a_3 \\ 0 & 2 & 1 & 0 & a_4 \end{array}\right] \to \left[\begin{array}{cccc:c} 3 & 3 & 0 & 1 & a_1 \\ 0 & -2 & 0 & -1 & a_2 - a_1 \\ 0 & 0 & 1 & -1 & a_3 \\ 0 & 0 & 0 & 0 & a_4 + a_2 - a_1 - a_3 \end{array}\right], \qquad ①$$
所以向量 $\boldsymbol{\alpha}$ 可以由 $\boldsymbol{\alpha}_1,\boldsymbol{\alpha}_2,\boldsymbol{\alpha}_3,\boldsymbol{\alpha}_4$ 线性表出的充分必要条件是：$a_4 + a_2 - a_1 - a_3 = 0$.

(2) 向量组 $\boldsymbol{\alpha}_1,\boldsymbol{\alpha}_2,\boldsymbol{\alpha}_3,\boldsymbol{\alpha}_4$ 的极大线性无关组是：$\boldsymbol{\alpha}_1,\boldsymbol{\alpha}_2,\boldsymbol{\alpha}_3$，而
$$\boldsymbol{\alpha}_4 = -\frac{1}{6}\boldsymbol{\alpha}_1 + \frac{1}{2}\boldsymbol{\alpha}_2 - \boldsymbol{\alpha}_3. \qquad ②$$

(3) 方程组 ① 的通解是：
$$\left(-\frac{a_1}{6} + \frac{a_2}{2}, \frac{a_1}{2} - \frac{a_2}{2}, a_3, 0\right)^{\mathrm{T}} + t\left(\frac{1}{6}, -\frac{1}{2}, 1, 1\right)^{\mathrm{T}}，其中 t 为任意常数，$$
所以 $\boldsymbol{\alpha} = \left(-\frac{a_1}{6} + \frac{a_2}{2} + \frac{t}{6}\right)\boldsymbol{\alpha}_1 + \left(\frac{a_1}{2} - \frac{a_2}{2} - \frac{t}{2}\right)\boldsymbol{\alpha}_2 + (a_3 + t)\boldsymbol{\alpha}_3 + t\boldsymbol{\alpha}_4$，其中 t 为任意常数.

由 ② 把 $\boldsymbol{\alpha}_4$ 代入上式，得
$$\boldsymbol{\alpha} = \left(-\frac{a_1}{6} + \frac{a_2}{2}\right)\boldsymbol{\alpha}_1 + \left(\frac{a_1}{2} - \frac{a_2}{2}\right)\boldsymbol{\alpha}_2 + a_3\boldsymbol{\alpha}_3.$$

257 【解】 (1) 由
$$|\boldsymbol{\alpha}_1,\boldsymbol{\alpha}_2,\boldsymbol{\alpha}_3,\boldsymbol{\alpha}_4| = \begin{vmatrix} 1 & 2 & 0 & 3 \\ 4 & 7 & 1 & 10 \\ 0 & 1 & -1 & b \\ 2 & 3 & a & 4 \end{vmatrix} = \begin{vmatrix} 1 & 0 & 0 & 0 \\ 4 & -1 & 1 & -2 \\ 0 & 1 & -1 & b \\ 2 & -1 & a & -2 \end{vmatrix} = (a-1)(b-2),$$
故 $a=1$ 或 $b=2$ 时，向量组 $\boldsymbol{\alpha}_1,\boldsymbol{\alpha}_2,\boldsymbol{\alpha}_3,\boldsymbol{\alpha}_4$ 线性相关.

(2) 当 $b=2$ 时，
$$[\boldsymbol{\alpha}_1,\boldsymbol{\alpha}_2,\boldsymbol{\alpha}_3 \mid \boldsymbol{\alpha}_4] = \left[\begin{array}{ccc:c} 1 & 2 & 0 & 3 \\ 4 & 7 & 1 & 10 \\ 0 & 1 & -1 & 2 \\ 2 & 3 & a & 4 \end{array}\right] \to \left[\begin{array}{ccc:c} 1 & 0 & 2 & -1 \\ & 1 & -1 & 2 \\ & & a-1 & 0 \\ & & & 0 \end{array}\right].$$
对于任意 a，$\boldsymbol{\alpha}_4$ 均可由 $\boldsymbol{\alpha}_1,\boldsymbol{\alpha}_2,\boldsymbol{\alpha}_3$ 线性表示.

如果 $a \neq 1, b = 2$ 有 $\boldsymbol{\alpha}_4 = -\boldsymbol{\alpha}_1 + 2\boldsymbol{\alpha}_2$；

如果 $a = 1, b = 2$ 有 $\boldsymbol{\alpha}_4 = (-1-2t)\boldsymbol{\alpha}_1 + (2+t)\boldsymbol{\alpha}_2 + t\boldsymbol{\alpha}_3$，$t$ 为任意常数；

当 $a=1$ 时，

$$[\boldsymbol{\alpha}_1,\boldsymbol{\alpha}_2,\boldsymbol{\alpha}_3 \mid \boldsymbol{\alpha}_4]=\left[\begin{array}{ccc:c}1&2&0&3\\4&7&1&10\\0&1&-1&b\\2&3&1&4\end{array}\right]\to\left[\begin{array}{ccc:c}1&2&0&3\\&1&-1&b\\&&&b-2\\&&&0\end{array}\right].$$

如果 $b\neq 2$，$\boldsymbol{\alpha}_4$ 不能由 $\boldsymbol{\alpha}_1,\boldsymbol{\alpha}_2,\boldsymbol{\alpha}_3$ 线性表示.

如果 $a=1,b=2$，$\boldsymbol{\alpha}_4$ 可由 $\boldsymbol{\alpha}_1,\boldsymbol{\alpha}_2,\boldsymbol{\alpha}_3$ 线性表示，表示法同上.

(3) 当 $a=1$ 且 $b=2$ 时，$r(\boldsymbol{\alpha}_1,\boldsymbol{\alpha}_2,\boldsymbol{\alpha}_3,\boldsymbol{\alpha}_4)=2$，极大线性无关组为 $\boldsymbol{\alpha}_1,\boldsymbol{\alpha}_2$；

当 $a=1$ 且 $b\neq 2$ 时，$r(\boldsymbol{\alpha}_1,\boldsymbol{\alpha}_2,\boldsymbol{\alpha}_3,\boldsymbol{\alpha}_4)=3$，极大线性无关组为 $\boldsymbol{\alpha}_1,\boldsymbol{\alpha}_2,\boldsymbol{\alpha}_4$；

当 $a\neq 1$ 且 $b=2$ 时，$r(\boldsymbol{\alpha}_1,\boldsymbol{\alpha}_2,\boldsymbol{\alpha}_3,\boldsymbol{\alpha}_4)=3$，极大线性无关组为 $\boldsymbol{\alpha}_1,\boldsymbol{\alpha}_2,\boldsymbol{\alpha}_3$.

258 【解】 由于

$$|\boldsymbol{\alpha}_1,\boldsymbol{\alpha}_2,\boldsymbol{\alpha}_3|=\begin{vmatrix}1&1&a\\1&a&1\\a&1&1\end{vmatrix}=(a+2)\begin{vmatrix}1&1&1\\1&a&1\\a&1&1\end{vmatrix}=(a+2)\begin{vmatrix}1&1&1\\0&a-1&0\\a-1&0&0\end{vmatrix}$$
$$=-(a+2)(a-1)^2,$$

所以当 $a\neq -2$ 且 $a\neq 1$ 时，向量组 $\boldsymbol{\alpha}_1,\boldsymbol{\alpha}_2,\boldsymbol{\alpha}_3$ 的秩为 3，从而线性无关，故 $r(\boldsymbol{\alpha}_1,\boldsymbol{\alpha}_2,\boldsymbol{\alpha}_3,\boldsymbol{\beta}_i)=3(i=1,2,3)$，$(\boldsymbol{\alpha}_1,\boldsymbol{\alpha}_2,\boldsymbol{\alpha}_3)\boldsymbol{x}=\boldsymbol{\beta}_i$ 有解，$\boldsymbol{\beta}_i(i=1,2,3)$ 可由 $\boldsymbol{\alpha}_1,\boldsymbol{\alpha}_2,\boldsymbol{\alpha}_3$ 线性表示，故此时向量组(Ⅱ)可由向量组(Ⅰ)线性表示.

由于

$$|\boldsymbol{\beta}_1,\boldsymbol{\beta}_2,\boldsymbol{\beta}_3|=\begin{vmatrix}3&-1&a\\0&2&-2\\-3&-1&4\end{vmatrix}=6(a+2),$$

所以当 $a\neq -2$ 时，向量组 $\boldsymbol{\beta}_1,\boldsymbol{\beta}_2,\boldsymbol{\beta}_3$ 的秩为 3，从而线性无关，故 $r(\boldsymbol{\beta}_1,\boldsymbol{\beta}_2,\boldsymbol{\beta}_3,\boldsymbol{\alpha}_i)=3(i=1,2,3)$，$\boldsymbol{\alpha}_i$ 可由 $\boldsymbol{\beta}_1,\boldsymbol{\beta}_2,\boldsymbol{\beta}_3$ 线性表示，故此时向量组(Ⅰ)可由向量组(Ⅱ)线性表示.

从而，当 $a\neq -2$ 且 $a\neq 1$ 时，向量组 $\boldsymbol{\alpha}_1,\boldsymbol{\alpha}_2,\boldsymbol{\alpha}_3$ 与向量组 $\boldsymbol{\beta}_1,\boldsymbol{\beta}_2,\boldsymbol{\beta}_3$ 可以互相线性表示，于是两个向量组等价.

当 $a=1$ 时，

向量组 $\boldsymbol{\alpha}_1=\begin{pmatrix}1\\1\\1\end{pmatrix},\boldsymbol{\alpha}_2=\begin{pmatrix}1\\1\\1\end{pmatrix},\boldsymbol{\alpha}_3=\begin{pmatrix}1\\1\\1\end{pmatrix}$ 的秩为 1，向量组 $\boldsymbol{\beta}_1=\begin{pmatrix}3\\0\\-3\end{pmatrix},\boldsymbol{\beta}_2=\begin{pmatrix}-1\\2\\-1\end{pmatrix},\boldsymbol{\beta}_3=\begin{pmatrix}1\\-2\\4\end{pmatrix}$ 的秩为 3，两个向量组不等价.

当 $a=-2$ 时，

由于 $|\boldsymbol{\alpha}_1,\boldsymbol{\alpha}_2,\boldsymbol{\alpha}_3|=\begin{vmatrix}1&1&-2\\1&-2&1\\-2&1&1\end{vmatrix}=0$，$\boldsymbol{\alpha}_1=\begin{pmatrix}1\\1\\-2\end{pmatrix},\boldsymbol{\alpha}_2=\begin{pmatrix}1\\-2\\1\end{pmatrix}$ 线性无关，所以向量组 $\boldsymbol{\alpha}_1=\begin{pmatrix}1\\1\\-2\end{pmatrix},\boldsymbol{\alpha}_2=\begin{pmatrix}1\\-2\\1\end{pmatrix},\boldsymbol{\alpha}_3=\begin{pmatrix}-2\\1\\1\end{pmatrix}$ 的秩为 2.

由于 $|\boldsymbol{\beta}_1,\boldsymbol{\beta}_2,\boldsymbol{\beta}_3|=\begin{vmatrix}3&-1&-2\\0&2&-2\\-3&-1&4\end{vmatrix}=0$，$\boldsymbol{\beta}_1=\begin{pmatrix}3\\0\\-3\end{pmatrix},\boldsymbol{\beta}_2=\begin{pmatrix}-1\\2\\-1\end{pmatrix}$ 线性无关，所以向量组

$\boldsymbol{\beta}_1=\begin{pmatrix}3\\0\\-3\end{pmatrix},\boldsymbol{\beta}_2=\begin{pmatrix}-1\\2\\-1\end{pmatrix},\boldsymbol{\beta}_3=\begin{pmatrix}-2\\-2\\4\end{pmatrix}$的秩为 2，此时这两个向量组的秩相同，它们是否等价，要进一步判断.

对矩阵$[\boldsymbol{\alpha}_1,\boldsymbol{\alpha}_2,\boldsymbol{\alpha}_3,\boldsymbol{\beta}_1,\boldsymbol{\beta}_2,\boldsymbol{\beta}_3]$作初等行变换

$$[\boldsymbol{\alpha}_1,\boldsymbol{\alpha}_2,\boldsymbol{\alpha}_3,\boldsymbol{\beta}_1,\boldsymbol{\beta}_2,\boldsymbol{\beta}_3]=\left[\begin{array}{ccc:ccc}1&1&-2&3&-1&-2\\1&-2&1&0&2&-2\\-2&1&1&-3&-1&4\end{array}\right]\to\left[\begin{array}{ccc:ccc}1&1&-2&3&-1&-2\\0&-3&3&-3&3&0\\0&3&-3&3&-3&0\end{array}\right]$$

$$\to\left[\begin{array}{ccc:ccc}1&0&-1&2&0&-2\\0&1&-1&1&-1&0\\0&0&0&0&0&0\end{array}\right],\qquad ①$$

所以 $\boldsymbol{\beta}_1=2\boldsymbol{\alpha}_1+\boldsymbol{\alpha}_2,\boldsymbol{\beta}_2=-\boldsymbol{\alpha}_2,\boldsymbol{\beta}_3=-2\boldsymbol{\alpha}_1$，向量组（Ⅱ）可由向量组（Ⅰ）线性表示.

由 $\boldsymbol{\beta}_3=-2\boldsymbol{\alpha}_1$ 可得 $\boldsymbol{\alpha}_1=-\frac{1}{2}\boldsymbol{\beta}_3$. 由 $\boldsymbol{\beta}_2=-\boldsymbol{\alpha}_2$，可得 $\boldsymbol{\alpha}_2=-\boldsymbol{\beta}_2$. 由 ① 式可得 $\boldsymbol{\alpha}_3=-\boldsymbol{\alpha}_1-\boldsymbol{\alpha}_2$，于是 $\boldsymbol{\alpha}_3=\boldsymbol{\beta}_2+\frac{1}{2}\boldsymbol{\beta}_3$，故向量组（Ⅰ）可由向量组（Ⅱ）线性表示，此时两个向量组等价.

综上，当 $a\neq 1$ 时，向量组（Ⅰ）与向量组（Ⅱ）等价.

259 【解】 (1) **充分性** 若 $|\boldsymbol{K}|\neq 0$，则矩阵 $\boldsymbol{K}$ 可逆，由于向量组 $\boldsymbol{\alpha}_1,\boldsymbol{\alpha}_2,\boldsymbol{\alpha}_3$ 线性无关，所以矩阵$(\boldsymbol{\alpha}_1,\boldsymbol{\alpha}_2,\boldsymbol{\alpha}_3)$的秩为 3，于是

$$r(\boldsymbol{\beta}_1,\boldsymbol{\beta}_2,\boldsymbol{\beta}_3)=r[(\boldsymbol{\alpha}_1,\boldsymbol{\alpha}_2,\boldsymbol{\alpha}_3)\boldsymbol{K}]=r(\boldsymbol{\alpha}_1,\boldsymbol{\alpha}_2,\boldsymbol{\alpha}_3)=3.$$

从而 $\boldsymbol{\beta}_1,\boldsymbol{\beta}_2,\boldsymbol{\beta}_3$ 线性无关.

必要性（反证法） 若 $|\boldsymbol{K}|=0$，则方程组 $\boldsymbol{Kx}=\boldsymbol{0}$ 有非零解，设 $\boldsymbol{\xi}=\begin{pmatrix}c_1\\c_2\\c_3\end{pmatrix}\neq\boldsymbol{0}$ 为方程组的一个非零解，则 c_1,c_2,c_3 不全为零，且

$$[\boldsymbol{\alpha}_1,\boldsymbol{\alpha}_2,\boldsymbol{\alpha}_3]\boldsymbol{K}\begin{pmatrix}c_1\\c_2\\c_3\end{pmatrix}=[\boldsymbol{\beta}_1,\boldsymbol{\beta}_2,\boldsymbol{\beta}_3]\begin{pmatrix}c_1\\c_2\\c_3\end{pmatrix}=c_1\boldsymbol{\beta}_1+c_2\boldsymbol{\beta}_2+c_3\boldsymbol{\beta}_3=\boldsymbol{0}.$$

这与 $\boldsymbol{\beta}_1,\boldsymbol{\beta}_2,\boldsymbol{\beta}_3$ 线性无关相矛盾，所以 $|\boldsymbol{K}|\neq 0$.

(2) 由题设可得$[\boldsymbol{\beta}_1,\boldsymbol{\beta}_2,\boldsymbol{\beta}_3]=[\boldsymbol{\alpha}_1,\boldsymbol{\alpha}_2,\boldsymbol{\alpha}_3]\begin{bmatrix}1&2&1\\1&a&3\\1&3&a\end{bmatrix}$，由于

$$\begin{vmatrix}1&2&1\\1&a&3\\1&3&a\end{vmatrix}=\begin{vmatrix}1&2&1\\0&a-2&2\\0&1&a-1\end{vmatrix}=a(a-3),$$

所以当 $a\neq 0$ 且 $a\neq 3$ 时向量组 $\boldsymbol{\beta}_1,\boldsymbol{\beta}_2,\boldsymbol{\beta}_3$ 线性无关，当 $a=0$ 或 $a=3$ 时向量组 $\boldsymbol{\beta}_1,\boldsymbol{\beta}_2,\boldsymbol{\beta}_3$ 线性相关.

260 【解】 记 $\boldsymbol{A}=[\boldsymbol{\alpha}_1,\boldsymbol{\alpha}_2,\boldsymbol{\alpha}_3,\boldsymbol{\alpha}_4]$，对矩阵 $\boldsymbol{A}$ 施以初等行变换，将其化为阶梯矩阵，进一步化为行简化阶梯阵

$$\boldsymbol{A}=\begin{bmatrix}3&1&7&-2\\-1&5&-13&6\\2&-7&20&1\end{bmatrix}\to\begin{bmatrix}-1&5&-13&6\\3&1&7&-2\\2&-7&20&1\end{bmatrix}$$

$$\rightarrow \begin{bmatrix} 1 & -5 & 13 & -6 \\ 0 & 1 & -2 & 1 \\ 0 & 0 & 0 & 1 \end{bmatrix} \rightarrow \begin{bmatrix} 1 & 0 & 3 & 0 \\ 0 & 1 & -2 & 0 \\ 0 & 0 & 0 & 1 \end{bmatrix} = \boldsymbol{B}.$$

记 $\boldsymbol{B} = [\boldsymbol{\beta}_1, \boldsymbol{\beta}_2, \boldsymbol{\beta}_3, \boldsymbol{\beta}_4]$，则向量组 $\boldsymbol{\alpha}_1, \boldsymbol{\alpha}_2, \boldsymbol{\alpha}_3, \boldsymbol{\alpha}_4$ 与向量组 $\boldsymbol{\beta}_1, \boldsymbol{\beta}_2, \boldsymbol{\beta}_3, \boldsymbol{\beta}_4$ 对应的向量有相同的线性关系.

由于 $\boldsymbol{\beta}_1, \boldsymbol{\beta}_2, \boldsymbol{\beta}_4$ 线性无关，且 $\boldsymbol{\beta}_3 = 3\boldsymbol{\beta}_1 - 2\boldsymbol{\beta}_2$，所以向量组 $\boldsymbol{\beta}_1, \boldsymbol{\beta}_2, \boldsymbol{\beta}_3, \boldsymbol{\beta}_4$ 的秩为 3，$\boldsymbol{\beta}_1, \boldsymbol{\beta}_2, \boldsymbol{\beta}_4$ 为一个极大线性无关组. 对应的，向量组 $\boldsymbol{\alpha}_1, \boldsymbol{\alpha}_2, \boldsymbol{\alpha}_3, \boldsymbol{\alpha}_4$ 的秩为 3，$\boldsymbol{\alpha}_1, \boldsymbol{\alpha}_2, \boldsymbol{\alpha}_4$ 为其一个极大线性无关组，且 $\boldsymbol{\alpha}_3 = 3\boldsymbol{\alpha}_1 - 2\boldsymbol{\alpha}_2$.

由于 $\boldsymbol{\beta}_1, \boldsymbol{\beta}_2, \boldsymbol{\beta}_3, \boldsymbol{\beta}_4$ 的秩为 3，所以 $\boldsymbol{\beta}_1, \boldsymbol{\beta}_2, \boldsymbol{\beta}_3, \boldsymbol{\beta}_4$ 中任意 3 个线性无关向量均为其极大线性无关组. 在 $\boldsymbol{\beta}_1, \boldsymbol{\beta}_2, \boldsymbol{\beta}_3, \boldsymbol{\beta}_4$ 中，选 3 个线性无关向量必然含有 $\boldsymbol{\beta}_4$，其余三个向量任选两个即可，所以 $\boldsymbol{\beta}_1, \boldsymbol{\beta}_2, \boldsymbol{\beta}_3, \boldsymbol{\beta}_4$ 的极大线性无关组有 3 个，另外 2 个为 $\boldsymbol{\beta}_1, \boldsymbol{\beta}_3, \boldsymbol{\beta}_4$ 与 $\boldsymbol{\beta}_2, \boldsymbol{\beta}_3, \boldsymbol{\beta}_4$.

对应的向量组 $\boldsymbol{\alpha}_1, \boldsymbol{\alpha}_2, \boldsymbol{\alpha}_3, \boldsymbol{\alpha}_4$ 的极大线性无关组有 3 个，另外 2 个为 $\boldsymbol{\alpha}_1, \boldsymbol{\alpha}_3, \boldsymbol{\alpha}_4$ 与 $\boldsymbol{\alpha}_2, \boldsymbol{\alpha}_3, \boldsymbol{\alpha}_4$.

【评注】 本题中用到了两个常用的结论：(1) 对矩阵 $\boldsymbol{A}$ 作初等行变换得到矩阵 $\boldsymbol{B}$，则矩阵 $\boldsymbol{A}$ 的列向量组与矩阵 $\boldsymbol{B}$ 的列向量组对应的向量有相同的线性关系. (2) 若向量组 $\boldsymbol{\alpha}_1, \boldsymbol{\alpha}_2, \cdots, \boldsymbol{\alpha}_m$ 的秩为 r，则 $\boldsymbol{\alpha}_1, \boldsymbol{\alpha}_2, \cdots, \boldsymbol{\alpha}_m$ 中任意 r 个线性无关向量均为其极大线性无关组.

261 **【解】** 由题设，记 $\boldsymbol{Q}_1 = \begin{bmatrix} 0 & 0 & 1 \\ 0 & 1 & 0 \\ 1 & 0 & 0 \end{bmatrix}$，$\boldsymbol{Q}_2 = \begin{bmatrix} 1 & 0 & 0 \\ 0 & 1 & -1 \\ 0 & 0 & 1 \end{bmatrix}$，则

$$\boldsymbol{AQ}_1 = \begin{bmatrix} 1 & 2 & 3 \\ 1 & 0 & 1 \\ 2 & 2 & 4 \end{bmatrix} \begin{bmatrix} 0 & 0 & 1 \\ 0 & 1 & 0 \\ 1 & 0 & 0 \end{bmatrix} = \begin{bmatrix} 3 & 2 & 1 \\ 1 & 0 & 1 \\ 4 & 2 & 2 \end{bmatrix} = \boldsymbol{B},$$

$$\boldsymbol{BQ}_2 = \begin{bmatrix} 3 & 2 & 1 \\ 1 & 0 & 1 \\ 4 & 2 & 2 \end{bmatrix} \begin{bmatrix} 1 & 0 & 0 \\ 0 & 1 & -1 \\ 0 & 0 & 1 \end{bmatrix} = \begin{bmatrix} 3 & 2 & -1 \\ 1 & 0 & 1 \\ 4 & 2 & 0 \end{bmatrix} = \boldsymbol{C},$$

故取 $\boldsymbol{P}_1 = \boldsymbol{Q}_1\boldsymbol{Q}_2 = \begin{bmatrix} 0 & 0 & 1 \\ 0 & 1 & 0 \\ 1 & 0 & 0 \end{bmatrix} \begin{bmatrix} 1 & 0 & 0 \\ 0 & 1 & -1 \\ 0 & 0 & 1 \end{bmatrix} = \begin{bmatrix} 0 & 0 & 1 \\ 0 & 1 & -1 \\ 1 & 0 & 0 \end{bmatrix}$，满足 $\boldsymbol{AP}_1 = \boldsymbol{C}$.

考虑满足 $\boldsymbol{AP} = \boldsymbol{C}$ 的 $\boldsymbol{P}$ 的唯一性. 如果 $\boldsymbol{A}$ 可逆，则满足 $\boldsymbol{AP} = \boldsymbol{C}$ 的 $\boldsymbol{P}$ 是唯一的.

本题中的 $\boldsymbol{A}$ 不可逆，考虑方程组 $\boldsymbol{Ax} = \boldsymbol{0}$，由于

$$\boldsymbol{A} = \begin{bmatrix} 1 & 2 & 3 \\ 1 & 0 & 1 \\ 2 & 2 & 4 \end{bmatrix} \rightarrow \begin{bmatrix} 1 & 2 & 3 \\ 0 & -2 & -2 \\ 0 & -2 & -2 \end{bmatrix} \rightarrow \begin{bmatrix} 1 & 2 & 3 \\ 0 & 1 & 1 \\ 0 & 0 & 0 \end{bmatrix} \rightarrow \begin{bmatrix} 1 & 0 & 1 \\ 0 & 1 & 1 \\ 0 & 0 & 0 \end{bmatrix},$$

故 $\boldsymbol{Ax} = \boldsymbol{0}$ 的通解为 $\boldsymbol{x} = c\begin{pmatrix} 1 \\ 1 \\ -1 \end{pmatrix}$，$c$ 为任意常数.

记 $\boldsymbol{X} = \begin{bmatrix} c_1 & c_2 & c_3 \\ c_1 & c_2 & c_3 \\ -c_1 & -c_2 & -c_3 \end{bmatrix}$，$c_1, c_2, c_3$ 为任意常数，则

$$\boldsymbol{AX} = \begin{bmatrix} 1 & 2 & 3 \\ 1 & 0 & 1 \\ 2 & 2 & 4 \end{bmatrix} \begin{bmatrix} c_1 & c_2 & c_3 \\ c_1 & c_2 & c_3 \\ -c_1 & -c_2 & -c_3 \end{bmatrix} = \boldsymbol{O},$$

于是 $\boldsymbol{A}(\boldsymbol{P}_1 + \boldsymbol{X}) = \boldsymbol{AP}_1 + \boldsymbol{AX} = \boldsymbol{C}$. 记

$$\boldsymbol{P}=\boldsymbol{P}_1+\boldsymbol{X}=\begin{bmatrix} c_1 & c_2 & 1+c_3 \\ c_1 & 1+c_2 & -1+c_3 \\ 1-c_1 & -c_2 & -c_3 \end{bmatrix},$$

$$|\boldsymbol{P}|=\begin{vmatrix} c_1 & c_2 & 1+c_3 \\ c_1 & 1+c_2 & -1+c_3 \\ 1-c_1 & -c_2 & -c_3 \end{vmatrix}=c_1-2c_2-c_3-1,$$

故 $\boldsymbol{P}$ 不唯一，满足等式的所有可逆矩阵

$$\boldsymbol{P}=\begin{bmatrix} c_1 & c_2 & 1+c_3 \\ c_1 & 1+c_2 & -1+c_3 \\ 1-c_1 & -c_2 & -c_3 \end{bmatrix},c_1,c_2,c_3\text{ 为任意常数，且 }c_1-2c_2-c_3\neq 1.$$

262 【解】 由于

$$r(\boldsymbol{\alpha\alpha}^{\mathrm{T}}+\boldsymbol{\beta\beta}^{\mathrm{T}})\leqslant r(\boldsymbol{\alpha\alpha}^{\mathrm{T}})+r(\boldsymbol{\beta\beta}^{\mathrm{T}})\leqslant r(\boldsymbol{\alpha})+r(\boldsymbol{\beta})=1+1=2,$$

所以 $\boldsymbol{A}=\boldsymbol{E}-\boldsymbol{\alpha\alpha}^{\mathrm{T}}-\boldsymbol{\beta\beta}^{\mathrm{T}}\neq\boldsymbol{O}$，于是 $r(\boldsymbol{A})\geqslant 1$.

由题设 $\boldsymbol{\alpha}^{\mathrm{T}}\boldsymbol{\beta}=\boldsymbol{\beta}^{\mathrm{T}}\boldsymbol{\alpha}=(\boldsymbol{\alpha},\boldsymbol{\beta})=0,\boldsymbol{\alpha}^{\mathrm{T}}\boldsymbol{\alpha}=\boldsymbol{\beta}^{\mathrm{T}}\boldsymbol{\beta}=1$，所以

$$\boldsymbol{A\alpha}=(\boldsymbol{E}-\boldsymbol{\alpha\alpha}^{\mathrm{T}}-\boldsymbol{\beta\beta}^{\mathrm{T}})\boldsymbol{\alpha}=\boldsymbol{\alpha}-(\boldsymbol{\alpha\alpha}^{\mathrm{T}})\boldsymbol{\alpha}-(\boldsymbol{\beta\beta}^{\mathrm{T}})\boldsymbol{\alpha}=\boldsymbol{\alpha}-\boldsymbol{\alpha}(\boldsymbol{\alpha}^{\mathrm{T}}\boldsymbol{\alpha})-\boldsymbol{\beta}(\boldsymbol{\beta}^{\mathrm{T}}\boldsymbol{\alpha})=\boldsymbol{\alpha}-\boldsymbol{\alpha}=\boldsymbol{0},$$

$$\boldsymbol{A\beta}=(\boldsymbol{E}-\boldsymbol{\alpha\alpha}^{\mathrm{T}}-\boldsymbol{\beta\beta}^{\mathrm{T}})\boldsymbol{\beta}=\boldsymbol{\beta}-(\boldsymbol{\alpha\alpha}^{\mathrm{T}})\boldsymbol{\beta}-(\boldsymbol{\beta\beta}^{\mathrm{T}})\boldsymbol{\beta}=\boldsymbol{\beta}-\boldsymbol{\alpha}(\boldsymbol{\alpha}^{\mathrm{T}}\boldsymbol{\beta})-\boldsymbol{\beta}(\boldsymbol{\beta}^{\mathrm{T}}\boldsymbol{\beta})=\boldsymbol{\beta}-\boldsymbol{\beta}=\boldsymbol{0},$$

故 $\boldsymbol{\alpha},\boldsymbol{\beta}$ 均为方程组 $\boldsymbol{Ax}=\boldsymbol{0}$ 的解，又 $\boldsymbol{\alpha},\boldsymbol{\beta}$ 正交，且为单位向量，于是 $\boldsymbol{\alpha},\boldsymbol{\beta}$ 线性无关，所以方程组 $\boldsymbol{Ax}=\boldsymbol{0}$ 至少有两个无关解，从而 $r(\boldsymbol{A})\leqslant 1$.

综上得 $r(\boldsymbol{A})=1$.

263 【解】 (1) 由题设知 $r(\boldsymbol{A})=r(\boldsymbol{B})$，对矩阵 $\boldsymbol{A},\boldsymbol{B}$ 分别作初等行变换.

$$\boldsymbol{A}=\begin{bmatrix} 1 & 0 & 2 \\ 1 & -1 & 0 \\ 0 & 1 & 2 \end{bmatrix}\to\begin{bmatrix} 1 & 0 & 2 \\ 0 & -1 & -2 \\ 0 & 1 & 2 \end{bmatrix}\to\begin{bmatrix} 1 & 0 & 2 \\ 0 & 1 & 2 \\ 0 & 0 & 0 \end{bmatrix},$$

$$\boldsymbol{B}=\begin{bmatrix} -1 & 2 & 2 \\ 2 & -1 & 2 \\ -2 & 2 & a \end{bmatrix}\to\begin{bmatrix} 1 & -2 & -2 \\ 0 & 3 & 6 \\ 0 & -2 & a-4 \end{bmatrix}\to\begin{bmatrix} 1 & -2 & -2 \\ 0 & 1 & 2 \\ 0 & 0 & a \end{bmatrix},$$

所以 $a=0$.

(2) 由于 $\boldsymbol{PA}=\boldsymbol{B}\Leftrightarrow\boldsymbol{A}^{\mathrm{T}}\boldsymbol{P}^{\mathrm{T}}=\boldsymbol{B}^{\mathrm{T}}$，问题转化为求满足 $\boldsymbol{A}^{\mathrm{T}}\boldsymbol{P}^{\mathrm{T}}=\boldsymbol{B}^{\mathrm{T}}$ 的所有可逆矩阵 $\boldsymbol{P}$.

考虑矩阵方程 $\boldsymbol{A}^{\mathrm{T}}\boldsymbol{X}=\boldsymbol{B}^{\mathrm{T}}$，记 $\boldsymbol{X}=[\boldsymbol{x}_1,\boldsymbol{x}_2,\boldsymbol{x}_3]$，$\boldsymbol{B}^{\mathrm{T}}=[\boldsymbol{\beta}_1,\boldsymbol{\beta}_2,\boldsymbol{\beta}_3]$，则有

$$\boldsymbol{A}^{\mathrm{T}}[\boldsymbol{x}_1,\boldsymbol{x}_2,\boldsymbol{x}_3]=[\boldsymbol{A}^{\mathrm{T}}\boldsymbol{x}_1,\boldsymbol{A}^{\mathrm{T}}\boldsymbol{x}_2,\boldsymbol{A}^{\mathrm{T}}\boldsymbol{x}_3]=[\boldsymbol{\beta}_1,\boldsymbol{\beta}_2,\boldsymbol{\beta}_3].$$

求解 $\boldsymbol{A}^{\mathrm{T}}\boldsymbol{X}=\boldsymbol{B}^{\mathrm{T}}$ 可以转化为求解三个方程组 $\boldsymbol{A}^{\mathrm{T}}\boldsymbol{x}_i=\boldsymbol{\beta}_i(i=1,2,3)$. 对矩阵 $[\boldsymbol{A}^{\mathrm{T}}\mid\boldsymbol{B}^{\mathrm{T}}]$ 作初等行变换：

$$[\boldsymbol{A}^{\mathrm{T}}\mid\boldsymbol{B}^{\mathrm{T}}]=\left[\begin{array}{ccc:ccc} 1 & 1 & 0 & -1 & 2 & -2 \\ 0 & -1 & 1 & 2 & -1 & 2 \\ 2 & 0 & 2 & 2 & 2 & 0 \end{array}\right]\to\left[\begin{array}{ccc:ccc} 1 & 1 & 0 & -1 & 2 & -2 \\ 0 & -1 & 1 & 2 & -1 & 2 \\ 0 & 0 & 0 & 0 & 0 & 0 \end{array}\right]$$

$$\to\left[\begin{array}{ccc:ccc} 1 & 0 & 1 & 1 & 1 & 0 \\ 0 & 1 & -1 & -2 & 1 & -2 \\ 0 & 0 & 0 & 0 & 0 & 0 \end{array}\right].$$

所以 $\boldsymbol{A}^{\mathrm{T}}\boldsymbol{x}=\boldsymbol{0}$ 的基础解系为 $\boldsymbol{\xi}=\begin{pmatrix} -1 \\ 1 \\ 1 \end{pmatrix}$.

方程组 $A^Tx_1=\beta_1$ 的通解为 $\eta_1=k_1\begin{bmatrix}-1\\1\\1\end{bmatrix}+\begin{bmatrix}1\\-2\\0\end{bmatrix}=\begin{bmatrix}1-k_1\\-2+k_1\\k_1\end{bmatrix}$，$k_1$ 为任意常数.

方程组 $A^Tx_2=\beta_2$ 的通解为 $\eta_2=k_2\begin{bmatrix}-1\\1\\1\end{bmatrix}+\begin{bmatrix}1\\1\\0\end{bmatrix}=\begin{bmatrix}1-k_2\\1+k_2\\k_2\end{bmatrix}$，$k_2$ 为任意常数.

方程组 $A^Tx_3=\beta_3$ 的通解为 $\eta_3=k_3\begin{bmatrix}-1\\1\\1\end{bmatrix}+\begin{bmatrix}0\\-2\\0\end{bmatrix}=\begin{bmatrix}-k_3\\-2+k_3\\k_3\end{bmatrix}$，$k_3$ 为任意常数.

满足 $A^TX=B^T$ 的 $X=\begin{bmatrix}1-k_1&1-k_2&-k_3\\-2+k_1&1+k_2&-2+k_3\\k_1&k_2&k_3\end{bmatrix}$.

当 $|X|=\begin{vmatrix}1-k_1&1-k_2&-k_3\\-2+k_1&1+k_2&-2+k_3\\k_1&k_2&k_3\end{vmatrix}=3k_3+2(k_2-k_1)\neq0$ 时，X 可逆.

故所求可逆矩阵 $P=X^T=\begin{bmatrix}1-k_1&-2+k_1&k_1\\1-k_2&1+k_2&k_2\\-k_3&-2+k_3&k_3\end{bmatrix}$，其中 k_1,k_2,k_3 为满足 $3k_3+2(k_2-k_1)\neq0$ 的任意常数.

264 【解】 矩阵 A,B 等价 $\Leftrightarrow r(A)=r(B)$.

因 $|A|=0$ 且 $r(A)=2$，故 $|B|=0$，即 $a=0$. 且 $a=0$ 时 $r(B)=2$.

$$A=\begin{bmatrix}1&1&0\\0&1&-1\\1&0&1\end{bmatrix}\xrightarrow[P_1]{\text{行}}\begin{bmatrix}1&1&0\\0&1&-1\\0&-1&1\end{bmatrix}\xrightarrow[P_2]{\text{行}}\begin{bmatrix}1&1&0\\0&1&-1\\0&0&0\end{bmatrix}\xrightarrow[Q_1]{\text{列}}\begin{bmatrix}1&0&0\\0&1&-1\\0&0&0\end{bmatrix}\xrightarrow[Q_2]{\text{列}}\begin{bmatrix}1&0&0\\0&1&0\\0&0&0\end{bmatrix},$$

其中 $P_1=\begin{bmatrix}1&0&0\\0&1&0\\-1&0&1\end{bmatrix}$，$P_2=\begin{bmatrix}1&0&0\\0&1&0\\0&1&1\end{bmatrix}$，$Q_1=\begin{bmatrix}1&-1&0\\0&1&0\\0&0&1\end{bmatrix}$，$Q_2=\begin{bmatrix}1&0&0\\0&1&1\\0&0&1\end{bmatrix}$.

$$B=\begin{bmatrix}1&-2&0\\0&0&3\\0&0&1\end{bmatrix}\xrightarrow[Q_3]{\text{列}}\begin{bmatrix}1&0&0\\0&0&3\\0&0&1\end{bmatrix}\xrightarrow[P_3]{\text{行}}\begin{bmatrix}1&0&0\\0&0&0\\0&0&1\end{bmatrix}\xrightarrow[P_4]{\text{行}}\begin{bmatrix}1&0&0\\0&0&1\\0&0&0\end{bmatrix}\xrightarrow[Q_4]{\text{列}}\begin{bmatrix}1&0&0\\0&1&0\\0&0&0\end{bmatrix},$$

于是 $P_2P_1AQ_1Q_2=P_4P_3BQ_3Q_4$，$P_3^{-1}P_4^{-1}P_2P_1AQ_1Q_2Q_4^{-1}Q_3^{-1}=B$. 故

$$P=P_3^{-1}P_4^{-1}P_2P_1=\begin{bmatrix}1&0&0\\0&1&-3\\0&0&1\end{bmatrix}^{-1}\begin{bmatrix}1&0&0\\0&0&1\\0&1&0\end{bmatrix}^{-1}\begin{bmatrix}1&0&0\\0&1&0\\0&1&1\end{bmatrix}\begin{bmatrix}1&0&0\\0&1&0\\-1&0&1\end{bmatrix}$$

$$=\begin{bmatrix}1&0&0\\-1&4&1\\0&1&0\end{bmatrix},$$

$$Q=Q_1Q_2Q_4^{-1}Q_3^{-1}=\begin{bmatrix}1&-3&-1\\0&1&1\\0&1&0\end{bmatrix}.$$

注意，矩阵 P,Q 不唯一.

265 【解】 由于 $|A|=\begin{vmatrix}2&-2&0\\-1&0&-1\\1&-2&-1\end{vmatrix}=0$，矩阵 A 不是可逆矩阵，我们利用矩阵的分块乘法进行分析，记 $B=[\beta_1,\beta_2]$，$X=[x_1,x_2]$. 则

$$AX=A[x_1,x_2]=[Ax_1,Ax_2]=[\beta_1,\beta_2].$$

故

$$Ax_1=\beta_1,Ax_2=\beta_2.$$

问题转化为求解两个线性方程组 $Ax_1=\beta_1$，$Ax_2=\beta_2$.

由于这两个方程组的系数矩阵相同，所以我们对矩阵 $[A\mid B]$ 作初等行变换，将其化为行简化阶梯阵

$$[A\mid B]=\left[\begin{array}{ccc:cc}2&-2&0&-3&-1\\-1&0&-1&1&3\\1&-2&-1&-2&2\end{array}\right]\to\left[\begin{array}{ccc:cc}1&-2&-1&-2&2\\-1&0&-1&1&3\\2&-2&0&-3&-1\end{array}\right]$$

$$\to\left[\begin{array}{ccc:cc}1&-2&-1&-2&2\\0&-2&-2&-1&5\\0&0&0&0&0\end{array}\right]\to\left[\begin{array}{ccc:cc}1&0&1&-1&-3\\0&1&1&\frac{1}{2}&-\frac{5}{2}\\0&0&0&0&0\end{array}\right].$$

$Ax_1=\beta_1$ 的同解方程组为 $\begin{cases}x_1+x_3=-1,\\x_2+x_3=\frac{1}{2},\end{cases}$ 通解为

$$x_1=k_1\begin{pmatrix}-1\\-1\\1\end{pmatrix}+\begin{pmatrix}-1\\\frac{1}{2}\\0\end{pmatrix}=\begin{pmatrix}-k_1-1\\-k_1+\frac{1}{2}\\k_1\end{pmatrix},k_1\text{ 为任意常数}.$$

$Ax_2=\beta_2$ 的同解方程组为 $\begin{cases}x_1+x_3=-3,\\x_2+x_3=-\frac{5}{2},\end{cases}$ 通解为

$$x_2=k_2\begin{pmatrix}-1\\-1\\1\end{pmatrix}+\begin{pmatrix}-3\\-\frac{5}{2}\\0\end{pmatrix}=\begin{pmatrix}-k_2-3\\-k_2-\frac{5}{2}\\k_2\end{pmatrix},k_2\text{ 为任意常数}.$$

所以

$$X=[x_1,x_2]=\begin{bmatrix}-k_1-1&-k_2-3\\-k_1+\frac{1}{2}&-k_2-\frac{5}{2}\\k_1&k_2\end{bmatrix},k_1,k_2\text{ 为任意常数}.$$

【评注】 通过将问题转化为求解两个线性方程组，求出了满足 $AX=B$ 的所有矩阵 X.

266 【解】 $Ax=b$ 有无穷多解 $\Leftrightarrow r(A)=r(\overline{A})<n$.

$$\overline{A}=\left[\begin{array}{ccc:c}1&-2&-3&1\\1&2&2a-1&1\\a&2&a&1\end{array}\right]\to\left[\begin{array}{ccc:c}1&-2&-3&1\\0&2&a+1&0\\0&2+2a&4a&1-a\end{array}\right]\to\left[\begin{array}{ccc:c}1&-2&-3&1\\0&2&a+1&0\\0&0&(a-1)^2&a-1\end{array}\right].$$

当 $a=1$ 时，$r(A)=r(\overline{A})=2<3$，方程组有无穷多解. 将 $a=1$ 代入得

$$\overline{\mathbf{A}} \to \left[\begin{array}{ccc:c} 1 & 0 & -1 & 1 \\ 0 & 1 & 1 & 0 \\ 0 & 0 & 0 & 0 \end{array}\right],$$

方程组通解为:$(1,0,0)^{\mathrm{T}}+k(1,-1,1)^{\mathrm{T}}$,$k$ 为任意常数.

267 【解】 (1) 对增广矩阵作初等行变换,有

$$\overline{\mathbf{A}}=\left[\begin{array}{cccc:c} 1 & -2 & 3 & 4 & 5 \\ 2 & -4 & 5 & 6 & 7 \\ 4 & a & 9 & 10 & 11 \end{array}\right] \to \left[\begin{array}{cccc:c} 1 & -2 & 3 & 4 & 5 \\ 0 & a+8 & 0 & 0 & 0 \\ 0 & 0 & 1 & 2 & 3 \end{array}\right],$$

对任意 a,恒有 $r(\mathbf{A})=r(\overline{\mathbf{A}})$,方程组总有解.

当 $a=-8$ 时,$r(\mathbf{A})=r(\overline{\mathbf{A}})=2$,

$$\overline{\mathbf{A}} \to \left[\begin{array}{cccc:c} 1 & -2 & 0 & -2 & -4 \\ & & 1 & 2 & 3 \\ & & & 0 & 0 \end{array}\right],$$

得通解:$(-4,0,3,0)^{\mathrm{T}}+k_1(2,1,0,0)^{\mathrm{T}}+k_2(2,0,-2,1)^{\mathrm{T}}$,$k_1,k_2$ 为任意常数.

当 $a\neq-8$ 时,$r(\mathbf{A})=r(\overline{\mathbf{A}})=3$,

$$\overline{\mathbf{A}} \to \left[\begin{array}{cccc:c} 1 & 0 & 0 & -2 & -4 \\ & 1 & 0 & 0 & 0 \\ & & 1 & 2 & 3 \end{array}\right],$$

得通解:$(-4,0,3,0)^{\mathrm{T}}+k(2,0,-2,1)^{\mathrm{T}}$,$k$ 为任意常数.

(2) 当 $a=-8$ 时,如 $x_1=x_2$,有

$$-4+2k_1+2k_2=0+k_1+0,\text{即 } k_1=4-2k_2.$$

令 $k_2=t$,$k_1=4-2t$,代入整理得

$$\boldsymbol{x}=(4,4,3,0)^{\mathrm{T}}+t(-2,-2,-2,1)^{\mathrm{T}},t\text{ 为任意常数}.$$

当 $a\neq-8$ 时,如 $x_1=x_2$,有

$$-4+2k=0+0,\text{即 } k=2.$$

有唯一解:$(0,0,-1,2)^{\mathrm{T}}$.

268 【解】 $\mathbf{A}$ 是实对称矩阵,$\boldsymbol{\alpha}_1$ 和 $\boldsymbol{\alpha}_2$ 是不同特征值的特征向量,相互正交,则

$$\boldsymbol{\alpha}_1^{\mathrm{T}}\boldsymbol{\alpha}_2=1+4a-5=0,$$

得 $a=1$. 由矩阵 $\mathbf{A}$ 不可逆,知 $|\mathbf{A}|=0$,故 $\lambda=0$ 是 $\mathbf{A}$ 的特征值.

设 $\boldsymbol{\alpha}=(x_1,x_2,x_3)^{\mathrm{T}}$ 是 $\lambda=0$ 的特征向量. 于是

$$\begin{cases} \boldsymbol{\alpha}^{\mathrm{T}}\boldsymbol{\alpha}_1=x_1+x_2-x_3=0, \\ \boldsymbol{\alpha}^{\mathrm{T}}\boldsymbol{\alpha}_2=x_1+4x_2+5x_3=0, \end{cases}$$

得基础解系$(3,-2,1)^{\mathrm{T}}$,从而 $\mathbf{A}\boldsymbol{x}=\mathbf{0}$ 的通解为 $k(3,-2,1)^{\mathrm{T}}$,k 为任意常数.

注意,$\mathbf{A}\boldsymbol{\alpha}=0\boldsymbol{\alpha}=\mathbf{0}$,即 $\lambda=0$ 的特征向量就是 $\mathbf{A}\boldsymbol{x}=\mathbf{0}$ 的解. 又 $\mathbf{A}\sim\begin{bmatrix} 1 & & \\ & 2 & \\ & & 0 \end{bmatrix}=\boldsymbol{\Lambda}$,有 $r(\mathbf{A})=r(\boldsymbol{\Lambda})=2$,$n-r(\mathbf{A})=3-2=1$,从而 $\boldsymbol{\alpha}$ 是 $\mathbf{A}\boldsymbol{x}=\mathbf{0}$ 的基础解系.

269 【解】 因 $\boldsymbol{\alpha}$ 是 $\mathbf{A}\boldsymbol{x}=\mathbf{0}$ 的基础解系,知 $n-r(\mathbf{A})=1$,于是 $r(\mathbf{A})=3$.

又 $|\mathbf{A}|=(a+3)(a-1)^3$,若 $a=1$,有 $r(\mathbf{A})=1$,故 $a=-3$.

由 $r(\mathbf{A})=3$ 知 $r(\mathbf{A}^*)=1$,$n-r(\mathbf{A}^*)=3$.

因 $A^*A=|A|E=O$，知 A 的列向量是 $A^*x=0$ 的解.

因 $\begin{vmatrix}-3&1&1\\1&-3&1\\1&1&-3\end{vmatrix}\neq 0$，$\begin{pmatrix}-3\\1\\1\end{pmatrix}$，$\begin{pmatrix}1\\-3\\1\end{pmatrix}$，$\begin{pmatrix}1\\1\\-3\end{pmatrix}$ 线性无关. 从而

$$\boldsymbol{\alpha}_1=(-3,1,1,1)^{\mathrm{T}},\boldsymbol{\alpha}_2=(1,-3,1,1)^{\mathrm{T}},\boldsymbol{\alpha}_3=(1,1,-3,1)^{\mathrm{T}}$$

必线性无关. 那么 $\boldsymbol{\alpha}_1,\boldsymbol{\alpha}_2,\boldsymbol{\alpha}_3$ 是 $A^*x=0$ 的基础解系.

270 【解】 将 B 按列分块，设 $B=[\boldsymbol{\beta}_1,\boldsymbol{\beta}_2,\boldsymbol{\beta}_3]$，则

$$AB=A[\boldsymbol{\beta}_1,\boldsymbol{\beta}_2,\boldsymbol{\beta}_3]=[A\boldsymbol{\beta}_1,A\boldsymbol{\beta}_2,A\boldsymbol{\beta}_3]=O\Leftrightarrow A\boldsymbol{\beta}_1=\mathbf{0},A\boldsymbol{\beta}_2=\mathbf{0},A\boldsymbol{\beta}_3=\mathbf{0},$$

故 $\boldsymbol{\beta}_1,\boldsymbol{\beta}_2,\boldsymbol{\beta}_3$ 都是齐次线性方程组 $Ax=0$ 的解向量.

设齐次线性方程组 $Ax=0$，并求出通解.

$$A=\begin{bmatrix}1&-2&0\\2&1&5\\0&1&1\end{bmatrix}\rightarrow\begin{bmatrix}1&-2&0\\0&5&5\\0&1&1\end{bmatrix}\rightarrow\begin{bmatrix}1&-2&0\\0&1&1\\0&0&0\end{bmatrix}.$$

$Ax=0$ 有通解 $k(-2,-1,1)^{\mathrm{T}}$，取 $\boldsymbol{\beta}_i(i=1,2,3)$ 为 $Ax=0$ 的通解，再合并成 B，得

$$B=\begin{bmatrix}-2k&-2l&-2\lambda\\-k&-l&-\lambda\\k&l&\lambda\end{bmatrix}$$，其中 k,l,λ 是任意常数.

【评注】 $AB=O$ 时，B 的每一列都是 $Ax=0$ 的解，反之将 $Ax=0$ 的解合并成矩阵 B，则有 $AB=O$，题设要求所有满足 $AB=O$ 的 B，故应取任意常数 k,l,λ，将 $Ax=0$ 和 $AB=O$ 联系起来是重要的.

本题若已知 A，求满足 $BA=O$ 的所有的 B，该如何求？

271 【解】 对矩阵 A 分块，记

$$A=\left[\begin{array}{cc|cc}1&0&0&1\\0&1&1&0\\\hline 0&1&1&0\\1&0&0&1\end{array}\right]=\begin{bmatrix}E&G\\G&E\end{bmatrix}.$$

由于 $G^2=\begin{bmatrix}0&1\\1&0\end{bmatrix}\begin{bmatrix}0&1\\1&0\end{bmatrix}=\begin{bmatrix}1&0\\0&1\end{bmatrix}=E$，有

$$A^2=\begin{bmatrix}E&G\\G&E\end{bmatrix}\begin{bmatrix}E&G\\G&E\end{bmatrix}=\begin{bmatrix}2E&2G\\2G&2E\end{bmatrix}=2A.$$

$$\Rightarrow A^n=2^{n-1}A,$$

所以 $A^nx=0$ 与 $Ax=0$ 同解，而

$$A\rightarrow\begin{bmatrix}1&0&0&1\\0&1&1&0\\0&0&0&0\\0&0&0&0\end{bmatrix},$$

故通解为 $k_1(0,-1,1,0)^{\mathrm{T}}+k_2(-1,0,0,1)^{\mathrm{T}}$，$k_1,k_2$ 为任意常数.

272 【答案】 D

【分析】 $\boldsymbol{A}$ 中有一个三阶子式 $\begin{vmatrix}1 & -1 & 2\\ 1 & 1 & 4\\ 1 & 1 & 1\end{vmatrix}\neq 0$，于是 $r(\boldsymbol{A})=3$.

$\boldsymbol{A}^{\mathrm{T}}$ 为 4×3 矩阵，$r(\boldsymbol{A}^{\mathrm{T}})=r(\boldsymbol{A})=3$，故 $\boldsymbol{A}^{\mathrm{T}}\boldsymbol{x}=\boldsymbol{0}$ 只有零解.

$\boldsymbol{A}$ 为 3×4 矩阵，$r(\boldsymbol{A})=3<4$，$\boldsymbol{A}\boldsymbol{x}=\boldsymbol{0}$ 必有非零解，从而存在非零矩阵 $\boldsymbol{B}$，使 $\boldsymbol{AB}=\boldsymbol{O}$.

由 $r(\boldsymbol{A}^{\mathrm{T}}\boldsymbol{A})=r(\boldsymbol{AA}^{\mathrm{T}})=r(\boldsymbol{A})=3$，$\boldsymbol{A}^{\mathrm{T}}\boldsymbol{A}$ 是四阶矩阵，$\boldsymbol{AA}^{\mathrm{T}}$ 是三阶矩阵，故(D) 错误.

273 【答案】 C

【分析】 方程组有通解 $k\boldsymbol{\xi}+\boldsymbol{\eta}$ 知

$$\boldsymbol{\alpha}_5=[\boldsymbol{\alpha}_1,\boldsymbol{\alpha}_2,\boldsymbol{\alpha}_3,\boldsymbol{\alpha}_4](k\boldsymbol{\xi}+\boldsymbol{\eta})=[\boldsymbol{\alpha}_1,\boldsymbol{\alpha}_2,\boldsymbol{\alpha}_3,\boldsymbol{\alpha}_4]\begin{pmatrix}k+2\\ -k+1\\ 2k\\ 1\end{pmatrix}$$

$$=(k+2)\boldsymbol{\alpha}_1+(1-k)\boldsymbol{\alpha}_2+2k\boldsymbol{\alpha}_3+\boldsymbol{\alpha}_4,$$

即 $\boldsymbol{\alpha}_5-(k+2)\boldsymbol{\alpha}_1-(1-k)\boldsymbol{\alpha}_2-2k\boldsymbol{\alpha}_3-\boldsymbol{\alpha}_4=\boldsymbol{0}$，其中 k 是任意常数，即 $\boldsymbol{\alpha}_1,\boldsymbol{\alpha}_2,\boldsymbol{\alpha}_3,\boldsymbol{\alpha}_4,\boldsymbol{\alpha}_5$ 线性相关，上式线性组合为零不能没有 $\boldsymbol{\alpha}_4$，而选项(C) 中没有 $\boldsymbol{\alpha}_4$，故(C) 不正确. 故应选(C).

当$k=0$ 时(A) 成立，$k=1$ 时(B) 成立，$k=-2$ 时(D) 成立. 故(A)(B)(D) 均是正确的.

274 【解】 记方程组的系数矩阵为 $\boldsymbol{A}$，增广矩阵为$[\boldsymbol{A}\mid\boldsymbol{b}]$，进行初等行变换得

$$[\boldsymbol{A}\mid\boldsymbol{b}]=\left[\begin{array}{ccc|c}\lambda & 2 & 3 & 4\\ 0 & 2 & \lambda+4 & 2\\ 2\lambda & 2 & 5 & 6\end{array}\right]\to\left[\begin{array}{ccc|c}\lambda & 2 & 3 & 4\\ 0 & 2 & \lambda+4 & 2\\ 0 & -2 & -1 & -2\end{array}\right]$$

$$\to\left[\begin{array}{ccc|c}\lambda & 2 & 3 & 4\\ 0 & 2 & \lambda+4 & 2\\ 0 & 0 & \lambda+3 & 0\end{array}\right]\to\left[\begin{array}{ccc|c}\lambda & 2 & 3 & 4\\ 0 & 2 & 1 & 2\\ 0 & 0 & \lambda+3 & 0\end{array}\right].$$

当 $\lambda=0$ 时，$r(\boldsymbol{A})=2$，$r(\boldsymbol{A}\mid\boldsymbol{b})=3$，方程组无解.

当 $\lambda=-3$ 时，$r(\boldsymbol{A})=r(\boldsymbol{A}\mid\boldsymbol{b})=2$，方程组有无穷多解，

$$[\boldsymbol{A}\mid\boldsymbol{b}]\to\left[\begin{array}{ccc|c}-3 & 2 & 3 & 4\\ 0 & 2 & 1 & 2\\ 0 & 0 & 0 & 0\end{array}\right]\to\left[\begin{array}{ccc|c}-3 & 0 & 2 & 2\\ 0 & 2 & 1 & 2\\ 0 & 0 & 0 & 0\end{array}\right]\to\left[\begin{array}{ccc|c}1 & 0 & -\frac{2}{3} & -\frac{2}{3}\\ 0 & 1 & \frac{1}{2} & 1\\ 0 & 0 & 0 & 0\end{array}\right].$$

此时方程组有一个特解$\left(-\frac{2}{3},1,0\right)^{\mathrm{T}}$，对应齐次方程组的基础解系为$\left(\frac{2}{3},-\frac{1}{2},1\right)^{\mathrm{T}}$，故该方程组的通解为$\left(-\frac{2}{3},1,0\right)^{\mathrm{T}}+k\left(\frac{2}{3},-\frac{1}{2},1\right)^{\mathrm{T}}$，$k$ 为任意常数.

当 $\lambda\neq 0$ 且 $\lambda\neq -3$ 时，$r(\boldsymbol{A})=r(\boldsymbol{A}\mid\boldsymbol{b})=3$，方程组有唯一解，

$$[\boldsymbol{A}\mid\boldsymbol{b}]\to\left[\begin{array}{ccc|c}\lambda & 2 & 3 & 4\\ 0 & 2 & 1 & 2\\ 0 & 0 & \lambda+3 & 0\end{array}\right]\to\left[\begin{array}{ccc|c}\lambda & 0 & 2 & 2\\ 0 & 2 & 1 & 2\\ 0 & 0 & \lambda+3 & 0\end{array}\right].$$

同解方程组$\begin{cases}\lambda x_1+2x_3=2,\\ 2x_2+x_3=2,\\ (\lambda+3)x_3=0,\end{cases}$ 解得 $x_3=0$，$x_2=1$，$x_1=\frac{2}{\lambda}$，唯一解为$\left(\frac{2}{\lambda},1,0\right)^{\mathrm{T}}$.

275 【解】 (1) 对方程组(Ⅰ)的系数矩阵作初等行变换

$$\begin{bmatrix}1&2&3\\1&1&2\end{bmatrix}\to\begin{bmatrix}1&2&3\\0&-1&-1\end{bmatrix}\to\begin{bmatrix}1&0&1\\0&1&1\end{bmatrix},$$

所以方程组(Ⅰ)的通解为 $\boldsymbol{x}=c\begin{pmatrix}-1\\-1\\1\end{pmatrix}$，$c$ 为任意常数. 由题设方程组(Ⅰ)的解均为方程组(Ⅱ)的解，所以 $\boldsymbol{x}=\begin{pmatrix}-1\\-1\\1\end{pmatrix}$ 满足方程组(Ⅱ)，于是

$$\begin{cases}a^2(-1)-2a(-1)-1=0,\\(-1)-2(-1)+b=0,\end{cases}$$

故 $a=1,b=-1$.

(2) 当 $a=1,b=-1$ 时，方程组(Ⅱ)为 $\begin{cases}x_1-2x_2-x_3=0,\\x_1-2x_2-x_3=0,\end{cases}$ 对方程组(Ⅱ)的系数矩阵作初等行变换

$$\begin{bmatrix}1&-2&-1\\1&-2&-1\end{bmatrix}\to\begin{bmatrix}1&-2&-1\\0&0&0\end{bmatrix},$$

故方程组(Ⅱ)的通解为 $\boldsymbol{x}=c_1\begin{pmatrix}-1\\-1\\1\end{pmatrix}+c_2\begin{pmatrix}1\\0\\1\end{pmatrix}$，$c_1,c_2$ 为任意常数，显然向量 $\begin{pmatrix}1\\0\\1\end{pmatrix}$ 不是方程组(Ⅰ)的解，所以方程组(Ⅰ)与方程组(Ⅱ)不同解.

276 【解】 由于方程组(Ⅰ)与方程组(Ⅱ)有公共解，所以它们的联立方程组

$$(\text{Ⅲ})\begin{cases}x_1+x_2+x_3=1,\\x_1+2x_2+ax_3=1,\\x_1+4x_2+a^2x_3=1,\\x_1+2x_2+x_3=a\end{cases}$$

有解，对方程组(Ⅲ)的增广矩阵 $[\boldsymbol{A}\,\vdots\,\boldsymbol{b}]$ 作初等行变换得

$$[\boldsymbol{A}\,\vdots\,\boldsymbol{b}]=\left[\begin{array}{ccc:c}1&1&1&1\\1&2&a&1\\1&4&a^2&1\\1&2&1&a\end{array}\right]\to\left[\begin{array}{ccc:c}1&1&1&1\\0&1&a-1&0\\0&3&a^2-1&0\\0&1&0&a-1\end{array}\right]\to\left[\begin{array}{ccc:c}1&1&1&1\\0&1&a-1&0\\0&0&(a-1)(a-2)&0\\0&0&1-a&a-1\end{array}\right].$$

当 $a\neq1$ 且 $a\neq2$ 时，

$$[\boldsymbol{A}\,\vdots\,\boldsymbol{b}]\to\left[\begin{array}{ccc:c}1&1&1&1\\0&1&a-1&0\\0&0&(a-1)(a-2)&0\\0&0&1-a&a-1\end{array}\right]\to\left[\begin{array}{ccc:c}1&1&1&1\\0&1&a-1&0\\0&0&1&0\\0&0&1&-1\end{array}\right]$$

$$\to\left[\begin{array}{ccc:c}1&1&1&1\\0&1&a-1&0\\0&0&1&0\\0&0&0&-1\end{array}\right],$$

此时，$r(\boldsymbol{A}\,\vdots\,\boldsymbol{b})=4$，$r(\boldsymbol{A})=3$，与方程组(Ⅲ)有解相矛盾.

当 $a=1$ 时，

$$[\boldsymbol{A} \vdots \boldsymbol{b}] \rightarrow \begin{bmatrix} 1 & 1 & 1 & \vdots & 1 \\ 0 & 1 & a-1 & \vdots & 0 \\ 0 & 0 & (a-1)(a-2) & \vdots & 0 \\ 0 & 0 & 1-a & \vdots & a-1 \end{bmatrix} \rightarrow \begin{bmatrix} 1 & 1 & 1 & \vdots & 1 \\ 0 & 1 & 0 & \vdots & 0 \\ 0 & 0 & 0 & \vdots & 0 \\ 0 & 0 & 0 & \vdots & 0 \end{bmatrix} \rightarrow \begin{bmatrix} 1 & 0 & 1 & \vdots & 1 \\ 0 & 1 & 0 & \vdots & 0 \\ 0 & 0 & 0 & \vdots & 0 \\ 0 & 0 & 0 & \vdots & 0 \end{bmatrix},$$

由于 $r(\boldsymbol{A} \vdots \boldsymbol{b})=r(\boldsymbol{A})=2$，方程组（Ⅲ）有无穷解，通解为 $\boldsymbol{x}=c\begin{pmatrix} -1 \\ 0 \\ 1 \end{pmatrix}+\begin{pmatrix} 1 \\ 0 \\ 0 \end{pmatrix}$，$c$ 为任意常数.

当 $a=2$ 时，

$$[\boldsymbol{A} \vdots \boldsymbol{b}] \rightarrow \begin{bmatrix} 1 & 1 & 1 & \vdots & 1 \\ 0 & 1 & a-1 & \vdots & 0 \\ 0 & 0 & (a-1)(a-2) & \vdots & 0 \\ 0 & 0 & 1-a & \vdots & a-1 \end{bmatrix} \rightarrow \begin{bmatrix} 1 & 1 & 1 & \vdots & 1 \\ 0 & 1 & 1 & \vdots & 0 \\ 0 & 0 & 0 & \vdots & 0 \\ 0 & 0 & -1 & \vdots & 1 \end{bmatrix} \rightarrow \begin{bmatrix} 1 & 0 & 0 & \vdots & 1 \\ 0 & 1 & 0 & \vdots & 1 \\ 0 & 0 & 1 & \vdots & -1 \\ 0 & 0 & 0 & \vdots & 0 \end{bmatrix},$$

由于 $r(\boldsymbol{A} \vdots \boldsymbol{b})=r(\boldsymbol{A})=3$，方程组（Ⅲ）有唯一解 $\boldsymbol{x}=\begin{pmatrix} 1 \\ 1 \\ -1 \end{pmatrix}$.

综上分析，a 的值为 1 或 2.

当 $a=1$ 时，方程组（Ⅰ）与方程组（Ⅱ）的公共解为 $\boldsymbol{x}=c\begin{pmatrix} -1 \\ 0 \\ 1 \end{pmatrix}+\begin{pmatrix} 1 \\ 0 \\ 0 \end{pmatrix}$，$c$ 为任意常数.

当 $a=2$ 时，方程组（Ⅰ）与方程组（Ⅱ）的公共解为 $\boldsymbol{x}=\begin{pmatrix} 1 \\ 1 \\ -1 \end{pmatrix}$.

277 【解】 方程组系数矩阵的行列式为

$$|\boldsymbol{A}|=\begin{vmatrix} 1 & 1 & 1 \\ 1 & 2 & a \\ 1 & 4 & a^2 \end{vmatrix}=(a-1)(a-2).$$

由 $|\boldsymbol{A}|=0$，得 $a=1$ 或 $a=2$.

当 $a=1$ 时，

$$[\boldsymbol{A} \vdots \boldsymbol{\beta}]=\begin{bmatrix} 1 & 1 & 1 & \vdots & 1 \\ 1 & 2 & 1 & \vdots & 3 \\ 1 & 4 & 1 & \vdots & 7 \end{bmatrix} \rightarrow \begin{bmatrix} 1 & 1 & 1 & \vdots & 1 \\ 0 & 1 & 0 & \vdots & 2 \\ 0 & 3 & 0 & \vdots & 6 \end{bmatrix} \rightarrow \begin{bmatrix} 1 & 1 & 1 & \vdots & 1 \\ 0 & 1 & 0 & \vdots & 2 \\ 0 & 0 & 0 & \vdots & 0 \end{bmatrix} \rightarrow \begin{bmatrix} 1 & 0 & 1 & \vdots & -1 \\ 0 & 1 & 0 & \vdots & 2 \\ 0 & 0 & 0 & \vdots & 0 \end{bmatrix},$$

因为 $r(\boldsymbol{A} \vdots \boldsymbol{\beta})=r(\boldsymbol{A})=2<3$，故方程组 $\boldsymbol{Ax}=\boldsymbol{\beta}$ 有无穷多解，同解方程组为

$$\begin{cases} x_1=-x_3-1, \\ x_2=2, \end{cases}$$

通解为 $\begin{pmatrix} x_1 \\ x_2 \\ x_3 \end{pmatrix}=c\begin{pmatrix} -1 \\ 0 \\ 1 \end{pmatrix}+\begin{pmatrix} -1 \\ 2 \\ 0 \end{pmatrix}$，$c$ 为任意常数.

当 $a=2$ 时，

$$[\boldsymbol{A} \vdots \boldsymbol{\beta}]=\begin{bmatrix} 1 & 1 & 1 & \vdots & 1 \\ 1 & 2 & 2 & \vdots & 3 \\ 1 & 4 & 4 & \vdots & 7 \end{bmatrix} \rightarrow \begin{bmatrix} 1 & 1 & 1 & \vdots & 1 \\ 0 & 1 & 1 & \vdots & 2 \\ 0 & 3 & 3 & \vdots & 6 \end{bmatrix} \rightarrow \begin{bmatrix} 1 & 1 & 1 & \vdots & 1 \\ 0 & 1 & 1 & \vdots & 2 \\ 0 & 0 & 0 & \vdots & 0 \end{bmatrix} \rightarrow \begin{bmatrix} 1 & 0 & 0 & \vdots & -1 \\ 0 & 1 & 1 & \vdots & 2 \\ 0 & 0 & 0 & \vdots & 0 \end{bmatrix},$$

因为 $r(\boldsymbol{A} \vdots \boldsymbol{\beta})=r(\boldsymbol{A})=2<3$，故方程组 $\boldsymbol{Ax}=\boldsymbol{\beta}$ 有无穷多解，同解方程组为

$$\begin{cases} x_1 = -1, \\ x_2 = -x_3 + 2, \end{cases}$$

通解为 $\begin{pmatrix} x_1 \\ x_2 \\ x_3 \end{pmatrix} = c\begin{pmatrix} 0 \\ -1 \\ 1 \end{pmatrix} + \begin{pmatrix} -1 \\ 2 \\ 0 \end{pmatrix}$，$c$ 为任意常数.

278 【解】（1）对系数矩阵作初等行变换，

$$\begin{bmatrix} 1 & -2 & 3 & -1 \\ 2 & 1 & 1 & -2 \\ 1 & 3 & -2 & -1 \end{bmatrix} \to \begin{bmatrix} 1 & 0 & 1 & -1 \\ 0 & 1 & -1 & 0 \\ 0 & 0 & 0 & 0 \end{bmatrix},$$

分别取 $\begin{pmatrix} x_3 \\ x_4 \end{pmatrix} = \begin{pmatrix} 1 \\ 0 \end{pmatrix}, \begin{pmatrix} 0 \\ 1 \end{pmatrix}$ 得基础解系 $\boldsymbol{\eta}_1 = \begin{pmatrix} -1 \\ 1 \\ 1 \\ 0 \end{pmatrix}, \boldsymbol{\eta}_2 = \begin{pmatrix} 1 \\ 0 \\ 0 \\ 1 \end{pmatrix}$.

（2）设 $\boldsymbol{\alpha}$ 为两个方程组的公共解，则有

$$\boldsymbol{\alpha} = l_1\begin{pmatrix} -1 \\ 1 \\ 1 \\ 0 \end{pmatrix} + l_2\begin{pmatrix} 1 \\ 0 \\ 0 \\ 1 \end{pmatrix} = k_1\begin{pmatrix} 0 \\ 2 \\ 3 \\ 1 \end{pmatrix} + k_2\begin{pmatrix} 1 \\ 1 \\ 3 \\ 0 \end{pmatrix}, l_1, l_2, k_1, k_2 \text{ 为实数}.$$

$$l_1\begin{pmatrix} -1 \\ 1 \\ 1 \\ 0 \end{pmatrix} + l_2\begin{pmatrix} 1 \\ 0 \\ 0 \\ 1 \end{pmatrix} - k_1\begin{pmatrix} 0 \\ 2 \\ 3 \\ 1 \end{pmatrix} - k_2\begin{pmatrix} 1 \\ 1 \\ 3 \\ 0 \end{pmatrix} = \mathbf{0},$$

整理得 $\begin{bmatrix} -1 & 1 & 0 & -1 \\ 1 & 0 & -2 & -1 \\ 1 & 0 & -3 & -3 \\ 0 & 1 & -1 & 0 \end{bmatrix}\begin{pmatrix} l_1 \\ l_2 \\ k_1 \\ k_2 \end{pmatrix} = \mathbf{0}$. 因此有

$$\begin{bmatrix} -1 & 1 & 0 & -1 \\ 1 & 0 & -2 & -1 \\ 1 & 0 & -3 & -3 \\ 0 & 1 & -1 & 0 \end{bmatrix} \to \begin{bmatrix} 1 & 0 & -2 & -1 \\ 0 & 1 & -1 & 0 \\ 0 & 0 & 1 & 2 \\ 0 & 0 & 0 & 0 \end{bmatrix} \to \begin{bmatrix} 1 & 0 & 0 & 3 \\ 0 & 1 & 0 & 2 \\ 0 & 0 & 1 & 2 \\ 0 & 0 & 0 & 0 \end{bmatrix}, \text{基础解系 } \boldsymbol{\zeta} = \begin{pmatrix} -3 \\ -2 \\ -2 \\ 1 \end{pmatrix},$$

$$\boldsymbol{\alpha} = -3k\begin{pmatrix} -1 \\ 1 \\ 1 \\ 0 \end{pmatrix} - 2k\begin{pmatrix} 1 \\ 0 \\ 0 \\ 1 \end{pmatrix} = k\begin{pmatrix} 1 \\ -3 \\ -3 \\ -2 \end{pmatrix}, \text{其中 } k \text{ 为任意常数},$$

或

$$\boldsymbol{\alpha} = -2l\begin{pmatrix} 0 \\ 2 \\ 3 \\ 1 \end{pmatrix} + l\begin{pmatrix} 1 \\ 1 \\ 3 \\ 0 \end{pmatrix} = l\begin{pmatrix} 1 \\ -3 \\ -3 \\ -2 \end{pmatrix}, \text{其中 } l \text{ 为任意常数},$$

因此公共解 $\boldsymbol{\alpha} = k(1, -3, -3, -2)^{\mathrm{T}}$，$k$ 为任意常数.

279 【解】（1）**必要性** 由于方程组 $\boldsymbol{Ax} = \mathbf{0}$ 与 $\boldsymbol{Bx} = \mathbf{0}$ 同解，所以 $3 - r(\boldsymbol{A}) = 3 - r(\boldsymbol{B})$，故 $r(\boldsymbol{A}) = r(\boldsymbol{B})$.

若 $\boldsymbol{\alpha}$ 是 $\boldsymbol{Ax}=\boldsymbol{0}$ 的解，则有 $\boldsymbol{A\alpha}=\boldsymbol{0}$ 与 $\boldsymbol{B\alpha}=\boldsymbol{0}$，于是

$$\begin{pmatrix}\boldsymbol{A}\\\boldsymbol{B}\end{pmatrix}\boldsymbol{\alpha}=\begin{pmatrix}\boldsymbol{A\alpha}\\\boldsymbol{B\alpha}\end{pmatrix}=\begin{pmatrix}\boldsymbol{0}\\\boldsymbol{0}\end{pmatrix},$$

即 $\boldsymbol{\alpha}$ 是 $\begin{pmatrix}\boldsymbol{A}\\\boldsymbol{B}\end{pmatrix}\boldsymbol{x}=\begin{pmatrix}\boldsymbol{0}\\\boldsymbol{0}\end{pmatrix}$ 的解.

另一方面，若 $\boldsymbol{\alpha}$ 是 $\begin{pmatrix}\boldsymbol{A}\\\boldsymbol{B}\end{pmatrix}\boldsymbol{x}=\begin{pmatrix}\boldsymbol{0}\\\boldsymbol{0}\end{pmatrix}$ 的解，则有

$$\begin{pmatrix}\boldsymbol{A}\\\boldsymbol{B}\end{pmatrix}\boldsymbol{\alpha}=\begin{pmatrix}\boldsymbol{A\alpha}\\\boldsymbol{B\alpha}\end{pmatrix}=\begin{pmatrix}\boldsymbol{0}\\\boldsymbol{0}\end{pmatrix},$$

于是 $\boldsymbol{A\alpha}=\boldsymbol{0}$，即 $\boldsymbol{\alpha}$ 是 $\boldsymbol{Ax}=\boldsymbol{0}$ 的解.

综上，方程组 $\boldsymbol{Ax}=\boldsymbol{0}$ 与 $\begin{pmatrix}\boldsymbol{A}\\\boldsymbol{B}\end{pmatrix}\boldsymbol{x}=\begin{pmatrix}\boldsymbol{0}\\\boldsymbol{0}\end{pmatrix}$ 同解，所以 $r(\boldsymbol{A})=r\begin{pmatrix}\boldsymbol{A}\\\boldsymbol{B}\end{pmatrix}$，从而 $r(\boldsymbol{A})=r(\boldsymbol{B})=r\begin{pmatrix}\boldsymbol{A}\\\boldsymbol{B}\end{pmatrix}$.

充分性 记 $\boldsymbol{A}=\begin{pmatrix}\boldsymbol{\alpha}_1^{\mathrm T}\\\boldsymbol{\alpha}_2^{\mathrm T}\\\boldsymbol{\alpha}_3^{\mathrm T}\end{pmatrix}$，$\boldsymbol{B}=\begin{pmatrix}\boldsymbol{\beta}_1^{\mathrm T}\\\boldsymbol{\beta}_2^{\mathrm T}\\\boldsymbol{\beta}_3^{\mathrm T}\end{pmatrix}$，由于 $r(\boldsymbol{A})=r\begin{pmatrix}\boldsymbol{A}\\\boldsymbol{B}\end{pmatrix}$，于是矩阵 $\boldsymbol{A}$ 的行向量组 $\boldsymbol{\alpha}_1^{\mathrm T},\boldsymbol{\alpha}_2^{\mathrm T},\boldsymbol{\alpha}_3^{\mathrm T}$ 与矩阵 $\begin{pmatrix}\boldsymbol{A}\\\boldsymbol{B}\end{pmatrix}$ 的行向量组 $\boldsymbol{\alpha}_1^{\mathrm T},\boldsymbol{\alpha}_2^{\mathrm T},\boldsymbol{\alpha}_3^{\mathrm T},\boldsymbol{\beta}_1^{\mathrm T},\boldsymbol{\beta}_2^{\mathrm T},\boldsymbol{\beta}_3^{\mathrm T}$ 的秩相同，所以向量组 $\boldsymbol{\alpha}_1^{\mathrm T},\boldsymbol{\alpha}_2^{\mathrm T},\boldsymbol{\alpha}_3^{\mathrm T}$ 的极大无关组也是向量组 $\boldsymbol{\alpha}_1^{\mathrm T},\boldsymbol{\alpha}_2^{\mathrm T},\boldsymbol{\alpha}_3^{\mathrm T},\boldsymbol{\beta}_1^{\mathrm T},\boldsymbol{\beta}_2^{\mathrm T},\boldsymbol{\beta}_3^{\mathrm T}$ 的极大无关组，于是向量组 $\boldsymbol{\beta}_1^{\mathrm T},\boldsymbol{\beta}_2^{\mathrm T},\boldsymbol{\beta}_3^{\mathrm T}$ 可由向量组 $\boldsymbol{\alpha}_1^{\mathrm T},\boldsymbol{\alpha}_2^{\mathrm T},\boldsymbol{\alpha}_3^{\mathrm T}$ 线性表示，故存在矩阵 $\boldsymbol{P}$，使得 $\boldsymbol{B}=\boldsymbol{PA}$.

若 $\boldsymbol{\alpha}$ 是 $\boldsymbol{Ax}=\boldsymbol{0}$ 的解，则有 $\boldsymbol{A\alpha}=\boldsymbol{0}$，于是 $\boldsymbol{B\alpha}=\boldsymbol{PA\alpha}=\boldsymbol{0}$，所以 $\boldsymbol{\alpha}$ 是 $\boldsymbol{Bx}=\boldsymbol{0}$ 的解.

类似地，由 $r(\boldsymbol{B})=r\begin{pmatrix}\boldsymbol{A}\\\boldsymbol{B}\end{pmatrix}$，可得 $\boldsymbol{Bx}=\boldsymbol{0}$ 的解均为 $\boldsymbol{Ax}=\boldsymbol{0}$ 的解. 因此方程组 $\boldsymbol{Ax}=\boldsymbol{0}$ 与 $\boldsymbol{Bx}=\boldsymbol{0}$ 同解.

(2) 由于 $\boldsymbol{A}=\begin{bmatrix}1&0&1\\0&1&1\\0&0&0\end{bmatrix}$，$\boldsymbol{B}=\begin{bmatrix}1&0&a\\0&1&1\\0&2&2\end{bmatrix}$，于是 $r(\boldsymbol{A})=2$，$r(\boldsymbol{B})=2$，又

$$\begin{pmatrix}\boldsymbol{A}\\\boldsymbol{B}\end{pmatrix}=\begin{bmatrix}1&0&1\\0&1&1\\0&0&0\\1&0&a\\0&1&1\\0&2&2\end{bmatrix}\to\begin{bmatrix}1&0&1\\0&1&1\\0&0&a-1\\0&0&0\\0&0&0\\0&0&0\end{bmatrix},$$

由于方程组 $\boldsymbol{Ax}=\boldsymbol{0}$ 与 $\boldsymbol{Bx}=\boldsymbol{0}$ 不同解，故 $r\begin{pmatrix}\boldsymbol{A}\\\boldsymbol{B}\end{pmatrix}\neq 2$，所以数 a 满足的条件是 $a\neq 1$.

特征值与特征向量

280 【解】 (1) 设 $\boldsymbol{A\beta}=\lambda\boldsymbol{\beta}$，即

$$\begin{bmatrix}1&a&-1\\1&1&-1\\0&4&b\end{bmatrix}\begin{bmatrix}1\\1\\2\end{bmatrix}=\lambda\begin{bmatrix}1\\1\\2\end{bmatrix},$$

有

$$\begin{cases}1+a-2=\lambda,\\1+1-2=\lambda,\\0+4+2b=2\lambda,\end{cases}$$

解出 $\lambda=0, a=1, b=-2$.

(2) 由 $\boldsymbol{A}^2=\begin{bmatrix}1&1&-1\\1&1&-1\\0&4&-2\end{bmatrix}\begin{bmatrix}1&1&-1\\1&1&-1\\0&4&-2\end{bmatrix}=\begin{bmatrix}2&-2&0\\2&-2&0\\4&-4&0\end{bmatrix}$,

$$[\boldsymbol{A}^2 \mid \boldsymbol{\beta}]=\left[\begin{array}{ccc:c}2&-2&0&1\\2&-2&0&1\\4&-4&0&2\end{array}\right]\rightarrow\left[\begin{array}{ccc:c}1&-1&0&\frac{1}{2}\\0&0&0&0\\0&0&0&0\end{array}\right],$$

$$n-r(\boldsymbol{A}^2)=3-1=2,$$

解出方程组的通解：$\left(\frac{1}{2},0,0\right)^{\mathrm{T}}+k_1(1,1,0)^{\mathrm{T}}+k_2(0,0,1)^{\mathrm{T}}$，$k_1,k_2$ 为任意常数.

281 【解】 $|\lambda\boldsymbol{E}-\boldsymbol{A}|=\begin{vmatrix}\lambda&2&-2\\-2&\lambda-4&2\\-a&-2&\lambda\end{vmatrix}=\begin{vmatrix}\lambda&2&0\\-2&\lambda-4&\lambda-2\\-a&-2&\lambda-2\end{vmatrix}$

$$=\begin{vmatrix}\lambda&2&0\\a-2&\lambda-2&0\\-a&-2&\lambda-2\end{vmatrix}$$

$$=(\lambda-2)[\lambda^2-2\lambda-2(a-2)]=0.$$

若 $\lambda=2$ 是二重根，则有 $[\lambda^2-2\lambda-2(a-2)]\Big|_{\lambda=2}=0$，得 $a=2$.

若 $\lambda^2-2\lambda-2(a-2)=0$ 是完全平方，则有 $(\lambda-1)^2=0$（即 $\lambda=1$ 是二重根），则有 $-2(a-2)=1$，得 $a=\frac{3}{2}$.

282 【解】 设 $\boldsymbol{A\alpha}=\lambda\boldsymbol{\alpha}$，$\boldsymbol{\alpha}\neq\boldsymbol{0}$. 由 $\boldsymbol{A}^2-2\boldsymbol{A}=3\boldsymbol{E}$ 有 $(\lambda^2-2\lambda-3)\boldsymbol{\alpha}=\boldsymbol{0}$，即

$$\lambda^2-2\lambda-3=0,$$

所以矩阵 $\boldsymbol{A}$ 的特征值为 3 或 -1.

因为 $\boldsymbol{A}$ 是实对称矩阵，且 $r(\boldsymbol{A}+\boldsymbol{E})=2$，所以

$$\boldsymbol{A}\sim\begin{bmatrix}3&&\\&3&\\&&-1\end{bmatrix}.$$

283 【解】 观察下标知矩阵 $\boldsymbol{A}$ 经两次列变换得到矩阵 $\boldsymbol{BA}$. 即

$$\boldsymbol{BA}=\begin{bmatrix}a_{11}&a_{12}&a_{13}\\a_{21}&a_{22}&a_{23}\\a_{31}&a_{32}&a_{33}\end{bmatrix}\begin{bmatrix}1&0&0\\0&0&1\\0&1&0\end{bmatrix}\begin{bmatrix}1&0&0\\0&4&0\\0&0&1\end{bmatrix}=\boldsymbol{A}\begin{bmatrix}1&0&0\\0&0&1\\0&4&0\end{bmatrix},$$

又矩阵 $\boldsymbol{A}$ 可逆，有 $\boldsymbol{A}^{-1}\boldsymbol{BA}=\begin{bmatrix}1&0&0\\0&0&1\\0&4&0\end{bmatrix}$，即 $\boldsymbol{B}\sim\begin{bmatrix}1&0&0\\0&0&1\\0&4&0\end{bmatrix}$.

$$\begin{vmatrix}\lambda-1&0&0\\0&\lambda&-1\\0&-4&\lambda\end{vmatrix}=(\lambda-1)\begin{vmatrix}\lambda&-1\\-4&\lambda\end{vmatrix}=(\lambda-1)(\lambda^2-4)=(\lambda-1)(\lambda-2)(\lambda+2),$$

相似矩阵有相同的特征值，故 $\boldsymbol{B}$ 的特征值是 $1,2,-2$.

284 【答案】 A

【分析】 $\boldsymbol{AA}^{\mathrm{T}}$ 是 n 阶矩阵，又

$$r(\boldsymbol{AA}^{\mathrm{T}})=r(\boldsymbol{A}^{\mathrm{T}})=r(\boldsymbol{A})=n,$$

所以 $\boldsymbol{AA}^{\mathrm{T}}$ 必可逆，故(A) 正确.

$\boldsymbol{A}^{\mathrm{T}}\boldsymbol{A}$ 是 m 阶矩阵，若 $m>n$，则 $|\boldsymbol{A}^{\mathrm{T}}\boldsymbol{A}|=0$，(B) 错误.

$\boldsymbol{AA}^{\mathrm{T}}$ 与 $\boldsymbol{A}^{\mathrm{T}}\boldsymbol{A}$ 都是对称矩阵，必与对角矩阵相似，由于特征值不一定全为 1，故(C)(D) 均不正确.

285 【答案】 C

【分析】 因为矩阵 $\boldsymbol{A}$ 的特征值是 $0,1,-1$，因此矩阵 $\boldsymbol{A}-\boldsymbol{E}$ 的特征值是 $-1,0,-2$. 由于 0 是矩阵 $\boldsymbol{A}-\boldsymbol{E}$ 的特征值，所以 $\boldsymbol{A}-\boldsymbol{E}$ 不可逆. 选项(A) 正确.

因为矩阵 $\boldsymbol{A}+\boldsymbol{E}$ 的特征值是 $1,2,0$，矩阵 $\boldsymbol{A}+\boldsymbol{E}$ 有三个不同的特征值，所以 $\boldsymbol{A}+\boldsymbol{E}$ 可以相似对角化. 选项(B) 正确(或由 $\boldsymbol{A}\sim\boldsymbol{\Lambda}\Rightarrow\boldsymbol{A}+\boldsymbol{E}\sim\boldsymbol{\Lambda}+\boldsymbol{E}=\boldsymbol{\Lambda}_1$，从而知 $\boldsymbol{A}+\boldsymbol{E}$ 可相似对角化).

因为矩阵 $\boldsymbol{A}$ 有三个不同的特征值，知

$$\boldsymbol{A}\sim\boldsymbol{\Lambda}=\begin{bmatrix}0&&\\&1&\\&&-1\end{bmatrix}.$$

因此，$r(\boldsymbol{A})=r(\boldsymbol{\Lambda})=2$，从而齐次方程组 $\boldsymbol{Ax}=\boldsymbol{0}$ 的基础解系由 $n-r(\boldsymbol{A})=3-2=1$ 个解向量构成，即选项(D) 正确.

(C) 的错误在于，若 $\boldsymbol{A}$ 是实对称矩阵，则不同特征值的特征向量相互正交，本题矩阵是一般 n 阶矩阵，不同特征值的特征向量仅仅线性无关并不一定正交，故(C) 不正确. 应搞清楚这两个定理的差异.

【评注】 本题涉及的知识点有：$\boldsymbol{A}$ 与 $\boldsymbol{A}+k\boldsymbol{E}$ 特征值之间的关系；由 $|\boldsymbol{A}|=\prod\lambda_i$ 引申的矩阵 $\boldsymbol{A}$ 可逆的充分必要条件 0 不是矩阵 $\boldsymbol{A}$ 的特征值；相似对角化的充分条件；实对称矩阵特征值、特征向量的性质等.

286 【答案】 B

【分析】 $\boldsymbol{A}\sim\boldsymbol{C}$，即存在可逆阵 $\boldsymbol{P}$，使 $\boldsymbol{P}^{-1}\boldsymbol{AP}=\boldsymbol{C}$. $\boldsymbol{B}\sim\boldsymbol{D}$，即存在可逆阵 $\boldsymbol{Q}$，使 $\boldsymbol{Q}^{-1}\boldsymbol{BQ}=\boldsymbol{D}$，故存在可逆阵 $\begin{bmatrix}\boldsymbol{P}&\boldsymbol{O}\\\boldsymbol{O}&\boldsymbol{Q}\end{bmatrix}$，使得

$$\begin{bmatrix}\boldsymbol{P}&\boldsymbol{O}\\\boldsymbol{O}&\boldsymbol{Q}\end{bmatrix}^{-1}\begin{bmatrix}\boldsymbol{A}&\boldsymbol{O}\\\boldsymbol{O}&\boldsymbol{B}\end{bmatrix}\begin{bmatrix}\boldsymbol{P}&\boldsymbol{O}\\\boldsymbol{O}&\boldsymbol{Q}\end{bmatrix}=\begin{bmatrix}\boldsymbol{P}^{-1}&\boldsymbol{O}\\\boldsymbol{O}&\boldsymbol{Q}^{-1}\end{bmatrix}\begin{bmatrix}\boldsymbol{A}&\boldsymbol{O}\\\boldsymbol{O}&\boldsymbol{B}\end{bmatrix}\begin{bmatrix}\boldsymbol{P}&\boldsymbol{O}\\\boldsymbol{O}&\boldsymbol{Q}\end{bmatrix}=\begin{bmatrix}\boldsymbol{P}^{-1}\boldsymbol{AP}&\boldsymbol{O}\\\boldsymbol{O}&\boldsymbol{Q}^{-1}\boldsymbol{BQ}\end{bmatrix}=\begin{bmatrix}\boldsymbol{C}&\boldsymbol{O}\\\boldsymbol{O}&\boldsymbol{D}\end{bmatrix},$$

得 $\begin{bmatrix}\boldsymbol{A}&\boldsymbol{O}\\\boldsymbol{O}&\boldsymbol{B}\end{bmatrix}\sim\begin{bmatrix}\boldsymbol{C}&\boldsymbol{O}\\\boldsymbol{O}&\boldsymbol{D}\end{bmatrix}$，应选(B).

(A)(C)(D) 显然不成立.

若 $\boldsymbol{A}=\begin{bmatrix}1&0\\0&2\end{bmatrix}$和 $\boldsymbol{C}=\begin{bmatrix}2&0\\0&1\end{bmatrix}$，$\boldsymbol{B}=\begin{bmatrix}1&1\\0&0\end{bmatrix}$和 $\boldsymbol{D}=\begin{bmatrix}1&0\\0&0\end{bmatrix}$，有 $\boldsymbol{A}\sim\boldsymbol{C}$ 和 $\boldsymbol{B}\sim\boldsymbol{D}$.

$\boldsymbol{A}+\boldsymbol{B}=\begin{bmatrix}2&1\\0&2\end{bmatrix}$和 $\boldsymbol{C}+\boldsymbol{D}=\begin{bmatrix}3&0\\0&1\end{bmatrix}$不相似.

$\boldsymbol{AB}=\begin{bmatrix}1&1\\0&0\end{bmatrix}$和 $\boldsymbol{CD}=\begin{bmatrix}2&0\\0&0\end{bmatrix}$不相似.

关于(D)，请说出 $\begin{bmatrix}0&0&1&0\\0&0&0&2\\1&1&0&0\\0&0&0&0\end{bmatrix}$ 和 $\begin{bmatrix}0&0&2&0\\0&0&0&1\\1&0&0&0\\0&0&0&0\end{bmatrix}$ 不相似的理由.

287 【解】 如果存在经过 A,B,C 的曲线 $y=k_1x+k_2x^2+k_3x^3$，则应有

$$\begin{cases}k_1+k_2+k_3=1,\\2k_1+4k_2+8k_3=2,\\ak_1+a^2k_2+a^3k_3=1.\end{cases}$$

对增广矩阵作初等行变换，有

$$[\boldsymbol{A}\mid\boldsymbol{b}]=\left[\begin{array}{ccc:c}1&1&1&1\\2&4&8&2\\a&a^2&a^3&1\end{array}\right]\to\left[\begin{array}{ccc:c}1&1&1&1\\0&1&3&0\\0&a^2-a&a^3-a&1-a\end{array}\right]\to\left[\begin{array}{ccc:c}1&0&-2&1\\0&1&3&0\\0&0&a(a-1)(a-2)&1-a\end{array}\right].$$

(1) 当 $a\neq0,a\neq1,a\neq2$ 时，方程组有唯一解，

$$k_1=1-\frac{2}{a(a-2)},k_2=\frac{3}{a(a-2)},k_3=\frac{-1}{a(a-2)},$$

则曲线方程为

$$y=\frac{a^2-2a-2}{a(a-2)}x+\frac{3}{a(a-2)}x^2-\frac{1}{a(a-2)}x^3.$$

(2) 当 $a=1$ 时，点 A,C 是重点，此时

$$[\boldsymbol{A}\mid\boldsymbol{b}]\to\left[\begin{array}{ccc:c}1&0&-2&1\\0&1&3&0\\0&0&0&0\end{array}\right],$$

方程组有无穷多解 $\begin{pmatrix}k_1\\k_2\\k_3\end{pmatrix}=\begin{pmatrix}1\\0\\0\end{pmatrix}+t\begin{pmatrix}2\\-3\\1\end{pmatrix}$，那么经过 $A(C),B$ 三点的曲线为

$$y=(1+2t)x-3tx^2+tx^3,t\text{ 为任意常数}.$$

(3) 当 $a=0$ 或 $a=2$ 时

$$r(\boldsymbol{A})=2,r(\boldsymbol{A},\boldsymbol{b})=3,$$

方程组无解，此时不存在满足题中要求的曲线.

288 【证明】 **必要性** 若 $\boldsymbol{A}^2=\boldsymbol{A}$，则 $\boldsymbol{A}(\boldsymbol{A}-\boldsymbol{E})=\boldsymbol{O}$，于是

$$r(\boldsymbol{A})+r(\boldsymbol{A}-\boldsymbol{E})\leqslant n. \quad ①$$

又 $r(\boldsymbol{A})+r(\boldsymbol{A}-\boldsymbol{E})=r(\boldsymbol{A})+r(\boldsymbol{E}-\boldsymbol{A})\geqslant r[\boldsymbol{A}+(\boldsymbol{E}-\boldsymbol{A})]=r(\boldsymbol{E})$，即

$$r(\boldsymbol{A})+r(\boldsymbol{A}-\boldsymbol{E})\geqslant n. \quad ②$$

比较①②得 $r(\boldsymbol{A})+r(\boldsymbol{A}-\boldsymbol{E})=n$.

充分性 设 $r(\boldsymbol{A})=r$，则 $r(\boldsymbol{A}-\boldsymbol{E})=n-r$. 于是 $\boldsymbol{Ax}=\boldsymbol{0}$ 有 $n-r$ 个线性无关的解，设为 $\boldsymbol{\alpha}_{r+1},\boldsymbol{\alpha}_{r+2},\cdots,\boldsymbol{\alpha}_n$. $(\boldsymbol{E}-\boldsymbol{A})\boldsymbol{x}=\boldsymbol{0}$ 有 $n-(n-r)$ 个线性无关的解，设为 $\boldsymbol{\alpha}_1,\boldsymbol{\alpha}_2,\cdots,\boldsymbol{\alpha}_r$.

即矩阵 $\boldsymbol{A}$，关于特征值 $\lambda=1$ 有 r 个线性无关的特征向量. 关于特征值 $\lambda=0$ 有 $n-r$ 个线性无关的特征向量.

令 $\boldsymbol{P}=[\boldsymbol{\alpha}_1,\boldsymbol{\alpha}_2,\cdots,\boldsymbol{\alpha}_n]$，则 $\boldsymbol{P}$ 可逆，且 $\boldsymbol{P}^{-1}\boldsymbol{AP}=\boldsymbol{\Lambda}=\begin{bmatrix}\boldsymbol{E}_r&\\&\boldsymbol{O}\end{bmatrix}$. 而 $\boldsymbol{P}^{-1}\boldsymbol{A}^2\boldsymbol{P}=\boldsymbol{\Lambda}^2=\boldsymbol{\Lambda}$，那么 $\boldsymbol{P}^{-1}\boldsymbol{A}^2\boldsymbol{P}=\boldsymbol{P}^{-1}\boldsymbol{AP}$. 故必有 $\boldsymbol{A}^2=\boldsymbol{A}$.

289 【解】 记 $P_1=\begin{bmatrix}0&1&0\\1&0&0\\0&0&1\end{bmatrix}$，$P_2=\begin{bmatrix}1&0&1\\0&1&0\\0&0&1\end{bmatrix}$，则有 $P_1AP_2=\begin{bmatrix}3&2&3\\1&2&1\\1&-1&3\end{bmatrix}$，于是

$$A=P_1^{-1}\begin{bmatrix}3&2&3\\1&2&1\\1&-1&3\end{bmatrix}P_2^{-1}=\begin{bmatrix}1&2&0\\3&2&0\\1&-1&2\end{bmatrix}.$$

由于

$$|\lambda E-A|=\begin{vmatrix}\lambda-1&-2&0\\-3&\lambda-2&0\\-1&1&\lambda-2\end{vmatrix}=(\lambda-2)(\lambda-4)(\lambda+1),$$

所以矩阵 A 的特征值为 $-1,2,4$.

进一步，矩阵 A 的行列式 $|A|=-8$，A^{-1} 的特征值为 $-1,\frac{1}{2},\frac{1}{4}$. 由于 $A^*=|A|A^{-1}=-8A^{-1}$，所以 A^* 的特征值为 $8,-4,-2$，于是矩阵 $(A^*)^2-3A^*+2E$ 的特征值为 $42,30,12$，从而矩阵 $(A^*)^2-3A^*+2E$ 的迹为 84.

290 【解】 (1) 由已知条件，有

$$\begin{aligned}A[\boldsymbol{\alpha}_1,\boldsymbol{\alpha}_2,\boldsymbol{\alpha}_3]&=[3\boldsymbol{\alpha}_1+4\boldsymbol{\alpha}_3,2\boldsymbol{\alpha}_1-\boldsymbol{\alpha}_2+2\boldsymbol{\alpha}_3,-2\boldsymbol{\alpha}_1-3\boldsymbol{\alpha}_3]\\&=[\boldsymbol{\alpha}_1,\boldsymbol{\alpha}_2,\boldsymbol{\alpha}_3]\begin{bmatrix}3&2&-2\\0&-1&0\\4&2&-3\end{bmatrix}.\end{aligned}$$

记 $P=[\boldsymbol{\alpha}_1,\boldsymbol{\alpha}_2,\boldsymbol{\alpha}_3]$，由 $\boldsymbol{\alpha}_1,\boldsymbol{\alpha}_2,\boldsymbol{\alpha}_3$ 线性无关，知 P 为可逆矩阵.

记 $B=\begin{bmatrix}3&2&-2\\0&-1&0\\4&2&-3\end{bmatrix}$，则有 $AP=PB$，即 $P^{-1}AP=B$，矩阵 A 和 B 相似.

$$|\lambda E-B|=\begin{vmatrix}\lambda-3&-2&2\\0&\lambda+1&0\\-4&-2&\lambda+3\end{vmatrix}=(\lambda+1)\begin{vmatrix}\lambda-3&2\\-4&\lambda+3\end{vmatrix}=(\lambda-1)(\lambda+1)^2,$$

所以矩阵 B 的特征值为 $1,-1,-1$. 那么矩阵 A 的特征值亦为 $1,-1,-1$.

(2) 当 $\lambda=-1$ 时，

$$-E-B=\begin{bmatrix}-4&-2&2\\0&0&0\\-4&-2&2\end{bmatrix},$$

有 $r(-E-B)=1$，$n-r(-E-B)=3-1=2$，即矩阵 B 对特征值 $\lambda=-1$ 有两个线性无关的特征向量. 从而 $B\sim\Lambda$，因 $A\sim B$，故 A 可相似对角化.

(3) 因 $A\sim\begin{bmatrix}1&&\\&-1&\\&&-1\end{bmatrix}$，有 $A+E\sim\begin{bmatrix}2&&\\&0&\\&&0\end{bmatrix}$，因 A 可逆，于是

$$r(A^2+A)=r[A(A+E)]=r(A+E)=1.$$

291 【解】 矩阵 A 的特征多项式为

$$|\lambda E-A|=\begin{vmatrix}\lambda&0&-1\\-1&\lambda-1&-a\\-1&0&\lambda\end{vmatrix}=(\lambda-1)^2(\lambda+1),$$

所以矩阵 $\boldsymbol{A}$ 的特征值为 $\lambda_1=\lambda_2=1,\lambda_3=-1$.

由于矩阵 $\boldsymbol{A}$ 能相似于对角矩阵，所以属于二重特征值 $\lambda_1=\lambda_2=1$ 的线性无关的特征向量有两个，于是 $r(\boldsymbol{E}-\boldsymbol{A})=1$，又

$$\boldsymbol{E}-\boldsymbol{A}=\begin{bmatrix}1&0&-1\\-1&0&-a\\-1&0&1\end{bmatrix}\to\begin{bmatrix}1&0&-1\\0&0&-a-1\\0&0&0\end{bmatrix},$$

故 $a=-1$.

对于 $\lambda_1=\lambda_2=1$，由方程组 $(\boldsymbol{E}-\boldsymbol{A})\boldsymbol{x}=\boldsymbol{0}$ 求得对应的线性无关的特征向量

$$\boldsymbol{\alpha}_1=\begin{pmatrix}1\\0\\1\end{pmatrix},\boldsymbol{\alpha}_2=\begin{pmatrix}0\\1\\0\end{pmatrix}.$$

对于 $\lambda_3=-1$，由方程组 $(-\boldsymbol{E}-\boldsymbol{A})\boldsymbol{x}=\boldsymbol{0}$ 求得对应的特征向量 $\boldsymbol{\alpha}_3=\begin{pmatrix}-1\\1\\1\end{pmatrix}$.

令 $\boldsymbol{P}=[\boldsymbol{\alpha}_1,\boldsymbol{\alpha}_2,\boldsymbol{\alpha}_3]=\begin{bmatrix}1&0&-1\\0&1&1\\1&0&1\end{bmatrix}$，则 $\boldsymbol{P}$ 可逆，且 $\boldsymbol{P}^{-1}\boldsymbol{AP}=\begin{bmatrix}1&&\\&1&\\&&-1\end{bmatrix}$.

292 【解】 由于矩阵 $\boldsymbol{A}$ 的各行元素之和为 2，所以

$$\boldsymbol{A}\begin{pmatrix}1\\1\\1\end{pmatrix}=\begin{pmatrix}2\\2\\2\end{pmatrix}=2\begin{pmatrix}1\\1\\1\end{pmatrix},$$

故 $\lambda_1=2$ 为矩阵 $\boldsymbol{A}$ 的特征值，$\boldsymbol{\alpha}_1=\begin{pmatrix}1\\1\\1\end{pmatrix}$ 为对应的特征向量.

由题设得 $(2\boldsymbol{A}^{-1}+\boldsymbol{E})\begin{pmatrix}-1\\0\\1\end{pmatrix}=\boldsymbol{0}$，于是

$$\begin{pmatrix}-1\\0\\1\end{pmatrix}=-2\boldsymbol{A}^{-1}\begin{pmatrix}-1\\0\\1\end{pmatrix},\boldsymbol{A}\begin{pmatrix}-1\\0\\1\end{pmatrix}=-2\begin{pmatrix}-1\\0\\1\end{pmatrix},$$

故 $\lambda_2=-2$ 为矩阵 $\boldsymbol{A}$ 的特征值，$\boldsymbol{\alpha}_2=\begin{pmatrix}-1\\0\\1\end{pmatrix}$ 为对应的特征向量.

由于 $|\boldsymbol{A}|=\lambda_1\lambda_2\lambda_3=-4$，又 $\lambda_1=2,\lambda_2=-2$ 为矩阵 $\boldsymbol{A}$ 的特征值，所以矩阵 $\boldsymbol{A}$ 的第三个特征值 $\lambda_3=1$.

设 $\lambda_3=1$ 对应的特征向量为 $\boldsymbol{\alpha}_3=\begin{pmatrix}x_1\\x_2\\x_3\end{pmatrix}$，由于 $\boldsymbol{A}$ 为实对称矩阵，属于不同特征值的特征向量是正交的，所以 $\boldsymbol{\alpha}_1^{\mathrm{T}}\boldsymbol{\alpha}_3=0,\boldsymbol{\alpha}_2^{\mathrm{T}}\boldsymbol{\alpha}_3=0$，即

$$\begin{cases}x_1+x_2+x_3=0,\\-x_1+x_3=0,\end{cases}$$

解得通解为 $c\begin{pmatrix}1\\-2\\1\end{pmatrix}$，$c$ 为任意常数. 于是 $\boldsymbol{\alpha}_3=\begin{pmatrix}1\\-2\\1\end{pmatrix}$ 为矩阵 $\boldsymbol{A}$ 属于特征值 $\lambda_3=1$ 的特征向量.

令 $\boldsymbol{P}=[\boldsymbol{\alpha}_1,\boldsymbol{\alpha}_2,\boldsymbol{\alpha}_3]=\begin{bmatrix}1&-1&1\\1&0&-2\\1&1&1\end{bmatrix}$，则 $\boldsymbol{P}$ 可逆，且 $\boldsymbol{P}^{-1}\boldsymbol{AP}=\begin{bmatrix}2&&\\&-2&\\&&1\end{bmatrix}$，故

$$\boldsymbol{A}=\boldsymbol{P}\begin{bmatrix}2&&\\&-2&\\&&1\end{bmatrix}\boldsymbol{P}^{-1}=\frac{1}{6}\begin{bmatrix}1&-1&1\\1&0&-2\\1&1&1\end{bmatrix}\begin{bmatrix}2&&\\&-2&\\&&1\end{bmatrix}\begin{bmatrix}2&2&2\\-3&0&3\\1&-2&1\end{bmatrix}$$

$$=\frac{1}{6}\begin{bmatrix}-1&2&11\\2&8&2\\11&2&-1\end{bmatrix}.$$

293 【解】 $\boldsymbol{A}$ 的特征多项式

$$|\lambda\boldsymbol{E}-\boldsymbol{A}|=\begin{vmatrix}\lambda-2&-a&-1\\0&\lambda+1&0\\-3&-2&\lambda\end{vmatrix}=(\lambda+1)\begin{vmatrix}\lambda-2&-1\\-3&\lambda\end{vmatrix}=(\lambda+1)^2(\lambda-3).$$

因 $\boldsymbol{A}$ 有 3 个线性无关的特征向量，于是 $\lambda=-1$ 必有 2 个线性无关的特征向量，从而秩 $r(-\boldsymbol{E}-\boldsymbol{A})=1$，求出 $a=2$.

对 $\lambda=3$，由 $(3\boldsymbol{E}-\boldsymbol{A})\boldsymbol{x}=\boldsymbol{0}$ 得特征向量 $\boldsymbol{\alpha}_1=(1,0,1)^{\mathrm{T}}$.

对 $\lambda=-1$，由 $(-\boldsymbol{E}-\boldsymbol{A})\boldsymbol{x}=\boldsymbol{0}$ 得特征向量 $\boldsymbol{\alpha}_2=(1,0,-3)^{\mathrm{T}}$，$\boldsymbol{\alpha}_3=(0,1,-2)^{\mathrm{T}}$.

令 $\boldsymbol{P}=[\boldsymbol{\alpha}_1,\boldsymbol{\alpha}_2,\boldsymbol{\alpha}_3]=\begin{bmatrix}1&1&0\\0&0&1\\1&-3&-2\end{bmatrix}$，有 $\boldsymbol{P}^{-1}\boldsymbol{AP}=\boldsymbol{\Lambda}=\begin{bmatrix}3&&\\&-1&\\&&-1\end{bmatrix}$.

于是 $\boldsymbol{P}^{-1}\boldsymbol{A}^n\boldsymbol{P}=\boldsymbol{\Lambda}^n$.

$$\boldsymbol{A}^n=\boldsymbol{P\Lambda}^n\boldsymbol{P}^{-1}=\begin{bmatrix}1&1&0\\0&0&1\\1&-3&-2\end{bmatrix}\begin{bmatrix}3^n&&\\&(-1)^n&\\&&(-1)^n\end{bmatrix}\frac{1}{4}\begin{bmatrix}3&2&1\\1&-2&-1\\0&4&0\end{bmatrix}$$

$$=\frac{1}{4}\begin{bmatrix}3^{n+1}+(-1)^n&2\cdot3^n+2\cdot(-1)^{n+1}&3^n+(-1)^{n+1}\\0&4\cdot(-1)^n&0\\3^{n+1}-3(-1)^n&2\cdot3^n-2\cdot(-1)^n&3^n+3(-1)^n\end{bmatrix}.$$

294 【解】 (1) 由 $\boldsymbol{BA}=\boldsymbol{O}$ 有 $r(\boldsymbol{A})+r(\boldsymbol{B})\leqslant3$. 又 $\boldsymbol{A},\boldsymbol{B}$ 均为非零矩阵，有 $r(\boldsymbol{A})\geqslant1$，$r(\boldsymbol{B})\geqslant1$. 故

$$1\leqslant r(\boldsymbol{A})\leqslant2,1\leqslant r(\boldsymbol{B})\leqslant2.$$

又因 $\boldsymbol{A}$ 中有二阶子式不等于零，$r(\boldsymbol{A})\geqslant2$，故必有 $r(\boldsymbol{A})=2$，从而 $r(\boldsymbol{B})=1$. 于是有

$$|\boldsymbol{A}|=\begin{vmatrix}1&2&1\\0&1&a\\1&a&0\end{vmatrix}=-(a-1)^2=0,\text{即 } a=1.$$

由 $\boldsymbol{BA}=\boldsymbol{O}$ 有 $\boldsymbol{A}^{\mathrm{T}}\boldsymbol{B}^{\mathrm{T}}=\boldsymbol{O}$，那么 $\boldsymbol{B}^{\mathrm{T}}$ 的列向量是齐次方程组 $\boldsymbol{A}^{\mathrm{T}}\boldsymbol{x}=\boldsymbol{0}$ 的解，由

$$\boldsymbol{A}^{\mathrm{T}}=\begin{bmatrix}1&0&1\\2&1&1\\1&1&0\end{bmatrix}\to\begin{bmatrix}1&0&1\\0&1&-1\\0&0&0\end{bmatrix},$$

知 $\boldsymbol{A}^{\mathrm{T}}\boldsymbol{x}=\mathbf{0}$ 的通解为 $k(-1,1,1)^{\mathrm{T}}$，其中 k 为任意常数.

那么 $\boldsymbol{B}^{\mathrm{T}}=\begin{bmatrix}-t&-u&-v\\t&u&v\\t&u&v\end{bmatrix}$，其中 t,u,v 是任意不全为 0 的常数，所以

$$\boldsymbol{B}=\begin{bmatrix}-t&t&t\\-u&u&u\\-v&v&v\end{bmatrix}，其中\ t,u,v\ 是任意不全为\ 0\ 的常数.$$

(2) 若 $\boldsymbol{B}$ 的第一列是 $(1,2,-3)^{\mathrm{T}}$，则由(1) 可知

$$\boldsymbol{B}=\begin{bmatrix}1&-1&-1\\2&-2&-2\\-3&3&3\end{bmatrix}.$$

矩阵 $\boldsymbol{B}$ 的特征值是 2,0,0，且 $\lambda=0$ 有 2 个线性无关的特征向量，因此

$$\boldsymbol{B}\sim\boldsymbol{\Lambda}=\begin{bmatrix}2&&\\&0&\\&&0\end{bmatrix}.$$

那么 $\boldsymbol{B}-\boldsymbol{E}\sim\boldsymbol{\Lambda}-\boldsymbol{E}=\begin{bmatrix}1&&\\&-1&\\&&-1\end{bmatrix}$，进而

$$(\boldsymbol{B}-\boldsymbol{E})^{100}\sim(\boldsymbol{\Lambda}-\boldsymbol{E})^{100}=\boldsymbol{E},$$

即存在可逆矩阵 $\boldsymbol{P}$，使得 $\boldsymbol{P}^{-1}(\boldsymbol{B}-\boldsymbol{E})^{100}\boldsymbol{P}=\boldsymbol{E}$，所以 $(\boldsymbol{B}-\boldsymbol{E})^{100}=\boldsymbol{E}$.

295 【证明】（用定义法）

设 $$k_1(\boldsymbol{\beta}+\boldsymbol{\alpha}_1)+k_2(\boldsymbol{\beta}+\boldsymbol{\alpha}_2)+\cdots+k_t(\boldsymbol{\beta}+\boldsymbol{\alpha}_t)=\mathbf{0},\qquad ①$$

即 $$(k_1+k_2+\cdots+k_t)\boldsymbol{\beta}+k_1\boldsymbol{\alpha}_1+k_2\boldsymbol{\alpha}_2+\cdots+k_t\boldsymbol{\alpha}_t=\mathbf{0},\qquad ②$$

因 $\boldsymbol{\alpha}_1,\boldsymbol{\alpha}_2,\cdots,\boldsymbol{\alpha}_t$ 是 $\boldsymbol{Ax}=\mathbf{0}$ 的解，有 $\boldsymbol{A\alpha}_i=\mathbf{0}(i=1,2,\cdots,t)$，又 $\boldsymbol{\beta}$ 不是 $\boldsymbol{Ax}=\mathbf{0}$ 的解，有 $\boldsymbol{A\beta}\neq\mathbf{0}$. 用 $\boldsymbol{A}$ 左乘式 ②，并把 $\boldsymbol{A\alpha}_i=\mathbf{0}$ 代入，得

$$(k_1+k_2+\cdots+k_t)\boldsymbol{A\beta}=\mathbf{0}.\qquad ③$$

由 $\boldsymbol{A\beta}\neq\mathbf{0}$ 知

$$k_1+k_2+\cdots+k_t=0.\qquad ④$$

把式 ④ 代入式 ②，有

$$k_1\boldsymbol{\alpha}_1+k_2\boldsymbol{\alpha}_2+\cdots+k_t\boldsymbol{\alpha}_t=\mathbf{0}.\qquad ⑤$$

因 $\boldsymbol{\alpha}_1,\boldsymbol{\alpha}_2,\cdots,\boldsymbol{\alpha}_t$ 是 $\boldsymbol{Ax}=\mathbf{0}$ 的基础解系，知 $\boldsymbol{\alpha}_1,\boldsymbol{\alpha}_2,\cdots,\boldsymbol{\alpha}_t$ 必线性无关. 由式 ⑤，按线性无关定义，知必有

$$k_1=0,k_2=0,\cdots,k_t=0,$$

从而 $\boldsymbol{\beta}+\boldsymbol{\alpha}_1,\boldsymbol{\beta}+\boldsymbol{\alpha}_2,\cdots,\boldsymbol{\beta}+\boldsymbol{\alpha}_t$ 线性无关.

296 【解】 由于 $\boldsymbol{\alpha}_1+2\boldsymbol{\alpha}_2+2\boldsymbol{\alpha}_3=\begin{pmatrix}1\\2\\2\end{pmatrix}$，所以

$$\boldsymbol{A}\begin{pmatrix}1\\2\\2\end{pmatrix}=(\boldsymbol{\alpha}_1,\boldsymbol{\alpha}_2,\boldsymbol{\alpha}_3)\begin{pmatrix}1\\2\\2\end{pmatrix}=\boldsymbol{\alpha}_1+2\boldsymbol{\alpha}_2+2\boldsymbol{\alpha}_3=\begin{pmatrix}1\\2\\2\end{pmatrix},$$

于是 $\lambda_1=1$ 为矩阵 $\boldsymbol{A}$ 的特征值，$\boldsymbol{\beta}_1=\begin{pmatrix}1\\2\\2\end{pmatrix}$ 为对应的特征向量.

由于 $2\boldsymbol{\alpha}_1+\boldsymbol{\alpha}_2-2\boldsymbol{\alpha}_3=\begin{pmatrix}-2\\-1\\2\end{pmatrix}$，所以

$$\boldsymbol{A}\begin{pmatrix}2\\1\\-2\end{pmatrix}=(\boldsymbol{\alpha}_1,\boldsymbol{\alpha}_2,\boldsymbol{\alpha}_3)\begin{pmatrix}2\\1\\-2\end{pmatrix}=2\boldsymbol{\alpha}_1+\boldsymbol{\alpha}_2-2\boldsymbol{\alpha}_3=\begin{pmatrix}-2\\-1\\2\end{pmatrix}=-\begin{pmatrix}2\\1\\-2\end{pmatrix},$$

于是 $\lambda_2=-1$ 为矩阵 $\boldsymbol{A}$ 的特征值，$\boldsymbol{\beta}_2=\begin{pmatrix}2\\1\\-2\end{pmatrix}$ 为对应的特征向量.

由题设 $r(\boldsymbol{A})=2$，所以 $|\boldsymbol{A}|=0$，故 $\lambda_3=0$ 为矩阵 $\boldsymbol{A}$ 的特征值，设对应的特征向量为 $\boldsymbol{\beta}_3=\begin{pmatrix}x_1\\x_2\\x_3\end{pmatrix}$，由于 $\boldsymbol{A}$ 为实对称矩阵，所以 $\boldsymbol{\beta}_3$ 与 $\boldsymbol{\beta}_1,\boldsymbol{\beta}_2$ 均正交，即

$$\begin{cases}x_1+2x_2+2x_3=0,\\2x_1+x_2-2x_3=0,\end{cases}$$

方程组的通解为 $c\begin{pmatrix}2\\-2\\1\end{pmatrix}$，$c$ 为任意常数，则 $\boldsymbol{\beta}_3=\begin{pmatrix}2\\-2\\1\end{pmatrix}$ 为矩阵 $\boldsymbol{A}$ 属于特征值 $\lambda_3=0$ 的特征向量.

令 $\boldsymbol{P}=[\boldsymbol{\beta}_1,\boldsymbol{\beta}_2,\boldsymbol{\beta}_3]=\begin{bmatrix}1&2&2\\2&1&-2\\2&-2&1\end{bmatrix}$，$\boldsymbol{P}$ 为可逆矩阵，且 $\boldsymbol{P}^{-1}\boldsymbol{AP}=\begin{bmatrix}1&&\\&-1&\\&&0\end{bmatrix}$，于是

$$\boldsymbol{A}=\boldsymbol{P}\begin{bmatrix}1&&\\&-1&\\&&0\end{bmatrix}\boldsymbol{P}^{-1}=\frac{1}{9}\begin{bmatrix}1&2&2\\2&1&-2\\2&-2&1\end{bmatrix}\begin{bmatrix}1&&\\&-1&\\&&0\end{bmatrix}\begin{bmatrix}1&2&2\\2&1&-2\\2&-2&1\end{bmatrix}$$

$$=\frac{1}{9}\begin{bmatrix}-3&0&6\\0&3&6\\6&6&0\end{bmatrix}=\frac{1}{3}\begin{bmatrix}-1&0&2\\0&1&2\\2&2&0\end{bmatrix}.$$

297 【解】 (1) 由于 $\boldsymbol{A\alpha}_i=(i-1)\boldsymbol{\alpha}_i$，$i=1,2,3$，于是

$$\boldsymbol{A\alpha}_1=0\boldsymbol{\alpha}_1,\boldsymbol{A\alpha}_2=\boldsymbol{\alpha}_2,\boldsymbol{A\alpha}_3=2\boldsymbol{\alpha}_3.$$

又 $\boldsymbol{\alpha}_i$ 均非零，所以 $\boldsymbol{\alpha}_1,\boldsymbol{\alpha}_2,\boldsymbol{\alpha}_3$ 依次为矩阵 $\boldsymbol{A}$ 属于特征值 0,1,2 的特征向量，从而 $\boldsymbol{\alpha}_1,\boldsymbol{\alpha}_2,\boldsymbol{\alpha}_3$ 线性无关.

(2) 记 $\boldsymbol{P}=[\boldsymbol{\alpha}_1,\boldsymbol{\alpha}_2,\boldsymbol{\alpha}_3]=\begin{bmatrix}a&c&1\\b&1&0\\1&0&0\end{bmatrix}$，由(1)知矩阵 $\boldsymbol{P}$ 可逆，且 $\boldsymbol{P}^{-1}=\begin{bmatrix}0&0&1\\0&1&-b\\1&-c&-a+bc\end{bmatrix}$，由于

$$\boldsymbol{AP}=[\boldsymbol{A\alpha}_1,\boldsymbol{A\alpha}_2,\boldsymbol{A\alpha}_3]=[\boldsymbol{0},\boldsymbol{\alpha}_2,2\boldsymbol{\alpha}_3]=[\boldsymbol{\alpha}_1,\boldsymbol{\alpha}_2,\boldsymbol{\alpha}_3]\begin{bmatrix}0&0&0\\0&1&0\\0&0&2\end{bmatrix}=\boldsymbol{P}\begin{bmatrix}0&0&0\\0&1&0\\0&0&2\end{bmatrix},$$

所以

$$\boldsymbol{A}=\boldsymbol{P}\begin{bmatrix}0&0&0\\0&1&0\\0&0&2\end{bmatrix}\boldsymbol{P}^{-1}=\begin{bmatrix}a&c&1\\b&1&0\\1&0&0\end{bmatrix}\begin{bmatrix}0&0&0\\0&1&0\\0&0&2\end{bmatrix}\begin{bmatrix}0&0&1\\0&1&-b\\1&-c&-a+bc\end{bmatrix}=\begin{bmatrix}2&-c&-2a+bc\\0&1&-b\\0&0&0\end{bmatrix}.$$

【评注】 矩阵属于不同特征值的特征向量线性无关.

298 【解】 我们分两种情况讨论分析.

(1) 假设 $\boldsymbol{\alpha}^{\mathrm{T}}\boldsymbol{\beta} \neq 0$.

由于 $\boldsymbol{A}\boldsymbol{\alpha} = (\boldsymbol{\alpha}\boldsymbol{\beta}^{\mathrm{T}})\boldsymbol{\alpha} = \boldsymbol{\alpha}(\boldsymbol{\beta}^{\mathrm{T}}\boldsymbol{\alpha}) = (\boldsymbol{\beta}^{\mathrm{T}}\boldsymbol{\alpha})\boldsymbol{\alpha}$，所以 $\lambda_1 = \boldsymbol{\alpha}^{\mathrm{T}}\boldsymbol{\beta} = \boldsymbol{\beta}^{\mathrm{T}}\boldsymbol{\alpha}$ 为矩阵 $\boldsymbol{A}$ 的非零特征值，对应的特征向量为 $\boldsymbol{\alpha}$.

一方面，由于 $\boldsymbol{\alpha} \neq \boldsymbol{0}, \boldsymbol{\beta} \neq \boldsymbol{0}$，所以矩阵 $\boldsymbol{A} = \boldsymbol{\alpha}\boldsymbol{\beta}^{\mathrm{T}} \neq \boldsymbol{O}$，于是 $r(\boldsymbol{A}) \geqslant 1$.

另一方面 $r(\boldsymbol{A}) = r(\boldsymbol{\alpha}\boldsymbol{\beta}^{\mathrm{T}}) \leqslant r(\boldsymbol{\alpha}) = 1$，从而 $r(\boldsymbol{A}) = 1$.

故方程组 $\boldsymbol{A}\boldsymbol{x} = \boldsymbol{0}$ 的基础解系由两个向量构成，设为 $\boldsymbol{\xi}_1, \boldsymbol{\xi}_2$，则 $\boldsymbol{\xi}_1, \boldsymbol{\xi}_2$ 为矩阵 $\boldsymbol{A}$ 属于特征值 $\lambda_2 = 0$ 的两个线性无关的特征向量，所以 $\lambda_2 = 0$ 为矩阵 $\boldsymbol{A}$ 的二重特征值，此时矩阵 $\boldsymbol{A}$ 的特征值为 $\boldsymbol{\alpha}^{\mathrm{T}}\boldsymbol{\beta}, 0, 0$.

令 $\boldsymbol{P} = [\boldsymbol{\alpha}, \boldsymbol{\xi}_1, \boldsymbol{\xi}_2]$，则 $\boldsymbol{P}$ 为可逆矩阵，且 $\boldsymbol{P}^{-1}\boldsymbol{A}\boldsymbol{P} = \begin{bmatrix} \boldsymbol{\alpha}^{\mathrm{T}}\boldsymbol{\beta} & & \\ & 0 & \\ & & 0 \end{bmatrix}$，矩阵 $\boldsymbol{A}$ 可以对角化.

(2) 假设 $\boldsymbol{\alpha}^{\mathrm{T}}\boldsymbol{\beta} = 0$.

$\boldsymbol{A}^2 = (\boldsymbol{\alpha}\boldsymbol{\beta}^{\mathrm{T}})(\boldsymbol{\alpha}\boldsymbol{\beta}^{\mathrm{T}}) = \boldsymbol{\alpha}(\boldsymbol{\beta}^{\mathrm{T}}\boldsymbol{\alpha})\boldsymbol{\beta}^{\mathrm{T}} = \boldsymbol{O}$，若 λ 为矩阵 $\boldsymbol{A}$ 的特征值，则 λ^2 为矩阵 $\boldsymbol{A}^2$ 的特征值，由于零矩阵的特征值均为 0，所以 $\lambda^2 = 0$，于是 $\lambda = 0$. 从而此时矩阵 $\boldsymbol{A}$ 的特征值为 $0,0,0$.

由于 $r(\boldsymbol{A}) = 1$，所以矩阵 $\boldsymbol{A}$ 属于三重特征值 0 的线性无关特征向量只有 2 个，故矩阵 $\boldsymbol{A}$ 不能对角化.

【评注】 对于秩为 1 的三阶矩阵 $\boldsymbol{A}$，必有向量 $\boldsymbol{\alpha}, \boldsymbol{\beta}$，使得 $\boldsymbol{A} = \boldsymbol{\alpha}\boldsymbol{\beta}^{\mathrm{T}}$，于是其特征值与特征向量必为本题中两种情况之一. 秩为 1 的 n 阶矩阵情况类似.

299 【解】 (1) 矩阵 $\boldsymbol{A}$ 的特征多项式为

$$|\lambda\boldsymbol{E} - \boldsymbol{A}| = \begin{vmatrix} \lambda - 3 & -1 & -2 \\ 0 & \lambda - 2 & 0 \\ 1 - t & 1 & \lambda - t \end{vmatrix} = (\lambda - 2)[\lambda^2 - (3 + t)\lambda + t + 2],$$

由题设矩阵 $\boldsymbol{A}$ 有二重特征值，所以 $\lambda^2 - (3+t)\lambda + t + 2$ 有因式 $(\lambda - 2)$，或 $\lambda^2 - (3+t)\lambda + t + 2$ 为完全平方项.

若 $\lambda^2 - (3+t)\lambda + t + 2$ 有因式 $(\lambda - 2)$，则 2 为 $\lambda^2 - (3+t)\lambda + t + 2 = 0$ 的根. 即 $2^2 - 2(3 + t) + t + 2 = 0$，得 $t = 0$. 此时

$$|\lambda\boldsymbol{E} - \boldsymbol{A}| = \begin{vmatrix} \lambda - 3 & -1 & -2 \\ 0 & \lambda - 2 & 0 \\ 1 & 1 & \lambda \end{vmatrix} = (\lambda - 2)(\lambda^2 - 3\lambda + 2) = (\lambda - 2)^2(\lambda - 1).$$

故矩阵 $\boldsymbol{A}$ 的特征值为 $2,2,1$.

若 $\lambda^2 - (3+t)\lambda + t + 2$ 为完全平方项，则 $(3 + t)^2 - 4(t + 2) = 0$，即 $(t + 1)^2 = 0$，得 $t = -1$. 此时

$$|\lambda\boldsymbol{E} - \boldsymbol{A}| = \begin{vmatrix} \lambda - 3 & -1 & -2 \\ 0 & \lambda - 2 & 0 \\ 2 & 1 & \lambda + 1 \end{vmatrix} = (\lambda - 2)(\lambda - 1)^2.$$

故矩阵 $\boldsymbol{A}$ 的特征值为 $2,1,1$.

综上，$t = 0$ 或 $t = -1$.

(2) 当 $t = 0$ 时，对于二重特征值 2，由于 $r(2\boldsymbol{E} - \boldsymbol{A}) = r\begin{bmatrix} -1 & -1 & -2 \\ 0 & 0 & 0 \\ 1 & 1 & 2 \end{bmatrix} = 1$，所以属于二

重特征值 2 的线性无关的特征向量有 2 个，此时矩阵 $\boldsymbol{A}$ 能相似于对角矩阵.

解方程组 $(2\boldsymbol{E}-\boldsymbol{A})\boldsymbol{x}=\boldsymbol{0}$，求得属于特征值 2 的线性无关的特征向量为

$$\boldsymbol{\alpha}_1=\begin{pmatrix}-1\\1\\0\end{pmatrix},\boldsymbol{\alpha}_2=\begin{pmatrix}-2\\0\\1\end{pmatrix}.$$

解方程组 $(\boldsymbol{E}-\boldsymbol{A})\boldsymbol{x}=\boldsymbol{0}$，求得属于特征值 1 的特征向量 $\boldsymbol{\alpha}_3=\begin{pmatrix}-1\\0\\1\end{pmatrix}$.

令 $\boldsymbol{P}=[\boldsymbol{\alpha}_1,\boldsymbol{\alpha}_2,\boldsymbol{\alpha}_3]=\begin{bmatrix}-1&-2&-1\\1&0&0\\0&1&1\end{bmatrix}$，则 $\boldsymbol{P}^{-1}\boldsymbol{A}\boldsymbol{P}=\begin{bmatrix}2&&\\&2&\\&&1\end{bmatrix}$.

当 $t=-1$ 时，由于 $r(\boldsymbol{E}-\boldsymbol{A})=r\begin{bmatrix}-2&-1&-2\\0&-1&0\\2&1&2\end{bmatrix}=2$，所以属于二重特征值 1 的线性无关的特征向量只有 1 个，此时矩阵 $\boldsymbol{A}$ 不能相似于对角矩阵.

【评注】 本题需要确定参数 t，根据已知条件矩阵有二重特征值，分析重根的情况，可求出参数 t 的两个值，这里容易错误地只求出一个 t 值. 之后要根据 t 取不同的值讨论矩阵能否相似对角化.

300 【解】 (1) 设数 k_1,k_2,k_3 使得

$$k_1\boldsymbol{\alpha}_1+k_2\boldsymbol{\alpha}_2+k_3\boldsymbol{\alpha}_3=\boldsymbol{0}, \qquad ①$$

在等式 ① 两边左乘矩阵 $\boldsymbol{A}$，并利用 $\boldsymbol{A}\boldsymbol{\alpha}_1=\boldsymbol{0},\boldsymbol{A}\boldsymbol{\alpha}_2=\boldsymbol{\alpha}_1,\boldsymbol{A}\boldsymbol{\alpha}_3=\boldsymbol{\alpha}_2$ 得

$$k_2\boldsymbol{\alpha}_1+k_3\boldsymbol{\alpha}_2=\boldsymbol{0}, \qquad ②$$

等式 ② 左乘矩阵 $\boldsymbol{A}$ 得 $k_3\boldsymbol{\alpha}_1=\boldsymbol{0}$，由于 $\boldsymbol{\alpha}_1\neq\boldsymbol{0}$，所以 $k_3=0$. 将 $k_3=0$ 代入 ② 式可得 $k_2=0$. 再将 $k_2=0,k_3=0$ 代入 ① 式可得 $k_1=0$. 故向量组 $\boldsymbol{\alpha}_1,\boldsymbol{\alpha}_2,\boldsymbol{\alpha}_3$ 线性无关.

(2) 由题设 $\boldsymbol{A}\boldsymbol{\alpha}_1=\boldsymbol{0},\boldsymbol{A}\boldsymbol{\alpha}_2=\boldsymbol{\alpha}_1,\boldsymbol{A}\boldsymbol{\alpha}_3=\boldsymbol{\alpha}_2$，于是

$$\boldsymbol{A}[\boldsymbol{\alpha}_1,\boldsymbol{\alpha}_2,\boldsymbol{\alpha}_3]=[\boldsymbol{A}\boldsymbol{\alpha}_1,\boldsymbol{A}\boldsymbol{\alpha}_2,\boldsymbol{A}\boldsymbol{\alpha}_3]=[\boldsymbol{0},\boldsymbol{\alpha}_1,\boldsymbol{\alpha}_2]=[\boldsymbol{\alpha}_1,\boldsymbol{\alpha}_2,\boldsymbol{\alpha}_3]\begin{bmatrix}0&1&0\\0&0&1\\0&0&0\end{bmatrix},$$

由 (1) 知 $\boldsymbol{\alpha}_1,\boldsymbol{\alpha}_2,\boldsymbol{\alpha}_3$ 线性无关，故矩阵 $\boldsymbol{P}=[\boldsymbol{\alpha}_1,\boldsymbol{\alpha}_2,\boldsymbol{\alpha}_3]$ 可逆，且

$$\boldsymbol{P}^{-1}\boldsymbol{A}\boldsymbol{P}=[\boldsymbol{\alpha}_1,\boldsymbol{\alpha}_2,\boldsymbol{\alpha}_3]^{-1}\boldsymbol{A}[\boldsymbol{\alpha}_1,\boldsymbol{\alpha}_2,\boldsymbol{\alpha}_3]=\begin{bmatrix}0&1&0\\0&0&1\\0&0&0\end{bmatrix},$$

从而矩阵 $\boldsymbol{A}$ 与矩阵 $\boldsymbol{B}=\begin{bmatrix}0&1&0\\0&0&1\\0&0&0\end{bmatrix}$ 相似. 由于

$$|\lambda\boldsymbol{E}-\boldsymbol{B}|=\begin{vmatrix}\lambda&-1&0\\0&\lambda&-1\\0&0&\lambda\end{vmatrix}=\lambda^3,$$

所以矩阵 $\boldsymbol{B}$ 的特征值为 0,0,0，于是矩阵 $\boldsymbol{A}$ 的特征值为 0,0,0.

(3) 由于 $r(\boldsymbol{B})=r\begin{bmatrix}0&1&0\\0&0&1\\0&0&0\end{bmatrix}=2$，所以方程组 $(0\boldsymbol{E}-\boldsymbol{B})\boldsymbol{x}=\boldsymbol{0}$ 的基础解系由一个向量构

成，即矩阵 $\boldsymbol{B}$ 属于三重特征值 0 的线性无关特征向量只有一个，所以矩阵 $\boldsymbol{B}$ 不能对角化，故矩阵 $\boldsymbol{A}$ 不能对角化.

301 【解】 由题设得

$$\boldsymbol{A}[\boldsymbol{\alpha}_1,\boldsymbol{\alpha}_2,\boldsymbol{\alpha}_3]=[\boldsymbol{A\alpha}_1,\boldsymbol{A\alpha}_2,\boldsymbol{A\alpha}_3]=[\boldsymbol{\alpha}_1,2\boldsymbol{\alpha}_1+t\boldsymbol{\alpha}_2,\boldsymbol{\alpha}_1+2\boldsymbol{\alpha}_3]=[\boldsymbol{\alpha}_1,\boldsymbol{\alpha}_2,\boldsymbol{\alpha}_3]\begin{bmatrix}1&2&1\\0&t&0\\0&0&2\end{bmatrix}.$$

由于 $\boldsymbol{\alpha}_1,\boldsymbol{\alpha}_2,\boldsymbol{\alpha}_3$ 线性无关，所以 $\boldsymbol{P}=[\boldsymbol{\alpha}_1,\boldsymbol{\alpha}_2,\boldsymbol{\alpha}_3]$ 可逆，且 $\boldsymbol{P}^{-1}\boldsymbol{AP}=\begin{bmatrix}1&2&1\\0&t&0\\0&0&2\end{bmatrix}$，即矩阵 $\boldsymbol{A}$ 与矩阵 $\boldsymbol{B}=\begin{bmatrix}1&2&1\\0&t&0\\0&0&2\end{bmatrix}$ 相似.

$$|\lambda\boldsymbol{E}-\boldsymbol{B}|=\begin{vmatrix}\lambda-1&-2&-1\\0&\lambda-t&0\\0&0&\lambda-2\end{vmatrix}=(\lambda-1)(\lambda-t)(\lambda-2)=0,$$

得矩阵 $\boldsymbol{B}$ 的特征值为 $1,2,t$.

当 $t\neq1,t\neq2$ 时，矩阵 $\boldsymbol{B}$ 有 3 个互不相同的特征值，从而 $\boldsymbol{B}$ 可以相似于对角矩阵.

当 $t=1$ 时，矩阵 $\boldsymbol{B}=\begin{bmatrix}1&2&1\\0&1&0\\0&0&2\end{bmatrix}$ 的特征值为 $1,1,2$.

对于二重特征值1，由于 $r(\boldsymbol{E}-\boldsymbol{B})=r\begin{bmatrix}0&-2&-1\\0&0&0\\0&0&-1\end{bmatrix}=2$，于是方程组 $(\boldsymbol{E}-\boldsymbol{B})\boldsymbol{x}=\boldsymbol{0}$ 的基础解系由一个非零向量构成，故矩阵 $\boldsymbol{B}$ 属于二重特征值 1 的线性无关的特征向量只有一个，所以矩阵 $\boldsymbol{B}$ 不能相似于对角矩阵.

当 $t=2$ 时，矩阵 $\boldsymbol{B}=\begin{bmatrix}1&2&1\\0&2&0\\0&0&2\end{bmatrix}$ 的特征值为 $1,2,2$.

对于二重特征值2，由于 $r(2\boldsymbol{E}-\boldsymbol{B})=r\begin{bmatrix}1&-2&-1\\0&0&0\\0&0&0\end{bmatrix}=1$，于是方程组 $(2\boldsymbol{E}-\boldsymbol{B})\boldsymbol{x}=\boldsymbol{0}$ 的基础解系由两个无关向量构成，故矩阵 $\boldsymbol{B}$ 属于二重特征值 2 的线性无关的特征向量有两个，所以矩阵 $\boldsymbol{B}$ 能相似于对角矩阵.

综上，当 $t\neq1$ 时，矩阵 $\boldsymbol{A}$ 能相似于对角矩阵，当 $t=1$ 时，矩阵 $\boldsymbol{A}$ 不能相似于对角矩阵.

【评注】 这是一道综合题，考核点为矩阵运算与相似对角化. 本题要讨论全面，注意特征值互不相同时，矩阵一定能相似于对角矩阵，当特征多项式有重根时，我们只要关注重根的情况就可以了，每一个特征值的重数与属于它线性无关特征向量的个数相等时，矩阵能相似于对角矩阵，否则不能相似于对角矩阵.

302 【答案】 D

【分析】 (A) 是下三角矩阵，主对角线元素就是矩阵的特征值，因矩阵有三个不同的特征值，所以矩阵必可以相似对角化.

(B) 是实对称矩阵，实对称矩阵必可以相似对角化.

(C) 是秩为 1 的矩阵，由 $|\lambda\boldsymbol{E}-\boldsymbol{A}|=\lambda^3+4\lambda^2$，知矩阵的特征值是 $-4,0,0$. 对于二重根 $\lambda=0$，由秩

$$r(0\boldsymbol{E}-\boldsymbol{A})=r(\boldsymbol{A})=1$$

知齐次方程组 $(0\boldsymbol{E}-\boldsymbol{A})\boldsymbol{x}=\boldsymbol{0}$ 的基础解系有 $3-1=2$ 个线性无关的解向量，即 $\lambda=0$ 有两个线性无关的特征向量，从而矩阵必可以相似对角化.

(D) 是上三角矩阵，主对角线上的元素 $2,-1,2$ 就是矩阵的特征值，对于二重特征值 $\lambda=2$，由秩

$$r(2\boldsymbol{E}-\boldsymbol{A})=r\begin{bmatrix}0&-1&-2\\0&3&-3\\0&0&0\end{bmatrix}=2$$

知齐次方程组 $(2\boldsymbol{E}-\boldsymbol{A})\boldsymbol{x}=\boldsymbol{0}$ 只有 $3-2=1$ 个线性无关的解，亦即 $\lambda=2$ 只有一个线性无关的特征向量，故矩阵必不能相似对角化. 所以应当选(D).

【评注】 (A) 与(B) 是矩阵相似对角化的充分条件. 当特征值有重根时，有些矩阵能相似对角化，有些矩阵不能相似对角化，这时关键是检查秩，以便查清矩阵是否有 n 个线性无关的特征向量.

303 【解】 (1) 由于 $\boldsymbol{\alpha}^{\mathrm{T}}\boldsymbol{\beta}=0$，所以 $\boldsymbol{\alpha},\boldsymbol{\beta}$ 正交.

设 $\boldsymbol{\gamma}=\begin{pmatrix}x_1\\x_2\\x_3\end{pmatrix}$ 与 $\boldsymbol{\alpha},\boldsymbol{\beta}$ 均正交，即 $\boldsymbol{\alpha}^{\mathrm{T}}\boldsymbol{\gamma}=0,\boldsymbol{\beta}^{\mathrm{T}}\boldsymbol{\gamma}=0$，于是

$$\begin{cases}x_1+x_2+x_3=0,\\x_1-2x_2+x_3=0,\end{cases}$$

方程组的通解为 $c\begin{pmatrix}-1\\0\\1\end{pmatrix}$，$c$ 为任意常数，取 $\boldsymbol{\gamma}=\begin{pmatrix}-1\\0\\1\end{pmatrix}$，则 $\boldsymbol{\alpha},\boldsymbol{\beta},\boldsymbol{\gamma}$ 为正交向量组.

(2) 由于 $\boldsymbol{\alpha},\boldsymbol{\beta},\boldsymbol{\gamma}$ 为正交向量组，且 $\boldsymbol{\alpha}^{\mathrm{T}}\boldsymbol{\alpha}=3,\boldsymbol{\beta}^{\mathrm{T}}\boldsymbol{\beta}=6$，所以

$$\boldsymbol{A\alpha}=(\boldsymbol{\alpha\alpha}^{\mathrm{T}}+\boldsymbol{\beta\beta}^{\mathrm{T}})\boldsymbol{\alpha}=(\boldsymbol{\alpha\alpha}^{\mathrm{T}})\boldsymbol{\alpha}+(\boldsymbol{\beta\beta}^{\mathrm{T}})\boldsymbol{\alpha}=\boldsymbol{\alpha}(\boldsymbol{\alpha}^{\mathrm{T}}\boldsymbol{\alpha})+\boldsymbol{\beta}(\boldsymbol{\beta}^{\mathrm{T}}\boldsymbol{\alpha})=3\boldsymbol{\alpha},$$
$$\boldsymbol{A\beta}=(\boldsymbol{\alpha\alpha}^{\mathrm{T}}+\boldsymbol{\beta\beta}^{\mathrm{T}})\boldsymbol{\beta}=(\boldsymbol{\alpha\alpha}^{\mathrm{T}})\boldsymbol{\beta}+(\boldsymbol{\beta\beta}^{\mathrm{T}})\boldsymbol{\beta}=\boldsymbol{\alpha}(\boldsymbol{\alpha}^{\mathrm{T}}\boldsymbol{\beta})+\boldsymbol{\beta}(\boldsymbol{\beta}^{\mathrm{T}}\boldsymbol{\beta})=6\boldsymbol{\beta},$$
$$\boldsymbol{A\gamma}=(\boldsymbol{\alpha\alpha}^{\mathrm{T}}+\boldsymbol{\beta\beta}^{\mathrm{T}})\boldsymbol{\gamma}=(\boldsymbol{\alpha\alpha}^{\mathrm{T}})\boldsymbol{\gamma}+(\boldsymbol{\beta\beta}^{\mathrm{T}})\boldsymbol{\gamma}=\boldsymbol{\alpha}(\boldsymbol{\alpha}^{\mathrm{T}}\boldsymbol{\gamma})+\boldsymbol{\beta}(\boldsymbol{\beta}^{\mathrm{T}}\boldsymbol{\gamma})=\boldsymbol{0}=0\boldsymbol{\gamma},$$

故 $\lambda_1=3,\lambda_2=6,\lambda_3=0$ 为矩阵 $\boldsymbol{A}$ 的特征值，属于 $\lambda_1=3$ 的全部特征向量为 $k_1\boldsymbol{\alpha},k_1\neq0$；属于 $\lambda_2=6$ 的全部特征向量为 $k_2\boldsymbol{\beta},k_2\neq0$；属于 $\lambda_3=0$ 的全部特征向量为 $k_3\boldsymbol{\gamma},k_3\neq0$.

【评注】 本题希望考生利用向量组 $\boldsymbol{\alpha},\boldsymbol{\beta},\boldsymbol{\gamma}$ 中向量的正交性求出矩阵 $\boldsymbol{A}$ 的特征值与特征向量，也可以直接计算出矩阵 $\boldsymbol{A}$，再求出特征值与特征向量.

304 【解】 矩阵 $\boldsymbol{A}$ 为正交矩阵的充分必要条件是 $\boldsymbol{A}$ 的列向量组两两正交，且每一个向量为单位向量. 设所求的正交矩阵的第 3 列为

$$\boldsymbol{\alpha}_3=\begin{pmatrix}x_1\\x_2\\x_3\end{pmatrix},$$

则 $\boldsymbol{\alpha}_1^{\mathrm{T}}\boldsymbol{\alpha}_3=0,\boldsymbol{\alpha}_2^{\mathrm{T}}\boldsymbol{\alpha}_3=0$，得到线性方程组

$$\begin{cases} \dfrac{1}{\sqrt{2}}x_1-\dfrac{1}{\sqrt{2}}x_2=0, \\ \dfrac{1}{2}x_1+\dfrac{1}{2}x_2+\dfrac{1}{\sqrt{2}}x_3=0. \end{cases}$$

求解方程组得 $\begin{pmatrix} x_1 \\ x_2 \\ x_3 \end{pmatrix}=k\begin{pmatrix} 1 \\ 1 \\ -\sqrt{2} \end{pmatrix}$，$k$ 为任意常数.

由于 $\boldsymbol{\alpha}_3$ 为单位向量，所以 $k^2+k^2+(-\sqrt{2}k)^2=1$，故 $k=\pm\dfrac{1}{2}$，从而

$$\boldsymbol{\alpha}_3=\frac{1}{2}\begin{pmatrix} 1 \\ 1 \\ -\sqrt{2} \end{pmatrix} \text{或} \frac{1}{2}\begin{pmatrix} -1 \\ -1 \\ \sqrt{2} \end{pmatrix}.$$

故所求矩阵为 $\begin{bmatrix} \dfrac{1}{\sqrt{2}} & \dfrac{1}{2} & \dfrac{1}{2} \\ -\dfrac{1}{\sqrt{2}} & \dfrac{1}{2} & \dfrac{1}{2} \\ 0 & \dfrac{1}{\sqrt{2}} & -\dfrac{1}{\sqrt{2}} \end{bmatrix}$ 或 $\begin{bmatrix} \dfrac{1}{\sqrt{2}} & \dfrac{1}{2} & -\dfrac{1}{2} \\ -\dfrac{1}{\sqrt{2}} & \dfrac{1}{2} & -\dfrac{1}{2} \\ 0 & \dfrac{1}{\sqrt{2}} & \dfrac{1}{\sqrt{2}} \end{bmatrix}$.

305 【解】 $|\lambda\boldsymbol{E}-\boldsymbol{A}|=\begin{vmatrix} \lambda-1 & -1 & -1 \\ 3 & \lambda-5 & -a \\ -3 & 3 & \lambda+1 \end{vmatrix}=\begin{vmatrix} \lambda-2 & -1 & -1 \\ \lambda-2 & \lambda-5 & -a \\ 0 & 3 & \lambda+1 \end{vmatrix}$

$$=\begin{vmatrix} \lambda-2 & -1 & -1 \\ 0 & \lambda-4 & -a+1 \\ 0 & 3 & \lambda+1 \end{vmatrix}=(\lambda-2)(\lambda^2-3\lambda-7+3a),$$

由于矩阵 $\boldsymbol{A}$ 有二重特征值，所以 $\lambda^2-3\lambda-7+3a$ 中有因式 $(\lambda-2)$ 或为完全平方项.

若 $\lambda^2-3\lambda-7+3a$ 中有因式 $(\lambda-2)$，则 $\lambda=2$ 为方程 $\lambda^2-3\lambda-7+3a=0$ 的根，于是 $2^2-6-7+3a=0$，故 $a=3$. $\boldsymbol{A}=\begin{bmatrix} 1 & 1 & 1 \\ -3 & 5 & 3 \\ 3 & -3 & -1 \end{bmatrix}$，则

$$|\lambda\boldsymbol{E}-\boldsymbol{A}|=\begin{vmatrix} \lambda-1 & -1 & -1 \\ 3 & \lambda-5 & -3 \\ -3 & 3 & \lambda+1 \end{vmatrix}=(\lambda-2)(\lambda^2-3\lambda+2)=(\lambda-2)^2(\lambda-1).$$

对于二重特征值 2，由于 $r(2\boldsymbol{E}-\boldsymbol{A})=r\begin{bmatrix} 1 & -1 & -1 \\ 3 & -3 & -3 \\ -3 & 3 & 3 \end{bmatrix}=1$，所以对应的线性无关的特征向量有两个，故此时矩阵 $\boldsymbol{A}$ 可以对角化.

若 $\lambda^2-3\lambda-7+3a$ 为完全平方项，则二次式的判别式 $(-3)^2-4(-7+3a)=0$，故 $a=\dfrac{37}{12}$.

$\boldsymbol{A}=\begin{bmatrix} 1 & 1 & 1 \\ -3 & 5 & \dfrac{37}{12} \\ 3 & -3 & -1 \end{bmatrix}$，则

$$|\lambda\boldsymbol{E}-\boldsymbol{A}|=\begin{vmatrix}\lambda-1 & -1 & -1\\ 3 & \lambda-5 & -\dfrac{37}{12}\\ -3 & 3 & \lambda+1\end{vmatrix}=(\lambda-2)\left(\lambda^2-3\lambda+\frac{9}{4}\right)=(\lambda-2)\left(\lambda-\frac{3}{2}\right)^2.$$

对于二重特征值$\frac{3}{2}$，由于

$$\frac{3}{2}\boldsymbol{E}-\boldsymbol{A}=\begin{bmatrix}\dfrac{1}{2} & -1 & -1\\ 3 & -\dfrac{7}{2} & -\dfrac{37}{12}\\ -3 & 3 & \dfrac{5}{2}\end{bmatrix}\rightarrow\begin{bmatrix}1 & -2 & -2\\ 3 & -\dfrac{7}{2} & -\dfrac{37}{12}\\ -3 & 3 & \dfrac{5}{2}\end{bmatrix}\rightarrow\begin{bmatrix}1 & -2 & -2\\ 0 & \dfrac{5}{2} & \dfrac{35}{12}\\ 0 & -3 & -\dfrac{7}{2}\end{bmatrix}\rightarrow\begin{bmatrix}1 & -2 & -2\\ 0 & -3 & -\dfrac{7}{2}\\ 0 & 0 & 0\end{bmatrix},$$

所以$r\left(\frac{3}{2}\boldsymbol{E}-\boldsymbol{A}\right)=2$，故二重特征值$\frac{3}{2}$对应的线性无关的特征向量只有 1 个，矩阵 $\boldsymbol{A}$ 不能对角化.

306 【解】 (1) 设 $\boldsymbol{A\alpha}=\lambda\boldsymbol{\alpha}$，即

$$\begin{bmatrix}1 & -1 & 1\\ 2 & a & -2\\ -3 & b & 5\end{bmatrix}\begin{bmatrix}1\\ -2\\ 3\end{bmatrix}=\lambda\begin{bmatrix}1\\ -2\\ 3\end{bmatrix},$$

有

$$\begin{cases}1+2+3=\lambda,\\ 2-2a-6=-2\lambda,\\ -3-2b+15=3\lambda,\end{cases}$$

解出 $\lambda=6, a=4, b=-3$.

(2) 由特征多项式

$$|\lambda\boldsymbol{E}-\boldsymbol{A}|=\begin{vmatrix}\lambda-1 & 1 & -1\\ -2 & \lambda-4 & 2\\ 3 & 3 & \lambda-5\end{vmatrix}=(\lambda-2)^2(\lambda-6),$$

得矩阵 $\boldsymbol{A}$ 的特征值为 $\lambda_1=\lambda_2=2, \lambda_3=6$.

对 $\lambda=2$，由$(2\boldsymbol{E}-\boldsymbol{A})\boldsymbol{x}=\boldsymbol{0}$，

$$2\boldsymbol{E}-\boldsymbol{A}=\begin{bmatrix}1 & 1 & -1\\ -2 & -2 & 2\\ 3 & 3 & -3\end{bmatrix}\rightarrow\begin{bmatrix}1 & 1 & -1\\ 0 & 0 & 0\\ 0 & 0 & 0\end{bmatrix},$$

得基础解系 $\boldsymbol{\alpha}_1=(-1,1,0)^{\mathrm{T}}, \boldsymbol{\alpha}_2=(1,0,1)^{\mathrm{T}}$. 故 $\lambda=2$ 有 2 个线性无关的特征向量，故 $\boldsymbol{A}\sim\boldsymbol{\Lambda}$.

令 $\boldsymbol{P}=[\boldsymbol{\alpha}_1,\boldsymbol{\alpha}_2,\boldsymbol{\alpha}]=\begin{bmatrix}-1 & 1 & 1\\ 1 & 0 & -2\\ 0 & 1 & 3\end{bmatrix}$，则有 $\boldsymbol{P}^{-1}\boldsymbol{AP}=\begin{bmatrix}2 & & \\ & 2 & \\ & & 6\end{bmatrix}$.

307 【解】 矩阵 $\boldsymbol{A}$ 的特征多项式为

$$|\lambda\boldsymbol{E}-\boldsymbol{A}|=\begin{vmatrix}\lambda+1 & -3 & 1\\ -2 & \lambda+2 & -a\\ 0 & 0 & \lambda-a\end{vmatrix}=(\lambda-a)(\lambda-1)(\lambda+4),$$

所以矩阵 $\boldsymbol{A}$ 的特征值为 $\lambda_1=1, \lambda_2=-4, \lambda_3=a$.

① 当 $a\neq1$ 且 $a\neq-4$ 时，矩阵 $\boldsymbol{A}$ 有 3 个互不相同的特征值，可以对角化.

对于 $\lambda_1=1$，由方程组 $(\boldsymbol{E}-\boldsymbol{A})\boldsymbol{x}=\boldsymbol{0}$ 得对应的特征向量为 $\begin{pmatrix}3\\2\\0\end{pmatrix}$.

对于 $\lambda_2=-4$，由方程组 $(-4\boldsymbol{E}-\boldsymbol{A})\boldsymbol{x}=\boldsymbol{0}$ 得对应的特征向量为 $\begin{pmatrix}-1\\1\\0\end{pmatrix}$.

对于 $\lambda_3=a$，解方程组 $(a\boldsymbol{E}-\boldsymbol{A})\boldsymbol{x}=\boldsymbol{0}$ 得对应的特征向量为 $\begin{pmatrix}2\\a+2\\a+4\end{pmatrix}$.

令 $\boldsymbol{P}=\begin{bmatrix}3&-1&2\\2&1&a+2\\0&0&a+4\end{bmatrix}$，则 $\boldsymbol{P}$ 可逆，且 $\boldsymbol{P}^{-1}\boldsymbol{A}\boldsymbol{P}=\begin{bmatrix}1&&\\&-4&\\&&a\end{bmatrix}$.

② 当 $a=1$ 时，矩阵 $\boldsymbol{A}$ 有二重特征值 1，由于

$$r(\boldsymbol{E}-\boldsymbol{A})=r\begin{bmatrix}2&-3&1\\-2&3&-1\\0&0&0\end{bmatrix}=1,$$

矩阵 $\boldsymbol{A}$ 属于二重特征值 1 的线性无关的特征向量有 2 个，所以此时矩阵 $\boldsymbol{A}$ 可以对角化.

对于二重特征值 1，由方程组 $(\boldsymbol{E}-\boldsymbol{A})\boldsymbol{x}=\boldsymbol{0}$ 得对应的线性无关特征向量为 $\begin{pmatrix}3\\2\\0\end{pmatrix}$，$\begin{pmatrix}-1\\0\\2\end{pmatrix}$.

对于特征值 -4，由方程组 $(-4\boldsymbol{E}-\boldsymbol{A})\boldsymbol{x}=\boldsymbol{0}$ 得对应的特征向量为 $\begin{pmatrix}-1\\1\\0\end{pmatrix}$.

令 $\boldsymbol{P}=\begin{bmatrix}3&-1&-1\\2&0&1\\0&2&0\end{bmatrix}$，则 $\boldsymbol{P}$ 可逆，且有 $\boldsymbol{P}^{-1}\boldsymbol{A}\boldsymbol{P}=\begin{bmatrix}1&&\\&1&\\&&-4\end{bmatrix}$.

③ 当 $a=-4$ 时，矩阵 $\boldsymbol{A}$ 有二重特征值 -4，由于

$$r(-4\boldsymbol{E}-\boldsymbol{A})=r\begin{bmatrix}-3&-3&1\\-2&-2&4\\0&0&0\end{bmatrix}=2,$$

矩阵 $\boldsymbol{A}$ 属于二重特征值 -4 的线性无关的特征向量只有 1 个，所以此时矩阵 $\boldsymbol{A}$ 不能对角化.

二次型

308 【解】 (1) 由题设 $\boldsymbol{\alpha}$ 为矩阵 $\boldsymbol{A}$ 的特征向量，设对应的特征值为 λ_1，则有

$$\begin{bmatrix}1&-2&b\\-2&a&-1\\b&-1&0\end{bmatrix}\begin{pmatrix}1\\1\\-2\end{pmatrix}=\lambda_1\begin{pmatrix}1\\1\\-2\end{pmatrix},$$

即

$$\begin{cases}1-2-2b=\lambda_1,\\-2+a+2=\lambda_1,\\b-1=-2\lambda_1,\end{cases}$$

所以 $a=1,b=-1,\lambda_1=1$.

(2) 矩阵 $\boldsymbol{A}=\begin{bmatrix}1&-2&-1\\-2&1&-1\\-1&-1&0\end{bmatrix}$ 的特征多项式为

$$|\lambda\boldsymbol{E}-\boldsymbol{A}|=\begin{vmatrix}\lambda-1&2&1\\2&\lambda-1&1\\1&1&\lambda\end{vmatrix}=\begin{vmatrix}\lambda-3&3-\lambda&0\\2&\lambda-1&1\\1&1&\lambda\end{vmatrix}=(\lambda-3)(\lambda-1)(\lambda+2),$$

所以矩阵 $\boldsymbol{A}$ 的特征值为 $\lambda_1=1,\lambda_2=3,\lambda_3=-2$.

由(1)得矩阵 $\boldsymbol{A}$ 属于特征值 $\lambda_1=1$ 的一个特征向量为 $\boldsymbol{\alpha}_1=\begin{pmatrix}1\\1\\-2\end{pmatrix}$,单位化得 $\boldsymbol{\beta}_1=\frac{1}{\sqrt{6}}\begin{pmatrix}1\\1\\-2\end{pmatrix}$.

对于特征值 $\lambda_2=3$,

由方程组 $(3\boldsymbol{E}-\boldsymbol{A})\boldsymbol{x}=\boldsymbol{0}$ 得到对应的特征向量 $\boldsymbol{\alpha}_2=\begin{pmatrix}-1\\1\\0\end{pmatrix}$,单位化得 $\boldsymbol{\beta}_2=\frac{1}{\sqrt{2}}\begin{pmatrix}-1\\1\\0\end{pmatrix}$.

对于特征值 $\lambda_3=-2$,

由方程组 $(-2\boldsymbol{E}-\boldsymbol{A})\boldsymbol{x}=\boldsymbol{0}$ 得到对应的特征向量 $\boldsymbol{\alpha}_3=\begin{pmatrix}1\\1\\1\end{pmatrix}$,单位化得 $\boldsymbol{\beta}_3=\frac{1}{\sqrt{3}}\begin{pmatrix}1\\1\\1\end{pmatrix}$.

令 $\boldsymbol{Q}=[\boldsymbol{\beta}_1,\boldsymbol{\beta}_2,\boldsymbol{\beta}_3]=\begin{bmatrix}\frac{1}{\sqrt{6}}&\frac{-1}{\sqrt{2}}&\frac{1}{\sqrt{3}}\\\frac{1}{\sqrt{6}}&\frac{1}{\sqrt{2}}&\frac{1}{\sqrt{3}}\\\frac{-2}{\sqrt{6}}&0&\frac{1}{\sqrt{3}}\end{bmatrix}$,则 $\boldsymbol{Q}$ 为正交矩阵,且 $\boldsymbol{Q}^{-1}\boldsymbol{A}\boldsymbol{Q}=\begin{bmatrix}1&&\\&3&\\&&-2\end{bmatrix}$.

309 【解】 二次型的矩阵 $\boldsymbol{A}=\begin{bmatrix}1&a&1\\a&-5&b\\1&b&1\end{bmatrix}$,由题设 $\boldsymbol{A\alpha}=\lambda\boldsymbol{\alpha}$,即

$$\begin{bmatrix}1&a&1\\a&-5&b\\1&b&1\end{bmatrix}\begin{pmatrix}2\\1\\2\end{pmatrix}=\lambda\begin{pmatrix}2\\1\\2\end{pmatrix},$$

于是 $\begin{cases}2+a+2=2\lambda,\\2a-5+2b=\lambda,\\2+b+2=2\lambda,\end{cases}$ 解得 $a=b=2,\lambda=3$,于是 $\boldsymbol{A}=\begin{bmatrix}1&2&1\\2&-5&2\\1&2&1\end{bmatrix}$.

$$|\lambda\boldsymbol{E}-\boldsymbol{A}|=\begin{vmatrix}\lambda-1&-2&-1\\-2&\lambda+5&-2\\-1&-2&\lambda-1\end{vmatrix}=\begin{vmatrix}\lambda&0&-\lambda\\-2&\lambda+5&-2\\-1&-2&\lambda-1\end{vmatrix}=\begin{vmatrix}\lambda&0&0\\-2&\lambda+5&-4\\-1&-2&\lambda-2\end{vmatrix}$$
$$=\lambda(\lambda+6)(\lambda-3).$$

所以矩阵 $\boldsymbol{A}$ 的特征值为 $-6,0,3$,正惯性指数为 1.

求出 $a=b=2$ 后,也可以用配方法求出正惯性指数.

$$\begin{aligned}\boldsymbol{x}^{\mathrm{T}}\boldsymbol{A}\boldsymbol{x}&=x_1^2-5x_2^2+x_3^2+4x_1x_2+2x_1x_3+4x_2x_3\\&=x_1^2+2x_1(2x_2+x_3)+(2x_2+x_3)^2-(2x_2+x_3)^2-5x_2^2+x_3^2+4x_2x_3\\&=(x_1+2x_2+x_3)^2-9x_2^2.\end{aligned}$$

310 【解】 由特征多项式

$$|\lambda \boldsymbol{E}-\boldsymbol{A}|=\begin{vmatrix}\lambda-a & -1 & -1\\ -1 & \lambda-a & 1\\ -1 & 1 & \lambda-a\end{vmatrix}=\begin{vmatrix}\lambda-a-1 & \lambda-a-1 & 0\\ -1 & \lambda-a & 1\\ -1 & 1 & \lambda-a\end{vmatrix}$$

$$=\begin{vmatrix}\lambda-a-1 & 0 & 0\\ -1 & \lambda-a+1 & 1\\ -1 & 2 & \lambda-a\end{vmatrix}$$

$$=(\lambda-a-1)^2(\lambda-a+2).$$

故 $\boldsymbol{A}$ 的特征值：$a+1,a+1,a-2$.

因规范形是 $y_1^2+y_2^2-y_3^2$，故特征值符号应为 $+,+,-$.

即 $\begin{cases}a+1>0,\\ a-2<0,\end{cases}$ 所以 $-1<a<2$.

311 【解】 由于 $\boldsymbol{x}^{\mathrm{T}}(\boldsymbol{A}^{\mathrm{T}}\boldsymbol{A})\boldsymbol{x}=(\boldsymbol{A}\boldsymbol{x})^{\mathrm{T}}(\boldsymbol{A}\boldsymbol{x})\geqslant 0$，所以二次型 $f(x_1,x_2,x_3)$ 正定 $\Leftrightarrow$ 对任意向量 $\boldsymbol{x}\neq\boldsymbol{0}$ 均有 $\boldsymbol{A}\boldsymbol{x}\neq\boldsymbol{0}\Leftrightarrow r(\boldsymbol{A})=3$.

$$\boldsymbol{A}=\begin{bmatrix}1 & 1 & 2\\ 1 & 0 & 1\\ 0 & 1 & t\end{bmatrix}\to\begin{bmatrix}1 & 1 & 2\\ 0 & -1 & -1\\ 0 & 1 & t\end{bmatrix}\to\begin{bmatrix}1 & 1 & 2\\ 0 & -1 & -1\\ 0 & 0 & t-1\end{bmatrix},$$

故 t 满足的条件为 $t\neq 1$.

本题也可以通过计算 $\boldsymbol{A}^{\mathrm{T}}\boldsymbol{A}$ 的顺序主子式求解，但计算量较大.

312 【解】 二次型矩阵 $\boldsymbol{A}=\begin{bmatrix}0 & 1 & 2\\ 1 & 0 & 0\\ 2 & 0 & 0\end{bmatrix}$,

$$|\lambda\boldsymbol{E}-\boldsymbol{A}|=\begin{vmatrix}\lambda & -1 & -2\\ -1 & \lambda & 0\\ -2 & 0 & \lambda\end{vmatrix}=\begin{vmatrix}\lambda & -1 & -2\\ -1 & \lambda & 0\\ 0 & -2\lambda & \lambda\end{vmatrix}=\begin{vmatrix}\lambda & -5 & -2\\ -1 & \lambda & 0\\ 0 & 0 & \lambda\end{vmatrix}=\lambda(\lambda^2-5).$$

矩阵 $\boldsymbol{A}$ 的特征值是 $\sqrt{5},-\sqrt{5},0$，故在正交变换下的标准形为 $\sqrt{5}y_1^2-\sqrt{5}y_2^2$.

313 【解】 二次型 f 对应的矩阵为 $\boldsymbol{A}=\begin{bmatrix}\lambda & 1 & 1\\ 1 & \lambda & -1\\ 1 & -1 & \lambda\end{bmatrix}$.

若 f 正定，则 $\boldsymbol{A}$ 为正定矩阵，那么各阶顺序子式均大于零，所以

$$\lambda>0.$$

$$\begin{vmatrix}\lambda & 1\\ 1 & \lambda\end{vmatrix}=\lambda^2-1>0,\lambda>1\text{ 或 }\lambda<-1.$$

$$\begin{vmatrix}\lambda & 1 & 1\\ 1 & \lambda & -1\\ 1 & -1 & \lambda\end{vmatrix}=\begin{vmatrix}\lambda+1 & 0 & \lambda+1\\ 1 & \lambda & -1\\ 1 & -1 & \lambda\end{vmatrix}=(\lambda+1)\begin{vmatrix}1 & 0 & 1\\ 1 & \lambda & -1\\ 1 & -1 & \lambda\end{vmatrix}$$

$$=(\lambda+1)\begin{vmatrix}1 & 0 & 1\\ 0 & \lambda & -2\\ 0 & -1 & \lambda-1\end{vmatrix}=(\lambda+1)(\lambda^2-\lambda-2)$$

$$=(\lambda+1)^2(\lambda-2),\lambda>2.$$

综上，当 $\lambda > 2$ 时，f 正定.

314 【解】 (1) 因为实对称矩阵的不同特征值对应的特征向量相互正交，所以

$$\boldsymbol{\alpha}_1^{\mathrm{T}}\boldsymbol{\alpha}_2 = -1 - a - 1 = 0，得\ a = -2.$$

设 $\lambda = 0$ 的特征向量为 $\boldsymbol{\alpha} = (x_1, x_2, x_3)^{\mathrm{T}}$，则有

$$\begin{cases} \boldsymbol{\alpha}_1^{\mathrm{T}}\boldsymbol{\alpha} = -x_1 - x_2 + x_3 = 0, \\ \boldsymbol{\alpha}_2^{\mathrm{T}}\boldsymbol{\alpha} = x_1 - 2x_2 - x_3 = 0, \end{cases}$$

得基础解系为 $(1,0,1)^{\mathrm{T}}$.

因此，矩阵 $\boldsymbol{A}$ 属于特征值 $\lambda = 0$ 的特征向量为

$$k(1,0,1)^{\mathrm{T}}, k \neq 0.$$

(2) 由 $\boldsymbol{A}\boldsymbol{\alpha}_1 = \boldsymbol{\alpha}_1, \boldsymbol{A}\boldsymbol{\alpha}_2 = -2\boldsymbol{\alpha}_2, \boldsymbol{A}\boldsymbol{\alpha} = 0\boldsymbol{\alpha}$，有

$$\boldsymbol{A}[\boldsymbol{\alpha}_1, \boldsymbol{\alpha}_2, \boldsymbol{\alpha}] = [\boldsymbol{\alpha}_1, -2\boldsymbol{\alpha}_2, \boldsymbol{0}],$$

故

$$\begin{aligned} \boldsymbol{A} &= [\boldsymbol{\alpha}_1, -2\boldsymbol{\alpha}_2, \boldsymbol{0}][\boldsymbol{\alpha}_1, \boldsymbol{\alpha}_2, \boldsymbol{\alpha}]^{-1} \\ &= \begin{bmatrix} -1 & -2 & 0 \\ -1 & 4 & 0 \\ 1 & 2 & 0 \end{bmatrix} \begin{bmatrix} -1 & 1 & 1 \\ -1 & -2 & 0 \\ 1 & -1 & 1 \end{bmatrix}^{-1} = \begin{bmatrix} 0 & 1 & 0 \\ 1 & -1 & -1 \\ 0 & -1 & 0 \end{bmatrix}. \end{aligned}$$

于是 $\boldsymbol{x}^{\mathrm{T}}\boldsymbol{A}\boldsymbol{x} = -x_2^2 + 2x_1x_2 - 2x_2x_3$.

(3) $\boldsymbol{A}$ 的特征值：$1, -2, 0$，$\boldsymbol{A} + k\boldsymbol{E}$ 的特征值：$k+1, k-2, k$，

规范形是 $y_1^2 + y_2^2 - y_3^2$，$p = 2, q = 1$.

$$\begin{cases} k + 1 > 0, \\ k > 0, \\ k - 2 < 0, \end{cases} \quad 所以\ k \in (0,2).$$

315 【解】 二次型的矩阵 $\boldsymbol{A} = \begin{bmatrix} 1 & 2 & -1 \\ 2 & a+3 & 1 \\ -1 & 1 & a \end{bmatrix}$，由题设知二次型的正负惯性指数均为 1，所以 $r(\boldsymbol{A}) = 2$.

矩阵 $\boldsymbol{A}$ 中有二阶非零子式 $\begin{vmatrix} 1 & -1 \\ 2 & 1 \end{vmatrix}$，又 $|\boldsymbol{A}| = \begin{vmatrix} 1 & 2 & -1 \\ 2 & a+3 & 1 \\ -1 & 1 & a \end{vmatrix} = (a-4)(a+2)$，故 $a = 4$ 或 $a = -2$.

当 $a = 4$ 时，

$$\begin{aligned} f(x_1, x_2, x_3) &= x_1^2 + 7x_2^2 + 4x_3^2 + 4x_1x_2 + 2x_2x_3 - 2x_1x_3 \\ &= x_1^2 + 2x_1(2x_2 - x_3) + (2x_2 - x_3)^2 - (2x_2 - x_3)^2 + 2x_2x_3 + 7x_2^2 + 4x_3^2 \\ &= (x_1 + 2x_2 - x_3)^2 + 3x_2^2 + 3x_3^2 + 6x_2x_3 \\ &= (x_1 + 2x_2 - x_3)^2 + 3(x_2 + x_3)^2. \end{aligned}$$

此时，二次型的正惯性指数为 2，不符合题意.

当 $a = -2$ 时，

$$\begin{aligned} f(x_1, x_2, x_3) &= x_1^2 + x_2^2 - 2x_3^2 + 4x_1x_2 + 2x_2x_3 - 2x_1x_3 \\ &= x_1^2 + 2x_1(2x_2 - x_3) + (2x_2 - x_3)^2 - (2x_2 - x_3)^2 + 2x_2x_3 + x_2^2 - 2x_3^2 \\ &= (x_1 + 2x_2 - x_3)^2 - 3x_2^2 - 3x_3^2 + 6x_2x_3 \\ &= (x_1 + 2x_2 - x_3)^2 - 3(x_2 - x_3)^2. \end{aligned}$$

令$\begin{cases} z_1 = x_1 + 2x_2 - x_3, \\ z_2 = \sqrt{3}(x_2 - x_3), \\ z_3 = x_3, \end{cases}$ 即 $\begin{pmatrix} x_1 \\ x_2 \\ x_3 \end{pmatrix} = \begin{bmatrix} 1 & \frac{-2}{\sqrt{3}} & -1 \\ 0 & \frac{1}{\sqrt{3}} & 1 \\ 0 & 0 & 1 \end{bmatrix} \begin{pmatrix} z_1 \\ z_2 \\ z_3 \end{pmatrix}$，有 $f = z_1^2 - z_2^2$.

因此所求的 $a = -2$，可逆线性变换为 $\begin{pmatrix} x_1 \\ x_2 \\ x_3 \end{pmatrix} = \begin{bmatrix} 1 & \frac{-2}{\sqrt{3}} & -1 \\ 0 & \frac{1}{\sqrt{3}} & 1 \\ 0 & 0 & 1 \end{bmatrix} \begin{pmatrix} z_1 \\ z_2 \\ z_3 \end{pmatrix}$.

316 【解】 (1) 对方程组 $\boldsymbol{Ax} = \boldsymbol{\beta}$ 的增广矩阵作初等行变换得

$$[\boldsymbol{A}, \boldsymbol{\beta}] = \left[\begin{array}{ccc:c} 1 & 2 & 1 & 0 \\ 2 & 3 & a & 1 \\ 1 & a & -3 & 2 \end{array}\right] \to \left[\begin{array}{ccc:c} 1 & 2 & 1 & 0 \\ 0 & -1 & a-2 & 1 \\ 0 & a-2 & -4 & 2 \end{array}\right] \to \left[\begin{array}{ccc:c} 1 & 2 & 1 & 0 \\ 0 & -1 & a-2 & 1 \\ 0 & 0 & a(a-4) & a \end{array}\right].$$

当 $a \neq 0$ 且 $a \neq 4$ 时，$r(\boldsymbol{A}, \boldsymbol{\beta}) = r(\boldsymbol{A}) = 3$，方程组有唯一解，不符合题设条件.
当 $a = 4$ 时，$r(\boldsymbol{A}, \boldsymbol{\beta}) = 3$，$r(\boldsymbol{A}) = 2$，方程组无解，不符合题设条件.
当 $a = 0$ 时，$r(\boldsymbol{A}, \boldsymbol{\beta}) = r(\boldsymbol{A}) = 2$，方程组有无穷多解，与题设相符，综上分析得 $a = 0$.

(2) 当 $a = 0$ 时，$\boldsymbol{A} = \begin{bmatrix} 1 & 2 & 1 \\ 2 & 3 & 0 \\ 1 & 0 & -3 \end{bmatrix}$，二次型为

$$f(x_1, x_2, x_3) = x_1^2 + 3x_2^2 - 3x_3^2 + 4x_1x_2 + 2x_1x_3,$$

由于

$$\begin{aligned} f(x_1, x_2, x_3) &= x_1^2 + 3x_2^2 - 3x_3^2 + 4x_1x_2 + 2x_1x_3 \\ &= x_1^2 + 2x_1(2x_2 + x_3) + (2x_2 + x_3)^2 - (2x_2 + x_3)^2 + 3x_2^2 - 3x_3^2 \\ &= (x_1 + 2x_2 + x_3)^2 - x_2^2 - 4x_3^2 - 4x_2x_3 \\ &= (x_1 + 2x_2 + x_3)^2 - (x_2 + 2x_3)^2, \end{aligned}$$

所以作可逆线性变换$\begin{cases} y_1 = x_1 + 2x_2 + x_3, \\ y_2 = x_2 + 2x_3, \\ y_3 = x_3, \end{cases}$ 即$\begin{cases} x_1 = y_1 - 2y_2 + 3y_3, \\ x_2 = y_2 - 2y_3, \\ x_3 = y_3. \end{cases}$

二次型 $f(x_1, x_2, x_3) = \boldsymbol{x}^{\mathrm{T}}\boldsymbol{Ax}$ 化为标准形 $y_1^2 - y_2^2$.

317 【解】 (1) 记 $\boldsymbol{A} = \boldsymbol{\alpha\alpha}^{\mathrm{T}} + \boldsymbol{\beta\beta}^{\mathrm{T}} = (\boldsymbol{\alpha}, \boldsymbol{\beta})\begin{pmatrix} \boldsymbol{\alpha}^{\mathrm{T}} \\ \boldsymbol{\beta}^{\mathrm{T}} \end{pmatrix}$，于是

$$r(\boldsymbol{A}) = r\left((\boldsymbol{\alpha}, \boldsymbol{\beta})\begin{pmatrix} \boldsymbol{\alpha}^{\mathrm{T}} \\ \boldsymbol{\beta}^{\mathrm{T}} \end{pmatrix}\right) = r(\boldsymbol{\alpha}, \boldsymbol{\beta}) = 2.$$

由于

$$\begin{pmatrix} \boldsymbol{\alpha}^{\mathrm{T}} \\ \boldsymbol{\beta}^{\mathrm{T}} \end{pmatrix} = \begin{bmatrix} 1 & a & 1 \\ 2 & 0 & -2 \end{bmatrix} \to \begin{bmatrix} 1 & a & 1 \\ 0 & -2a & -4 \end{bmatrix} \to \begin{bmatrix} 1 & a & 1 \\ 0 & \frac{1}{2}a & 1 \end{bmatrix} \to \begin{bmatrix} 1 & \frac{1}{2}a & 0 \\ 0 & \frac{1}{2}a & 1 \end{bmatrix},$$

所以方程组 $\begin{pmatrix} \boldsymbol{\alpha}^{\mathrm{T}} \\ \boldsymbol{\beta}^{\mathrm{T}} \end{pmatrix}\boldsymbol{x} = \boldsymbol{0}$ 的解为 $k\begin{pmatrix} a \\ -2 \\ a \end{pmatrix}$，$k$ 为任意常数.

从而方程组 $\boldsymbol{A}\boldsymbol{x}=\mathbf{0}$ 即方程组 $(\boldsymbol{\alpha}\boldsymbol{\alpha}^{\mathrm{T}}+\boldsymbol{\beta}\boldsymbol{\beta}^{\mathrm{T}})\boldsymbol{x}=\mathbf{0}$ 的解为 $k\begin{pmatrix}a\\-2\\a\end{pmatrix}$，$k$ 为任意常数.

(2) 由于 $\boldsymbol{\alpha}^{\mathrm{T}}\boldsymbol{\beta}=0$，所以向量 $\boldsymbol{\alpha},\boldsymbol{\beta}$ 正交. 又

$$\boldsymbol{A}\boldsymbol{\alpha}=(\boldsymbol{\alpha}\boldsymbol{\alpha}^{\mathrm{T}}+\boldsymbol{\beta}\boldsymbol{\beta}^{\mathrm{T}})\boldsymbol{\alpha}=\boldsymbol{\alpha}\boldsymbol{\alpha}^{\mathrm{T}}\boldsymbol{\alpha}+\boldsymbol{\beta}\boldsymbol{\beta}^{\mathrm{T}}\boldsymbol{\alpha}=(\boldsymbol{\alpha}^{\mathrm{T}}\boldsymbol{\alpha})\boldsymbol{\alpha}=(2+a^2)\boldsymbol{\alpha},$$
$$\boldsymbol{A}\boldsymbol{\beta}=(\boldsymbol{\alpha}\boldsymbol{\alpha}^{\mathrm{T}}+\boldsymbol{\beta}\boldsymbol{\beta}^{\mathrm{T}})\boldsymbol{\beta}=\boldsymbol{\alpha}\boldsymbol{\alpha}^{\mathrm{T}}\boldsymbol{\beta}+\boldsymbol{\beta}\boldsymbol{\beta}^{\mathrm{T}}\boldsymbol{\beta}=(\boldsymbol{\beta}^{\mathrm{T}}\boldsymbol{\beta})\boldsymbol{\beta}=8\boldsymbol{\beta},$$

所以 $\boldsymbol{\alpha},\boldsymbol{\beta}$ 是矩阵 $\boldsymbol{A}$ 分别属于特征值 $\lambda_1=2+a^2$，$\lambda_2=8$ 的特征向量.

由(1) 知 $\boldsymbol{A}\begin{pmatrix}a\\-2\\a\end{pmatrix}=\mathbf{0}$，所以 $\boldsymbol{\gamma}=\begin{pmatrix}a\\-2\\a\end{pmatrix}$ 为矩阵 $\boldsymbol{A}$ 属于特征值 $\lambda_3=0$ 的特征向量.

由于 $\boldsymbol{\alpha},\boldsymbol{\beta},\boldsymbol{\gamma}$ 两两正交，将其单位化得

$$\boldsymbol{p}_1=\frac{\boldsymbol{\alpha}}{|\boldsymbol{\alpha}|}=\frac{1}{\sqrt{a^2+2}}\begin{pmatrix}1\\a\\1\end{pmatrix},\boldsymbol{p}_2=\frac{\boldsymbol{\beta}}{|\boldsymbol{\beta}|}=\frac{1}{\sqrt{2}}\begin{pmatrix}1\\0\\-1\end{pmatrix},\boldsymbol{p}_3=\frac{\boldsymbol{\gamma}}{|\boldsymbol{\gamma}|}=\frac{1}{\sqrt{2a^2+4}}\begin{pmatrix}a\\-2\\a\end{pmatrix}.$$

令 $\boldsymbol{P}=[\boldsymbol{p}_1,\boldsymbol{p}_2,\boldsymbol{p}_3]$，则 $\boldsymbol{P}$ 为正交矩阵，且 $\boldsymbol{P}^{-1}\boldsymbol{A}\boldsymbol{P}=\boldsymbol{P}^{\mathrm{T}}\boldsymbol{A}\boldsymbol{P}=\begin{bmatrix}2+a^2&&\\&8&\\&&0\end{bmatrix}$.

作正交变换 $\boldsymbol{x}=\boldsymbol{P}\boldsymbol{y}$，二次型 $f(x_1,x_2,x_3)$ 化为标准形 $(a^2+2)y_1^2+8y_2^2$.

【评注】 对于 n 阶矩阵 $\boldsymbol{A}$，有如下常用结论：
$r(\boldsymbol{A}^{\mathrm{T}}\boldsymbol{A})=r(\boldsymbol{A}^{\mathrm{T}})=r(\boldsymbol{A})$；方程组 $(\boldsymbol{A}^{\mathrm{T}}\boldsymbol{A})\boldsymbol{x}=\mathbf{0}$ 与 $\boldsymbol{A}\boldsymbol{x}=\mathbf{0}$ 同解.

318 【解】 二次型 $f(x_1,x_2,x_3)$ 与 $g(y_1,y_2,y_3)$ 的矩阵分别为

$$\boldsymbol{A}=\begin{bmatrix}1&1&1\\1&2&0\\1&0&2\end{bmatrix},\boldsymbol{B}=\begin{bmatrix}1&-1&0\\-1&1&0\\0&0&t\end{bmatrix}.$$

由于二次型 $f(x_1,x_2,x_3)=\boldsymbol{x}^{\mathrm{T}}\boldsymbol{A}\boldsymbol{x}$ 经正交变换 $\boldsymbol{x}=\boldsymbol{Q}\boldsymbol{y}$，化为二次型 $g(y_1,y_2,y_3)=\boldsymbol{y}^{\mathrm{T}}\boldsymbol{B}\boldsymbol{y}$，所以 $\boldsymbol{B}=\boldsymbol{Q}^{\mathrm{T}}\boldsymbol{A}\boldsymbol{Q}=\boldsymbol{Q}^{-1}\boldsymbol{A}\boldsymbol{Q}$，即矩阵 $\boldsymbol{A}$ 与 $\boldsymbol{B}$ 相似，从而 $\mathrm{tr}\boldsymbol{A}=\mathrm{tr}\boldsymbol{B}$，于是有 $1+2+2=1+1+t$，从而 $t=3$. 由于

$$|\lambda\boldsymbol{E}-\boldsymbol{A}|=\begin{vmatrix}\lambda-1&-1&-1\\-1&\lambda-2&0\\-1&0&\lambda-2\end{vmatrix}=\lambda(\lambda-2)(\lambda-3),$$

故矩阵 $\boldsymbol{A}$ 的特征值为 $\lambda_1=0$，$\lambda_2=2$，$\lambda_3=3$，

对于特征值 $\lambda_1=0$，由方程组 $(0\boldsymbol{E}-\boldsymbol{A})\boldsymbol{x}=\mathbf{0}$ 求得矩阵 $\boldsymbol{A}$ 属于特征值 0 的特征向量为 $\boldsymbol{\alpha}_1=\begin{pmatrix}-2\\1\\1\end{pmatrix}$，单位化得 $\boldsymbol{\beta}_1=\frac{1}{\sqrt{6}}\begin{pmatrix}-2\\1\\1\end{pmatrix}$.

对于特征值 $\lambda_2=2$，由方程组 $(2\boldsymbol{E}-\boldsymbol{A})\boldsymbol{x}=\mathbf{0}$ 求得矩阵 $\boldsymbol{A}$ 属于特征值 2 的特征向量为 $\boldsymbol{\alpha}_2=\begin{pmatrix}0\\-1\\1\end{pmatrix}$，单位化得 $\boldsymbol{\beta}_2=\frac{1}{\sqrt{2}}\begin{pmatrix}0\\-1\\1\end{pmatrix}$.

对于特征值 $\lambda_3=3$，由方程组 $(3\boldsymbol{E}-\boldsymbol{A})\boldsymbol{x}=\mathbf{0}$ 求得矩阵 $\boldsymbol{A}$ 属于特征值 3 的特征向量为 $\boldsymbol{\alpha}_3=\begin{pmatrix}1\\1\\1\end{pmatrix}$，单位化得 $\boldsymbol{\beta}_3=\frac{1}{\sqrt{3}}\begin{pmatrix}1\\1\\1\end{pmatrix}$.

令 $Q_1=[\beta_1,\beta_2,\beta_3]=\begin{bmatrix}\frac{-2}{\sqrt{6}} & 0 & \frac{1}{\sqrt{3}}\\ \frac{1}{\sqrt{6}} & \frac{-1}{\sqrt{2}} & \frac{1}{\sqrt{3}}\\ \frac{1}{\sqrt{6}} & \frac{1}{\sqrt{2}} & \frac{1}{\sqrt{3}}\end{bmatrix}$，则 Q_1 为正交矩阵，且

$$Q_1^{-1}AQ_1=Q_1^{\mathrm{T}}AQ_1=\begin{bmatrix}0&0&0\\0&2&0\\0&0&3\end{bmatrix}.$$

由于矩阵 A 与 B 相似，所以矩阵 B 的特征值也为 $\lambda_1=0,\lambda_2=2,\lambda_3=3$.

对于特征值 $\lambda_1=0$，由方程组 $(0E-B)x=0$ 求得矩阵 B 属于特征值 0 的特征向量为 $\gamma_1=\begin{pmatrix}1\\1\\0\end{pmatrix}$，单位化得 $\eta_1=\frac{1}{\sqrt{2}}\begin{pmatrix}1\\1\\0\end{pmatrix}$.

对于特征值 $\lambda_2=2$，由方程组 $(2E-B)x=0$ 求得矩阵 B 属于特征值 2 的特征向量为 $\gamma_2=\begin{pmatrix}-1\\1\\0\end{pmatrix}$，单位化得 $\eta_2=\frac{1}{\sqrt{2}}\begin{pmatrix}-1\\1\\0\end{pmatrix}$.

对于特征值 $\lambda_3=3$，由方程组 $(3E-B)x=0$ 求得矩阵 B 属于特征值 3 的特征向量为 $\gamma_3=\begin{pmatrix}0\\0\\1\end{pmatrix}$.

令 $Q_2=[\eta_1,\eta_2,\gamma_3]=\begin{bmatrix}\frac{1}{\sqrt{2}} & \frac{-1}{\sqrt{2}} & 0\\ \frac{1}{\sqrt{2}} & \frac{1}{\sqrt{2}} & 0\\ 0 & 0 & 1\end{bmatrix}$，则 Q_2 为正交矩阵，且 $Q_2^{-1}BQ_2=Q_2^{\mathrm{T}}BQ_2=\begin{bmatrix}0&0&0\\0&2&0\\0&0&3\end{bmatrix}$.

由于 $Q_1^{-1}AQ_1=Q_2^{-1}BQ_2=\begin{bmatrix}0&0&0\\0&2&0\\0&0&3\end{bmatrix}$，所以 $Q_2Q_1^{-1}AQ_1Q_2^{-1}=B$，令

$$Q=Q_1Q_2^{-1}=\begin{bmatrix}\frac{-2}{\sqrt{6}} & 0 & \frac{1}{\sqrt{3}}\\ \frac{1}{\sqrt{6}} & \frac{-1}{\sqrt{2}} & \frac{1}{\sqrt{3}}\\ \frac{1}{\sqrt{6}} & \frac{1}{\sqrt{2}} & \frac{1}{\sqrt{3}}\end{bmatrix}\begin{bmatrix}\frac{1}{\sqrt{2}} & \frac{1}{\sqrt{2}} & 0\\ \frac{-1}{\sqrt{2}} & \frac{1}{\sqrt{2}} & 0\\ 0 & 0 & 1\end{bmatrix}=\frac{1}{2\sqrt{3}}\begin{bmatrix}-2 & -2 & 2\\ 1+\sqrt{3} & 1-\sqrt{3} & 2\\ 1-\sqrt{3} & 1+\sqrt{3} & 2\end{bmatrix},$$

则 Q 为正交矩阵，且 $Q^{-1}AQ=Q^{\mathrm{T}}AQ=B$. 从而在正交变换 $x=Qy$ 下，二次型 $f(x_1,x_2,x_3)=x^{\mathrm{T}}Ax$ 化为二次型 $g(y_1,y_2,y_3)=y^{\mathrm{T}}By$.

【评注】 本题要求考生掌握，经正交变换后两个二次型对应的矩阵既合同又相似，从而确定 t 的值. 已知二次型，求正交变换，将其化为标准形是常规问题，本题中的二次型 $f(x_1,x_2,x_3)$ 与 $g(y_1,y_2,y_3)$ 均不是标准形，所以看起来不是常规问题，但我们可以借助标准形将二者联系起来，从而将问题转化为常规问题，本题的计算量偏大.

319 【解】 由于二次型 $f(x_1,x_2,x_3)=\boldsymbol{x}^{\mathrm{T}}\boldsymbol{A}^{\mathrm{T}}\boldsymbol{A}\boldsymbol{x}$ 的秩为 2，所以矩阵 $\boldsymbol{A}^{\mathrm{T}}\boldsymbol{A}$ 秩的为 2，于是矩阵 $\boldsymbol{A}$ 的秩为 2. 又

$$|\boldsymbol{A}|=\begin{vmatrix}1&1&1\\1&0&1\\1&-1&a\end{vmatrix}=1-a,$$

故 $a=1$.

$$\boldsymbol{A}^{\mathrm{T}}\boldsymbol{A}=\begin{bmatrix}1&1&1\\1&0&-1\\1&1&1\end{bmatrix}\begin{bmatrix}1&1&1\\1&0&1\\1&-1&1\end{bmatrix}=\begin{bmatrix}3&0&3\\0&2&0\\3&0&3\end{bmatrix}.$$

$$|\lambda\boldsymbol{E}-\boldsymbol{A}^{\mathrm{T}}\boldsymbol{A}|=\begin{vmatrix}\lambda-3&0&-3\\0&\lambda-2&0\\-3&0&\lambda-3\end{vmatrix}=\lambda(\lambda-2)(\lambda-6),$$

所以矩阵 $\boldsymbol{A}^{\mathrm{T}}\boldsymbol{A}$ 的特征值为 6,2,0.

对于特征值 $\lambda_1=6$，由方程组 $(6\boldsymbol{E}-\boldsymbol{A}^{\mathrm{T}}\boldsymbol{A})\boldsymbol{x}=\boldsymbol{0}$ 得对应的特征向量 $\boldsymbol{\alpha}_1=\begin{pmatrix}1\\0\\1\end{pmatrix}$.

对于特征值 $\lambda_2=2$，由方程组 $(2\boldsymbol{E}-\boldsymbol{A}^{\mathrm{T}}\boldsymbol{A})\boldsymbol{x}=\boldsymbol{0}$ 得对应的特征向量 $\boldsymbol{\alpha}_2=\begin{pmatrix}0\\1\\0\end{pmatrix}$，$\boldsymbol{\alpha}_2$ 为单位向量.

对于特征值 $\lambda_3=0$，由方程组 $(0\boldsymbol{E}-\boldsymbol{A}^{\mathrm{T}}\boldsymbol{A})\boldsymbol{x}=\boldsymbol{0}$ 得对应的特征向量 $\boldsymbol{\alpha}_3=\begin{pmatrix}-1\\0\\1\end{pmatrix}$.

单位化得 $\boldsymbol{\beta}_1=\dfrac{1}{\sqrt{2}}\begin{pmatrix}1\\0\\1\end{pmatrix}$，$\boldsymbol{\beta}_3=\dfrac{1}{\sqrt{2}}\begin{pmatrix}-1\\0\\1\end{pmatrix}$.

令 $\boldsymbol{Q}=[\boldsymbol{\beta}_1,\boldsymbol{\alpha}_2,\boldsymbol{\beta}_3]$，则 $\boldsymbol{Q}$ 为正交矩阵，且 $\boldsymbol{Q}^{-1}\boldsymbol{A}^{\mathrm{T}}\boldsymbol{A}\boldsymbol{Q}=\boldsymbol{Q}^{\mathrm{T}}\boldsymbol{A}^{\mathrm{T}}\boldsymbol{A}\boldsymbol{Q}=\begin{bmatrix}6&&\\&2&\\&&0\end{bmatrix}$.

作正交变换 $\boldsymbol{x}=\boldsymbol{Q}\boldsymbol{y}$，二次型 f 化为标准形 $6y_1^2+2y_2^2$.

320 【解】 由题设知，二次型 $f(x_1,x_2,x_3)$ 与 $g(y_1,y_2,y_3)$ 的规范形相同，即正负惯性指数相同. 由于

$$\begin{aligned}f(x_1,x_2,x_3)&=x_1^2+2x_2^2+2x_3^2+2x_1x_2+2x_1x_3\\&=x_1^2+2x_1(x_2+x_3)+(x_2+x_3)^2-(x_2+x_3)^2+2x_2^2+2x_3^2\\&=(x_1+x_2+x_3)^2+x_2^2+x_3^2-2x_2x_3\\&=(x_1+x_2+x_3)^2+(x_2-x_3)^2,\end{aligned}$$

所以二次型 $f(x_1,x_2,x_3)$ 的正惯性指数为 2，负惯性指数为 0. 由于

$$\begin{aligned}g(y_1,y_2,y_3)&=y_1^2+y_2^2+ty_3^2-2y_1y_2\\&=(y_1-y_2)^2+ty_3^2,\end{aligned}$$

要使二次型 $g(y_1,y_2,y_3)$ 的正惯性指数为 2，负惯性指数为 0，则有 $t>0$.

进一步，作可逆线性变换 $\begin{cases}z_1=x_1+x_2+x_3,\\z_2=x_2-x_3,\\z_3=x_3,\end{cases}$ 即 $\begin{pmatrix}z_1\\z_2\\z_3\end{pmatrix}=\begin{bmatrix}1&1&1\\0&1&-1\\0&0&1\end{bmatrix}\begin{pmatrix}x_1\\x_2\\x_3\end{pmatrix}$，二次型

$f(x_1,x_2,x_3)$ 化为规范形 $z_1^2+z_2^2$.

作可逆线性变换 $\begin{cases} z_1=y_1-y_2, \\ z_2=\sqrt{t}y_3, \\ z_3=y_2, \end{cases}$ 即 $\begin{pmatrix} z_1 \\ z_2 \\ z_3 \end{pmatrix}=\begin{bmatrix} 1 & -1 & 0 \\ 0 & 0 & \sqrt{t} \\ 0 & 1 & 0 \end{bmatrix}\begin{pmatrix} y_1 \\ y_2 \\ y_3 \end{pmatrix}$，二次型 $g(y_1,y_2,y_3)$ 化为规范形 $z_1^2+z_2^2$.

$$\text{由于}\begin{pmatrix} x_1 \\ x_2 \\ x_3 \end{pmatrix}=\begin{bmatrix} 1 & 1 & 1 \\ 0 & 1 & -1 \\ 0 & 0 & 1 \end{bmatrix}^{-1}\begin{pmatrix} z_1 \\ z_2 \\ z_3 \end{pmatrix}=\begin{bmatrix} 1 & 1 & 1 \\ 0 & 1 & -1 \\ 0 & 0 & 1 \end{bmatrix}^{-1}\begin{bmatrix} 1 & -1 & 0 \\ 0 & 0 & \sqrt{t} \\ 0 & 1 & 0 \end{bmatrix}\begin{pmatrix} y_1 \\ y_2 \\ y_3 \end{pmatrix}=\begin{bmatrix} 1 & -3 & -\sqrt{t} \\ 0 & 1 & \sqrt{t} \\ 0 & 1 & 0 \end{bmatrix}\begin{pmatrix} y_1 \\ y_2 \\ y_3 \end{pmatrix}.$$

令 $\boldsymbol{P}=\begin{bmatrix} 1 & -3 & -\sqrt{t} \\ 0 & 1 & \sqrt{t} \\ 0 & 1 & 0 \end{bmatrix}$，经过可逆线性变换 $\boldsymbol{x}=\boldsymbol{Py}$，二次型 $f(x_1,x_2,x_3)$ 化为 $g(y_1,y_2,y_3)$.

【评注】 本题有参数，如何确定其取值范围？题设条件是二次型 f 经可逆线性变换化为二次型 g，这时两个二次型所对应的矩阵是合同的，但不一定相似，上面给出的解法是用配方法确定二次型的正负惯性指数，得出参数 t 的取值范围. 在这里再给出另外一种确定参数 t 取值范围的方法. 注意二次型的正负惯性指数即其矩阵的正负惯性指数，等于矩阵的正负特征值的个数.

二次型 $f(x_1,x_2,x_3)$ 与 $g(y_1,y_2,y_3)$ 的矩阵分别为

$$\boldsymbol{A}=\begin{bmatrix} 1 & 1 & 1 \\ 1 & 2 & 0 \\ 1 & 0 & 2 \end{bmatrix},\boldsymbol{B}=\begin{bmatrix} 1 & -1 & 0 \\ -1 & 1 & 0 \\ 0 & 0 & t \end{bmatrix}.$$

解 $|\lambda\boldsymbol{E}-\boldsymbol{A}|=\lambda(\lambda-2)(\lambda-3)=0$，得矩阵 $\boldsymbol{A}$ 的特征值为 $0,2,3$，从而 $\boldsymbol{A}$ 的正惯性指数为 2，负惯性指数为 0.

解 $|\lambda\boldsymbol{E}-\boldsymbol{B}|=\begin{vmatrix} \lambda-1 & 1 & 0 \\ 1 & \lambda-1 & 0 \\ 0 & 0 & \lambda-t \end{vmatrix}=\lambda(\lambda-2)(\lambda-t)=0$，得矩阵 $\boldsymbol{B}$ 的特征值为 $0,2,t$，要使矩阵 $\boldsymbol{B}$ 的正惯性指数为 2，负惯性指数为 0，则有 $t>0$.

321 【解】 求可逆线性变换将已知二次型化为规范形是常规问题，本题可以借助规范形为桥梁，分别求出将 $f(x_1,x_2,x_3)$ 与 $g(y_1,y_2,y_3)$ 化为规范形的可逆线性变换，进一步求出 $f(x_1,x_2,x_3)$ 化为 $g(y_1,y_2,y_3)$ 的可逆线性变换 $\boldsymbol{x}=\boldsymbol{Py}$.

$$\begin{aligned} f(x_1,x_2,x_3) &= x_1^2+5x_2^2+5x_3^2+2x_1x_2-4x_1x_3 \\ &= x_1^2+2x_1(x_2-2x_3)+(x_2-2x_3)^2-(x_2-2x_3)^2+5x_2^2+5x_3^2 \\ &= (x_1+x_2-2x_3)^2+4x_2^2+x_3^2+4x_2x_3 \\ &= (x_1+x_2-2x_3)^2+(2x_2+x_3)^2. \end{aligned}$$

令 $\begin{cases} z_1=x_1+x_2-2x_3, \\ z_2=2x_2+x_3, \\ z_3=x_3, \end{cases}$ 即 $\begin{pmatrix} x_1 \\ x_2 \\ x_3 \end{pmatrix}=\begin{bmatrix} 1 & -\frac{1}{2} & \frac{5}{2} \\ 0 & \frac{1}{2} & -\frac{1}{2} \\ 0 & 0 & 1 \end{bmatrix}\begin{pmatrix} z_1 \\ z_2 \\ z_3 \end{pmatrix}$，则有 $f=z_1^2+z_2^2$.

$$\begin{aligned} g(y_1,y_2,y_3) &= y_1^2+5y_2^2+4y_3^2+2y_1y_2-8y_2y_3 \\ &= y_1^2+2y_1y_2+y_2^2+4y_2^2+4y_3^2-8y_2y_3 \\ &= (y_1+y_2)^2+(2y_2-2y_3)^2. \end{aligned}$$

令$\begin{cases} z_1 = y_1 + y_2, \\ z_2 = \quad 2y_2 - 2y_3, \\ z_3 = \quad y_3, \end{cases}$即$\begin{pmatrix} z_1 \\ z_2 \\ z_3 \end{pmatrix} = \begin{bmatrix} 1 & 1 & 0 \\ 0 & 2 & -2 \\ 0 & 0 & 1 \end{bmatrix} \begin{pmatrix} y_1 \\ y_2 \\ y_3 \end{pmatrix}$，即$\begin{pmatrix} y_1 \\ y_2 \\ y_3 \end{pmatrix} = \begin{bmatrix} 1 & -\frac{1}{2} & -1 \\ 0 & \frac{1}{2} & 1 \\ 0 & 0 & 1 \end{bmatrix} \begin{pmatrix} z_1 \\ z_2 \\ z_3 \end{pmatrix}$，则

有 $g = z_1^2 + z_2^2$.

令

$$\boldsymbol{P} = \begin{bmatrix} 1 & -\frac{1}{2} & \frac{5}{2} \\ 0 & \frac{1}{2} & -\frac{1}{2} \\ 0 & 0 & 1 \end{bmatrix} \begin{bmatrix} 1 & 1 & 0 \\ 0 & 2 & -2 \\ 0 & 0 & 1 \end{bmatrix} = \begin{bmatrix} 1 & 0 & \frac{7}{2} \\ 0 & 1 & -\frac{3}{2} \\ 0 & 0 & 1 \end{bmatrix}.$$

作变换 $\boldsymbol{x} = \boldsymbol{P}\boldsymbol{y}$，二次型 $f(x_1, x_2, x_3) = x_1^2 + 5x_2^2 + 5x_3^2 + 2x_1x_2 - 4x_1x_3$ 化为二次型

$$g(y_1, y_2, y_3) = y_1^2 + 5y_2^2 + 4y_3^2 + 2y_1y_2 - 8y_2y_3.$$

322 【解】 由于矩阵 $\boldsymbol{A}$ 与 $\boldsymbol{B}$ 合同，所以 $r(\boldsymbol{A}) = r(\boldsymbol{B})$，又

$$\boldsymbol{A} = \begin{bmatrix} 1 & 2 & 1 \\ 2 & 2 & 0 \\ 1 & 0 & a \end{bmatrix} \to \begin{bmatrix} 1 & 2 & 1 \\ 0 & -2 & -2 \\ 0 & -2 & a-1 \end{bmatrix} \to \begin{bmatrix} 1 & 2 & 1 \\ 0 & -2 & -2 \\ 0 & 0 & a+1 \end{bmatrix}, r(\boldsymbol{B}) = r\begin{bmatrix} 1 & 0 & 0 \\ 0 & -1 & 0 \\ 0 & 0 & 0 \end{bmatrix} = 2,$$

所以 $a = -1$.

矩阵 $\boldsymbol{A} = \begin{bmatrix} 1 & 2 & 1 \\ 2 & 2 & 0 \\ 1 & 0 & -1 \end{bmatrix}$对应的二次型为 $f(x_1, x_2, x_3) = x_1^2 + 2x_2^2 - x_3^2 + 4x_1x_2 + 2x_1x_3$，

由于

$$\begin{aligned} f(x_1, x_2, x_3) &= x_1^2 + 2x_2^2 - x_3^2 + 4x_1x_2 + 2x_1x_3 \\ &= x_1^2 + 2x_1(2x_2 + x_3) + (2x_2 + x_3)^2 - (2x_2 + x_3)^2 + 2x_2^2 - x_3^2 \\ &= (x_1 + 2x_2 + x_3)^2 - 2x_2^2 - 2x_3^2 - 4x_2x_3 \\ &= (x_1 + 2x_2 + x_3)^2 - 2(x_2 + x_3)^2, \end{aligned}$$

所以作可逆线性变换$\begin{cases} y_1 = x_1 + 2x_2 + x_3, \\ y_2 = \sqrt{2}x_2 + \sqrt{2}x_3, \\ y_3 = x_3, \end{cases}$ 即$\begin{pmatrix} x_1 \\ x_2 \\ x_3 \end{pmatrix} = \begin{bmatrix} 1 & -\sqrt{2} & 1 \\ 0 & \frac{1}{\sqrt{2}} & -1 \\ 0 & 0 & 1 \end{bmatrix} \begin{pmatrix} y_1 \\ y_2 \\ y_3 \end{pmatrix}$，二次型 $f(x_1, x_2, x_3)$ 化为规范形 $y_1^2 - y_2^2$.

由于规范形 $y_1^2 - y_2^2$ 所对应的矩阵为 $\boldsymbol{B} = \begin{bmatrix} 1 & 0 & 0 \\ 0 & -1 & 0 \\ 0 & 0 & 0 \end{bmatrix}$.

于是令 $\boldsymbol{P} = \begin{bmatrix} 1 & -\sqrt{2} & 1 \\ 0 & \frac{1}{\sqrt{2}} & -1 \\ 0 & 0 & 1 \end{bmatrix}$，则 $\boldsymbol{P}$ 为可逆矩阵，且有 $\boldsymbol{P}^{\mathrm{T}}\boldsymbol{A}\boldsymbol{P} = \boldsymbol{B}$.

【评注】 本题中矩阵 $\boldsymbol{B} = \begin{bmatrix} 1 & 0 & 0 \\ 0 & -1 & 0 \\ 0 & 0 & 0 \end{bmatrix}$，所以我们将二次型化为规范形时，规范形的系数为 $1, -1, 0$，所对应的变换矩阵才是我们要求的可逆矩阵 $\boldsymbol{P}$.

323 【解】 对二次型 $f=\boldsymbol{x}^{\mathrm{T}}\boldsymbol{A}\boldsymbol{x}$ 配方将其化为标准形，由于

$$\begin{aligned}f(x_1,x_2,x_3)&=x_1^2+ax_2^2+x_3^2+2x_1x_2+2ax_1x_3+2x_2x_3\\&=x_1^2+2x_1(x_2+ax_3)+(x_2+ax_3)^2-(x_2+ax_3)^2+ax_2^2+x_3^2+2x_2x_3\\&=(x_1+x_2+ax_3)^2+(-1+a)x_2^2+(1-a^2)x_3^2+2(1-a)x_2x_3\\&=(x_1+x_2+ax_3)^2+(-1+a)(x_2^2-2x_2x_3+x_3^2)+\\&\quad(1-a^2)x_3^2-(-1+a)x_3^2\\&=(x_1+x_2+ax_3)^2+(-1+a)(x_2-x_3)^2-(a^2+a-2)x_3^2,\end{aligned}$$

故作可逆线性变换 $\begin{cases}y_1=x_1+x_2+ax_3,\\y_2=x_2-x_3,\\y_3=x_3,\end{cases}$ 即 $\begin{cases}x_1=y_1-y_2-(1+a)y_3,\\x_2=y_2+y_3,\\x_3=y_3.\end{cases}$

二次型化为标准形 $f=y_1^2+(a-1)y_2^2-(a-1)(a+2)y_3^2$.

当 $a<-2$ 时，规范形为 $z_1^2-z_2^2-z_3^2$.

当 $a=-2$ 时，规范形为 $z_1^2-z_2^2$.

当 $-2<a<1$ 时，规范形为 $z_1^2-z_2^2+z_3^2$.

当 $a=1$ 时，规范形为 z_1^2.

当 $a>1$ 时，规范形为 $z_1^2+z_2^2-z_3^2$.

324 【解】 当 $a\neq-1$ 时，由于

$$\begin{vmatrix}1&1&0\\0&1&1\\a&0&1\end{vmatrix}=1+a\neq0,\boldsymbol{P}=\begin{bmatrix}1&1&0\\0&1&1\\a&0&1\end{bmatrix}$$

为可逆矩阵，故线性变换 $\begin{cases}y_1=x_1+x_2,\\y_2=x_2+x_3,\\y_3=ax_1+x_3\end{cases}$ 可逆，在此变换下，二次型 $f(x_1,x_2,x_3)$ 化为标准形 $y_1^2+y_2^2+y_3^2$.

当 $a=-1$ 时，由于

$$\begin{aligned}f(x_1,x_2,x_3)&=(x_1+x_2)^2+(x_2+x_3)^2+(-x_1+x_3)^2\\&=2x_1^2+2x_2^2+2x_3^2+2x_1x_2+2x_2x_3-2x_1x_3\\&=2\left[x_1^2+x_1(x_2-x_3)+\frac{1}{4}(x_2-x_3)^2\right]-\frac{1}{2}(x_2-x_3)^2+2x_2^2+2x_3^2+2x_2x_3\\&=2\left(x_1+\frac{1}{2}x_2-\frac{1}{2}x_3\right)^2+\frac{3}{2}x_2^2+\frac{3}{2}x_3^2+3x_2x_3\\&=2\left(x_1+\frac{1}{2}x_2-\frac{1}{2}x_3\right)^2+\frac{3}{2}(x_2+x_3)^2.\end{aligned}$$

故作可逆线性变换 $\begin{cases}y_1=x_1+\dfrac{1}{2}x_2-\dfrac{1}{2}x_3,\\y_2=x_2+x_3,\\y_3=x_3,\end{cases}$ 即 $\begin{cases}x_1=y_1-\dfrac{1}{2}y_2+y_3,\\x_2=y_2-y_3,\\x_3=y_3.\end{cases}$

二次型 $f(x_1,x_2,x_3)$ 化为标准形 $2y_1^2+\dfrac{3}{2}y_2^2$.

325 【解】 (1) 由 $\boldsymbol{A}^2-2\boldsymbol{A}=3\boldsymbol{E}$，有 $\boldsymbol{A}\cdot\frac{1}{3}(\boldsymbol{A}-2\boldsymbol{E})=\boldsymbol{E}$.

所以 $\boldsymbol{A}$ 可逆且 $\boldsymbol{A}^{-1}=\frac{1}{3}(\boldsymbol{A}-2\boldsymbol{E})$.

(2) 设 λ 是 $\boldsymbol{A}$ 的特征值，$\boldsymbol{\alpha}$ 是对应的特征向量，即 $\boldsymbol{A\alpha}=\lambda\boldsymbol{\alpha},\boldsymbol{\alpha}\neq\boldsymbol{0}$.

由 $\boldsymbol{A}^2-2\boldsymbol{A}-3\boldsymbol{E}=\boldsymbol{O}$ 有 $\lambda^2-2\lambda-3=0$，则 $\boldsymbol{A}$ 的特征值为 3 或 -1，那么 $\boldsymbol{A}+2\boldsymbol{E}$ 的特征值是 5 或 1.

由 $|\boldsymbol{A}+2\boldsymbol{E}|=25$，从而 $\boldsymbol{A}$ 的特征值只能是 $3,3,-1$，于是

$$|\boldsymbol{A}-\boldsymbol{E}|=2\cdot2\cdot(-2)=-8.$$

(3) 因 $(\boldsymbol{A}^{\mathrm{T}}\boldsymbol{A})^{\mathrm{T}}=\boldsymbol{A}^{\mathrm{T}}(\boldsymbol{A}^{\mathrm{T}})^{\mathrm{T}}=\boldsymbol{A}^{\mathrm{T}}\boldsymbol{A}$，即 $\boldsymbol{A}^{\mathrm{T}}\boldsymbol{A}$ 是对称矩阵.

由 $\boldsymbol{A}$ 可逆，$\boldsymbol{A}^{\mathrm{T}}\boldsymbol{A}=\boldsymbol{A}^{\mathrm{T}}\boldsymbol{EA}$ 知 $\boldsymbol{A}^{\mathrm{T}}\boldsymbol{A}$ 与 $\boldsymbol{E}$ 合同，从而 $\boldsymbol{A}^{\mathrm{T}}\boldsymbol{A}$ 是正定矩阵.

326 【解】 (1) 二次型 $f(x_1,x_2,x_3)=x_1^2+x_3^2-6x_1x_3$ 的矩阵为

$$\boldsymbol{A}=\begin{bmatrix}1&0&-3\\0&0&0\\-3&0&1\end{bmatrix}.$$

$$|\lambda\boldsymbol{E}-\boldsymbol{A}|=\begin{vmatrix}\lambda-1&0&3\\0&\lambda&0\\3&0&\lambda-1\end{vmatrix}=\lambda(\lambda-4)(\lambda+2)$$，所以矩阵 $\boldsymbol{A}$ 的特征值为 $4,-2,0$.

二次型 $g(y_1,y_2,y_3)=y_1^2-y_2^2-y_3^2-2y_2y_3$ 的矩阵为

$$\boldsymbol{B}=\begin{bmatrix}1&0&0\\0&-1&-1\\0&-1&-1\end{bmatrix}.$$

$$|\lambda\boldsymbol{E}-\boldsymbol{B}|=\begin{vmatrix}\lambda-1&0&0\\0&\lambda+1&1\\0&1&\lambda+1\end{vmatrix}=\lambda(\lambda-1)(\lambda+2)$$，所以矩阵 $\boldsymbol{B}$ 的特征值为 $1,-2,0$.

由于矩阵 $\boldsymbol{A}$ 与矩阵 $\boldsymbol{B}$ 的特征值不同，所以矩阵 $\boldsymbol{A}$ 与 $\boldsymbol{B}$ 不相似，从而不存在正交变换 $\boldsymbol{x}=\boldsymbol{Qy}$，使得二次型 $f(x_1,x_2,x_3)$ 化为二次型 $g(y_1,y_2,y_3)$.

(2) 由(1)知矩阵 $\boldsymbol{A}$ 的特征值为 $4,-2,0$，矩阵 $\boldsymbol{B}$ 的特征值为 $1,-2,0$，所以矩阵 $\boldsymbol{A}$ 与矩阵 $\boldsymbol{B}$ 的正负惯性指数相同，故矩阵 $\boldsymbol{A}$ 与 $\boldsymbol{B}$ 合同，从而存在可逆线性变换 $\boldsymbol{x}=\boldsymbol{Py}$，使得二次型 $f(x_1,x_2,x_3)$ 化为二次型 $g(y_1,y_2,y_3)$.

$$\begin{aligned}f(x_1,x_2,x_3)&=x_1^2+x_3^2-6x_1x_3\\&=x_1^2-6x_1x_3+9x_3^2-8x_3^2\\&=(x_1-3x_3)^2-(2\sqrt{2}x_3)^2,\end{aligned}$$

作可逆线性变换 $\begin{cases}z_1=x_1-3x_3\\z_2=2\sqrt{2}x_3\\z_3=x_2\end{cases}$，即 $\begin{pmatrix}x_1\\x_2\\x_3\end{pmatrix}=\begin{bmatrix}1&\frac{3\sqrt{2}}{4}&0\\0&0&1\\0&\frac{\sqrt{2}}{4}&0\end{bmatrix}\begin{pmatrix}z_1\\z_2\\z_3\end{pmatrix}$.

二次型 $f(x_1,x_2,x_3)$ 化为规范形 $z_1^2-z_2^2$.

$$\begin{aligned}g(y_1,y_2,y_3)&=y_1^2-y_2^2-y_3^2-2y_2y_3\\&=y_1^2-(y_2+y_3)^2.\end{aligned}$$

作可逆线性变换 $\begin{cases}z_1=y_1\\z_2=y_2+y_3\\z_3=y_3\end{cases}$，即 $\begin{pmatrix}y_1\\y_2\\y_3\end{pmatrix}=\begin{bmatrix}1&0&0\\0&1&-1\\0&0&1\end{bmatrix}\begin{pmatrix}z_1\\z_2\\z_3\end{pmatrix}$.

二次型 $g(y_1,y_2,y_3)$ 化为规范形 $z_1^2-z_2^2$.

因此，作可逆线性变换

$$\begin{pmatrix}x_1\\x_2\\x_3\end{pmatrix}=\begin{bmatrix}1&\frac{3\sqrt{2}}{4}&0\\0&0&1\\0&\frac{\sqrt{2}}{4}&0\end{bmatrix}\begin{pmatrix}z_1\\z_2\\z_3\end{pmatrix}=\begin{bmatrix}1&\frac{3\sqrt{2}}{4}&0\\0&0&1\\0&\frac{\sqrt{2}}{4}&0\end{bmatrix}\begin{bmatrix}1&0&0\\0&1&1\\0&0&1\end{bmatrix}\begin{pmatrix}y_1\\y_2\\y_3\end{pmatrix}=\begin{bmatrix}1&\frac{3\sqrt{2}}{4}&\frac{3\sqrt{2}}{4}\\0&0&1\\0&\frac{\sqrt{2}}{4}&\frac{\sqrt{2}}{4}\end{bmatrix}\begin{pmatrix}y_1\\y_2\\y_3\end{pmatrix}.$$

二次型 $f(x_1,x_2,x_3)$ 化为二次型 $g(y_1,y_2,y_3)$，所求变换矩阵 $\boldsymbol{P}=\begin{bmatrix}1&\frac{3\sqrt{2}}{4}&\frac{3\sqrt{2}}{4}\\0&0&1\\0&\frac{\sqrt{2}}{4}&\frac{\sqrt{2}}{4}\end{bmatrix}$.

327 【解】 二次型矩阵

$$\boldsymbol{A}=\begin{bmatrix}0&1&-1\\1&2&a\\-1&a&0\end{bmatrix}.$$

(1) 因二次型的秩为 2，即 $r(\boldsymbol{A})=2$，$\boldsymbol{A}$ 中有 $\begin{vmatrix}0&1\\1&2\end{vmatrix}\neq 0$，故 $r(\boldsymbol{A})=2\Leftrightarrow|\boldsymbol{A}|=0$.

由 $|\boldsymbol{A}|=-2a-2=0$，所以 $a=-1$.

(2) $|\lambda\boldsymbol{E}-\boldsymbol{A}|=\begin{vmatrix}\lambda&-1&1\\-1&\lambda-2&1\\1&1&\lambda\end{vmatrix}=\lambda(\lambda-3)(\lambda+1)$，

矩阵 $\boldsymbol{A}$ 的特征值：$3,0,-1$.

由 $(3\boldsymbol{E}-\boldsymbol{A})\boldsymbol{x}=\boldsymbol{0}$ 得单位特征向量 $\boldsymbol{\gamma}_1=\frac{1}{\sqrt{6}}(-1,-2,1)^{\mathrm{T}}$.

由 $(0\boldsymbol{E}-\boldsymbol{A})\boldsymbol{x}=\boldsymbol{0}$ 得单位特征向量 $\boldsymbol{\gamma}_2=\frac{1}{\sqrt{3}}(-1,1,1)^{\mathrm{T}}$.

由 $(-\boldsymbol{E}-\boldsymbol{A})\boldsymbol{x}=\boldsymbol{0}$ 得单位特征向量 $\boldsymbol{\gamma}_3=\frac{1}{\sqrt{2}}(1,0,1)^{\mathrm{T}}$.

令 $\boldsymbol{Q}=[\boldsymbol{\gamma}_1,\boldsymbol{\gamma}_2,\boldsymbol{\gamma}_3]=\begin{bmatrix}-\frac{1}{\sqrt{6}}&-\frac{1}{\sqrt{3}}&\frac{1}{\sqrt{2}}\\-\frac{2}{\sqrt{6}}&\frac{1}{\sqrt{3}}&0\\\frac{1}{\sqrt{6}}&\frac{1}{\sqrt{3}}&\frac{1}{\sqrt{2}}\end{bmatrix}$，经 $\boldsymbol{x}=\boldsymbol{Q}\boldsymbol{y}$ 有 $\boldsymbol{x}^{\mathrm{T}}\boldsymbol{A}\boldsymbol{x}=\boldsymbol{y}^{\mathrm{T}}\boldsymbol{\Lambda}\boldsymbol{y}=3y_1^2-y_3^2$.

(3) $\boldsymbol{A}+k\boldsymbol{E}$ 的特征值为 $k+3,k,k-1$.

当 $k>1$ 时，$\boldsymbol{A}+k\boldsymbol{E}$ 的特征值全大于 0，矩阵是正定矩阵.

328 【解】 (1) 由题意知，$\boldsymbol{A}(\boldsymbol{\alpha}+\boldsymbol{\beta})=\boldsymbol{\alpha}+\boldsymbol{\beta}$，矩阵 $\boldsymbol{A}$ 有特征值 $\lambda_1=1$ 且对应特征向量为 $\boldsymbol{\alpha}+\boldsymbol{\beta}=(4,2,2)^{\mathrm{T}}$.

$\boldsymbol{A}(\boldsymbol{\alpha}-\boldsymbol{\beta})=-(\boldsymbol{\alpha}-\boldsymbol{\beta})$，矩阵 $\boldsymbol{A}$ 有特征值 $\lambda_2=-1$ 且对应特征向量为 $\boldsymbol{\alpha}-\boldsymbol{\beta}=(-2,2,2)^{\mathrm{T}}$.

$\mathrm{tr}(\boldsymbol{A})=2=\lambda_1+\lambda_2+\lambda_3$，且 $\boldsymbol{A}$ 为实对称矩阵，故 $\lambda_3=2$. 对应的特征向量为 $(0,1,-1)^{\mathrm{T}}$.

三个特征值的特征向量已正交，将其单位化，记为$\boldsymbol{\xi}_1=\begin{pmatrix}\frac{2}{\sqrt{6}}\\\frac{1}{\sqrt{6}}\\\frac{1}{\sqrt{6}}\end{pmatrix}$，$\boldsymbol{\xi}_2=\begin{pmatrix}-\frac{1}{\sqrt{3}}\\\frac{1}{\sqrt{3}}\\\frac{1}{\sqrt{3}}\end{pmatrix}$，$\boldsymbol{\xi}_3=\begin{pmatrix}0\\\frac{1}{\sqrt{2}}\\-\frac{1}{\sqrt{2}}\end{pmatrix}$.

记$\boldsymbol{Q}=\begin{bmatrix}\frac{2}{\sqrt{6}}&-\frac{1}{\sqrt{3}}&0\\\frac{1}{\sqrt{6}}&\frac{1}{\sqrt{3}}&\frac{1}{\sqrt{2}}\\\frac{1}{\sqrt{6}}&\frac{1}{\sqrt{3}}&-\frac{1}{\sqrt{2}}\end{bmatrix}$，$\boldsymbol{Q}^{\mathrm{T}}\boldsymbol{AQ}=\boldsymbol{\Lambda}=\begin{bmatrix}1&&\\&-1&\\&&2\end{bmatrix}$，$\boldsymbol{Q}$即为所求正交变换矩阵.

令$\boldsymbol{x}=\boldsymbol{Qy}$将二次型$\boldsymbol{x}^{\mathrm{T}}\boldsymbol{Ax}$化为标准形$y_1^2-y_2^2+2y_3^2$.

(2) 为方便计算，$\boldsymbol{A}$的特征向量分别取

$$\boldsymbol{\alpha}_1=(2,1,1)^{\mathrm{T}},\boldsymbol{\alpha}_2=(-1,1,1)^{\mathrm{T}},\boldsymbol{\alpha}_3=(0,1,-1)^{\mathrm{T}}.$$

设$\boldsymbol{\gamma}=x_1\boldsymbol{\alpha}_1+x_2\boldsymbol{\alpha}_2+x_3\boldsymbol{\alpha}_3$，即

$$\begin{pmatrix}3\\2\\-2\end{pmatrix}=x_1\begin{pmatrix}2\\1\\1\end{pmatrix}+x_2\begin{pmatrix}-1\\1\\1\end{pmatrix}+x_3\begin{pmatrix}0\\1\\-1\end{pmatrix},$$

解得$\boldsymbol{\gamma}=\boldsymbol{\alpha}_1-\boldsymbol{\alpha}_2+2\boldsymbol{\alpha}_3$.

$$\begin{aligned}\boldsymbol{A}^{2026}\boldsymbol{\gamma}&=\boldsymbol{A}^{2026}(\boldsymbol{\alpha}_1-\boldsymbol{\alpha}_2+2\boldsymbol{\alpha}_3)\\&=\boldsymbol{A}^{2026}\boldsymbol{\alpha}_1-\boldsymbol{A}^{2026}\boldsymbol{\alpha}_2+2\boldsymbol{A}^{2026}\boldsymbol{\alpha}_3\\&=\lambda_1^{2026}\boldsymbol{\alpha}_1-\lambda_2^{2026}\boldsymbol{\alpha}_2+2\lambda_3^{2026}\boldsymbol{\alpha}_3\\&=\boldsymbol{\alpha}_1-\boldsymbol{\alpha}_2+2^{2027}\boldsymbol{\alpha}_3\\&=(3,2^{2027},-2^{2027})^{\mathrm{T}}.\end{aligned}$$

329 【解】 (1) 由矩阵$\boldsymbol{A}$和$\boldsymbol{B}$分别得到二次型

$$\boldsymbol{x}^{\mathrm{T}}\boldsymbol{Ax}=x_2^2+2x_1x_3,\boldsymbol{y}^{\mathrm{T}}\boldsymbol{By}=2y_1^2+y_2^2-2y_3^2.$$

那么经坐标变换$\begin{cases}x_1=y_1+y_3,\\x_2=y_2,\\x_3=y_1-y_3,\end{cases}$ 即$\begin{pmatrix}x_1\\x_2\\x_3\end{pmatrix}=\begin{bmatrix}1&0&1\\0&1&0\\1&0&-1\end{bmatrix}\begin{pmatrix}y_1\\y_2\\y_3\end{pmatrix}$，有

$$\boldsymbol{x}^{\mathrm{T}}\boldsymbol{Ax}=y_2^2+2(y_1+y_3)(y_1-y_3)=2y_1^2+y_2^2-2y_3^2=\boldsymbol{y}^{\mathrm{T}}\boldsymbol{By},$$

所以矩阵$\boldsymbol{A}$与$\boldsymbol{B}$合同.

令$\boldsymbol{C}=\begin{bmatrix}1&0&1\\0&1&0\\1&0&-1\end{bmatrix}$，则有$\boldsymbol{C}^{\mathrm{T}}\boldsymbol{AC}=\boldsymbol{B}$.

(2) 由

$$|\lambda\boldsymbol{E}-\boldsymbol{A}|=\begin{vmatrix}\lambda&0&-1\\0&\lambda-1&0\\-1&0&\lambda\end{vmatrix}=(\lambda-1)^2(\lambda+1),$$

知矩阵$\boldsymbol{A}$的特征值是$1,1,-1$，进而可知$\boldsymbol{A}+k\boldsymbol{E}$的特征值是$k+1,k+1,k-1$；矩阵$\boldsymbol{B}$的特征值为$2,1,-2$，进而$\boldsymbol{B}+k\boldsymbol{E}$的特征值是$k+2,k+1,k-2$.

下面讨论，二次型$\boldsymbol{x}^{\mathrm{T}}(\boldsymbol{A}+k\boldsymbol{E})\boldsymbol{x}$与$\boldsymbol{x}^{\mathrm{T}}(\boldsymbol{B}+k\boldsymbol{E})\boldsymbol{x}$的正、负惯性指数$p,q$.

当 $k > 2$ 时，$p = 3, q = 0$.

当 $-1 < k < 1$ 时，$p = 2, q = 0$.

当 $k < -2$ 时，$p = 0, q = 3$.

所以 $\boldsymbol{A} + k\boldsymbol{E}$ 与 $\boldsymbol{B} + k\boldsymbol{E}$ 合同 $\Leftrightarrow \{k > 2\} \cup \{-1 < k < 1\} \cup \{k < -2\}$.

【评注】 由 $\boldsymbol{A} \sim \boldsymbol{B} \Rightarrow \boldsymbol{A} + k\boldsymbol{E} \sim \boldsymbol{B} + k\boldsymbol{E}$. 本题告诉我们 $\boldsymbol{A} \simeq \boldsymbol{B} \nRightarrow \boldsymbol{A} + k\boldsymbol{E} \simeq \boldsymbol{B} + k\boldsymbol{E}$，这里不要混淆.

330 【解】 (1) 因为 $\boldsymbol{A}^{\mathrm{T}} = \boldsymbol{A}$，则 $(\boldsymbol{AP})^{\mathrm{T}}(\boldsymbol{AP}) = \boldsymbol{P}^{\mathrm{T}}\boldsymbol{A}^{\mathrm{T}}\boldsymbol{AP} = \boldsymbol{P}^{\mathrm{T}}\boldsymbol{A}^2\boldsymbol{P}$，又

$$\boldsymbol{A}^2 = \begin{bmatrix} 1 & 0 & 0 & 0 \\ 0 & 1 & 0 & 0 \\ 0 & 0 & 5 & 10 \\ 0 & 0 & 10 & 20 \end{bmatrix},$$

构造二次型 $\boldsymbol{x}^{\mathrm{T}}\boldsymbol{A}^2\boldsymbol{x} = x_1^2 + x_2^2 + 5x_3^2 + 20x_4^2 + 20x_3x_4$，经配方得

$$\boldsymbol{x}^{\mathrm{T}}\boldsymbol{A}^2\boldsymbol{x} = x_1^2 + x_2^2 + 5(x_3 + 2x_4)^2,$$

那么，令 $\begin{cases} y_1 = x_1, \\ y_2 = x_2, \\ y_3 = x_3 + 2x_4, \\ y_4 = x_4, \end{cases}$ 即 $\begin{pmatrix} x_1 \\ x_2 \\ x_3 \\ x_4 \end{pmatrix} = \begin{bmatrix} 1 & 0 & 0 & 0 \\ 0 & 1 & 0 & 0 \\ 0 & 0 & 1 & -2 \\ 0 & 0 & 0 & 1 \end{bmatrix} \begin{pmatrix} y_1 \\ y_2 \\ y_3 \\ y_4 \end{pmatrix}$，则二次型化为标准形

$$\boldsymbol{x}^{\mathrm{T}}\boldsymbol{A}^2\boldsymbol{x} = y_1^2 + y_2^2 + 5y_3^2.$$

于是，二次型合同. 故

$$(\boldsymbol{AP})^{\mathrm{T}}(\boldsymbol{AP}) = \boldsymbol{P}^{\mathrm{T}}\boldsymbol{A}^2\boldsymbol{P} = \begin{bmatrix} 1 & & & \\ & 1 & & \\ & & 5 & \\ & & & 0 \end{bmatrix}, \text{其中 } \boldsymbol{P} = \begin{bmatrix} 1 & 0 & 0 & 0 \\ 0 & 1 & 0 & 0 \\ 0 & 0 & 1 & -2 \\ 0 & 0 & 0 & 1 \end{bmatrix}.$$

(2) $\boldsymbol{A} + k\boldsymbol{E}$ 为实对称矩阵，与 $\boldsymbol{E}$ 合同，则 $\boldsymbol{A} + k\boldsymbol{E}$ 的特征值均大于零. 由 $|\lambda\boldsymbol{E} - \boldsymbol{A}| = (\lambda^2 - 1)(\lambda - 5\lambda)$，知矩阵 $\boldsymbol{A}$ 的特征值为：$1, 5, 0, -1$，进而可知 $\boldsymbol{A} + k\boldsymbol{E}$ 的特征值为 $k + 1, k + 5, k, k - 1$. 于是若 $\boldsymbol{A} + k\boldsymbol{E}$ 与 $\boldsymbol{E}$ 合同，则 $k > 1$.

金榜时代图书·书目

书名	作者	预计上市时间
考研数学系列		
高等数学·基础篇	武忠祥	2024年8月
线性代数·基础篇	宋浩等	2024年8月
概率论与数理统计·基础篇	薛威	2024年8月
考研数学复习全书·基础篇·高等数学基础	贺金陵	2024年8月
考研数学复习全书·基础篇·线性代数基础	李永乐	2024年8月
考研数学复习全书·基础篇·概率论与数理统计基础	王式安	2024年8月
数学基础过关660题(数学一/二/三)	李永乐等	2024年8月
考研数学真题真刷基础篇·考点分类详解版(数学一/二/三)	李永乐等	2024年8月
考研数学零基础29堂课·高等数学分册	小侯七	2024年10月
考研数学零基础29堂课·线性代数分册	小侯七	2024年10月
考研数学零基础29堂课·概率论与数理统计分册	小侯七	2024年10月
考研数学公式定理醒脑记忆手册	小侯七	2024年10月
考研数学复习全书·提高篇(数学一/二/三)	李永乐等	2025年2月
考研数学真题真刷提高篇·考点分类详解版(数学一/二/三)	李永乐等	2025年1月
数学强化通关330题(数学一/二/三)	李永乐等	2025年1月
数学基础过关660题·二刷乱序版(数学一/二/三)	李永乐等	2025年1月
数学强化通关330题·二刷乱序版(数学一/二/三)	李永乐等	2025年1月
高等数学辅导讲义	刘喜波	2025年2月
高等数学辅导讲义	武忠祥	2025年2月
线性代数辅导讲义	李永乐	2025年2月
概率论与数理统计辅导讲义	王式安	2025年2月
数学决胜冲刺6套卷(数学一/二/三)	李永乐等	2025年9月
数学临阵磨枪(数学一/二/三)	李永乐等	2025年10月
考研数学最后3套卷·名校冲刺版(数学一/二/三)	武忠祥 刘喜波 宋浩等	2025年10月
考研数学最后3套卷·过线急救版(数学一/二/三)	武忠祥 刘喜波 宋浩等	2025年10月
农学门类联考数学复习全书	李永乐等	2025年4月
考研数学真题真刷(数学一/二/三)	金榜时代考研数学命题研究组	2025年3月
高等数学考研高分领跑计划(十七堂课)	武忠祥	2025年9月
线性代数考研高分领跑计划(九堂课)	宋浩	2025年9月
概率论与数理统计考研高分领跑计划(七堂课)	薛威	2025年9月
高等数学解题密码·选填题	武忠祥	2025年9月
高等数学解题密码·解答题	武忠祥	2025年9月
考研启蒙师	金榜时代教研中心	2024年8月
大学数学系列		
大学数学线性代数辅导	李永乐	2018年12月
线性代数期末高效复习笔记	宋浩	2024年6月

高等数学(上)期末高效复习笔记	宋浩	2024年6月
高等数学(下)期末高效复习笔记	宋浩	2024年5月
概率论期末高效复习笔记	宋浩	2024年6月
统计学期末高效复习笔记	宋浩	2024年6月

考研英语系列

考研词汇速记铭心	金榜时代考研英语教研中心	2024年12月
考研英语(一/二)真题真刷·详解版(一 2009—2013)	金榜时代考研英语教研中心	已上市
考研英语(一/二)真题真刷·详解版(二 2014—2018)	金榜时代考研英语教研中心	已上市
考研英语(一/二)真题真刷·详解版(三 2019—2023)	金榜时代考研英语教研中心	已上市
考研英语(一/二)真题真刷·详解版(四 2024)	金榜时代英语教研中心	已上市
考研英语(一/二)真题真刷	金榜时代考研英语教研中心	已上市
英语美文阅读60篇	金榜时代英语教研中心	2024年8月
英语时文阅读60篇	金榜时代英语教研中心	2024年8月
“非”凡考研英语——通透写作	薛非	2024年10月

英语四六级系列

大学英语四级真题真刷	金榜时代英语教研中心	已上市
大学英语六级真题真刷	金榜时代英语教研中心	已上市

考研专业课系列

计算机组成原理精深解读	研芝士计算机考研命题研究中心	已上市
计算机网络精深解读	研芝士计算机考研命题研究中心	已上市
数据结构精深解读	研芝士计算机考研命题研究中心	已上市
计算机操作系统精深解读	研芝士计算机考研命题研究中心	已上市
计算机操作系统摘星题库	研芝士计算机考研命题研究中心	已上市
计算机网络摘星题库	研芝士计算机考研命题研究中心	已上市
数据结构摘星题库	研芝士计算机考研命题研究中心	已上市
计算机组成原理摘星题库	研芝士计算机考研命题研究中心	已上市
计算机考研408历年真题	研芝士计算机考研命题研究中心	已上市
电气考研.电路摘星题库	研芝士计算机考研命题研究中心	已上市
电气考研电力系统分析摘星题库	研芝士电气考研命题研究中心	已上市
法律硕士(非法学)真题真刷	金榜时代考研教研中心	2025年3月
法律硕士(法学)真题真刷	金榜时代考研教研中心	2025年3月
311教育学考研真题真刷	金榜时代考研教研中心	2025年3月
心理学考研真题真刷	金榜时代考研教研中心	2025年5月
历史学考研真题真刷	金榜时代考研教研中心	2025年5月

管理类联考系列

管理类联考综合真题真刷	金榜时代考研命题研究组	已上市
管理类联考综合能力数学真题大全	张紫潮	已上市
管理类联考综合能力数学学习指南	张紫潮	已上市

以上图书书名及预计上市时间仅供参考,以实际出版物为准,均属金榜时代(北京)教育科技有限公司!